工程地质与地球物理综合研究

王成龙 魏 芳 牛兴国 主编

吉林科学技术出版社

图书在版编目（CIP）数据

工程地质与地球物理综合研究 / 王成龙, 魏芳, 牛
兴国主编. -- 长春 : 吉林科学技术出版社, 2024.3
ISBN 978-7-5744-1198-2

Ⅰ.①工… Ⅱ.①王… ②魏… ③牛… Ⅲ.①工程地
质②地球物理学 Ⅳ.①P642②P3

中国国家版本馆CIP数据核字(2024)第066037号

工程地质与地球物理综合研究

主　　编	王成龙　魏　芳　牛兴国	
出版人	宛　霞	
责任编辑	王凌宇	
封面设计	青　青	
制　　版	长春美印图文设计有限公司	
幅面尺寸	185mm×260mm	
开　　本	16	
字　　数	350 千字	
印　　张	24.5	
印　　数	1~1500 册	
版　　次	2024 年 3 月第 1 版	
印　　次	2024 年 10 月第 1 次印刷	

出　　版	吉林科学技术出版社
发　　行	吉林科学技术出版社
地　　址	长春市福祉大路5788 号出版大厦A 座
邮　　编	130118
发行部电话/传真	0431-81629529 81629530 81629531
	81629532 81629533 81629534
储运部电话	0431-86059116
编辑部电话	0431-81629510
印　　刷	廊坊市印艺阁数字科技有限公司

书　　号	ISBN 978-7-5744-1198-2
定　　价	90.00元

编委会

主　编

王成龙［河北省水文工程地质勘查院（河北省遥感中心）］

魏　芳［河北省水文工程地质勘查院（河北省遥感中心）］

牛兴国［内蒙古有色地质矿业（集团）综合普查有限责任公司］

副主编

罗有春（山东省鲁南地质工程勘察院）

阳少天（湖南省遥感地质调查监测所）

前　言

随着我国经济的快速发展，国家对于基础建设的投资也越来越多，大的工程项目如高速铁路网建设、南水北调及水利工程、大型水电站建设、城市改造等关系到国家长远发展的基础工程全面开工。而工程的建设往往与地质密不可分，工程地质对建筑物的质量、耐久性及环境都有较大的影响。另外，作为地球科学的重要分支——地球物理，随着现代科技的进步和全球经济的发展，地质勘探开始向广度、深度和难度进军，其重要性和作用越来越被人们所认识。利用物探方法对地质灾害进行勘查是一门新兴学科，由于物探方法具有无损、快速、便捷、经济等优点，因此，其在地质灾害勘查领域应用，就得到了广泛认同。目前，物探的应用范围越来越广，大到一个断层的追索，小到一条裂缝的探测，不一而足，只要方法得当，大多能取得满意的效果。

本书是工程地质方向的著作，主要研究工程地质与地球物理综合。本书从工程地质的基础理论介绍入手，针对地下水与岩土工程的性质、综合地球物理的基础体系构建进行了分析研究；另外对重力勘探、磁法勘探、电法勘探、地震勘探、放射性勘探与地热勘探、岩体弹性波勘探以及地球物理测井作了一定的介绍；还对地质勘探技术的应用途径与安全管理、水文地质工程地质物探技术应用、断裂浅层勘探技术的工程应用、物探在地质灾害勘查与环境科学中的应用提出了一些建议。旨在摸索出一条适合现代工程地质与地球物理综合工作创新的科学道路，帮助其工作者在应用中少走弯路，运用科学方法，提高效率。本书对工程地质与地球物理综合的应用创新有一定的借鉴意义。

本书共十四章，其中第一主编王成龙[河北省水文工程地质勘查院（河北省遥感中心）]负责第一章至第六章内容编写，计15万字；第二主编魏芳[河北省水文工程地质勘查院（河北省遥感中心）]负责第七章至第十章内容编写，计10万字；第三主编牛兴国[内蒙古有色地质矿业（集团）综合普查有限责任公司]负责第十一章至第十四章内容编写，计10万字。

另外，作者在写作本书时参考了国内外同行的部分著作文献，在此一并向涉及的作者表示衷心的感谢。由于作者水平有限，书中难免存在不足之处，恳请读者批评指正。

目　录

第一章 工程地质的基础理论

第一节 工程地质的概论

一、工程地质条件

（一）地层岩性

地层岩性是基本的工程地质因素，包括其成因、时代、岩性、产状、成岩作用特点、变质程度、风化特征、软弱夹层和接触带以及物理力学性质等。

（二）水文地质条件

水文地质条件是重要的工程地质因素，其包括地下水的成因、埋藏、分布、动态和化学成分等。

（三）地表地质作用

地表地质作用是现代地表地质作用的反映，与建筑区地形、气候、岩性、构造、地下水和地表水作用密切相关。其主要包括滑坡、崩塌、岩溶、泥石流、风沙移动、河流冲刷与沉积等，对评价建筑物的稳定性和预测工程地质条件的变化具有重要的意义。

（四）地形、地貌

地形是指地表高低起伏状况、山坡陡缓程度与沟谷宽窄及形态特征等；地貌则说明地形形成的原因、过程和年代。

平原区、丘陵区和山岳地区的地形起伏、土层厚薄和基岩出露情况、地下水埋藏特征和地表地质作用现象都具有不同的特征，这些因素都直接影响到建筑场地和线路的选择。

二、工程地质问题

（一）地基稳定性问题

地基稳定性问题是工业与民用建筑工程常遇到的主要工程地质问题，它包括强度和变形两个方面。另外，岩溶、突崩等不良地质作用和现象都会影响地基的稳定性。铁路、公路等工程建筑会遇到路基稳定性问题。

（二）斜坡稳定性问题

自然界的天然斜坡是经受长期地表地质作用达到相对协调平衡的产物，人类工程活动，尤其是道路工程需开挖和填筑人工边坡（路堑、路堤、堤坝、基坑等），斜坡稳定对防止地质灾害的发生及保证地基稳定十分重要。斜坡地层岩性、地质构造特征是影响其稳定性的物质基础，风化作用、地应力、地震、地表水和地下水等对斜坡软弱结构面的作用往往会破坏斜坡的稳定，而地形地貌和气候条件是影响其稳定的重要因素。

（三）洞室围岩稳定性问题

地下洞室被包围于岩土体介质（围岩）中，若在洞室开挖和建设过程中破坏了地下岩体原始的平衡条件，便会出现一系列的不稳定现象，如围岩塌方、地下水涌水等。一般在工程建设规划和选址时要进行区域稳定性评价，研究地质体在地质历史中的受力状况和变形过程，做好山体稳定性评价。研究岩体结构特性，预测岩体变形破坏规律，进行岩体稳定性评价以及考虑建筑物和岩体结构的相互作用，这些都是防止工程失误和事故，保证洞室围岩稳定所必需的工作。

（四）区域稳定性问题

地震、震陷和液化以及活断层对工程稳定性的影响，对于大型水电工程、地下工程需要依据工程地质勘查成果进行一般的工程地质问题分析，继而采取处理措施。

三、地球圈层

（一）地球圈层的划分

1. 外圈层

地球的圈层包括外圈层和内圈层。地球的外圈层是指大气圈、水圈和生物圈。

第一，大气圈是地球的最外圈层，其上界可达 1800 km 或更高的空间。自地表至 10 ~ 17 km 的高空为对流层，所有的风、云、雨等天气现象均发生在这一层，它对地球上的生物生长、发育和地貌的变化具有极大的影响。大气圈的主要成分首先是 N_2（78%）和 O_2（21%），其次是 Ar（0.93%）、CO_2（0.03%）和水蒸气等。大气圈提供生物需要的 CO_2 和 O_2 等，在适宜于生命活动的温度、湿度条件下，保护生物免受宇宙射线和陨石的伤害。在 4 亿年前，高空的臭氧层形成，遮挡了大量对生物有害的紫外线，为陆生植物的生长创造了有利条件。

第二，水圈由地球表层分布于海洋和陆地上的水和冰所构成。水的总体积约为 14 亿 km^3，其中海洋水占总体积的 98%，陆地水只占 2%。可见，水在地表的分布是很不均匀的，其主要集中在海洋。水圈中各部分水的成分和物理性质有所不同，其成分中除作为主体的水外，还有各种盐类。例如，海水含盐度高，平均为 35%，以氯化物（如 NaCl、$MgCl_2$ 等）为主；陆地水含盐度低，平均小于 1%，以碳酸盐 [如 $Ca(HCO_3)_2$] 为主。水受太阳热的影响，可不停地循环。由于水的循环，形成了外力地质作用的动力，它们在运动过程中可不断产生动能，促进各种地质地貌的发育，并对土和岩石的工程性质产生极为重要的影响。

第三，地球生物存在于水圈、大气圈下层和地壳表层的范围之中。生物富集的化学元素主要是 H、O、C、N、Ca、K、Si、Mg、P、S、Al 等。生物圈的质量很小，有人估计仅相当于大气圈的 1/300、水圈的 1/7000 或上部岩石圈的 1/1000000。但是，生物圈对于改变地球的地理环境起重要的作用。生物所生产的物质是人类的重要财富。

2. 内圈层

地球内圈层的划分相对外圈层要复杂，了解地球的内部构造是困难的，关于地球内部物质与构造的判断只能依靠间接信息。重要的间接信息是地震波在地球内部的传播速度，它不仅是划分地球内部圈层的基础，也是判断地球内部物质的密度、温度、熔点、压力等物理性质的重要依据。另外，还可依靠陨石、地幔岩石学以及高温高压实验等提供的间接信息推断地球内部的物质成分。

地壳是莫霍面以上的部分，其由固体岩石组成，厚度变化很大。大洋地壳较薄，仅有 5 ~ 10 km；大陆地壳的平均厚度是 35 km，在造山带和西藏高原处，其厚度达 50 ~ 70 km；整个地层为玄武岩层，又称为硅镁层，是富含铁、镁的岩浆岩，如大洋地壳广泛分布的玄武岩物质。地壳的厚度大致为地球半径的 1/400，其是地球表层极薄的一层硬壳，只有地球体积的 0.8%。

地幔是介于莫霍面与古登堡面之间的部分，其厚度约为 2800 km。根据地震波的变化情况，以地下 1000 km 激增带为界面，又可把地幔分为上、下两层。上地幔从莫霍面至地下 1000 km，厚度为 900 km，其主要是由超基性岩组成，平均密度为 3.5 g/cm³，温度达 1200℃ ~ 2000℃，压力达 0.4 GPa；下地幔从地下 1000 km 至古登堡面，厚度为 1900 km，其主要成分为硅酸盐、金属氧化物和硫化物，铁、镍含量增加，平均密度为 5.1 g/cm³，温度达 2000℃ ~ 2700℃，压力达 150 GPa。

地核是自古登堡面至地心的部分。地核又可分为内核、过渡层和外核，其厚度为 3471 km。地核主要是由含铁、镍量很高且成分很复杂的液体和固体物质组成，其密度约为 13.0 g/cm³，温度达 3500℃ ~ 4000℃，中心压力达 360 GPa。

（二）地壳

地壳是地球表面的构造层，也是目前人类能够直接观察的唯一内部圈层，它只占地球体积的 0.8%。地壳主要是由岩石组成。岩石是自然形成的矿物集合体，它构成了地壳及其以下的固体部分。根据其性质可分为大陆地壳和大洋地壳。

大陆地壳覆盖了地球表面的 45%，其主要表现为大陆、大陆边缘海以及较小的浅海。地壳的化学组成以硅铝质为特点，可分为两大类岩石：一类是地壳上部的相对未变形的沉积岩或火山岩堆积；另一类是已经变形变质的沉积岩、火成岩和变质岩带。后者构成地球表面的山脉或在地壳深部；前者多在地壳表层的盆地及其边缘。地壳可以承受强烈的板块构造运动，所以目前能寻找到很久以前的地壳。

大洋地壳极薄，其上海水深度平均为 4.5 km。大洋地壳从上到下由三部分组成：第一部分是海洋沉积物层，其平均厚度约为 300 m，但其厚度可以从零（特别是洋中脊附近）变化到几千米（大陆附近），$V_p=2$，$d=1.93 \sim 2.3$；第二部分是镁铁质火成岩，以玄武岩和辉长岩为主，其厚度为（1.7 ± 0.8）km，$V_p=4 \sim 6$，$d=2.55$；第三部分是海洋层，主要是地幔顶部水化作用形成的蛇纹石，其厚度为（4.8 ± 1.4）km，$V_p=6.7$，$d=2.95$。洋壳的厚度、年龄随到洋中脊的距离加大而变厚、变老。但洋壳的年龄远远低于陆壳，多晚于中生代。

第二节　矿物与岩石

一、矿物

（一）矿物的形态

1. 结晶质矿物与非晶质矿物

绝大多数造岩矿物呈固态，固态矿物中大多数为结晶质，少数为非晶质。

结晶质矿物的内部质点（原子、分子或离子）在三维空间呈有规律的周期性排列，形成空间结晶格子构造。因此，在一定条件下，每种结晶质矿物都具有固定的规则几何外形，这就是矿物的固有形态特征。具有良好固有形态的晶体称为自形晶或单晶体。在自然界中，这种自形晶较少见。因为在晶体生长过程中，受生长速度和周围自由空间环境的限制，晶体发育不良，形成了不规则的外形，这种晶体称为他形晶，而岩石中的造岩矿物多为粒状他形晶的集合体。

因非晶质矿物的内部质点的排列没有规律性，故其不具有规则的几何外形。非晶质矿物有玻璃质和胶体质两类。前者是由高温熔融体迅速冷凝而成，如火山喷出的岩浆迅速冷凝而成的黑曜岩中的矿物；后者是由胶体溶液沉淀或干涸凝固而成，如硅质胶体溶液沉淀凝聚而成的蛋白石。

2. 常见的单晶体矿物形态

第一，片状、鳞片状，如云母、绿泥石等。

第二，板状，如斜长石、板状石膏等。

第三，柱状，如长柱状的角闪石和短柱状的辉石等。

第四，立方体状，如岩盐、方铅矿、黄铁矿等。

第五，菱面体状，如方解石等。

第六，菱形十二面体状，如石榴子石等。

3.常见的矿物集合体形态

第一，粒状、块状、土状。矿物晶体在空间三个方向上接近等长的他形集合体。其颗粒边界较明显时称为粒状，如橄榄石等；肉眼不易分辨颗粒边界的矿物晶体称为块状，如石英等；疏松的块状称为土状，如高岭土等。

第二，鲕状、豆状、葡萄状、肾状。矿物集合体呈具有同心构造的球形。像鱼卵大小的称为鲕状，如方解石等；近似黄豆大小的称为豆状，如赤铁矿等；不规则的球形体可称为葡萄状或肾状。

第三，纤维状，如石棉、纤维石膏等。

第四，钟乳状，如方解石、褐铁矿等。

（二）矿物的光学性质

1.颜色

矿物的颜色是矿物对光线选择性吸收的物理性能。颜色是由矿物的化学成分和内部结构决定的。例如，黄铁矿是铜黄色；橄榄石为橄榄绿色。矿物是天然生成的，很容易混入其他杂质，从而改变矿物固有的颜色。例如，纯质石英是无色透明的，当含有不同杂质时可出现乳白、紫红、烟黑等颜色。矿物固有的颜色称作自色，可用作鉴别矿物的特征；杂质染出的颜色称作他色，不可作为鉴别矿物的依据。

2.条痕

矿物粉末的颜色称为条痕。一般是把矿物在白色瓷板上擦画来观察擦下来的矿物粉末的颜色。大多数浅色矿物的条痕是无色或浅色的，某些深色矿物的条痕与颜色相同，这些矿物的条痕对鉴别矿物无用。只有矿物的条痕与其颜色不同的某些深色矿物才是有用的鉴别矿物的特征。例如，角闪石为黑绿色，条痕为淡绿色；辉石为黑色，条痕为浅棕色；黄铁矿为铜黄色，条痕为黑色等。

3.光泽

矿物表面反射光线的能力称为光泽。根据矿物反射光线的强弱程度，可分为以下几种：

第一，金属光泽。反光强烈，光辉闪耀，如方铅矿、黄铁矿等。

第二，半金属光泽。反光较强，如磁铁矿等。

第三，金刚光泽。反光较强，如金刚石等。

第四，玻璃光泽。近似一般平面玻璃的反光，如石英晶面、长石等。

如果矿物表面不平，或带有细小孔隙，或不是单体而是集合体，则其表面所反射出来的光亮因经受多次折射、反射增加了散射的光亮，从而造成下列特殊光泽：

油脂光泽：油脂光泽如同涂上一层油脂后的反光，如石英晶面、长石等。

珍珠光泽：珍珠光泽如同珍珠表面或贝壳内面出现的乳白彩光，如白云母薄片等。

丝绢光泽：丝绢光泽是出现在纤维状集合体矿物的表面光泽，如石棉、绢云母、纤维石膏等。

土状光泽：矿物表面反光暗淡称为土状光泽，如高岭石等。

（三）矿物的力学性质

1. 硬度

矿物抵抗外力机械刻画和摩擦的能力称为硬度。目前广泛采用摩氏硬度表中 10 种已确定硬度的矿物，确定待定矿物硬度的相对硬度法。例如，石墨的硬度与滑石接近，可定为 1 度；云母的硬度介于石膏和方解石之间，可定为 2 ~ 3 度等。

2. 解理

矿物晶体在外力敲击下，沿一定晶面方向裂开的性能称为解理。裂开的晶面一般平行成组出现，称为解理面。根据其解理发育程度的不同，可分为以下几种：

第一，极完全解理。矿物容易沿一组解理面裂成薄片，如云母。

第二，完全解理。矿物容易沿三组解理面方向裂成块状或板状，如方解石破裂成菱形六面体。

第三，中等解理。矿物沿两组解理面方向裂成板状或柱状，如长石裂成板状、角闪石裂成长柱状。

第四，无解理。肉眼不易看到解理面，如橄榄石；或实际上没有解理面，如单晶体石英等。

3. 断口

实际上没有解理面的矿物，在外力敲击下，可沿任意方向发生无规则断裂破碎，其断裂面称为断口。断口形状各异，如石英的贝壳状断口，以及参差状断口、锯齿状断口和平坦状断口等。

二、岩浆岩

（一）岩浆岩的形成过程

1. 岩浆和岩浆作用

岩浆是存在于上地幔和地壳深处，以硅酸盐为主要成分，富含挥发性物质，处于高温（700℃ ~ 1300℃）与高压（高达数千兆帕）状态下的熔融体。

地下深处相对平衡状态下的岩浆，受地壳运动影响，就会沿着地壳中薄弱、开裂地带向地表方向活动，岩浆的这种运动被称为岩浆作用。若岩浆上升未达地表，在地壳中冷却凝固，被称为岩浆侵入作用；若岩浆上升冲出地表，在地面上冷却凝固，则被称为岩浆喷出作用，也被称为火山作用。

2. 岩浆岩及其产状

（1）岩浆岩的形成

在岩浆作用后期，岩浆冷却凝固形成的岩石被称为岩浆岩。侵入作用形成侵入岩，岩浆冷凝位置离地表深的，形成深层侵入岩；离地表浅的，形成浅层侵入岩。喷出作用形成喷出岩或火山岩。

（2）岩浆岩的产状

岩浆岩的产状是指岩浆岩的形态、大小及其与周围岩体间的相互关系。因此，岩浆岩的产状既与岩浆性质密切相关，也受周围岩体及环境的控制。常见的岩浆岩产状有以下几种：

岩基和岩株：属深层侵入岩产状。其岩基规模最大，基底埋藏深，多为花岗岩；岩株规模次之，形状不规则，宏观呈树枝状。

岩盘和岩床：属浅层侵入岩产状。岩盘形成透镜体或倒扣的盘子状岩体，多为黏性较大的酸性岩浆形成；岩床形成厚板状岩体，多为黏性较小的基性岩浆形成。

岩墙和岩脉：属规模较小的浅层侵入岩产状。岩浆沿着垂直的围岩裂隙侵入，形成的岩体称为岩墙，长数十米至数千米，宽数米至数十米；岩浆侵入围岩各种断层和裂隙，形成脉状岩体，称为脉状或岩脉，长数厘米至数十米，宽数毫米至数米。

火山颈：火山喷发时，岩浆在火山口通道里冷凝形成的岩体，呈近直立的不规则圆柱形岩体，属于浅成与喷出侵入岩之间的产状。

岩钟和岩流：属喷出岩的产状。岩钟是黏性大的酸性岩浆在喷出火山口后，于火山口周围冷凝而成的钟状或锥状岩体，又被称为火山锥；岩流是黏性小的基性岩浆在喷出火山口后，迅速向地表低处流动，边流边冷凝而成的岩体，它在一定的地表面范围内覆盖一定的厚度，也被称为岩被。

（二）岩浆岩的地质特征

岩浆岩的地质特征包括岩石的结构、构造和矿物成分，它们都是由岩石形成的过程所决定的，又可鉴定岩石的特征。

岩石的结构是指岩石中矿物的结晶程度、晶（颗）粒大小、晶（颗）粒形态及晶（颗）粒之间的相互关系。

（三）常见岩浆岩的鉴定特征

1. 花岗岩

花岗岩呈灰白、肉红色，全晶粒状结构，块状构造，主要矿物为石英、正长石和斜长石，有时含少量黑云母和角闪石。

2. 花岗斑岩

花岗斑岩也称为斑状花岗岩，一般为灰红、浅红色。其结构似斑状结构，斑晶多为石英或正长石粗大晶粒，基质多为细小石英和长石晶粒。块状构造。矿物成分与花岗岩相同。

3. 流纹岩

流纹岩多为浅红、浅灰或灰紫色。隐晶质结构，常含少量石英细小晶粒。流纹状构造，常见有被拉长的细小气孔。

4. 正长岩

正长岩呈浅灰或肉红色，全晶粒状结构，块状构造，主要矿物为正长石及斜长石。

5. 正长斑岩

正长斑岩的颜色和矿物成分与正长岩相同。斑状结构，斑晶多为粗大正长石晶粒，基质为微晶或隐晶长石晶体。块状构造。

6. 粗面岩

粗面岩呈灰色或浅红色，斑状或隐晶质结构，块状构造，因断裂面多粗糙不平而得名。

7. 闪长岩

闪长岩呈灰色或灰绿色，全晶粒状结构，块状构造，主要矿物成分为角闪石和斜长石。

8. 闪长玢岩

闪长玢岩呈灰绿、灰褐色。斑状结构，斑晶主要是板状白色斜长石粗大晶粒，基质为黑绿色隐晶质。块状构造。矿物成分同闪长岩。

9. 安山岩

安山岩有灰、棕、绿等色，隐晶质结构，块状构造，矿物成分同闪长岩。

10. 辉长岩

辉长岩呈深灰、黑绿至黑色，全晶粒状结构，块状构造，主要矿物为斜长石及辉石。

11. 辉绿岩

辉绿岩多呈灰绿至黑绿色。隐晶质结构，或称为"辉绿结构"，其是指辉石微小晶体充填于长石微小晶体空隙中。块状构造。矿物成分同辉长岩。

12. 玄武岩

玄武岩呈灰黑、黑绿至黑色，隐晶质结构，块状、气孔状、杏仁状构造，矿物成分同辉长岩。

13. 橄榄岩

橄榄岩呈橄榄绿或黄绿色，全晶粒状结构，块状构造，主要矿物为橄榄石和少量辉石。

14. 辉岩

辉岩呈灰黑、黑绿至黑色，全晶粒状结构，块状构造，主要矿物为辉石及少量橄榄石。

15. 黑曜岩

黑曜岩呈浅红、灰褐及黑色。几乎全部为玻璃质组成的非晶质结构。块状构造或流纹状构造。

16. 浮岩

浮岩呈灰白、灰黄色。为岩浆中泡沫物质在地表迅速冷凝而生成。非晶质结构；气孔状构造。

三、沉积岩

（一）沉积岩的形成

1. 原岩风化破碎作用

原岩经过风化作用，成为各种松散破碎物质，被称为松散沉积物，它们是构成新的沉积岩的主要物质来源。此外，在特定环境和条件下，大量生物遗体堆积而成的物质也是沉积物的一部分。风化破碎物质可分为三类：①大小不等的岩石或矿物碎屑，称为碎屑沉积物；②粒径小于 0.005 mm 的黏土粒，称为黏土沉积物；③以离子或胶体分子形式存在于水中的化学成分，例如，K^+、Na^+、Ca^{2+}、Mg^{2+} 等溶于水中，形成真溶液；而 Al、Fe、Si 等元素的氧化物、氢氧化物难溶于水，它们的细小分子质点分散到水中，形成胶体溶液。这两种溶液中的化学成分统称为化学沉积物。

2. 沉积物的搬运作用

（1）机械式搬运

机械式搬运的主要搬运对象是碎屑和黏土沉积物。以风力或流水搬运为例，在运动过程中，又有三种不同的运动方式，即悬浮、跳跃和滚动。这三种方式由沉积物大小、质量与搬运力大小来决定。沉积物在搬运过程中产生相互碰撞和磨蚀，使沉积物原有棱角逐渐消失，成为卵圆或滚圆形。碎块、颗粒圆滑的程度称为磨圆度，搬运距离越长磨圆度越高。

（2）化学式搬运

化学式搬运是指以真溶液或胶体溶液的形式被搬运，其主要搬运化学沉积物。这种搬运方式可以搬运很远，直至进入海洋。

3. 沉积物的沉积作用

（1）碎屑和黏土沉积物的沉积

当搬运力（如流水）逐渐减小时，被搬运的沉积物按其大小、形状和密度不同，先后停止搬运而沉积下来。大的比小的先沉积、球状比片状的先沉积、重的比轻的先沉积。在同一地段上的沉积物，其颗粒大小的均匀程度称为分选性，大小均匀的分选性好，大小悬殊的分选性差。

（2）化学沉积物的沉积

真溶液中离子的沉淀和重新结晶与溶液中的 pH、温度和压力等多种因素有关，但最终取决于溶液的溶解度和离子浓度之间的相互关系，浓度超过溶解度时，多余的离子就会因重新结晶析出而沉淀。

胶体物质的重新凝聚和沉积，主要由于带正电荷的正胶体物质（如 Fe_2O_3、Al_2O_3 等）与带负电荷的负胶体物体（如 SiO_2、MnO_2 等）相遇，电价中和而凝聚；另外，胶体溶液逐渐脱水干燥，也会使其中的胶体物质凝聚沉积。

4. 成岩作用

（1）压固脱水作用

沉积物不断沉积，厚度逐渐加大。先沉积在下面的沉积物，承受着上面越来越厚的新沉积物及水体的巨大压力，使下部沉积物孔隙减小、水分排出、密度增大，最后形成致密坚硬的岩石，称为压固脱水作用。

（2）胶结作用

各种松散的碎屑沉积物被不同的胶结物胶结而形成坚固完整的岩石。常见的胶结物有硅质、钙质、铁质和泥质等。

（3）重新结晶作用

非晶质胶体溶液陈化脱水转化为结晶物质；溶液中微小晶体在一定条件下能长成粗大晶体。这两种现象都可称为重新结晶作用，从而形成隐晶或细晶的沉积岩。

（4）新矿物的生成

沉积物在向沉积岩转化的过程中，除体积、密度上的变化外，同时，还生成与新环境相适应的稳定矿物，如方解石、燧石、白云石、黏土矿物等新的沉积岩矿物。

由以上成岩过程可知，沉积岩的产状均为层状。

（二）沉积岩的地质特征

1. 沉积岩的结构

（1）碎屑状结构

由碎屑物质和胶结物组成的一种结构。按碎屑大小又可细分为以下几项。

①砾状结构

碎屑颗粒粒径大于 2 mm。根据碎屑形状，磨圆度差的称为角砾状，磨圆度好的称为圆砾状或砾状。

②砂状结构

颗粒粒径为 0.005 ~ 2 mm。其中，0.5 ~ 2 mm 为粗砂结构；0.25 ~ 0.5 mm 为中砂结构；0.075 ~ 0.25 mm 为细砂结构；0.005 ~ 0.075 mm 为粉砂结构。

（2）泥状结构

粒径小于 0.005 mm 的黏土颗粒形成的结构。

（3）化学结构和生物化学结构

离子或胶体物质从溶液中沉淀或凝聚出来时，经结晶或重新结晶作用形成的是化学结构。化学结构中常见的有结晶粒状（包括显晶和隐晶两种）结构和同生砾状结构（包括豆状、鲕状、竹叶状等）。生物化学结构是由生物遗体及其碎片组成的化学结构，如贝壳状、珊瑚状等结构。

2. 沉积岩的构造

（1）层理构造及块状构造

外观察沉积岩都是成层产出的，但是从厚层沉积岩中打回的小块手标本上不一定都能看到明显的层理。

在地质特性上与相邻层不同的沉积层称为一个岩层。岩层可以是一个单层，也可以是一个组层。层理是指一个岩层中大小、形状、成分和颜色不同的岩层交替时显示出来的纹理。分隔不同岩层的界面称为层面，层面标志着沉积作用的短暂停顿或间断。因此，岩体中的层面往往成为其软弱面。上、下层面之间的一个岩层，在一定范围内，生成条件基本一致。它可以帮助人们确定该岩层的沉积环境，划分地层层序，进行不同地区岩层层位的对比。其上、下层面间的垂直距离为该岩层厚度。岩层厚度可划分为以下 5 种：巨厚层（大于 1.0 m）、厚层（0.5 ~ 1 m）、中厚层（0.1 ~ 0.5 m）、薄层（0.001 ~ 0.1 m）、微层（纹层）（小于 0.001 m）。夹在两厚层中间的薄层称为夹层。若夹层顺层延伸不远一侧渐薄至消失，称为尖灭；两侧尖灭称为透镜体。

（2）层面构造、结核及化石

①层面构造

在沉积岩岩层面上往往保留有反映沉积岩形成时流体运动、自然条件变化遗留下来的痕迹，称为层面构造。常见的层面构造有波痕、雨痕、泥裂等。风或流水在未固结的沉积物表面运动留下痕迹，岩石固化后保留在岩层表面，称为波痕。雨痕和雹痕是沉积物层面受雨、雹打击留下的痕迹，经固结石化后而形成。黏土沉积物层面失水干缩开裂，裂缝中常被后来的泥沙填充，黏土固结成岩后在黏土岩层表面保留下来，称为泥裂。

②结核

沉积岩中常把含有与该沉积岩成分不同的圆球状或不规则形状的无机物包裹体，称为结核，通常是沉积物或岩石中的某些成分，在地下水活动与交代作用下的结果。常见的结核有碳酸盐、硅质、磷酸盐质、锰质及石膏质结核。

③化石

埋藏在沉积物中的古代生物遗体或遗迹，其随沉积物形成岩石或化成岩石的一部分，但其形态却被保留下来，称为化石。化石是沉积岩特有的构造特征，也是研究地质发展历史和划分地质年代的重要依据。

3. 沉积岩的矿物成分

经过沉积岩的四个形成作用过程后，原岩中许多矿物已风化分解消失，只有石英、长石等少数矿物在岩屑或砂粒中保存下来。在粒径较大的砾岩和角砾岩碎屑中，也可见到原岩碎屑。

在沉积物向沉积岩转化的过程中，除体积上的变化外，同时，也生成了与新环境相适应的稳定矿物。在沉积岩形成过程中产生的新矿物有方解石、白云石、黄铁矿、海绿石、黏土矿物、磷灰石、石膏、重晶石、蛋白石和燧石等，这些新矿物被称为沉积矿物，是沉积岩中最常见的矿物成分。

（三）沉积岩的分类及常见沉积岩的鉴定特征

1. 沉积岩分类

在这里对火山碎屑岩类岩石作一说明，其是一类由火山喷发的碎屑和火山灰就地或经过一定距离搬运后沉积、胶结而成的岩石。根据碎屑大小可分为火山集块岩（碎屑直径大于 100 mm）、火山角砾岩（碎屑直径为 2 ~ 100 mm）和火山凝灰岩（碎屑直径小于 2 mm）。火山碎屑岩的胶结物可以是一般沉积岩的胶结物，也可以是火山喷出的岩浆。若胶结物为正常沉积物，则形成的火山碎屑岩分别称为层火山集块岩、层火山角砾岩和层火山凝灰岩；若胶结物为喷出岩浆，则分别称为熔火山集块岩、熔火山角砾岩和熔火山凝灰岩；若两种胶结物均有，则把"层"及"熔"字去掉。火山碎屑岩类是介于岩浆岩和沉积岩之间的过渡性岩石，故未列入岩浆岩或沉积岩分类。

2. 常见沉积岩的鉴定特征

（1）碎屑岩类

碎屑岩由碎屑和胶结物两部分组成。一般确定碎屑岩的名称也分为两部分，前边是胶结物成分，后边是碎屑的大小和形状。碎屑岩的构造（层理或块状构造）一般不包含在岩石名称之内。

角砾岩和砾岩：角砾岩和砾岩是碎屑粒径大于 2 mm 以上的碎屑岩，棱角明显的为角砾岩，磨圆度较好的为砾岩。定名时前边加上胶结物，例如，可定名为硅质角砾岩、硅质砾岩、铁质钙质角砾岩、铁质钙质砾岩等。

砂岩：按分类表中砂状结构的粒径大小，砂岩可分为粗、中、细、粉 4 种。定名时前边加上胶结物，例如，可定名为硅质粗砂岩、钙质泥质中砂岩、铁质细砂岩、泥质粉砂岩等。也可在砂岩定名时加上砂粒成分的内容，如长石砂岩、石英砂岩、杂砂岩等。需要说明的是，天然沉积的砂粒，其粒径虽有一定分选性，但仍然要避免大小粒径混杂在一起。例如，中砂粒径范围是 0.25 ~ 0.5 mm，只要在该砂岩中，中砂粒含量超过全部砂粒的 50% 以上即可定为中砂岩。

（2）黏土岩类

黏土岩类为泥状结构；颗粒成分为黏土矿物，其常含硅、钙、铁、碳等其他化学成分；

页理构造发育的称为页岩，块状构造发育的称为泥岩。

（3）化学岩及生物化学岩

化学岩及生物化学岩为化学结构及生物化学结构；手标本观察其构造可为层理或块状；矿物成分是此类岩石定名的主要依据。常见岩石有以下几种。

石灰岩：主要矿物为方解石，有时含少量白云石或粉砂粒、黏土矿物等。纯石灰岩为浅灰白色，含杂质后可为灰黑至黑色；硬度为 3 ~ 4，性脆；遇稀盐酸剧烈起泡。普通化学结构的称为普通石灰岩；同生砾状结构的有豆状石灰岩、鲕状石灰岩和竹叶状石灰岩；生物化学结构的有介壳状石灰岩、珊瑚石灰岩等。

白云岩：主要矿物为白云石，有时含少量方解石和其他杂质。白云岩一般比石灰岩颜色稍浅，多为灰白色；硬度为 4 ~ 4.5；遇冷盐酸不易起泡，滴镁试剂由紫变蓝。

泥灰岩：主要矿物有方解石和含量有 25% ~ 50% 的黏土矿物两种。泥灰岩是黏土岩与石灰岩间的一种过渡类型岩石，其颜色有浅灰、浅黄、浅红等；手标本多为块状构造；滴稀盐酸起泡后，表面残留有黏土物质。

燧石岩：由燧石组成的岩石，性硬而脆；颜色多样，灰黑色较多。在沉积岩中，少量燧石呈结核；局部较多可呈夹层；数量较大的燧石沉积成相当厚度的燧石岩。

四、变质岩

（一）变质岩的形成过程

1. 变质岩及其产状

从前述岩浆岩和沉积岩的地质特性可知，每一种岩类、每一种岩石，都有它自己的结构、构造和矿物成分。在漫长的地质历史过程中，这些先期生成的岩石（原岩）在各种变质因素作用下，改变了原有的结构、构造或矿物成分特征，具有了新的结构、构造或矿物成分，则原岩变质为新的岩石。引起原岩地质特性发生改变的因素称为变质因素；在变质因素作用下，使原岩地质特性改变的过程称为变质作用；生成的具有新特性的岩石称为变质岩。

变质作用基本上是原岩在保持固体状态下，在原位置进行的，因此，变质岩的产状为残余产状。由岩浆岩形成的变质岩称为正变质岩；由沉积岩形成的变质岩称为副变质岩。正变质岩产状保留原岩浆岩产状；副变质岩产状则保留沉积岩的产状。

变质岩在地球表面的分布面积占陆地面积的 1/5。岩石生成年代越老，变质程度越深，该年代岩石中变质岩所占的比例就越大。例如，前寒武纪的岩石几乎都是变质岩。

2. 变质因素

（1）温度

高温是引起岩石变质最基本、最积极的因素。促使岩石温度升高的原因有 3 种：①地下岩浆侵入地壳带来的热量；②随地下深度增加而增大的地热，一般认为自地表常温带以下，深度每增加 33 m，温度提高 1℃；③地壳中放射性元素衰变释放出的热量。高温使原岩中的元素化学活泼性增大，使原岩中矿物重新结晶，隐晶变显晶，细晶变粗晶，从而改变原结构，并产生新的变质矿物。

（2）压力

①静压力

静压力类似于静水压力，是由上覆岩石质量产生的，是一种各方向相等的压力，随深度增加而增大。静压力使岩石体积受到压缩而变小、密度变大，从而形成新矿物。

②动压力

动压力也称定向压力，是由地壳运动而产生的。地壳各处运动的强烈程度和运动方向都不同，故岩石所受动压力的性质、大小和方向也各不相同。在动压力作用下，原岩中各种矿物会发生不同程度的变形甚至破碎的现象。在最大压力方向上，矿物被压溶，不能沿此方向生长结晶；与最大压力垂直的方向是变形和结晶生长的有利空间。因此，原岩中的针状、片状矿物在动压力作用下，它们的长轴方向发生转动，转向与压力垂直方向平行排列；原岩中的粒状矿物在较高动压力作用下，变形为椭圆形或眼球状，长轴也沿与压力垂直方向平行排列。由动压力引起的岩石中矿物沿与压力垂直方向平行排列的构造称为片理构造，是变质岩重要的构造特征。

（3）化学活泼性流体

这种流体在变质过程中起溶剂作用。化学活泼性流体包括水蒸气、氧气、CO_2、含 K 和 S 等元素的气体和液体。这些流体是岩浆分化的后期产物，它们与周围原岩中的矿物接触发生化学交替或分解作用，形成新矿物，从而改变了原岩中的矿物成分。

（二）变质岩的地质特征

1. 变质岩的结构

（1）变晶结构

变晶结构变质程度较深，岩石中矿物重新结晶较好，其基本为显晶，是多数变质岩的结构特征。其还可进一步细分为粒状变晶结构、不等粒变晶结构、片状变晶结构、鳞片状变晶结构等。

（2）压碎结构

压碎结构是指在较高动、静压力作用下，原岩变形、碎裂而成的结构。若原岩碎裂成块状称为碎裂结构；若压力极大，原岩破碎成细微颗粒称为糜棱结构。

（3）变余结构

变质程度较浅，岩石变质轻微，仍保留原岩中某些结构特征，称为变余结构，如变余花岗结构、变余砾状结构、变余砂状结构、变余泥状结构等。

2. 变质岩的构造

（1）片理构造

①片麻状构造

片麻状构造是一种深度变质的构造，由深、浅两种颜色的矿物定向平行排列而成。浅色矿物多为粒状石英或长石，深色矿物多为针状角闪石或片状黑云母等。在变质程度很深的岩石中，不同颜色、不同形状、不同成分的矿物相对集中平行排列，形成彼此相间、近于平行排列的条带，称为条带状构造；在片麻状和条带状岩石中，若局部夹杂晶粒粗大的石英、长石呈眼球状时，则称为眼球状构造。条带状和眼球状都属于片麻状构造的特殊类型。

②片状构造

片状构造是以某一种针状或片状矿物为主的定向平行排列构造。片状构造也是一种深度变质的构造。

③千枚状构造

千枚状构造是指岩石中的矿物基本重新结晶，并有定向平行排列现象。但由于其变质程度较浅，矿物颗粒细小，肉眼辨认困难，故仅能在天然剥离面（片理面）上看到片状、针状矿物的丝绢光泽。

④板状构造

板状构造是变质程度最浅的一种构造。泥质、粉砂质岩石受一定挤压后，沿与压力垂直的方向形成密集而平坦的破裂面，岩石极易沿此裂面（也称为片理面）剥成薄板，故称其为板状构造。矿物颗粒极细，肉眼不可见，只能在显微镜下的板状剥离面上见到一些矿物雏晶。

（2）非片理构造

非片理构造即块状构造。这种变质岩多由一种或几种粒状矿物组成，其矿物分布均匀，无定向排列现象。

3. 变质岩的矿物成分

原岩在变质过程中，既能保留部分原有矿物，也能生成一些变质岩特有的新矿物。前者如岩浆岩中的石英、长石、角闪石、黑云母等和沉积岩中的方解石、白云石、黏土矿物等；后者如绢云母、红柱石、硅灰石、石榴子石、滑石、十字石、阳起石、蛇纹石、石墨等。它们是变质岩区别于岩浆岩和沉积岩的又一重要特征。

（三）常见变质岩的鉴定特征

1. 板岩

板岩的常见颜色为深灰、黑色，变余结构，常见变余泥状结构或致密隐晶结构，板状构造，黏土及其他肉眼难辨矿物。

2. 千枚岩

千枚岩通常呈灰色、绿色、棕红色及黑色，变余结构，或显微鳞片状变晶结构，千枚状构造。肉眼可辨的主要矿物为绢云母、黏土矿物及新生细小的石英、绿泥石、角闪石矿物颗粒。

3. 片岩类

片岩类为变晶结构，片状构造，故取名片岩。岩石的颜色及定名均取决于主要矿物成分，如云母片岩、角闪石片岩、绿泥石片岩、石墨片岩等。

4. 片麻岩类

片麻岩类为变晶结构，片麻状构造。浅色矿物多粒状，其主要是石英、长石。深色矿物多针状或片状，角闪石、黑云母等，有时含少量变质矿物如石榴子石等。片麻岩的进一步定名也取决于其主要矿物成分，如花岗片麻岩、闪长片麻岩、黑云母斜长片麻岩等。

5. 混合岩类

混合岩类是在区域变质作用下，地下深处重熔带高温区，大量岩浆携带外来物质进入围岩，使围岩中的原岩经高温重熔、交代混合等复杂的混合岩化深度变质作用形成的一种特殊类型变质岩。混合岩晶粒粗大，变晶结构，条带状、眼球状构造，矿物成分与花岗片麻岩接近。

6. 大理岩

大理岩是由石灰岩、白云岩经接触变质或区域变质的重结晶作用而成。纯质大理岩为白色，我国建材界称之为"汉白玉"。若含杂质时，大理岩可为灰白、浅红、淡绿甚至黑色，等粒变晶结构，块状构造。以方解石为主的称为方解石大理岩，以白云石为主的称为白云石大理岩。

7. 石英岩

石英岩是由石英砂岩或其他硅质岩经重结晶作用而成。纯质石英岩呈暗白色，硬度高，有油脂光泽，含杂质后可为灰白、蔷薇或褐色等。等粒变晶结构，块状构造，石英含量超过85%。

8. 云英岩

云英岩是由花岗岩经交代变质而成。常为灰白、浅灰色，等粒变晶结构，致密块状构造，主要矿物为石英和白云母。

9. 蛇纹岩

蛇纹岩是由富含镁的超基性岩经交代变质而成。其常为暗绿或黑绿色，风化后则呈现黄绿或灰白色，隐晶质结构，块状构造。主要矿物为蛇纹石，常含少量石棉、滑石、磁铁矿等矿物，断面不平坦，硬度较低。

10. 构造角砾岩

构造角砾岩是断层错动带中的产物，又称断层角砾岩。原岩受极大动压力而破碎后，经胶结作用而成构造角砾岩。角砾压碎状结构，块状构造，碎屑大小、形状不均，粒径可由数毫米至数米。胶结物多为细粉粒岩屑或后期从溶液中沉淀的物质。

11. 糜棱岩

高动压力把原岩碾磨成粉末状细屑，又在高压下重新结合成致密坚硬的岩石，称为糜棱岩。具有典型的糜棱结构，块状构造，矿物成分基本与围岩相同，有时含新生变质矿物绢云母、绿泥石、滑石等。糜棱岩也是断层错动带中的产物。

第三节　地貌、地质年代及第四纪地质

一、地貌的分级和分类

（一）地貌分级

1. 巨型地貌

大陆与海洋，大的内海及大的山系都是巨型地貌。巨型地貌几乎完全是由内力作用形成的，所以又称大地构造地貌。

2. 大型地貌

大型地貌有山脉、高原、山间盆地等，基本是由内力作用形成的。

3. 中型地貌

中型地貌包括河谷以及河谷之间的分水岭等，主要是由外力地质作用造成的。

4. 小型地貌

小型地貌包括残丘、阶地、沙丘、小的侵蚀沟等，基本是受外力地质作用所控制。

（二）地貌分类

地貌按其绝对高度、相对高度以及地面的平均坡度等形态特征进行分类。

山地属于地质学范畴，其地表形态按高程和起伏特征定义为海拔 500 m 以上，相对高差 200 m 以上。按山的高度可分为高山、中山和低山。海拔在 3500 m 以上的称为高山，海拔在 1000 ~ 3500 m 的称为中山，海拔低于 1000 m 的称为低山。

丘陵一般海拔在 200 m 以上、500 m 以下，其相对高度一般不超过 200 m，起伏不大，坡度较缓，地面崎岖不平，其是由连绵不断的低矮山丘组成的地形。

高原是海拔高度一般在 500 m 以上，面积广大、地形开阔，周边以明显的陡坡为界，比较完整的大面积隆起地区。高原与平原的主要区别是海拔较高，它以完整的大面积隆起区别于山地。高原素有"大地的舞台"之称，它是在长期连续的大面积的地壳抬升运动中形成的。

平原是陆地地形当中海拔较低而平坦的地貌名称。海拔多在 0 ~ 500 m，一般都在沿海地区。海拔在 0 ~ 200 m 的称为低平原，海拔在 200 ~ 500 m 的称为高平原。平原的主要特点是地势低平，起伏和缓，其相对高度一般不超过 50 m，坡度在 5° 以下。它以较低的高度区别于高原，以较小的起伏区别于丘陵。

洼地是指近似封闭的比周围地面低洼的地形，有两种情况：一是指陆地上的局部低洼部分。洼地因排水不良，中心部分常积水成湖泊、沼泽或盐沼。二是指位于海平面以下的内陆盆地。盆地的主要特征是四周高、中部低，因盆状而得名。

二、常见地貌特征

（一）山岭地貌

1. 山岭地貌的形态要素

山岭地貌的特点是其具有山顶、山坡、山脚等明显的形态要素。山顶是山岭地貌的最高部分。山顶呈长条状延伸时称为山脊。山脊标高较低的鞍部称为垭口。山顶的形状与岩性和地质构造等条件密切相关，可能呈现尖顶、圆顶和平顶。山坡是山岭地貌的重要组成部分。山坡形状有直线形、凹形、凸形及复合形等，这取决于新构造运动、岩性、岩体结构及坡面剥蚀和堆积的演化过程等因素。山脚是山坡与周围平地的交接处。由于坡面剥蚀和坡脚堆积，山脚一般在地貌上并不明显，那里通常有起缓坡作用的过渡带，它主要由一些坡积群、冲积堆、洪积扇及岩堆、滑坡体等流水地貌和重力地貌组成。

2. 垭口

（1）构造型垭口

①断层破碎带型垭口

工程地质条件比较差。由于岩体破碎不宜采用隧道方案，采用路堑时也需控制开挖深度或考虑边坡防护以防止崩塌。

②背斜张裂带型垭口

虽然构造裂隙发育，岩层破碎，但工程地质条件较断层破碎带型好，这是因为其两侧岩层外倾，有利于排水和边坡稳定，故可采用较陡的边坡。

③单斜软弱型垭口

主要由页岩、千枚岩等易风化的软弱岩层构成。因其具有岩性松软、风化严重、稳定性差的特点，故不宜深挖，否则需缓坡或防护。

（2）剥蚀型垭口

剥蚀型垭口是以外力强烈剥蚀为主导因素形成的，其形态特征与山体地质结构无明显联系。特点是松散覆盖层很薄，基岩多半裸露。垭口肥瘦和形态主要取决于岩性、气候及外力切割程度等因素。石灰岩等构成的溶蚀性垭口也属于此类，开挖路堑或隧道需注意溶洞的不利影响。

（3）剥蚀—堆积型垭口

剥蚀—堆积型垭口是在山体地质构造基础上，以剥蚀和堆积作用为主导因素形成的。其开挖稳定条件取决于堆积层的地质特征和水文地质条件。特点是外形浑缓、宽厚，堆积厚度较大，有时还发育湿地或高地沼泽，水文地质条件较差。故不宜降低过岭标高，多以低填或浅挖的形式通过。

3. 山坡

（1）按山坡的纵向轮廓分类

①直线形坡

直线形坡又可分为单一岩性坡、单斜岩层坡与松软破碎坡三种。单一岩性坡是由于遭受长期强烈的冲刷剥蚀而形成，其稳定性一般较高；单斜岩层坡一侧坡陡不利布线，另一侧坡缓系顺倾向边坡易滑坡；松软破碎坡是在气候干旱时经强物理风化剥蚀和堆积而形成，其稳定性最差。

②凸形坡

凸形坡上部平缓下部陡，当坡度渐增时，其下部甚至直立，坡脚界限明显。凸形坡是由新构造运动加速上升，河流强烈下切所造成的。其稳定条件取决于岩体结构，一旦山坡变形就会形成大规模崩塌。

③凹形坡

凹形坡上部陡下部急剧变缓，坡脚界限很不明显。其是由新构造运动减速上升或坡顶破坏坡脚堆积而形成。凹形坡往往是古滑坡的滑动面或崩塌体的依附面，稳定性比较差。

④阶梯形坡

阶梯形坡可分为软硬互层坡和滑坡台阶坡两种。软硬互层坡是由软硬岩层差异风化而形成的，其稳定性一般较高；滑坡台阶坡是滑坡台阶组成的次生阶梯状斜坡，多在山坡中下部，受坡脚冲刷、不合理切坡或地震影响，其可能会引起古滑坡复活，从而威胁建筑物的稳定。

（2）按山坡的纵向坡度分类

坡度小于15°为微坡，16°～30°为缓坡，31°～70°为陡坡，大于70°为垂直坡。山坡稳定性高，坡度平缓时对建筑物有利。但平缓山坡特别是在一些低洼部分，因有较大的坡积物或重力堆积物分布，坡面径流也易在这里汇集，开挖揭露下伏基岩接触面后，如遇到不良水文地质情况，很容易引起堆积物沿基岩顶面发生滑动。

（二）平原地貌

1. 构造平原

构造平原主要是由地壳构造运动所形成，其特点是地形面与岩层面一致，堆积物厚度不大。其可分为海成平原和大陆拗曲平原。海成平原是因地壳缓慢上升、海水不断后退所形成的，其地形面与岩层面基本一致，上覆堆积物多为泥砂和淤泥。海成平原的工程地质条件不良，与下伏基岩一起略微向海洋方向倾斜。大陆拗曲平原是因地壳沉降使岩层发生拗曲所形成的，岩层倾角较大，在平原表面留有凸状或凹状的起伏形态，其上覆堆积物多与下伏基岩有关，两者的矿物成分很相似。构造平原由于基岩埋藏不深，所以地下水一般埋藏较浅。在干旱、半干旱地区如排水不畅，常形成盐渍化；多雨冰冻地区则易造成道路的冻胀和翻浆。

2. 剥蚀平原

剥蚀平原是在地壳上升微弱的条件下，经外力的长期剥蚀夷平所形成。其特点是地形面与岩层面不一致，上覆堆积物常常很薄，基岩常常裸露地表，只有在低洼地段时才偶尔覆盖有厚度稍大的残积物、坡积物、洪积物等。其可分为河成剥蚀平原、海成剥蚀平原、风力剥蚀平原和冰川剥蚀平原4种类型。由于形成后往往地壳运动变得活跃，剥蚀作用重新加剧遭到破坏，故其分布面积常常不大，工程地质条件一般较好。

3. 堆积平原

堆积平原是在地壳缓慢而稳定下降的条件下，经各种外力作用的堆积填平而形成。其特点是地形开阔平缓，起伏不大，往往分布有厚度很大的松散堆积物。其可分为河流冲积平原、山前洪积—冲积平原、湖积平原、风积平原和冰积平原5种类型。河流冲积平原地形开阔平坦，工程建设条件良好，对公路选线有利。

（三）河谷地貌

1. 河谷地貌的形态要素

河谷是在流域地质构造的基础上，经河流的长期侵蚀、搬运和堆积作用逐渐形成和发展起来的地貌。河谷通常是山区公路选取利用的一种有利的地貌类型。典型的河谷地貌，其形态要素一般包括谷底、河床、谷坡、谷缘、坡麓。

2. 河谷地貌的类型

河谷地貌按发展阶段可分为：未成形河谷，也称"V"形河谷，是山区河谷发育初期，以垂直侵蚀为主的阶段；河漫滩河谷，其断面呈"U"形，是由河谷经河流侵蚀，谷底拓宽发展而形成的；成形河谷，是河流经历漫长地质时期后，具有复杂形态的河谷。阶地的存在就是成形河谷的显著特点。

三、地质年代

（一）基本概念

1. 相对年代

相对年代指地质事件发生的先后顺序。

2. 绝对年代

绝对年代指地质事件发生的距今年龄。绝对年代由于主要是运用同位素技术测定，所以又称为同位素地质年龄。

只有相对年代和绝对年代两者相结合，才能构成人们对地质事件及地球、地壳演变时代的完整认识。

（二）相对地质年代确定方法

1. 地层学方法

沉积岩的原始沉积总是一层一层叠置起来的，其原始产状一般是水平的或近于水平的，并且总是先形成的老地层在下面，后形成的新地层盖在上面，这种正常的地层叠置关系称为地层层序律（叠置原理）。

岩层受到强烈变动，如发生倒转、错动等现象时，就不能简单使用地层层序律。在岩层未受变动或变动不强烈地区，地层层序律是完全可以使用的。

2. 古生物学方法

化石是指保存在地层中古代生物的遗体或遗迹，如动物的骨骼、甲壳，植物的根、茎、叶；动物足迹、蛋、粪，动植物印痕。

标准化石是对研究地质年代有决定意义的化石。其是地质历史上延续时间短、演化快、分布广、数量多、特征显著，并且容易形成、容易寻找、鉴定的化石。

生物层序律又称为化石层序律，不同时代的地层中具有不同的古生物化石组合，相同时代的地层中具有相同或相似的古生物化石组合。古生物化石组合的形态、结构越简单，地层的时代越老；反之，则越新。生物层序律其实就是进化论原理的具体运用，即生物演化是由简单到复杂、由低级到高级，生物种属是由少到多，而且这种演化和发展是不可逆的。因而，各地质时期所具有的生物种属、类别是不相同的。当时代越老时，其所具有的生物类别越少，生物越低级，构造越简单；当时代越新时，其所具有的生物类别越多，生物越高级，构造越复杂。

3. 构造地质学方法

构造地质学方法是地壳运动和岩浆活动的结果，其使不同时代的岩层、岩体和构造出现彼此切割、穿插的关系，利用这些关系可以确定岩层、岩体和构造形成的先后顺序。

切割率（穿插关系）：较新的地质体总是切割或穿插较老的地质体，或者说切割者新、被切割者老。

（三）地质年代单位与年代地层单位

1. 地质年代单位

地质年代单位的划分是以生物界及无机界的演化阶段为依据，这种阶段的延续时间常常在百万年、千万年甚至数亿年以上，并且常常是大的阶段中套着小的阶段，小的阶段中包含着更小的阶段。

地质年代单位由大到小分别是宙、代、纪、世,而在这些时间单位内形成的地层称为宇、界、系、统,即年代地层单位。宙是地质年代的最大单位,根据生物演化,把距今6亿年以前仅有原始菌藻类出现的时代称为隐生宙,距今6亿年以后称为显生宙,是地球上生命发展和繁荣的时代。把与宙相应时段内形成的地层相应单位称为宇。

代是地质年代的二级单位。隐生宙划分为两个代:太古代和元古代。显生宙进一步划分为三个代:古生代、中生代和新生代。把与代相应时段内形成的地层相应单位称为界。

纪是地质年代的三级单位。古生代分为六个纪,中生代分为三个纪,新生代分为两个纪。把在纪时段内形成的地层相应单位称为系。

世是纪下面的次一级地质年代单位。一般一个纪分为三个或两个世,称为早世、中世、晚世或早世与晚世,并在纪的代号右下角分别以1、2、3或1、2表示之。比较特殊的是新生代划分为七个世。与世相应时段内形成的地层相应单位为统,它们相应地称为下统、中统和上统。

2.地方性年代地层单位

岩石地层单位(地方性年代地层单位)是根据地层的岩性特征进行分层,并建立起地层系统和层序。其一般可分为群、组、段、层。

群,是比组高一级的岩石地层单位,为常用的最大岩石地层单位。其是由两个或两个以上经常伴随在一起而具有某些统一的岩石学特点的组联合构成,或是由一大套厚度巨大、岩类复杂的地层组成。群在必要时可以再分成亚群,或合并为超群。群的名称通常取自典型剖面附近的地名。

组,是重要的基本岩石地层单位。其含义在于具有岩性、岩相和变质程度的一致性。组是由一种岩石构成,或者以一种岩石为主,夹有重复出现的夹层;或者由两三种岩石交替出现所构成;还可能以很复杂的岩石组合为一个组的特征,而与其他比较单纯的组相区别。组的厚度无固定的标准,可以由一米到几千米不等。

段,是低于组的岩石地层单位,其必须具有与组内相邻岩层不同的岩性特征,且分布广泛,对研究区域地层有用。组是否要分段应根据其内部有无分段的岩性条件和区域地层研究的需要来定,有的组可全部划分为段;也可仅指定组的某一部分为段,其余部分不正式命名为段;有的组可不分段;有的组在某一地区分段,在另一地区不分段。

层,是等级最低的岩石地层单位。它一般由岩性、成分、生物组合等特征显著而明显区别于相邻岩层的地层构成。它的厚度不大,可以从数厘米、数米至十余米。层是组内或段内的一个特殊单位,在岩性上与相邻岩层显著不同。

(四)地质年代表

1.古生代地史

古生代是地球上生物繁盛的时代。所以,从寒武纪开始,就可以利用古生物化石来划分地层。古生代地层主要为石灰岩、白云岩、碎屑岩等海洋环境沉积。上石炭统和上二叠统在一些地区含煤。二叠纪末部分地区上升成为陆地。

早古生代的地壳运动，世界上称之为加里东运动。在我国南方表现为泥盆系与前泥盆系，为角度不整合接触。二叠纪末期地壳运动影响广泛，内蒙古、天山、昆仑山都因此发生强烈褶皱上升成山，并有岩浆活动，称之为海西运动。

古生代末，海水消退，中国大陆雏形初现。

2. 中生代地史

中生代意为"中等生物"的时代，其以陆上爬行动物盛行为特征。中生代时除南方部分地区和西藏等地为海洋环境外，我国大部分已形成陆地。三叠系、侏罗系都是主要含煤地层。中生代发生过多次强烈地壳运动，主要有印支运动和燕山运动，并伴随有广泛的岩浆侵入活动和火山爆发。中生代构造运动，奠定了我国东部地质构造的基础。

3. 新生代地史

新生代包括第三纪和第四纪，为近代生物的时代。在该时代中，哺乳动物和被子植物非常繁盛。第三纪仅我国台湾和喜马拉雅地区仍被海水淹没。我国第三系主要为陆相红色碎屑岩沉积并含有丰富的岩盐。第三纪末期的地壳运动称为喜马拉雅运动，它使台湾和喜马拉雅地区褶皱上升为山脉，并伴有岩浆活动，而我国其他地区表现为断块运动。

四、第四纪地质

（一）第四纪地质的特点

1. 第四纪气候与冰川活动

第四纪气候冷暖变化频繁，气候寒冷时期冰雪覆盖面积扩大，冰川作用强烈发生，称为冰期。气候温暖时期，冰川面积缩小，称为间冰期。在冰期时，海平面下降，渤海、东海、黄海均为陆地，台湾与大陆相连，气候干燥、风沙盛行、黄土堆积作用强烈。根据对深海沉积物的研究，第四纪冰川作用有 20 次之多，而近 80 万年内，每 10 万年就有一次冰期和间冰期。

2. 板块构造

自 20 世纪 40 年代以来，相关学者进行了大规模海底地质调查，获得了大量成果，导致全球构造理论——板块构造学说的诞生。板块学说认为，刚性的岩石圈分裂成六个大的地壳块体（板块），它们驮在软流圈上做大规模水平运动。各板块边缘结合地带是相对活动的区域，其表现为强烈的火山（岩浆）活动、地震和构造变形等。而板块内部是相对稳定区域。全球划分出的六大板块分别是：太平洋板块、美洲板块、非洲板块、印度洋板块、南极洲板块、亚欧板块。

（二）第四纪沉积物

1. 残积物

岩石经物理风化和化学风化作用后残留在原地的碎屑物称为残积物或残积土，因其成层覆盖在地表，故又称为残积层。残积物不具有层理，其粒度和成分受气候条件和母岩岩性控制。残积物成分与母岩岩性关系密切。残积物表面土壤层孔隙率大、压缩性高、强度低。而其下部残积层常常是夹碎石或砂粒的黏性土或是由黏性土充填的碎石土、砂砾土，其强度较高。

2. 坡积物

雨水或雪水将高处的风化碎屑物质洗刷而向下搬运，或由本身的重力作用，堆积在平缓的斜坡或坡脚处，成为坡积物。坡积物一般不具有层理，碎屑物一般呈棱角状或因经一段距离搬运而呈次棱角状。坡积物可以具有一定分选性，由于重力作用，比较粗大的碎屑物往往堆积在紧靠斜坡的位置，而细小的碎屑和黏土分布在离开斜坡稍远处。坡积物厚度变化较大。在陡坡地段较薄，而在坡脚处较厚。

3. 洪积物

洪积物是由大雨或融雪水将山区或高地的大量碎屑物沿冲沟搬运到山前或山坡的低平地带堆积而成。洪积物在沟口往往呈扇状分布，扇顶在沟口，向山前低平地带展开，称为洪积扇。洪积物具有一定程度的分选和磨圆。每次洪水流量大小不同，堆积物也不相同，因而，洪积物常具有较明显的层理以及夹层、透镜体等。洪积扇上部多以砾石、卵石为主要成分，强度高、压缩性小，可作为工业、民用建筑的良好地基，但其孔隙大、透水性强，不易建坝。中部以砂土为主，下部以黏性土为主，它们一般都是良好地基。在砂土向黏性土过渡地带及黏性土分布地带，由于透水性的差异及地下水埋藏性等因素的影响，常有泉水出露，形成沼泽。沼泽地带泥炭层强度低、压缩性大。

4. 冲积物

河流沉积物称为冲积物。其根据形成条件和环境可分为：河床冲积物、河漫滩冲积物、牛轭湖冲积物和河口三角洲冲积物。它们具有一些基本共同的特性，因受河流长期搬运而碎屑物质磨圆度和分选性都较好；具有清晰的层理构造；具有良好的韵律性，表现在剖面上为两种或两种以上沉积物交替、重复出现；除水平层理外，冲积物中交错层理往往很发育。

第一，河床冲积物因河床水流速度大，故沉积物较粗。

第二，河漫滩冲积物主要分布于河流的中下游和平原区河流。洪水期河水漫溢，河漫滩被淹没，沉积的土粒较细。河漫滩冲积物之下常为早先河床沉积的砾、砂和粉细砂，这样由河漫滩沉积及下面的河床沉积一起构成了"二元结构"。

第三，牛轭湖是河流废弃的弯道。牛轭湖静水环境中沉积形成淤泥和泥炭层，洪水期成为溢洪区，土都被细砂或粉质黏土覆盖。

第四，河口三角洲冲积物是在河流入海、入湖处，由所搬运的大量细小碎屑物沉积而成，其面积广、厚度大，并常有淤泥质土和淤泥分布。

冲积物的工程地质特征有：古河床冲积物的压缩性低、强度较高，是良好的建筑地基；现代河床冲积物密实度较差、透水性强，尤其不利于作为水工建筑物地基。河漫滩及阶地冲积物一般都是较好的地基，但要注意其中的软弱夹层以及粉细砂的振动液化问题。牛轭湖冲积物常是一些压缩性很高而承载力很低的软弱土层，不宜作为建筑物天然地基。三角洲冲积物上常呈饱和状态，承载力较低。但三角洲冲积物最上层，因长期干燥比较硬实，承载力较下面高，俗称硬壳层，可用作低层建筑物的天然地基。

5. 湖泊沉积物

在湖岸带，湖浪冲蚀湖岸形成湖蚀洞穴和湖蚀崖等地形。湖岸沉积物：较粗的砾、砂沉积在湖岸附近，具有较好的磨圆度及明显的层理和交错层理，湖心沉积物颗粒较细为黏土和淤泥，常伴有粉砂、细砂层。湖岸沉积物在近岸带上的承载力较高，远岸较差。湖心沉积物一般压缩性高、强度很低。湖泊淤塞后可变成沼泽，地表水聚集或地下水出露的洼地也会形成沼泽。沼泽沉积物主要是腐烂的植物残体、泥炭和部分黏土与细砂，构成沼泽土。泥炭含水量极高，承载力低，一般不宜用作天然地基。

6. 海洋沉积物

根据海底地形起伏和海水深度，由岸向海洋方向分为滨海带、浅海带、大陆斜坡和深海带。滨海带是海水运动强烈的近岸水域。滨海带沉积物具有良好的层理和交错层理，一般都具有高承载力，但透水性强。浅海位于大陆架主体上，水深下限为200 m，浅海沉积碎屑物主要来自大陆，有细粒砂土、黏性土及淤泥，浅海沉积物较滨海疏松、含水量高、压缩性大而强度低。大陆斜坡和深海沉积以生物软泥、黏土及粉细砂为主。

7. 冰碛与冰水沉积物

冰川融化，其搬运物就地堆积形成冰碛物。冰碛物的主要特点是：由于巨大的石块和泥质混合在一起极不均匀，导致其缺乏分选，磨圆差，棱角分明，不具有成层性；砾石表面常具有磨光面或冰川擦痕，砾石因长期受冰川压力作用而弯曲变形。冰雪融化后形成的水流可冲刷和搬运冰碛物进行再沉积，形成冰水沉积物。冰水沉积物具有一定程度分选和良好的层理。

8. 风积物

在干旱地区，地面无植被保护，岩石风化碎屑物被风吹扬，在风力减弱时发生沉积形成风积物。风积物中常见的是风成沙与风成黄土。风成砂主要由细砂、粉砂及少量黏土组成，其分选性好，磨圆度高，具有层理和大型交错层理；风成黄土具有垂直节理，均匀无层理，孔隙大，具有湿陷性。

第四节 地质构造

一、地壳运动

（一）类型

1. 水平运动

水平运动是指地壳或岩石圈大致沿地球表面切线方向的运动。其表现为岩石圈的水平挤压或水平拉伸，引起岩层的褶皱和断裂，可形成巨大的褶皱山系、裂谷和大陆漂移等。

2. 垂直运动

垂直运动是指地壳或岩石圈沿垂直于地表即沿地球半径方向的运动（升降运动）。其表现为岩石圈的垂直上升或下降。

地壳运动在漫长的地质时期里，有时表现为和缓的变动，有时又表现为剧烈的变动，二者相互交替，使地壳按照螺旋式上升的规律向前发展。水平运动和垂直运动只是地壳运动的两个方面。事实上，这两种运动方式是相互依存、相互制约的，也就是说在以水平运动为主的地壳运动中伴随着垂直运动，而以垂直运动为主的地壳运动中也常伴随着水平运动。地壳运动就是在这种极其复杂的环境下不断向前发展的。

（二）基本特征

1. 长期性

从地壳及其组成岩石开始形成时到现在，地壳运动每时每刻都在进行。

2. 阶段性

在不同的地质时期，地壳运动的类型、规模和成因是不同的，其具有明显的阶段性。

3. 多成因性

地壳运动不是单一的某种力，而是由多种力和因素共同作用而形成的。

4. 差异性

由于地理位置不同，组成物质岩石不同，地壳运动的结果及所形成的地质构造是不同的。

二、水平岩层和倾斜岩层

（一）岩层产状

1. 岩层产状的要素

（1）岩层的走向

岩层面与水平面相交的线称为走向线，走向线两端的延伸方向就是岩层的走向。

（2）岩层的倾向

垂直于走向线，沿着岩层倾斜向下所引的直线称为倾斜线，又称为真倾斜线。它在水平面上的投影线所指岩层向下倾斜的方向，就是岩层的倾向，又称为真倾向。在岩层面上斜交岩层走向所引的任一直线均为视倾斜线，它在水平面上投影线的方向，称为视倾向或假倾向。

（3）岩层的倾角

真倾斜线与其在水平面上投影线的夹角，就是岩层的倾角，又称为真倾角。视倾斜线与其在水平面上投影线的夹角，称为视倾角或假倾角。

2. 岩层产状的测定及表示方法

（1）测定方法

岩层产状测量是地质调查中的一项重要工作，在野外是用地质罗盘直接在岩层的层面上测量的。测量走向时，使罗盘的长边紧贴层面，将罗盘放平，水准泡居中，读指北针所示的方位角，就是岩层的走向；测量倾向时，将罗盘的短边紧贴层面，水准泡居中，读指北针所示的方位角，就是岩层的倾向；测量倾角时，需将罗盘横着竖起来，使长边与岩层的走向垂直，紧贴层面，等倾斜器上的水准泡居中后，读悬锤所示的角度，就是岩层的倾角。

（2）表示方法

①文字法

倾斜岩层走向和倾向可采用方位角表示。方位角是正北方向与走向（或倾向）之间的交角，按顺时针方向划分为360°，正北方向为0°。产状的方位角表示法只记倾向和倾角，用"倾向乙倾角"表示。如30°∠35°，也可写作NW30°∠35°，表示倾向是从正磁北顺时针量的方位角330°，倾角为35°；如15°∠40°表示倾向方位为15（东北15°），倾角为40°。

②图示法

地质图上常用特定的符号来表示岩层面的产状，常用的产状符号及其代表意义如下：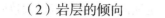 30° 长线为走向（线），短线箭头表示倾向，数字表示倾角。长短线要按实际方位标绘在图上；＋为水平岩层（倾角为0°～5°）。

（二）水平岩层

岩层的层面基本上是一个水平面，即岩层的同一层面上各处的海拔高度基本相同，称为水平岩层。一般在地壳运动影响轻微地区的岩层基本呈水平产状。

（三）倾斜岩层

原来呈水平面产状的岩层，由于地壳运动或岩浆活动，使岩层产状发生变动，岩层层面与水平面有了一定的交角，这时的岩层就是倾斜岩层。在一定地区内一系列岩层大致向一个方向倾斜，其倾角也大致一样，又称单斜层。

倾斜岩层是层状岩石中常见的，也是简单的构造形态，它往往是某种构造形态的一部分，如褶皱的一翼、断层的一盘，或者是由地壳不均匀抬起或下降所造成的。倾斜岩层按倾角 α 可分为：缓倾岩层，$\alpha < 30°$；陡倾岩层，$30° \leqslant \alpha < 60°$；陡立岩层，$\alpha \geqslant 60°$。

倾斜岩层露出地面的表现与水平构造不同。当沟谷走向与岩层走向相交时，从沟口向沟头露出的岩层可能由新到老（岩层向沟口倾斜），也可能由老到新（岩层向沟头倾斜）。此外，最高山峰上露出的不一定是最新的岩层，最低谷底上露出的也不一定是最老的岩层。

直立岩层指岩层倾角大于等于 85° 的岩层，也称为直立构造。直立岩层一般出现在地壳运动强烈的地区，其地质界线沿其走向作直线延伸，露头宽度与岩层厚度相等，不受地形影响。

各个地质时代形成的各种岩层，其原始产状绝大多数是水平或近于水平的，原始倾斜的产状则是局部的。例如，在比较广阔而平坦的沉积盆地（如海洋、湖泊）中，一层层堆积起来的沉积岩，其原始产状大都是水平或近于水平的。但在沉积盆地边缘、岛屿周围或水下隆起等处沉积的岩层，由于古地形的影响，常出现岩层厚度向地形高的方向变薄或尖灭的现象，其层面也呈一定倾斜，即原始倾斜。

岩层形成后，在地壳构造运动影响下发生变形，其原始产状会发生不同程度的改变：有些还基本上保持水平产状；有些形成倾斜岩层，或者形成直立，甚至倒转岩层。在某些情况下，由于受重力、流水、岩溶、冰川等与地壳运动无直接关系的地质作用的影响，也会使岩层产状发生改变。

三、褶皱构造

（一）褶皱要素

1. 核部

褶皱的中心部分，通常把位于褶皱中央内部的一个岩层称为褶皱的核部。

2. 翼部

位于核部两侧，向不同方向倾斜的部分，称为褶皱的翼部。

3. 轴面

从褶皱顶平分两翼的面，称为褶皱的轴面。轴面与水平面的交线，称为褶皱的轴。轴的方位，表示褶皱的方位。轴的长度，表示褶皱延伸的规模。

4. 枢纽

轴面与褶皱同一岩层层面的交线，称为褶皱的枢纽。枢纽可以反映褶皱在延伸方向产状的变化情况。

5. 转折端

从褶皱一翼向另一翼过渡的弯曲部分。

6. 轴迹

轴面与地面的交线。

7. 脊、脊线和槽、槽线

背斜或背形的同一褶皱面的各横剖面上的最高点为"脊"，它们的连线称为脊线；向斜或向形的同一褶皱面的各横剖面上的最低点为"槽"，它们的连线称为槽线。

（二）褶皱类型

1. 根据褶皱轴面产状和两翼产状特点分类

（1）直立褶皱

轴面近于直立，两翼倾向相反，倾角近乎相等。

（2）斜歪褶皱

轴面倾斜，两翼倾向相反，倾角不等。

（3）倒转褶皱

轴面倾斜，两翼向同一方向倾斜，有一翼地层层序倒转。如桂林甲山倒转褶皱。

（4）平卧褶皱

轴面近于水平，一翼地层正常，另一翼地层层序倒转。

（5）翻卷褶皱

轴面弯曲的平卧褶皱。

2. 根据褶皱枢纽产状分类

（1）水平褶皱

枢纽近于水平，两翼的走向基本平行。

（2）倾伏褶皱

枢纽倾伏，两翼走向不平行。

3. 根据褶皱在平面上的形态分类

（1）线状褶皱

褶皱中同一岩层在平面上的纵向长度和横向宽度之比（简称长宽比）超过10：1的褶皱。

（2）短轴褶皱

长宽比为3：1 ~ 10：1的褶皱。

（3）穹窿构造

长宽比小于3：1的背斜构造。

（4）构造盆地

长宽比小于 3 ：1 的向斜构造。

（三）褶皱的野外识别

褶皱的野外观察即通过横向、纵向的观察，找地层界线、断层线、化石等，观察岩层是否有对称的重复出现；比较核心部与外部岩层的新老关系（利用角度不整合等），以及比较两翼岩层的走向和倾向；研究两翼相当层的平面形态。通过综合分析研究，确定其类型。

在褶皱形成的过程中，所有的岩层并不是整体弯曲的，层与层之间有相对的运动，在形成背斜时，大多数情况是新的岩层向上滑动（向核部滑动），老的岩层向下滑动，这种剪切运动是引起褶皱内部一些构造现象的主要原因。

层面擦痕：当一组岩层受力发生弯曲时，相邻的两个岩层面做剪切滑动，于是在相互滑动的层面上留下擦痕。由于这种层面擦痕的方向是与褶皱轴垂直的，所以，擦痕方向可以指示当地褶皱轴线的产状。

牵引褶皱及层间劈理：由于上下相邻岩层的相互剪切滑动，形成牵引褶皱和层间劈理。牵引褶皱的轴面、层间劈理面与岩层相交的锐角方向，指向相对岩层的滑动方向。据此可以判断向上滑动的岩层为较新岩层，向下滑动的岩层为较老岩层。

虚脱：在褶皱的翼部和核部，由于层间滑动而发生层间剥离，形成空隙，成了矿液充填的良好场所。

轴部岩层的加厚现象：在褶皱时期，软岩层有向转折端产生流动的现象，使翼部岩层变薄而顶部岩层加厚。

（四）褶皱构造的工程地质评价

褶皱构造对工程的影响程度与工程类型及褶皱类型、褶皱部位密切相关。对于某一具体工程来说，所遇到的褶皱构造往往是其中的一部分，因此，褶皱构造的工程地质评价应根据具体情况作具体的分析。

褶皱的翼部问题主要是单斜构造中倾斜岩层引起的顺层滑坡问题。倾斜岩层作为建筑物地基时，一般无特殊不良的影响，但对于深路堑、高切坡及隧道工程等则有影响。对于深路堑、高切坡来说，当路线垂直岩层走向，或路线与岩层走向平行但岩层倾向与边坡倾向相反时形成反向坡，就岩层产状与路线走向的关系而言，对边坡的稳定性是有利的；不利的情况是路线走向与岩层的走向平行，边坡与岩层的倾向一致，特别是在云母片岩、绿泥石片岩、滑石片岩、千枚岩等松软岩石分布地区，坡面容易发生风化剥蚀，产生严重碎落坍塌，对路基边坡及路基排水系统会造成经常性的危害；最不利的情况是路线与岩层走向平行且岩层倾向与边坡倾向一致形成顺向坡，而边坡的坡角大于岩层的倾角，特别是在石灰岩、砂岩与黏土质页岩互层，且有地下水作用时，如路堑开挖过深，边坡过陡，或者由于开挖使软弱构造面暴露,都容易引起斜坡岩层发生大规模的顺层滑动,破坏路基稳定。

对于隧道工程来说,从褶皱的翼部通过一般较为有利。如果中间有软弱岩层或软弱结构面时,则在顺倾向一侧的洞壁,有时会出现明显的偏压现象,甚至会导致支护结构的破坏,发生局部坍塌。这种隧道等深埋地下的工程,一般应布置在褶皱翼部。因为隧道通过均一岩层有利稳定,而背斜顶部岩层受张力作用可能塌落,向斜核部则是储水较丰富的地段。

褶皱核部岩层由于受水平挤压作用,会产生许多裂隙,直接影响岩体的完整性和强度,在石灰岩地区还往往使岩溶较为发育。所以,在核部布置各种建筑工程(如厂房、路桥、坝址、隧道等)时,必须注意岩层的塌落、漏水及涌水问题。

在褶皱翼部布置建筑工程时,如果开挖边坡的走向近于平行岩层走向,且边坡倾向与岩层倾向一致,边坡坡角大于岩层倾角,则容易造成顺层滑动现象。

在褶皱构造的轴部,从岩层的产状来说,其是岩层倾向发生显著变化的地方;就构造作用对岩层整体性的影响来说,其又是岩层受应力作用最集中的地方,所以,在褶皱构造的轴部,无论公路、隧道还是桥梁工程,均容易遇到工程地质问题,其主要是由于岩层破碎而产生的岩体稳定问题和向斜轴部地下水的问题。这些问题在隧道工程中往往显得突出,容易产生隧道塌顶和涌水现象,有时甚至会严重影响正常施工。

四、节理

(一)节理的类型及成因

1. 按与岩层产状的关系分类

(1)走向节理

走向节理与所在岩层走向大致平行。

(2)倾向节理

倾向节理与所在岩层走向大致垂直。

(3)斜交节理

斜交节理与所在岩层走向斜交。

2. 按力学性质分类

(1)张节理

张节理是在一个方向的张应力超过了岩石的抗拉强度,因而,在垂直于张应力方向上产生的裂割式的破裂面。

张节理的特点:张节理产状不稳定,而且往往延伸不远,即行消失;张节理面粗糙不平,呈颗粒状或锯齿状的裂面;张节理面没有擦痕;张节理一般发育稀疏,节理间距较大,呈开口状或楔形,常被其他物质充填;张节理在砾岩中绕过砾石而不会切穿。

(2)剪节理

剪节理是由剪应力作用而形成,理论上剪节理应成对出现,自然界中的剪节理也经常如此，但是两组剪节理的发育程度可以不等。例如，陕西铜川砂岩层中的共轭剪节理，湖北丹江口市杨家堡页岩层中的共轭剪节理。

剪节理的主要特征：剪节理产状较稳定，沿走向和倾向延伸较远，但穿过岩性差别显著的不同岩层时，其产状可能发生改变，反映出岩石性质对剪节理的方位有一定的控制作用；剪节理表面平直光滑，这是由于剪节理是剪破（切割）岩层而不是拉破岩层的；剪节理面上常有剪切滑动时留下的擦痕、摩擦镜面，但由于一般剪节理沿节理面相对位移量不大，因此在野外必须仔细观察研究；剪节理一般发育较密，常密集成群，硬而厚的岩层中的节理间距大于软而薄的岩层；剪节理常呈现羽列现象；剪节理两壁之间的距离较小，常呈闭合状，后期风化或地下水的溶蚀作用可以扩大剪节理的壁距；剪节理在砾岩中可以切穿砾石。

3. 按节理成因分类

（1）原生节理

原生节理是指岩石在成岩过程中自身形成的节理，如玄武岩的柱状节理就是在岩石冷凝过程中形成的。

（2）表生节理

表生节理又称为风化节理、非构造节理，其是岩石受外动力地质作用（风、水、生物等）而产生的，如由风化作用产生的风化裂隙等。这类节理在空间分布上常局限于地表浅部的岩石中，其对地下水的活动及工程建设有较大的影响。

（3）构造节理

构造节理是岩石受地壳构造应力作用而产生的。这类节理具有明显的方向性和规律性，发育深度较大，对地下水的活动和工程建设的影响也较大。构造节理与褶皱、断层及区域性地质构造有密切的联系。它们常常相互伴生，是工程地质调查工作中的重点对象。

4. 区域性节理

区域性节理是在地壳表层广大地区存在着规律性展布的节理。这些节理与局部的地质构造（如断层、褶皱）没有成因上的联系。它们是区域性构造和区域性构造应力场作用的结果，这类节理称为区域性节理。

在区域性节理的发育过程中，节理产状、方位、组合、排列、间距等方面具有规律性的节理称为系统性节理；无规律可循的节理称为非系统性节理。节理构造的这些规律性一般是构造成因的，或者是与某种构造具有成因关系。非系统性节理一般来说是非构造成因的，也可能是前期的系统性节理遭受后期构造的改造或叠加，使其失去原先的规律性而造成的。

（二）节理的观测与统计

对节理的观测与统计主要是确定节理的成因，对节理进行分期，统计节理的间距、数量、密度，确定节理的发育程度和主导方向等。

观测点的选定要求如下：

第一，观测点的选定取决于研究的目的和任务，一般不要求均匀布点，而是需要根据地质情况和节理发育情况来布点，做到疏密适度。

第二，露头良好，最好能在三度空间观测，其露头面积一般不小于 10 m²，以便于大量观测和统计。

第三，节理比较发育，节理组、节理系及其相互关系比较容易确定。

第四，观测点应选在构造的重要部位。

第五，尽可能在不同的构造层、不同的岩系、不同的岩性层中布点。

节理野外观测包括以下内容：

第一，地质背景：包括地层、岩性、褶皱和断层的发育。

第二，节理的产状：走向、倾向和倾角。

第三，节理的张开和填充情况：包括张开的程度、充填的物质等。

第四，节理面的粗糙程度：粗糙的、平坦的、光滑的。

第五，节理的充水情况：室内资料整理与统计常用的方法是制作节理玫瑰花图，主要有节理走向玫瑰花图、节理倾向玫瑰花图、节理倾角玫瑰花图。

第二章　地下水与岩土工程的性质

第一节　地下水

一、地下水概念

（一）空隙

1. 孔隙

孔隙是指松散岩土中颗粒或颗粒集合体之间的空隙。松散堆积物和某些胶结不好的基岩，是由大大小小的颗粒构成的，颗粒之间的空隙相互连通且呈孔状，故称为孔隙。

孔隙度大小是衡量岩土储存地下水能力大小的重要参数，二者呈正比关系。岩土孔隙度的大小主要取决于颗粒的分选程度（均匀程度）、颗粒的排列方式、颗粒形状及胶结充填情况。岩土越疏松，其分选性越好，孔隙度越大；岩土颗粒立方体排列方式比四方体排列方式的孔隙度要大；孔隙若被胶结物充填，则孔隙度变小。

2. 裂隙

裂隙是指岩土受地壳运动及各种地质应力作用下变形破裂而形成的空隙。其按裂隙成因可分为以下 3 种类型：

成岩裂隙：岩土在成岩过程中产生的裂隙。

构造裂隙：岩土在构造运动中受力破裂所产生的裂隙。

风化裂隙：岩土在风化作用下破坏而产生的裂隙。

研究裂隙，主要是研究其发育方向、密度、延伸长度、充填情况以及发育密度、发育程度等。由于自然界岩石裂隙发育极不均匀，所以，在实地测量岩石的裂隙率时要多测些点，以统计出平均值，才具有代表性。

3. 溶隙

可溶岩中的裂隙经地下水流长期溶蚀而形成的空隙称为溶隙。

上述 3 种空隙的发育，在自然界的许多情况下是相互制约又共同伴生的。如坚硬的灰岩，可在构造力作用下产生构造裂隙，而后地下水活动期间又发生溶蚀作用，将这些构造裂隙开拓为溶蚀裂隙，扩为溶洞。松散岩石中固然多孔隙，但有时黏土干缩会产生裂隙，这些裂隙的水文地质意义往往超过其原有的孔隙。固结程度不高的沉积岩，往往既有孔隙又有裂隙。

岩石中的空隙是地下水的赋存场所和运移通道，但这些空隙必须是以一定方式连接起来构成空隙网络，才能成为具有水文地质意义的储存空间和地下水水流运动的通道，否则，孤立的空隙意义不大。不同类型的岩石，其所形成的空隙网络特点是不一样的。松散岩土中空隙发育的一般特点是连通性好、分布均匀、各向同性，所以，分布在其中的地下水的多少和运动状态都是比较均匀的。

（二）水在岩土中的存在状态

1. 气态水

气态水也就是水蒸气，它可以是由湿空气带入的，也可以是岩石中其他水蒸发形成的。气态水可因温度、湿度和压力的变化而迁移。当温度降低，湿度达到饱和时，气态水便凝结为液态水。

2. 吸着水（强结合水）

所谓吸着水，就是最靠近颗粒表面的那些水分子。这些水分子与颗粒结合紧密，结合力可超过 10000 个大气压，因此，也称为强结合水。由于强大的结合力，使吸着水的比重、密度都较大。它不受重力的影响，一般不能移动，不溶解盐类，因此，吸着水不能被植物根系吸收。

3. 薄膜水（弱结合水）

在紧密的吸着水层的外面，还存在着吸附力的作用，吸附着水分子，随着水层的加厚，吸附力逐渐减弱，这一层水又称为薄膜水。薄膜水可以移动，这种运动主要与颗粒吸附的位能有关，而与重力无关。

4. 毛细水

岩土细小孔隙和毛细裂隙中的水称为毛细水。它是由于表面张力的作用而存在于孔隙或裂隙中。毛细水是直接影响农作物生长的因素。它为农作物供给水分，也是可能造成土壤盐渍化的主要因素。道路和某些建筑物的地基基础以及其他设施往往也必须考虑毛细水的上升。

5. 重力水（自由水）

岩土孔隙中不受颗粒表面引力的影响，只在重力作用下运动的水称为重力水，重力水可以自由流动，所以有时又称其为自由水。重力水是构成地下水的主要部分，通常所说的地下水就是指重力水。

6. 固态水

当岩土的温度低于 0℃时，岩土中的水就结成冰，称为固态水。因为水结成冰时体积会膨胀，所以冬季许多高寒地区地表会有"冻胀"的现象，在高寒地区还有"多年冻土"，这些都是工程地质工作需要研究的问题。

由上述可见，岩土中存在着各种不同形态的水，它们是相互关系，可以相互转化。如果存在地下水，那么地下水面以下自由流动的重力水，称为饱水带。地下水面以上直到地表统称为包气带，包气带下部是毛细水带，是岩土饱和度的过渡带。

（三）岩土的水理性质

1. 容水性

容水性是指岩土能容纳一定水量的性能。容水性在数量上用容水度表示，容水度是指岩土空隙完全被水充满时的含水率，可表示为岩土所能容纳的水的体积与岩土的总体积之比。

2. 持水性

持水性是指依靠分子引力或毛细力，在岩土孔隙、裂隙中能保持一定数量水体的性能。持水性在数量上以持水度表示，持水度是指受重力作用时岩土仍能保持的水的体积与岩土总体积之比。

3. 给水性

给水性是指在重力作用下，饱水岩土能够流出一定水量的性能。给水性在数量上用给水度表示，给水度是指岩土给出的水量与岩土总体积之比，在数值上等于容水度减去持水度。

不同岩土的给水度很不相同。松散沉积物中颗粒越粗，给水度越大，颗粒非常细的岩土，持水度很大，因而给水度很小，甚至为零。

4. 透水性

透水性是指岩土允许水透过的性能。岩土可以透水的根本原因在于其具有相连通的空隙。

松散岩土的透水性主要取决于土的粒径、级配，而与孔隙度关系不大。在通常情况下，砾石层具有较大的透水性；细砂层透水性较弱；黏土层几乎是不透水的。在坚硬岩石中透水性主要取决于裂隙和溶隙的数量、规模和填充性，因而，裂隙率和岩溶率是影响透水性大小的主要因素。根据透水性的大小，可分为透水、半透水和不透水。

（四）含水层、隔水层

1. 含水层

含水层是指能够给出并透过相当数量重力水的岩层。构成含水层的条件有两个：一是岩石中要有空隙存在，并充满足够数量的重力水；二是这些重力水能够在岩石空隙中自由运动。

2. 隔水层

隔水层是指不能给出并透过水的岩层或给出微不足道水的岩层。隔水层有的含水，但是不具有允许相当数量的水透过自己的性能，如黏土就是这样的隔水层。

二、地下水的类型

（一）按埋藏条件分类

1. 上层滞水

上层滞水是指存在于地面以下包气带中的水。当包气带存在局部隔水层（弱透水层）时，局部隔水层上会积聚具有自由水面的重力水，即上层滞水。

上层滞水的主要特征是水量不大，且季节性变化强烈。由于其最接近地表，故水量随季节而变化，一般在雨季水量增大，而到干旱季节水量减小，甚至干枯。上层滞水的补给区和分布区是一致的。上层滞水来自当地大气降水或地表水的补给，以蒸发或逐渐向下渗透（取决于相对不透水层的透水性）的形式排泄。上层滞水一般矿化度低，但由于直接与地表相通，其水质量最易受污染。上层滞水水量不大，且随季节变化强烈，上层滞水只能用于农村少量人口的供水及小型灌溉用水。从工程地质角度看，上层滞水是引起土质边坡滑坍，地基、路基沉陷、冻胀等危害的重要因素。

2. 潜水

潜水是指埋藏于地表以下，第一个稳定隔水层之上具有自由水面的饱水带中的重力水。潜水具有的自由水面称为潜水面，如以高程表示称为潜水位，自地表至潜水面间的垂直距离为潜水的埋藏深度。潜水面至下伏隔水层之间的地带均充满重力水，称为含水层，其间的距离即为含水层的厚度，下伏隔水层称为此含水层的底板。

潜水面的特征如下：潜水面通常为延伸不是很广的平面，其形状与当地的地貌形态、隔水底板的坡度、含水层岩性、厚度变化以及水文网发育状况有密切关系，基于这些因素，潜水面一般呈倾斜的各种形态的曲面。但在特定的条件下，潜水面以近似平面呈水平产出，不流动，此时形成潜水湖。潜水面的起伏经常与地形一致，只是比地形起伏平缓。当含水层厚度变大时，潜水面坡度变缓；当岩层透水性变好时，潜水面坡度变缓。

了解潜水面的形状与变化规律对开采利用潜水、工程设计与施工具有重要的意义。通过潜水面的形状可以掌握该面各点的潜水位，而潜水位是开采井深度和取水方式以及工程设计、施工的重要依据。同时，还可确定潜水流向和运动速度等。

在平面上潜水面的形状可以用潜水等水位线图来表示。潜水等水位线图即潜水面等高线图，它是根据所在地区各水文地质点（井、钻孔、试坑和泉等），在大致相同的时间内，潜水面各点的水位标高编制成的。它的绘制方法与绘制地形等高线相同，一般在地形图上绘制。因为潜水面随时都在变化，所以等水位线图应注明测定水位的日期。潜水等水位线图有以下用途：

第一，可以确定潜水的流向及潜水面的水力坡度。潜水是沿着潜水面坡度最大的方向流动的，因此，垂直等水位线的方向就是潜水的流向。潜水面的水力坡度即在流向上取两点水位的高差，用其除以水平距离。

第二，反映潜水与地表水的相互关系。如果潜水流向指向河流，则潜水补给河流；如果潜水流向背向河流，则潜水接受河水补给。

第三，确定潜水的埋藏深度。某一点的地面标高减去该点的水位标高，就是此点的潜水埋深。

第四，确定泉或沼泽的位置。在潜水等水位线与地形等高线高程相等处，潜水露出，这里即泉或沼泽的位置。

第五，推断含水层的岩性或厚度的变化。在地形坡度变化不大的情况下，若等水位线由密变疏，则表明含水层透水性变好或含水层变厚；相反，则说明含水层透水性变差或厚度变小。

第六，确定给水和排水工程的位置。水井应布置在地下水流汇集的地方，排水沟（截水沟）应布置在垂直水流的方向上。

潜水对建筑物的稳定性和施工均有影响，建筑物的地基最好选在潜水位深的地带或使基础浅埋，尽量避免水下施工。若潜水对施工有危害，宜用排水、降低水位、隔离等措施进行处理。

3. 承压水

（1）自流盆地

自流盆地按水文地质特征可分为补给区、承压区和排泄区三个组成部分。承压含水层在盆地边缘出露于地表，高程较高的一边成为承压水的补给区，高程较低处成为排泄区。在补给区上面由于没有隔水层存在而不具有承压性质，实际上已成为潜水，它直接接受大气降水及地表水的补给，它的水位受到气候及地形的控制，往往具有较好的径流条件。承压含水层之上有不透水层覆盖的地段称为承压区，这里的地下水受静水压力，当钻孔打穿隔水顶板后，就可发现水位上升到隔水顶板以上的某一高度，此高程即承压水在该点的静止水位或测压水位。从静止水头到含水层顶板之底面的垂直距离称为压力水头，此压力水头的大小各处不同，其取决于含水层各处的隔水顶板与静止水位间的距离。当承压水位高于地形高程时，如钻孔穿过隔水顶板，水就可以涌出地表，否则不会。在自流盆地边缘，地形较低的地段内，承压水可以通过泉等各种形式排出含水层之外，该处即排泄区。

（2）自流斜地

单斜承压水含水层在水文地质学中称为承压斜地，其形成有两种不同的情况：一种情况是断裂构造所形成的自流斜地，含水岩层一端出露于地表，成为接受大气降水或地表水下渗的补给区；另一端在地下某一深度被断层切断，并与断层另一侧隔水层接触。当断层带岩性破碎能够透水时，含水层中的承压水沿断层带上升，若断层带露出地表处低于含水层出露地表处，则承压水可以通过断层以泉水的形式排泄，断层带就成为这种自流斜地的排泄区。倘若断层不导水时，那么自流斜地的补给区与排泄区位于相邻地段而承压区位于另一地段。另一种情况是含水层岩性发生相变，上部出露地表，下部在某一深度处尖灭，即岩相发生变化，由透水层变为不透水层。在补给区承受来自地表水或大气降水的补给，当补给量超过含水层可能容纳的水量时，由于下部无排泄出路，形成回水，因此在含水层出露地表的地势较低处有泉出现，形成排泄区，可见补给区与排泄区是相邻的，而承压区位于另一端。此时水从补给区流到排泄区，并非经过承压区，这与上面所述自流盆地中水的循环显然有极大的区别。在第一种情况下，如断层带不导水时，则情况相同。

承压含水层的埋藏条件与潜水层相比显然有其独特之处。无论自流盆地还是自流斜地，承压含水层在同一区域内均可在不同深度有着若干层同时存在的情况，它们之间的水头高度与地形和构造二者有关。

承压水的补给区直接出露于地表时，补给多半来自大气降水；只有当补给区位于河床地带，地表水才可以成为补给来源；当承压含水层补给区位于潜水之下，潜水可以泄入承压含水层中构成其补给源。

（二）按赋存介质分类

地下水按赋存介质可分为孔隙水、裂隙水、岩溶水。

1. 孔隙水

孔隙水存在于松散岩层的孔隙中，这些松散岩层包括第四系和坚硬基岩的风化壳。它多呈均匀而连续的层状分布。孔隙水的存在条件和特征取决于岩石的孔隙情况，因为岩石孔隙的大小和多少，不仅关系到岩石透水性的好坏，而且也直接影响到岩石中地下水水量的多少，以及地下水在岩石中的运动条件和地下水的水质。一般情况下，颗粒大而均匀，则含水层孔隙也大、透水性好，地下水水量大、运动快、水质好；反之，则含水层孔隙小、透水性差，地下水运动慢、水质差、水量也小。

孔隙水由于埋藏条件不同，可形成上层滞水、潜水或承压水，即分别称为孔隙—上层滞水、孔隙—潜水、孔隙—承压水。

2. 裂隙水

（1）风化裂隙水

风化裂隙水是指赋存于风化裂隙中的水。风化裂隙多分布于地表附近，它是暴露于大气的岩石在水、空气、生物等风化应力的共同作用下形成的裂隙。由于风化作用首先在地表岩石的薄弱部位进行，所以，风化裂隙常在成岩裂隙和构造裂隙的基础上进一步发展。由于风化作用的普遍性，决定了风化裂隙在地表呈壳状包裹于地面，形成密集、均匀、相互连通的层状裂隙系统。风化裂隙的发育厚度取决于风化作用的强度，一般为几米到几十米。这些风化裂隙可以贮水、导水，从而构成风化裂隙的含水系统。风化裂隙多分布在地表,故常为潜水。如果风化裂隙被后期细粒物质覆盖,成为埋藏的古风化壳,也可贮存承压水。

（2）成岩裂隙水

成岩裂隙水是指岩石在形成过程中受内部应力作用而产生的原生裂隙中赋存的地下水。沉积岩和深层岩浆岩的成岩裂隙通常是闭合的,含水意义不大。最有意义的是玄武岩成岩裂隙。其为陆地喷发的玄武岩岩浆,在冷凝收缩过程中产生的六方柱状节理,属于成岩裂隙（还有气孔）。此类裂隙张开性一般较好,且分布均匀、密集,连通性好,常构成贮水丰富、导水通畅的层状裂隙含水系统。

当岩浆侵入某个地质体,形成岩脉,岩脉在冷凝收缩时产生垂直于岩脉的拉张裂隙,张开性好,并在拉力的作用下产生剪切斜裂隙,二者相互连通可构成近直立的带状含水系统。在岩浆侵入接触带上,也可形成拉张裂隙而构成裂隙含水系统。

（3）构造裂隙水

构造裂隙水是指赋存在由地质构造运动而产生的裂隙之中的水。裂隙的发育情况决定着裂隙水的分布。一般情况下,在构造应力集中的部位裂隙发育,坚硬的脆性岩石容易形成裂隙。所以,在背斜轴部、穹窿核部、枢纽的倾伏端处裂隙发育而富水;脆性岩石易破裂也富水,断裂带也富水。构造裂隙水的特征（与孔隙水相比较）有:透水性各向异性（受裂隙发育的方向性制约）;富水性极不均匀（由裂隙发育不均匀所致）;多具承压性（总体上说,裂隙水可以是潜水,但由于其整体岩块起隔水作用,岩壁承受一定的静水压力,所以裂隙水往往承压）;揭露主干裂隙通道的井,其涌水量远远大于只揭露其他裂隙的井。

3. 岩溶水

岩溶水是指在岩溶孔隙中保存和运动的地下水。岩溶又称为喀斯特,是在以碳酸盐岩为土的可溶性岩石分布区,由水流与可溶性岩石相互作用的过程以及由此产生的各种地质现象的总和。在地表典型的岩溶地貌有石林、孤峰、落水洞、波立谷等,地下则形成溶孔、溶洞、暗河等。岩溶水不仅是一种具有特殊性质的地下水,而且也是一种活跃的地质应力,在它的运动过程中,其不断与岩石作用,改造自身的赋存环境,形成独特的分布和运动特征。

岩溶空隙发育得不均匀,裂隙宽度大小不一,连通程度各不相同,层流与紊流并存。在一些细小的裂隙中,水流因阻力大而流动缓慢,流态为层流;而在一些连通性和开启性好的裂隙中,水流阻力小、流速大且水量集中,多呈紊流状态。如石灰岩,其原生孔隙很小,透水性能差,但经溶蚀后形成不同形状的溶隙,有溶蚀漏斗、溶洞等,不同空隙空间的大小和透水性可以相差几个数量级,一些巨大的地下管道和溶洞,可成为地下暗河,加上岩溶发育在空间上的差异性,造成岩溶水的分布极为不均匀。同时,岩溶空间主要是在裂隙空间的基础上发展形成的,裂隙空间的方向性和其透水性能各向异性的特点在岩溶介质中得到继承和加剧，因此，透水性能各向异性是岩溶介质的另一个显著特点。一方面在同一水力系统的不同，渗透系数、水力坡度、渗透流速都各不相同；另一方面表现为岩溶水的水位与流量过程呈现强烈的季节变化，其水位变幅有几十米，流量变幅有几十倍。岩溶含水层的水量丰富，岩溶含水层的富水程度与岩溶发育程度密切相关。

三、地下水的补给、排泄与径流

（一）地下水的补给

1. 大气降水补给

大气降水是地下水最主要的补给来源，但大气降水补给地下水的数量与降水性质、植物覆盖、地形、地质构造、包气带厚度及岩石透水性等密切相关，一般来说，时间短的暴雨对补给地下水不利，而连绵细雨能大量补给地下水。

2. 地表水补给

地表水指的是河流、湖泊、水库与海洋等，地表水可能补给地下水，也可能排泄地下水，这主要取决于地表水水位与地下水水位之间的关系。地表水位高于地下水位，地表水补给地下水；反之，则为地下水补给地表水。

3. 含水层之间的补给

深部与浅部含水层之间的隔水层中若有透水的"天窗"或由于受断层的影响，使上下含水层之间产生一定的水力联系时，地下水便会由水位高的含水层流向并补给水位低的含水层。此外，若隔水层有弱透水能力，当两含水层之间水位相差较大时，也会通过弱透水层进行补给。例如，对某一含水层抽水时，另一含水层可以越流补给抽水井，增加井的出水量。

（二）地下水的排泄

1. 蒸发

通过土壤蒸发与植物蒸发的形式而消耗地下水的过程称为蒸发排泄。蒸发量的大小与温度、湿度、风速、地下水位埋深、包气带岩性等有关，干旱与半干旱地区地下水蒸发强烈，其常是地下水排泄的主要形式。

2. 泉水溢出

泉是地下水的天然露头，是地下水排泄的主要方式之一。当含水层通道被揭露于地表时，地下水便溢出地表形成泉。山区地形由于受到强烈的切割，岩石多次遭受褶皱、断裂，形成地下水流向地表的通道，因而，山区常有丰富的泉水；而平原地区由于地势平坦，地表切割作用微弱，故泉的分布不多。按照补给含水层的性质，可将泉水分为上升泉与下降泉两大类。上升泉由承压含水层补给；下降泉由潜水或上层滞水补给。

3. 向地表水泄流

当地下水位高于河水位时，若河床下面没有不透水岩层阻隔，那么地下水可以直接流向河流补给河水。其补给量可通过对上、下游两断面河流流量的测定计算。

（三）地下水的径流

地下水径流是指地下水由补给区流向排泄区的过程。地下水由补给区流经径流区，流向排泄区的整个过程构成水循环的全过程。地下水径流包括径流方向、径流速度与径流量。

地下水补给区与排泄区的相对位置与高差决定着地下水径流的方向与径流速度，含水层的补给条件与排泄条件越好、透水性越强，则径流条件越好。例如，山区的冲积物，岩石颗粒粗、透水性强，则含水层的补给与排泄条件好。山区地势险峻，地下水的水力坡度大，因此，山区的地下水径流条件好。平原区多堆积一些细颗粒物质，地形平缓，水力坡度小，因此，平原的水径流条件较差。径流条件好的含水层其水质较好。另外，地下水的埋藏条件也决定了地下水的径流类型，潜水属无压流动，承压水属有压流动。

第二节　地质作用

一、风化作用

（一）基本概念

无论多么坚硬的岩石，一旦裸露在地表，受太阳辐射作用并与水圈、大气圈和生物圈接触，为适应地表新的物理、化学环境，都必然会发生变化，这种变化虽然缓慢，但年深日久，就会逐渐崩解、分离为大小不一的岩屑或土层。岩石的这种物理、化学性质的变化称为风化，引起岩石这种变化的作用称为风化作用，被风化的岩石圈表层称为风化壳。在风化壳中，岩石经过风化作用后，形成松散的岩屑和土层，残留在原地的堆积物称为残积土，尚保留原岩结构和构造的风化岩石称为风化岩。

（二）风化作用的类型

1. 物理风化

物理风化是指地表岩石因温度变化和孔隙中水的冻融以及盐类的结晶而产生的机械崩解过程。它使岩石从比较完整固结的状态变为松散破碎的状态，使岩石的孔隙度和表面积增大。因此，物理风化又称为机械风化。物理风化可分为热力风化和冻融风化两种类型。

（1）热力风化

地球表面所受太阳辐射有昼夜和季节的影响，因而，气温与地表温度均有相应的变化。岩石是不良导热体，所以，受阳光影响的岩石昼夜温度变化仅限于很浅的表层，而由温度变化引起岩体膨胀所产生的压应力和收缩所产生的张应力也仅限于表层。这两种过程的频繁交替使岩石表层产生裂缝以至呈片状剥落。

（2）冻融风化

岩石孔隙或裂隙中的水在冻结成冰时，其体积膨胀（约增大 9%），因而对岩石裂隙壁施加很大的压应力（可达 200 MPa），使岩石裂隙加宽、加深。当冰融化时，水沿扩大了的裂隙渗入岩石更深的内部，再次冻结成冰。这样的冻结、融化过程频繁进行，不断使裂隙加深、扩大，以致岩石崩裂成为岩屑。这种作用又称为冰劈作用。

2. 化学风化

化学风化是指岩石在水、水溶液和空气中的氧与二氧化碳等作用下所发生的溶解、水化、水解、碳酸化和氧化等一系列复杂的化学变化。它使岩石中可溶的矿物逐步被溶蚀流失或渗入风化壳的下层，在新的环境下，又可能重新沉积。残留下来的或新形成的多是难溶的稳定矿物。化学风化使岩石中的裂隙加大、孔隙增多，这样就破坏了原来岩石的结构和成分，使岩层变成松散的土层。化学风化的方式主要有溶解作用、水化作用、水解作用、碳酸化作用和氧化作用。

（1）溶解作用

水是一种良好的溶剂。由于水分子的偶极性，它能与极性型或离子型的分子相互吸引。而矿物绝大部分都是由离子型分子所组成的，所以，矿物遇水后，就会不同程度地被溶解，一些质点（离子或分子）逐步离开矿物表面，进入水中，形成水溶液而流失。

（2）水化作用

有些矿物（特别是极易溶解和易溶解盐类的矿物）与水接触后，其离子与水分子互相吸引，紧密结合，形成了新的含水矿物。在岩石中，大部分矿物不含水，其中某些矿物在地表与水接触后形成的新矿物含水。

硬石膏经水化成为石膏后，硬度降低，相对密度减小，体积增大 60%，对围岩会产生巨大的压力，从而促进物理风化的进行。

（3）水解作用

岩石中大部分矿物属于硅酸盐和铝硅酸盐，它们是弱酸强碱化合物，因而水解作用较普遍。

（4）碳酸化作用

溶于水中的 CO_2 形成 CO 和 HCO_3 离子，它们能夺取盐类矿物中的 K^+、Na^+、Ca^{2+} 等金属离子，结合成易溶的碳酸盐而随水迁移，使原有矿物分解，这种变化称为碳酸化作用。

（5）氧化作用

大气中含有约 21% 的氧气，而溶在水里的空气含氧量有 33% ~ 35%，所以，氧化作用是化学风化中常见的一种，它经常是在水的参与下，通过空气和水中的游离氧而实现。

氧化作用有两个方面的表现：①矿物中的某种元素与氧结合形成新矿物；②许多变价元素在缺氧条件下形成的低价矿物，在地表氧化环境下转变成高价化合物，原有矿物被解体。前一种情况的例子如黄铁矿经氧化后转化成褐铁矿；后一种情况的例子如含有低价铁的磁铁矿经氧化后转变成褐铁矿。地表岩石风化后多呈黄褐色就是因为风化产物中含有褐铁矿的缘故。

3. 物理风化和化学风化之间的相互关系

岩石的风化作用，实质上只有物理风化和化学风化两种基本类型，它们彼此之间联系紧密。物理风化作用可加大岩石的孔隙度，使岩石获得较好的渗透性，这样就更有利于水分、气体和微生物等的侵入。岩石崩解为较小的颗粒，使表面积增加，更有利于化学风化作用的进行。从这种意义来说，物理风化是化学风化的前驱和必要条件。在化学风化过程中，不仅岩石的化学性质发生变化，而且也包含着岩石的物理性质的变化。物理风化只能使颗粒破碎到一定的粒径，大致在中、细砂粒之间，因为机械崩裂的粒径下限为 0.02 mm，在此粒径以下，作用于颗粒上的大多数应力可以被弹性应变抵消而消除，然而化学风化却能进一步使颗粒分解破碎为更细小的粒径（直到胶体溶液和真溶液）。从这种意义说，化学风化是物理风化的继续和深入。实际上，物理风化和化学风化在自然界中往往是同时进行、互相影响、互相促进的。因此，风化作用是一个复杂、统一的过程，只有在具体条件和阶段上，物理风化和化学风化才有主次之分。

4. 生物风化

生物风化是指生物在其生长和分解过程中，直接或间接地对岩石矿物所起的物理和化学的风化作用。生物的物理风化如生长在岩石裂缝中的植物，在成长过程中，根系变粗、增长和加多，它像楔子一样对裂隙壁施以强大的压力（1 ~ 1.5 MPa），使岩石劈裂。其他如动物的挖掘和穿凿活动也会加速岩石的破碎。

生物的化学风化作用更为重要和活跃。生物在新陈代谢过程中，不仅从土壤和岩石中汲取养分，同时也分泌出各种化合物，如硝酸、碳酸和各种有机酸等，它们都是很好的溶剂，可以溶解某些矿物，并对岩石起着强烈的破坏作用。

（三）影响风化作用的因素

1. 气候因素

气候对风化作用的影响主要是通过温度和降雨量变化以及生物繁殖状况来实现的。在昼夜温差或寒暑变化幅度较大的地区，有利于物理风化作用的进行。特别是温度变化的速率，比温度变化的幅度更为重要，因此，昼夜温差大的地区，对岩石的破坏作用也大。炎夏的暴雨对岩石的破坏更剧烈。温度的高低，不仅影响热胀冷缩和水的物态，而且对矿物在水中的溶解度、生物的新陈代谢、各种水溶液的浓度和化学反应的速率等都有很大的影响。各地区降雨量的大小，在化学风化中有重要的影响。雨水少的地区，某些易溶矿物不能完全溶解，并且溶液容易达到饱和，发生沉淀和结晶，从而限制了元素迁移的可能性；而多雨地区就有利于各种化学风化作用的进行。化学风化的速度在很大程度上取决于淋溶的水量，而且雨水多又有利于生物的繁殖，从而也加速了生物风化。因此，气候基本上决定了风化作用的主要类型及其发育的程度。

2. 地形因素

在不同的地形条件（高度、坡度和切割程度）下，风化作用也有明显的差异，它影响着风化的强度、深度和保存风化物的厚度及分布情况。

在地形高差很大的山区，风化的深度和强度一般大于地表平缓的地区；但因斜坡上岩石破碎后很容易被剥落、冲刷而移离原地，所以，风化层一般都很薄，颗粒较粗，黏粒很少。在平原或低缓的丘陵地区，由于坡度缓，地表水和地下水流动都比较慢，风化层容易被保存下来，特别是平缓低凹的地区，风化层更厚。

一般来说，在宽平的分水岭地区，潜水面离地表较河谷地区深，风化层厚度往往比河谷地区的厚。强烈的剥蚀区和强烈的堆积区，都不利于化学风化作用的进行。沟谷密集的侵蚀切割地区，地表水和地下水循环条件虽好，风化作用也强烈，但因剥蚀强烈，所以风化层厚度不大。山地向阳坡的昼夜温差较阴坡大，故风化作用较强烈，风化层也较厚。

3. 地质因素

岩石的矿物组成、结构和构造都直接影响着风化的速度、深度和风化阶段。岩石的抗风化能力主要是由组成岩石的矿物成分决定的。造岩矿物对化学风化的抵抗能力是不同的，也就是说，它们在地表环境下的稳定性是有差异的。

从岩石的结构上看，粗粒的岩石比细粒的更容易风化，多种矿物组成的岩石比单一矿物岩石容易风化，粒度相差大的和有斑晶的都比均粒的岩石容易风化。

就岩石的构造而言，断裂破碎带的裂隙、节理、层理与页理等都是便于风化应力侵入岩石内部的通道。所以，这些不连续面（也可以称为岩石的软弱面）在岩石中的密度越大，岩石遭受的风化就越强烈。风化作用会沿着某些张性的长大断裂深入地下很深的地方，形成所谓的风化囊袋。

（四）岩石风化的勘查评价与防治

1. 风化作用的工程意义

岩石受风化作用后，改变了其物理化学性质，其变化的情况随着风化程度的轻重而不同。例如，岩石的裂隙度、孔隙度、透水性、亲水性、胀缩性和可塑性等都随风化程度的加深而增加；岩石的抗压和抗剪强度等都随风化程度加深而降低；风化壳成分的不均匀性、产状和厚度的不规则性都随风化程度加深而增大。所以，岩石风化程度越深的地区，工程建筑物的地基承载力越低，岩石的边坡越不稳定。风化程度对工程设计和施工都有直接影响，如矿山建设、场址选择、水库坝基、大桥桥基和铁路路基等地基开挖深度、浇灌基础应到达的深度和厚度、边坡开挖的坡度以及防护或加固的方法等，都将随岩石风化程度的不同而不同。因此，工程建设前必须对岩石的风化程度、速度、深度和分布情况进行调查和研究。

2. 岩石风化的勘查与评价

岩石风化的调查内容主要如下：

第一，查明风化程度，确定风化层的工程性质，以便考虑建筑物的结构和施工方法。在野外一般根据岩石的颜色、结构和破碎程度等宏观地质特征和强度，将风化层进行划分。在野外工作基础上，还需对风化岩进行矿物组分、化学成分分析或声波测试等进一步研究，以便准确划分风化带。

第二，查明风化厚度和分布，以便选择最适宜的建筑地点，合理地确定风化层的清基和刷方的土石方量，确定加固处理的有效措施。

第三，查明风化速度和引起风化的主要因素，对那些直接影响工程质量和风化速度快的岩层，必须制定预防风化的正确措施。

第四，对风化层的划分，特别是对黏土的含量和成分（蒙脱石、高岭石、水云母等）进行必要分析，因为它直接影响地基的稳定性。

3. 岩石风化的防治

岩石风化的防治方法主要如下：

（1）挖除法

挖除法适用于风化层较薄的情况，当厚度较大时通常只将严重影响建筑物稳定的部分剥除。

（2）抹面法

抹面法通常使用水和空气不能透过的材料，如沥青、水泥、黏土层等覆盖岩层。

（3）胶结灌浆法

胶结灌浆法是用水泥、黏土等浆液灌入岩层或裂隙中，以加强岩层的强度，降低其透水性。

（4）排水法

排水法是为了减少具有侵蚀性的地表水和地下水对岩石中可溶性矿物的溶解，适当做一些排水工程。

只有在进行详细的调查研究以后，才能提出切实可行的防止岩石风化的处理措施。

二、河流地质作用

（一）河流的侵蚀、搬运和沉积作用

1. 河流的侵蚀作用

（1）下蚀作用

下蚀作用是指河水在流动过程中使河床逐渐下切加深的作用。河水夹带的固体物质对

河床的机械破坏，是使河流下蚀的主要因素。其作用强度取决于河水的流速和流量，同时，也与河床的岩性和地质构造有着密切的关系。河水的流速和流量越大时，其下蚀作用的能量越大，如果组成河床的岩石坚硬且无构造破坏现象，则会抑制河水对河床的下切速度；反之，如果岩性松软或受到构造作用的破坏，则下蚀作用易于进行，河床下切过程加快。

下蚀作用使河床不断加深，切割成槽形凹地，形成河谷。若山区河流下蚀作用强烈，可形成深而窄的峡谷。

河流的侵蚀过程总是从河的下游逐渐向河源方向发展，这种溯源推进的侵蚀过程称为溯源侵蚀。分水岭不断遭到剥蚀切割，河流长度的不断增加，以及河流的袭夺现象都是造成河流溯源侵蚀的结果。

河流的下蚀作用并不是无止境地继续下去，而是有它自己的基准面。因为随着下蚀作用的发展，河流不断加深，河流的纵坡逐渐变缓，流速降低，侵蚀能量削弱，达到一定的基准面后，河流的侵蚀作用将趋于消失。河流下蚀作用消失的平面，称为侵蚀基准面。流入主流的支流，基本上以主流的水面为其侵蚀基准面；流入湖泊、海洋的河流，则以湖面或者海平面为其侵蚀基准面。大陆上的河流绝大部分都流入海洋，而且海洋的水面也比较稳定，所以，又把海平面称为基本侵蚀基准面。

（2）侧蚀作用

侧蚀作用是指河流以携带的泥、砂、砾石为工具，并以自身的动能和溶解力对河床两岸的岩石进行侵蚀，使河谷加宽的作用。河流的中、下游及平原区的河流，由于河床坡度较为平缓，侧蚀作用占主导地位。河水在运动过程中的横向环流作用是促使河流产生侧蚀的经常性因素。另外，如河水受支流或支沟排泄的洪积物及其他重力堆积物的障碍顶托，致使主流流向发生改变，引起对河岸产生局部冲刷，这也是一种在特殊条件下产生的河流侧蚀现象。在天然河道上能形成横向环流的地方很多，但在河湾部分最为显著。当运动的河水进入河湾后，由于离心力的作用，表层流束以很大的流速冲向凹岸，产生强烈冲刷，使凹岸岸壁不断坍塌后退，并将冲刷下来的碎屑物质由底层流束带向凸岸堆积下来。由于横向环流的作用，使凹岸不断受到强烈冲刷，凸岸不断发生堆积，结果使河湾的曲率增大，并受纵向流的影响，使河湾逐渐向下游移动，因而导致河床发生平面摆动。这样日积月累，整个河床由于河水的侧蚀作用逐渐拓宽。

沿河布设的公路，往往由于河流的水位变化及侧蚀作用，使路基发生水毁现象，特别是在河湾凹岸地段显著。因此，在确定路线具体位置时，必须加以防护。由于在河湾部分横向环流作用明显加强，容易发生塌岸，并产生局部剧烈冲刷和堆积作用，河床容易发生平面摆动，因此，其对桥梁建筑也是很不利的。

由于河流侧蚀的不断发展，致使河流一个河湾接着一个河湾，并使河湾的曲率越来越大，河流的长度越来越长，结果使河床的比降逐渐减小，流速不断降低，侵蚀能量逐渐削弱，直至常水位时已无能量继续发生侧蚀为止。这时，河流所特有的平面形态，称为蛇曲。有些处于蛇曲形态的河湾，彼此之间靠近，一旦流量增大，会截弯取直，流入新开拓的局部河道，而残留的原河湾的两端因逐渐淤塞而与原河道隔离，形成状似牛轭的静水湖泊，称为牛轭湖。最后，由于长期承受淤积，牛轭湖逐渐成为沼泽，以致消失。

上述河湾的发展和消亡过程，一般只在平原区的某些河流中出现。这是因为河流的发展既受河流动力特征的影响，也受地区岩性和地质构造条件的制约。此外，与河流夹沙量也有一定的关系。在山区，由于河床岩性以石质为主，所以，河湾的发展过程缓慢。

下蚀和侧蚀是河流侵蚀作用密切联系的两个方面，在河流下蚀与侧蚀的共同作用下，使河床不断地加深和拓宽。由于各地河床的纵坡、岩性、构造等不同，两种作用的强度也不同，或以下蚀为主，或以侧蚀为主。如果河流只进行下蚀作用，或以下蚀作用为主，河谷横断面呈 V 形；如果河流只进行侧蚀作用，或以侧蚀作用为主，河谷横断面呈 U 形，谷底宽平；如下蚀作用与侧蚀作用等量进行，河谷横断面多不对称。由于河水流动具有紊流的性质，是由纵流与横向环流组合而呈螺旋状流束流动的，流速大时，纵流占优势；流速小时，横向环流占优势。一般在河流的中下游、平原区河流或处于老年期的河流，由于河湾增多，纵坡变小，流速降低，横向环流的作用相对增强，受这些因素影响，以侧蚀作用为主；在河流的上游，由于河床纵坡大、流速大，纵流占主导地位，从总体上来说，以下蚀作用为主。

2. 河流的搬运作用

河流的搬运作用是指河流在流动过程中夹带沿途冲刷侵蚀下来的物质（如泥砂、石块）离开原地的移动作用。河流的侵蚀和堆积作用，在一定意义上都是通过搬运过程来进行的。河水搬运能量的大小，取决于河水的流量和流速，在一定的流量条件下，流速是影响搬运能量的主要因素。

河流搬运的物质主要来自谷坡冲刷、崩落、滑塌下来的产物和冲沟内洪流冲刷出来的产物，然后是河流侵蚀河床的产物。

流水搬运的方式可分为物理搬运和化学搬运两大类。

物理搬运的物质主要是泥砂石块，化学搬运的物质则是可溶解的盐类和胶体物质。根据流速、流量和泥砂石块大小的不同，物理搬运又可分为悬浮式、跳跃式和滚动式三种。悬浮式的搬运主要是颗粒细小的砂和黏性土，悬浮于水中或水面，顺流而下。例如，黄河中大量黄土颗粒主要是悬浮式搬运。悬浮式搬运是河流搬运的重要方式之一，它搬运的物质数量最大。例如，黄河每年的悬浮搬运量可达 $6.72 \times 10^8 t$，长江每年为 $2.58 \times 10^8 t$。跳跃式搬运的物质一般为块石、卵石和粗砂，它们有时被急流、涡流卷入水中向前搬运，有时则被缓流推着沿河底滚动。滚动式的搬运主要是巨大的块石、砾石，它们只能在水流强烈冲击下，沿河底缓慢向下游滚动。

化学搬运的距离最远，水中各种离子和胶体颗粒多被搬运到湖、海盆地中，当条件适合时，它们会在湖、海盆地中产生沉积。

河流在搬运过程中，随着流速逐渐减小，被携带物质按其大小和质量陆续沉积在河床中，上游河床中沉积物较粗大，越向下游沉积物颗粒越细小；从河床断面上看，流速逐渐减小时，粗大颗粒先沉积下来，细小颗粒后沉积、覆盖在粗大颗粒之上，从而在垂直方向上显示出层理。在河流平面和断面上，沉积物颗粒大小的这种有规律的变化称为河流的分选作用。另外，在搬运过程中，被搬运物质与河床之间、被搬运物质互相之间，都不断在发生摩擦、碰撞，从而使原本有棱角的岩屑、碎石逐渐磨去棱角而呈浑圆形状，成为在河床中常常见到的砾石、卵石和砂，它们都具有一定的磨圆度，这种作用称为河流的磨蚀作用。良好的分选性和磨圆度是河流沉积物区别于其他成因沉积物的重要特征。

3. 河流的沉积作用与冲积层

河流在运动过程中，能量不断受到损失。当河水夹带的泥砂、砾石等搬运物质超过了河水的搬运能力时，被搬运的物质便在重力作用下逐渐沉积下来，称为沉积作用；河流的沉积物称为冲积层。河流沉积物是泥砂、砾石等机械碎屑物，而化学溶解的物质多在进入湖盆或海洋等特定环境后才开始发生沉积。

从河谷单元来看，冲积层的特点可以分为河床相与河漫滩相两大部分。河床相沉积物颗粒较粗。河漫滩相下部为河床沉积物，颗粒粗；表层为洪水期沉积物，颗粒细，以黏土、粉土为主。这两种不同特点的河谷沉积层被称为"二元结构"。

从河流纵向延伸来看，由于不同地段流速的降低情况不同，各处形成的沉积层就具有不同的特点，其基本可分为以下四大类型段：

第一，在山区，河床纵坡陡、流速大，侵蚀能力较强，沉积作用较弱。河床冲积层多以巨砾、卵石和粗砂为主。

第二，当河流由山区进入平原时，流速骤然降低，大量物质沉积下来，形成冲积扇。冲积扇的形状和特征与洪积扇相似，但冲积扇规模较大，冲积层的分选性及磨圆度更高。例如，北京及其附近广大地区就位于永定河冲积扇上。冲积扇还常分布在大山的山麓地带，例如，祁连山北麓、天山北麓和燕山南麓的大量冲积扇。如果山麓地带几个大冲积扇相互连接起来，则形成山前倾斜平原。在山前，河流沉积常与山洪急流沉积共同进行，因此，山前倾斜平原也常称为冲洪积平原。

第三，在河流中、下游，则由细小颗粒的沉积物组成广大的冲积平原。例如，黄河下游、海河及淮河的冲积层构成的华北大平原。冲积平原也常分布有牛轭湖相沉积，如江汉平原。在河流入海的河口处，流速几乎降到零，河流携带的泥砂绝大部分都要沉积下来。若河流沉积下来的泥砂大量被海流卷走，或河口处地壳下降的速度超过河流泥砂量的沉积速度，则这些沉积物不能保留在河口或不能露出水面，这种河口则形成港湾。例如，我国南方钱塘江河口处，由于海流和潮汐作用强烈，使之不能形成冲积层，而成为港湾。

第四，更多的情况是大河河口都能逐渐积累冲积层，它们在水面以下呈扇状分布，扇顶位于河口，扇缘则伸入海中，冲积层露出水面的部分形如一个顶角指向河口的倒三角形，故称河口冲积层为三角洲。三角洲的内部构造与洪积扇、冲积扇相似：下粗上细，即近河口处较粗，距河口越远越细。不同的是，在河口外有一个比河床更陡的斜坡在水下伸向海洋，此斜坡远离海岸后渐趋平缓，三角洲就沉积在此斜坡上。随着河流不断带来沉积物，三角洲的范围也不断向海洋方面拓展，由于各种条件不同，拓展速度也不同。

从冲积层的形成过程中可知它具有以下特征：

第一，冲积层分布在河床、冲积扇、冲积平原或三角洲中；冲积层的成分复杂，河流汇水面积内的所有岩石和土都能成为该河流冲积层的物质来源。

第二，山区河流沉积物较薄，颗粒较粗，承载力较高且易清除，地基条件较好。

第三，由于冲积平原分布广，表面坡度比较平缓，多数大、中城市都坐落在冲积层上。道路也多选择在冲积层上通过。作为工程建筑物的地基，砂、卵石的承载力较高，黏性土较低。在冲积平原应特别注意冲积层中的两种不良沉积物：一种是软弱土层，如牛轭湖、沼泽地中的淤泥、泥炭等；另一种是容易发生流砂现象的细、粉砂层。遇到它们，应当采取专门的设计和施工措施。

第四，三角洲沉积物含水量高，其常呈饱和状态，承载力较低。但其最上层因长期干燥，故比较硬实，承载力较下面高，俗称硬壳层，可用作低层建筑物的天然地基。

第五，冲积层中的砂、卵石、砾石常被选用作建筑材料。因厚度稳定、延续性好的砂、卵石层是丰富的含水层，还可以作为良好的供水水源。

（二）河流侵蚀、淤积作用的治理

1. 不同类型河床的主流线与崩岸位置

河流的主流线靠近河岸时，河岸土层会发生崩塌。由于河床类型的不同，主流线靠岸位置不相同，崩岸的位置也不相同。在弯曲河床的上半段，主流线靠近凸岸上方，然后流入凹岸顶点；在弯曲河床的下半段，主流线靠向凹岸。所以，在弯曲河床的凸岸边滩的上方、凹岸顶点的下方，常常都是崩岸部位。在顺直河床上，深槽与边滩往往呈犬牙状交错分布；在深槽处，主流线常常是靠近河岸的，成为顺直河床的崩岸部位。随着深槽的下移，崩岸的部位一般不固定。游荡河床，主流线也随着江心洲的变化在河床中动荡不定，崩塌部位也是不固定的。分汊河床，江心洲洲头常常处于主流顶冲的部位，其常常是护岸工程重点守护的地段。

2. 防护措施

（1）护岸工程

直接加固岸坡。常在岸坡或浅滩地段植树、种草。

护岸工程有抛石护岸和砌石护岸两种。即在岸坡砌筑石块或抛石，以消减水流能量，保护岸坡不受水流直接冲刷。

（2）约束水流

顺坝和丁坝，顺坝又称为导流坝，丁坝又称为半堤横坝。常将丁坝和顺坝布置在凹岸以约束水流，使主流线偏离受冲刷的凹岸。丁坝常斜向下游，夹角为60°～70°，它可使水流冲刷强度降低10%～15%。

约束水流、防止淤积束窄河道、封闭支流、截直河道、减少河道的输砂率等均可起到防止淤积的作用。也常采用顺坝、丁坝或二者组合使河道增加比降和冲刷力，以达到防止淤积的目的。

三、崩塌

（一）崩塌的类型及其形成条件

1. 崩塌的类型

崩塌是指陡峻斜坡上的岩土体在重力作用下，脱离母岩，突然而猛烈地由高处崩落下来，堆积在坡脚（或沟谷）的地质现象。崩塌物下坠的速度很快，一般为5～200 m/s，有的可达自由落体的速度。

崩塌不仅发生在山区的陡峻斜坡上，也会发生在河流、湖泊及海边的高陡岸坡上，还可能发生在公路路堑的高陡边坡上。当岩崩的规模巨大涉及山体者，又称为山崩。在陡崖上个别较大岩块崩落、翻滚而下的则称为落石。在强烈物理风化作用下，把斜坡上岩体中较细小的碎块、岩屑沿坡面坠落或滚动的现象称为剥落。

崩塌是山区公路常见的一种突发性病害现象，小的崩塌对行车安全及路基养护工作影响较大；大的崩塌不仅会破坏公路、桥梁，击毁行车，有时崩积物堵塞河道，还会引起路基水毁，严重者影响着交通营运及安全，甚至会迫使放弃已成道路的使用。

2. 崩塌的形成条件

（1）坡面条件

江、河、湖（水库）、沟的岸坡及各种山坡，铁路、公路边坡等各类人工边坡都是有利于崩塌产生的地貌部位，一般在陡崖临空面高度大于30 m、坡度大于50°的高陡斜坡、孤立山嘴或凸形陡坡及阶梯形山坡均为崩塌形成的有利地形。

（2）岩性条件

通常岩性坚硬的岩浆岩、变质岩及沉积岩类中的石灰岩、石英砂岩等，均具有较大的抗剪强度和抗风化能力，能形成高峻的斜坡，在外界因素的影响下，一旦斜坡稳定性遭到破坏，即产生崩塌现象。所以，崩塌常发生在坚硬、性脆的岩石构成的斜坡上。另外，在软硬互层的悬崖上，因差异风化硬质岩层常形成突出的悬崖，软质岩层易风化形成凹崖坡，使其上部硬质岩失去支撑，也容易引起较大的崩塌。

（3）构造条件

如果斜坡岩层或岩体完整性好，就不容易发生崩塌。实际上，自然界的斜坡，经常是由性质不同的岩层以各种不同的构造和产状组合而成的，而且常常被各种结构面所切割，从而削弱了岩体内部的联结，为产生崩塌提供了条件。各种软弱结构面，如裂隙面、岩层层面、断层面、软弱夹层及软硬互层的坡面对坡体的切割、分离，为崩塌的形成提供了脱离母体（山体）的边界条件。当其软弱结构面倾向于临空面且倾角较大时，易于发生崩塌。或者坡面上两组呈楔形相交的结构面，当其组合交线倾向临空面时，也会发生崩塌。

坡面条件、岩性条件、构造条件三者又统称为地质条件，它是形成崩塌的基本条件。

（4）诱发崩塌的外界因素

地震使土石松动，易引起大规模的崩塌，一般烈度在七度以上的地震都会诱发大量崩塌的发生。

大气降水和地下水大规模的崩塌多发生在暴雨或久雨之后，这是因为边坡和山坡中的地下水，往往可以直接得到大气降水的补给。充满裂隙中的地下水及其流动，对潜在崩塌体产生静水压力和动水压力，产生向上的浮托力；岩体和充填物由于水的浸泡，抗剪强度大大降低；充满裂隙的水使不稳定岩体和稳定岩体之间的侧向摩擦力减小。通过雨水和地下水的联合作用，使斜坡的潜在崩塌体更易于失稳。

当地表水体不断地冲刷、浸泡坡脚，削弱坡体支撑或软化岩、土，降低坡体强度时，其也能诱发崩塌的发生。

斜坡上的岩体在各种风化应力的长期作用下，其强度和稳定性不断降低，最后导致崩塌。例如，强烈的物理风化作用剥离、冻胀等都能促使斜坡上的岩体发生崩塌。

边坡设计过高过陡，公路路堑开挖过深，采用大爆破施工等也会导致崩塌的发生。

3. 确定崩塌体的边界

崩塌体的边界特征决定崩塌体的规模大小。崩塌体边界的确定主要依据坡体的地质结构。

第一，应查明坡体中所发育的裂隙面、岩层面、断层面等结构面的延伸方向、倾向和倾角大小及规模、发育密度等，即构造面的发育特征。通常情况下，平行斜坡延伸方向的陡倾构造面，易构成崩塌体的后部边界；垂直坡体延伸方向的陡倾构造面或临空面常形成崩塌体的两侧边界；崩塌体的底界常由倾向坡外的构造层或软弱带组成，也可由岩、土体自身折断形成。

第二，调查各种构造面的相互关系、组合形式、交切特点、贯通情况及它们能否将或已将坡体切割，并与母体（山体）分离。

第三，综合分析调查结果，那些相互交切、组合，可能或已经将坡体切割与其母体分离的构造面就是崩塌体的边界面。其中，被靠外侧和贯通（水平及垂直方向上）性较好的构造面所围的崩塌体的危险性最大。

（二）崩塌的防治

1.防治原则

由于崩塌发生得突然而猛烈，治理比较困难，而且十分复杂，所以，一般应采取预防为主的原则。

在选线时，应根据斜坡的具体条件，认真分析发生崩塌的可能性及其规模。对有可能发生大、中型崩塌的地段，应尽量避开。若完全避开有困难，可调整路线位置，离开崩塌影响范围一定距离，尽量减少防治工程；或考虑其他通过方案（如隧道、明洞等），以确保行车安全。对可能发生小型崩塌或落石的地段，应视地形条件进行经济比较，确定绕避还是设置防护工程。

在设计和施工中，避免使用不合理的高陡边坡，避免大挖大切，以维持山体的平衡稳定。在岩体松散或构造破碎地段，不宜使用大爆破施工，以避免因工程技术上的失误而引起崩塌。

2.防治措施

（1）排水

在有水活动的地段，布置排水构筑物，以进行拦截疏导，防止水流渗入岩土体而加剧斜坡的失稳。排除地面水可修建截水沟、排水沟；排除地下水可修建纵、横盲沟等。

（2）刷坡清除

山坡或边坡坡面崩塌岩块的体积及数量不大，岩石的破碎程度不严重，可采用全部清除并放缓边坡。

（3）坡面加固

当边坡或自然坡面比较平整、岩石表面风化易形成小块岩石呈零星坠落时，宜进行坡面防护，以阻止风化发展，防止零星坠落。可采用水泥砂浆封面、护面等措施，有时也可用支护墙，既可防护坡面，又可起到支撑作用。当坡面渗水或者岩层节理发育、风化程度严重时，其还需相应采用挂网喷射水泥砂浆、锚固等措施。

（4）拦截防御

在岩体严重破碎，经常发生落石的路段，宜采用柔性防护系统或拦石墙与落石槽等拦截构造物。拦石墙与落石槽宜配合使用，设置位置可根据地形合理布置，落石槽的槽深和底宽通过现场调查或试验确定。拦石墙墙背应设缓冲层，并按公路挡土墙设计，墙背压力应考虑崩塌冲击荷载的影响。

（5）危岩支顶

当遇边坡上局部悬空的岩石，但是岩体仍较完整，有可能成为危岩，并且清除困难时，其可视具体情况采用钢筋混凝土立柱、浆砌片石支顶或柔性防护系统。

（6）遮挡工程

当崩塌体较大、发生频繁且距离路线较近而设拦截构造物有困难时，岩体可采用明洞、棚洞等遮挡构造物进行处理。

对于上述的各种防治措施，应根据地形、地质条件、有关技术标准综合使用，并在工程造价等方面进行全面的经济技术比较后再确定。

第三节　岩土的工程性质

一、土的工程性质

（一）土的物质组成

1. 土的三相组成

不同成因的土，一般是由固体相、液体相、气体相等三相组成的多相体系，有时由两相（固体相和液体相或固体相和气体相）组成。固体相是指由许许多多大小不等、形状不同的矿物颗粒按照各种不同的排列方式组合在一起，其构成土的主要部分称为"土粒"或"骨架"。在颗粒之间的孔隙中，通常有液相的水溶液和气体形成"湿土"；有时全部孔隙被水溶液充满，称为"饱水土"；有时孔隙中只有空气，称为"干土"。干土、湿土和饱水土的性质差别很大。土粒、水溶液和气体这三个基本组成部分不是彼此孤立、机械地混合在一起，而是相互联系、相互作用，共同形成土的工程地质性质。

可见，各种土中三相物质组成的特性以及它们之间的相对比例关系和相互作用，是决定土的工程地质性质本质的因素。三相物质组成是构成土的工程地质性质的物质基础。固相土粒是土的主要的物质组成，是构成土的主体，也是最稳定、变化最小的成分，在三相物质相互作用过程中，一般居主导地位。对于固相土粒部分，在进行土的工程地质性质研究时，应从土粒大小的组合和土粒的矿物成分、化学成分三个方面来考虑。

土中不同大小颗粒的组合，也就是各种不同粒径的颗粒在土中的相对含量，称为"粒度成分"，它是反映土的固体组成部分的结构指标之一；组成土中各种土粒的矿物种类及其相对含量，称为土的"矿物成分"；组成土固相和液相部分（有时也包括气体部分）的化学元素、化合物的种类以及它们之间的相对含量，称为土的"化学成分"。

组成土的液体相部分，实际上是化学溶液而不是纯水。若将溶液作为纯水研究时，根据土粒对极性水分子吸引力的大小，可分为强结合水、弱结合水、毛细水、重力水等。它们的特性各异，对土的工程地质性质也有很大的影响。气体也是土的组成部分之一，其对土的性质也有一定影响。

2. 土的粒度成分及其分类

（1）粒组及粒度成分

土的粒度成分是指土中各种大小土粒的相对含量。自然界中组成土体骨架的土粒，大小悬殊，性质各异。为了便于研究土中各种大小土粒的相对含量，以及其与土的工程地质性质的关系，就有必要将工程地质性质相似的土粒归并成组，按其粒径的大小分为若干组别，这种组别称为粒组。每个粒组都以土粒直径的两个数值作为其上、下限，并给予其适当的名称，土粒直径以毫米为单位。

自然界中土粒直径变化幅度很大，从数米的漂石到万分之几毫米的胶粒，因而划分粒组是一项复杂的工作。从不同的研究目的出发，有不同的划分方法，但其划分原则基本上是相近的，即服从量变到质变的辩证规律。

水利部会同国内有关单位，经过广泛调查研究，认真总结了我国土分类的实践经验，参考有关国际标准，并经过实验验证，制定了土的分类标准。

目前，我国应用的粒组划分将粒径由大至小依次划分为：漂石或块石组、卵石或碎石组、砾粒组（粗砾、细砾）、砂粒组、粉粒组、黏粒组六个粒组。在实际工作中往往将漂石组、卵石组、砾石组合并为一个粒组进行研究，称为卵砾组。各粒组由于土粒大小、矿物成分、化学成分的不同，表现出的工程地质性质有很大的差异。

卵砾组（$d > 2\,\mathrm{mm}$），多为岩石碎块，这种粒组形成的土，孔隙粗大，透水性极强，毛细上升高度微小，甚至没有。无论在潮湿还是干燥状态下，其均没有连接，既无可塑性也无胀缩性，压缩性极低，强度较高。

砂粒组（$2\,\mathrm{mm} \geqslant d > 0.075\,\mathrm{mm}$），主要为原生矿物，大多是石英、长石、云母等。这种粒组组成的土，孔隙较大，透水性强，毛细上升高度很小，湿时粒间具有弯液面力，能将细颗粒连接在一起；干时及饱水时，颗粒之间没有连接呈松散状态，既无可塑性也无胀缩性，压缩性极弱，强度较高。

粉粒组（$0.075\,\mathrm{mm} \geqslant d > 0.005\,\mathrm{mm}$），是原生矿物与次生矿物的混合体，性质介于砂粒与黏粒之间。由该粒组形成的土，因孔隙小而透水性弱，毛细上升高度很高，湿润时略具黏性，因其表面积较小，所以失去水分时连接力减弱，导致尘土飞扬，有一定的压缩性，强度较低。

黏粒组（$d \leqslant 0.005\,\mathrm{mm}$），主要由次生矿物组成。由该粒组组成的土，其孔隙很小，透水性极弱，毛细现象强，具可塑性、胀缩性，失水时连接力增强使土变硬，湿时具有较高的压缩性，强度较低。

（2）粒度成分的测定方法

土的粒度成分通常以各粒组的质量百分率来表示。在工程实践中，将土粒度成分进行分类，可用来大致判别土的工程地质性质。另外，在工程地质调查中，确定土体成因类型、编制地质岩性图、剖面图时，也需粒度分析的资料。对土进行粒度分析时，应分离出土中的各个粒组，并测定其相对含量。对不同类型的土应采用不同的方法，砾石类土与砂类土应采用筛析法，黏性土应采用静水沉降分析法。采用静水沉降法时，首先，应将土中集合体分散，制备成悬液；其次，根据不同粒径的土粒在静水中沉降的速度不同，分离出粒径小于 0.1 mm 的颗粒；最后，测定各粒组的百分含量。目前，测定黏性土的粒度成分的方法有虹吸比重瓶法、移液管法、比重计法。

（3）粒度成分的表示方法

根据实验测得的粒度成分资料，可用多种方法进行表示，以便找出工作地区粒度成分变化的规律性。其常用的表示方法有列表法、累积曲线法、三角图法。

（4）土按粒度成分的分类

土的粒度成分及颗粒形状往往与土的成因类型有密切关系，各种不同成因的土都具有一定的粒度特点。为了便于研究土的工程地质性质与土的成因之间的关系，需要按粒度成分对土进行分类。土按粒度成分的分类（简称土的粒度分类）是工程地质学中常用的一种分类方法。土的许多工程地质性质与粒度成分（特别是砾石类土及砂类土）有密切的关系。土的结构和矿物成分等与粒度成分间也有一定的关系，也影响着土的性质。因此，土的粒度分类是研究土的工程地质性质及其形成的基础。因为土是由不同粒组的土粒组成的，其工程地质性质在某种程度上可以认为是各粒组性质的综合表现。实践证明，砂类土和砾石类土的工程地质性质主要决定于含量占优势的那些粒组。但在黏性土中，黏粒组的含量起着主导作用。

因此，按粒度成分对土进行分类时，首先，必须考虑这些对土的性质起主导作用的粒组，确定在其含量变化过程中使土的性质产生质变的分界值，作为土划分大类的依据；其次，再考虑其他粒组的含量变化对土的性质的影响情况，进行更详细的分类。

粉土：粒径大于 0.075 mm 的颗粒不超过总质量的 50%，且塑性指数等于或小于 10 的土，应定为粉土。

黏性土：黏性土根据塑性指数分为粉质黏土和黏土。当塑性指数大于 10，且小于或等于 17 时，定为粉质黏土；当塑性指数大于 17 时，定为黏土。确定塑性指数 1 时，液限以 76 g 圆锥仪入土深度 10 mm 为准。

（二）土的结构和构造

1. 土的结构

（1）单粒结构

土在沉积过程中，较粗的颗粒分别受重力作用下沉，沉积中的每一个颗粒都与相邻的颗粒互相接触、互相支承，形成单粒结构或称为散粒结构。这种结构按其密实程度又可分为松散结构和紧密结构。如砾石、砂土和较粗的粉土，都属于这种单粒结构。

（2）蜂窝结构

较细的土粒在水中受重力作用下沉的速度较慢，由于其受土粒间分子引力的影响，一些相互邻近的细土粒联结成小粒团下沉，堆积成具有很大孔隙的蜂窝状结构（又称为一级海绵结构）。土粒团间形成的蜂窝状孔隙远远大于土粒本身的尺寸。没有经过压密的蜂窝结构的土体，在外力作用（建筑物荷载）下，土中的孔隙会大大缩小，土体也会产生较大的沉陷。

（3）絮状结构

粒径小于 0.002 mm 的土粒在水中可以长时间处于悬浮状态，本身所受重力不足以使其下沉。如果在悬液中加入某种电解质，可使土粒间的排斥力减弱，土粒互相靠近，凝聚成絮状物体而在水中下沉，形成絮状结构（又称为二级海绵结构）。

（4）非均粒结构

土在沉积过程中，如果粗粒、细粒混合着下沉，就会形成粒径大小相差悬殊的土结构，称为非均粒结构。例如，黏粒与砂粒或粉粒所形成的非均粒结构。

2. 土的构造

（1）层状构造

层状构造也称为层理，其是大部分细粒土的土层最重要的外观特征之一。土层表现为由不同粗细程度与不同颜色的颗粒构成的薄层交叠而成，薄层的厚度可由零点几毫米至几毫米，成分上有细砂与黏土交互层，或黏土交互层等。层状构造使土在垂直层理方向与平行层理方向的性质不同。平行层理方向的压缩模量与渗透系数往往要大于垂直层理方向。

（2）分散构造

土层中各部分的土粒组合无明显差别，分布均匀，各部分的性质也相近。各种经过分选的砂、砾石、卵石形成较大的埋藏厚度，无明显层次，都属于分散构造。分散构造的土是比较接近理想的各相同性体。

（3）裂隙状构造

土体被许多不连续的小裂隙所分割，裂隙中往往充填盐类的沉淀，不少坚硬与硬塑状态的黏土具有此种构造。裂隙破坏了土的整体性。裂隙面是土中的软弱结构面，沿裂隙面的抗剪强度很低，而渗透性很高，浸水以后裂隙张开，工程地质性质更差。

（三）土的物理性质和水理性质

1. 土的基本物理性质

（1）土的密度（相对体积质量）

土粒密度是指固体颗粒的质量与其体积之比，即土粒的单位体积质量。

土粒密度仅与组成土粒的矿物密度有关，而与土的孔隙大小和含水多少无关。实质上

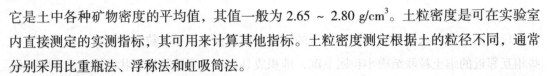

它是土中各种矿物密度的平均值，其值一般为 2.65 ~ 2.80 g/cm³。土粒密度是可在实验室内直接测定的实测指标，其可用来计算其他指标。土粒密度测定根据土的粒径不同，通常分别采用比重瓶法、浮称法和虹吸筒法。

（2）土的天然密度和重度

土的天然密度是指土的总质量与总体积之比，即天然状态下土的单位体积质量。土的重度是指土的总重量与总体积之比，即土的天然密度乘以重力加速度。

土的天然密度（重度）取决于土粒密度、孔隙体积的大小和孔隙中水的质量多少。它反映了土的三相组成的质量和体积的比例关系，其常见值为 1.6 ~ 2.29 g/cm³。土的天然密度是可在实验室直接测定的实测指标，其可用来计算其他指标。室内测定方法可采用环刀法、蜡封法；现场实测可采用注砂法等。

工程中还常用到干密度、浮密度和饱和密度，这些指标可通过计算求得，因此，称为导出指标（或计算指标）。

（3）土的含水性

土的含水性指土中含水的情况，说明土的干湿程度，其可用含水率表示，也可用饱和度表示。

（4）土的孔隙性

土的孔隙性主要是指土中孔隙的大小、形状、数量、连通情况及总体积等。其中，土的孔隙大小、形状及连通情况，只能通过观测描述说明其特征。土的孔隙性主要取决于土的粒度成分和土粒排列的疏密程度。在工程上，常用孔隙率和孔隙比表示土中孔隙的体积数量。

（5）土的基本物理性质指标间的关系

土的各种基本物理性质指标反映了土的密实程度和干湿状态。土的密度和孔隙性指标表征了土的密实程度，其中天然密度还与土中水分有关，而土的干湿状态主要取决于水分的含量。由此可见，基本物理性质之间存在内在的联系，因而各指标之间可以互相换算。

2. 黏性土的稠度和可塑性

（1）土的稠度

由于黏性土含水量不同，故其物理性质和物理状态也都不相同。例如，含水量很少的黏性土处于比较坚硬的固体状态；随着含水量的增大，土变得较软，外力作用可任意改变其形状，使其处于可塑状态；当含水量很多时，土变得软弱，不能维持一定形状，并在重力作用下会流动，即处于流动状态。

黏性土的这种因含水量变化而表现出来的各种不同物理状态，称为土的稠度。稠度表示黏性土的稀稠程度。稠度实质上反映了由于土的含水率变化，土粒相对活动的难易程度或土粒之间的连接程度。

（2）土的可塑性

黏性土由一种稠度状态转变为另一种状态的分界含水率，称为界限含水率。在工程实践中，黏性土的稠度状态以及相应的界限含水率中最有意义的是由固态转变为稠塑状态的塑限和由黏塑状态转变为黏流状态的液限。当黏性土的含水量在塑限和液限之间时，黏性土才具有可塑性。

可塑性是指土在外力作用下可以改变自身形状而又不破坏其整体性，外力解除后，不恢复原来形状，仍然保持变形后所形成的新形状的特性。

只有黏性土才具有可塑性，而且只有当黏性土的含水率介于液限和塑限之间时，才表现出可塑性。故可塑性的强弱可由这两个界限含水率的差值大小来反映，其差值越大，说明该黏性土处于塑态的含水率变化范围越大，保持水分的能力越强；反之，差值越小，可塑性越弱。液限和塑限的差值称为塑性指数，应用该指数时，通常省略百分率符号。

3. 黏性土的胀缩性和崩解性

（1）黏性土的胀缩性

黏性土由于含水率增加而发生体积增大的性能，称为膨胀性；含水率减少而引起体积缩小的性能，称为收缩性。两者统称为黏性土的胀缩性。黏性土的胀缩性对基坑、边坡、坑道壁及地基土的稳定性具有重要的意义。

土体常常因膨胀或收缩导致强度降低和地基变形，从而引起建筑物的破坏。一方面，黏性土的胀缩也可引起土坡滑移、道路翻浆、水库及渠道的渗漏等事故；另一方面，工程上可利用黏性土的膨胀性，将其作为填料及灌浆材料来处理裂隙。

膨胀产生的根本原因是黏土矿物颗粒表面结合水膜的增厚。由于水膜的增厚，减弱了颗粒之间的连接力，增加了颗粒之间的距离，从而引起土体膨胀；收缩产生的原因则刚好相反。表征黏性土胀缩性的指标有自由膨胀率、膨胀率、线缩率、收缩系数、膨胀力等。

（2）黏性土的崩解性

黏性土因浸水而发生崩散解体的特性，称为崩解性。崩解是由于土体没入水中后，水进入孔隙或裂隙中的情况不均衡，因而引起粒间结合水膜增厚的速度不平衡，以致粒间斥力超过吸力的情况也不平衡，故产生了应力集中，使土体沿着斥力超过吸力最大的面崩落下来。评价黏性土的崩解性，目前还没有定量指标，一般采用下列三个定性指标。

崩解时间：一定体积的土样完全崩解所需要的时间；

崩解特征：土样在崩解过程中的各种现象；

崩解速度：单位时间内土样因崩解所减少的质量与原土样质量之比。

黏性土的崩解性在评价路堑、运河、渠道边坡、路堤、露天基坑和坝址等的稳定性时，具有重要的意义。

4. 土的透水性和毛细性

（1）土的透水性

土的透水性是指土体孔隙通过水的能力，故又称为土的渗透性。自然界中各种不同的土具有不同的透水性能。例如，砾石土具有较大的透水性能，而黏土的透水性能非常小。表示透水性大小的重要指标是土的渗透系数。

在计算涌水量、水库或渠道渗漏、地下水回水浸没等问题时，都需要了解土的透水性。

土具有透水性的原因在于土体本身具有相连通的孔隙，水只能沿这些相互连通的孔隙管路穿流而过。在自然界中，土中地下水多以层流的形式在这些孔隙管路中流动。

（2）土的毛细性

土的毛细性是指水通过土的毛细孔隙时受毛细压力作用向各方向运动的性能。所谓毛细压力，可以通过毛细管试验来说明：将一个微管放入水中，可以看到水沿微管上升一定的高度形成一个水柱，支撑这一水柱重力的作用力被称为毛细压力，这种现象称为毛细现象。

产生毛细现象的根本原因是物质分子间存在相互作用力。当把一个微管放入水中时，由于水与管壁的吸附力，使水沿管壁上升，但是水的内聚力作用总是企图使水面缩小至最小面积（水面为平面时面积最小），这种趋势使得弯液面总是企图向水平方向发展。当弯液面的中心部分上升到一点时，水与管壁的吸附力又将弯液面的边缘牵引了上去，这样的争斗直至毛细管水上升所形成水柱的重量与吸附力相平衡才停止。此时，毛细水面与微管外部水面的高差即为毛细高度。毛细水在微管中上升的速度在毛细水上升过程中是不均匀的，一般先快后慢，越接近最大毛细高度时速度越慢，至最大毛细高度时，上升速度为零。

（四）土的力学性质

1. 土的压缩性

（1）土压缩变形的特点和机理

由于土是松散的多相体系，因而，土的压缩性比岩石、钢材、混凝土等其他材料要大得多，并且具有下列特点：

第一，土体的压缩变形主要是由于土中水和气体被挤出，造成孔隙体积的减小而引起的。土是三相体，在压力作用下，引起土体产生压缩变形的原因可能有三种：①土粒本身的压缩；②孔隙中水和气体的压缩；③孔隙中水和气体被挤出。在一般建筑物荷重作用下，土粒和水的压缩量极小，还不及土体总压缩量的 1/400，可以忽略不计。由于自然界中土是处于开启系统的，孔隙中的水和气体在压力作用下不是被压缩，而是被挤出。因此，土的压缩可以认为主要是由土中水和气体被挤出，引起孔隙体积的减小而造成的。

第二，土的压缩变形需要一定时间才能完成。对于由土粒和水组成的饱和土，土的压缩变形主要是由于孔隙水被挤出而引起的，压缩过程也就相当于排水过程。土中水从孔隙中被挤出而导致土体压缩的过程，称为土的渗透固结。由于土的透水性差别较大，土的压缩过程完成得快慢不一。对于饱和的砂土，其土颗粒较粗、孔隙较大、透水性强，在压力作用下孔隙水很快排出，压缩过程很快完成；而对于饱和的黏性土，因土颗粒较细、孔隙小、透水性弱，在压力作用下孔隙水不能很快挤出，故压缩过程需要相当长的时间才能完成；对于非饱和的黏性土，在压力作用下，首先是气体排出，饱和度逐渐变化，当土的饱和度达到饱和后，其压缩情况便与饱和土一致了。

为了计算地基的变形值，就必须研究压力与孔隙体积的变化关系，以及孔隙体积随时间的变化关系，即土的变形特点。研究土的变形特性，目前常借助于室内压缩试验和现场载荷试验两种方法。

（2）压缩试验与压密定律

室内压缩试验常采用压缩仪（或固结仪）来进行。试验时用环刀切取原状土样，连同环刀将土样放入压缩仪中，通过加荷装置和加压板逐级加压。在每级压力下，待土样压缩相对稳定后，再施加下一级压力。土样压缩变形量可通过测微表观测。由于土样在压缩过程中受环刀及护环等刚性护壁的限制，只能发生竖向压缩，不能发生侧向膨胀，所以该试验又叫侧限压缩试验。

若压缩曲线较陡，说明压力增加时，孔隙显著减小，则土的压缩性高；反之，土的压缩性低。因此，压缩曲线的坡度可以形象地说明土压缩性的高低。

（3）土的变形模量

土的变形模量是指土在单轴受压且无侧限的条件下，压应力与相应应变的比值。土的变形模量一般根据载荷试验求得，载荷试验是现场试验的一种，一般在试坑内进行。其主要装置包括：载荷板（面积为 $0.25 \sim 0.5 \, \text{m}^2$ 的圆形板或方形刚性板）、加荷装置（千斤顶或重块）、变形观测设备等几部分。试验时，逐级加荷，每级荷载下按时观测土的变形量，直到变形相对稳定再加下一级荷载。如此逐级加荷，直至地基达极限状态（载荷板周围土被挤出或出现明显裂纹，变形急剧增大或变形过大）。

2. 土的抗剪性

土体的破坏，如路基边坡丧失稳定、挡土墙的倾覆与滑动、建筑物失去稳定等，其根本原因是土体的强度不足，而引起的一部分土体相对于另一部分土体的滑动，即发生了剪切破坏。土体抵抗剪切破坏的极限能力，称为土的抗剪强度。大量试验研究也表明，由于土体的破坏主要是剪切破坏，故研究土的强度特性主要是研究其抗剪强度特性，简称抗剪性。不同类型和状态的土具有不同的抗剪性。无黏性土一般无连接，其抗剪程度主要是由颗粒间的摩擦力和咬合力组成，其抗剪强度的大小主要取决于粒度、颗粒形状、密实度和含水情况。黏性土颗粒之间的连接比较复杂，连接强度主要构成土的抗剪强度，黏性土的抗剪强度主要通过剪切试验来研究。

3. 土的击实性

土的击实性是指在冲击荷载的反复作用下，土的体积减小、密实度提高的性质。在工程实践中，经常遇到填土压实的问题，如修筑道路、堤坝、飞机场、运动场、挡土墙、埋设管道、建筑物地基的换填土等。未经压实的填土，其孔隙、空洞较多，强度较低，压缩量极大且不均匀，遇水很不稳定，常给各类建筑物（或构筑物）带来很多问题。为解决此类问题，需要采用重锤夯实、机械碾压或振动等方法以增大土的密实度，从而使土的压缩性、透水性降低，强度得以提高。

工程上，在铺填土料时要求做尽量少的夯实、碾压和振动工作，并获得最大的密实度。因此，就必须研究土的击实性。土的压密程度一般用干密度表示，它与土的含水量和击实功关系密切。

研究击实性的目的是了解击实作用下土的干密度、含水量和击实功三者之间的关系和基本规律，从而选定适合工程需要的填土的干密度及与之相适宜的含水量，以及为达到相应击实标准所需的最小击实功。为研究土的击实性，常做击实试验。即试验时把某一含水量的土料填入击实筒内，用击锤按规定落距对土锤击一定的次数，则击实功等于击锤重、落距和锤击次数三者的乘积，以此测定土样的含水量和干密度。若采用一定的击实功，对同一种土用多个不同含水量的土样做试验，则可得到对应于不同含水量的干密度值。

（五）水和土对混凝土结构腐蚀性的评价

第一，受环境类型影响，水和土对混凝土结构的腐蚀性评价。

第二，受地层渗透性影响，水和土对混凝土结构的腐蚀性评价。

第三，水和土对混凝土腐蚀性的综合评定。当评价的腐蚀等级不同时，应按下列原则综合评定：

①腐蚀等级中，只出现弱腐蚀，无中等腐蚀或强腐蚀时，应综合评价为弱腐蚀；

②腐蚀等级中，无强腐蚀，最高为中等腐蚀时，应综合评价为中等腐蚀；

③强腐蚀等级中，有一个或一个以上为强腐蚀，应综合评价为强腐蚀。

（六）特殊类型土

1. 黄土

（1）黄土的特征及分布

黄土是在干旱、半干旱气候条件下形成的一种特殊土，是第四纪中的一种特殊的陆相疏松堆积物。黄土在世界上分布很广，在欧洲、北美、中亚均有分布。黄土在我国特别发育，其具有地层全、厚度大、分布广的特点。黄土主要分布于黑龙江、吉林、辽宁、内蒙古、山东、河北、河南、山西、陕西、甘肃、青海、新疆等地区，江苏和四川等地也有分布。分布在我国范围内的黄土，根据其中所含脊椎动物的化石确定，从早更新世开始堆积，经历了整个第四纪，目前还未结束。形成于下（早）更新世的午城黄土和中更新世的离石黄土，称为老黄土。形成于上（晚）更新世的马兰黄土及全新世下部的次生黄土，称为新黄土。而近几十年至近几百年形成的最近堆积物，称为新近堆积黄土。

（2）黄土的成因

黄土按其生成过程及特征可划分为风积、坡积、残积、洪积、冲积等成因类型。

风积黄土：分布在黄土高原平坦的顶部和山坡上，厚度大，质地均匀，无层理。

坡积黄土：多分布在山坡坡脚及斜坡上，厚度不均，基岩出露区常夹有基岩碎屑。

残积黄土：多分布在基岩山地上部，由表层黄土及基岩风化而成。

洪积黄土：主要分布在山前沟口地带，一般有不规则的层理，厚度不大。

冲积黄土：主要分布在大河的阶地上，如黄河及其支流的阶地上。阶地越高，黄土厚度就越大，并具有明显层理，其常夹有粉砂、黏土、砂卵石等，大河阶地下部常有厚数米及数十米的砂卵石层。

（3）黄土的一般物理、力学性质

黄土的比重：一般为 2.54 ~ 2.84 g/cm^3，平均为 2.67 g/cm^3；干密度为 1.12 ~ 1.79 g/cm^3。在天然含水量相同的情况下，黄土天然容重越高，强度也越高。干容重是评价黄土湿陷性的指标之一，干密度小于 1.45 g/cm^3 的一般为湿陷性黄土，大于 1.5 g/cm^3 的为非湿陷性黄土。

黄土的孔隙：孔隙大、孔隙度也大是黄土的主要特征之一。孔隙在黄土中的大小及分布都是不均匀的，形状也可分为孔隙及裂隙两种。大孔隙的数量是决定黄土湿陷性的重要依据。

黄土的含水量：黄土的天然含水量较低，一般为 1% ~ 38%，某些干旱地区为 1% ~ 12%。天然含水量较低的黄土，经常是湿陷性较强的黄土。黄土的透水性一般比黏性土大，属中等透水性土，这主要是因为其垂直节理及大孔隙较发育，故其垂直方向透水性大于水平方向，有时可达十余倍。

黄土的塑性：黄土塑性较弱，塑限一般为 16% ~ 20%，液限常为 26% ~ 34%，塑性指数为 8 ~ 14。其一般无膨胀性，崩解性很强。黄土易于崩解是黄土边坡浸水后造成大规模崩塌的重要原因。一块黄土试样在水中崩解的速度受各种因素影响，其可以在十几秒到数天内崩解。黄土易受流水冲刷，其是黄土地区容易形成冲沟的重要原因。

黄土的压缩性：黄土在干燥状态下压缩性中等，但湿度增高（尤其饱和）的黄土，其压缩性急剧增大。新近堆积的黄土，土质松软，强度低，压缩性高；老黄土压缩性较低。

黄土的抗剪强度：黄土的抗剪强度较高，一般内摩擦角 φ=15° ~ 25°，内聚力变量设置 =3 ~ 6 kPa。当黄土的含水量低于塑限时，水分变化对抗剪强度的影响最大，随着含水量的增加，土的内摩擦角和内聚力都降低较多；但当含水量大于塑限时，含水量对抗剪强度的影响减小；而超过饱和含水量时，抗剪强度的变化就不大了。另外，在浸水过程中，黄土湿陷处于发展中，此时，土的抗剪强度降低最多。当黄土的湿陷压密过程已基本结束时，土的含水量虽然很高，但抗剪强度却高于湿陷过程。因此，湿陷性黄土处于地下水位变动带时，其抗剪强度最低，而处于地下水位以下的黄土，抗剪强度反而更高。

（4）黄土的工程地质问题

①黄土的湿陷性

天然黄土在一定压力作用下，受水浸湿后结构遭到破坏，发生突然下沉的现象，称为黄土湿陷。黄土湿陷又分在自重压力下发生的自重湿陷和在外荷载作用下产生的非自重湿陷。非自重湿陷比较普遍，对工程建筑的重要性也较大。并非所有黄土都具有湿陷性，一般老黄土（午城黄土及离石黄土的大部分）无湿陷性，而新黄土（马兰黄土及新近堆积黄土）及离石黄土上部有湿陷性。因此，湿陷性黄土多位于地表以下数米至十余米，很少超过 20 m 厚。黄土的湿陷性强弱与许多因素有关，通常，黄土的天然含水量越小，其所含可溶盐特别是易溶盐就越多，孔隙比越大，干容重越小，则湿陷性越强。

湿陷性黄土作为路堤填料或作为建筑物地基，其严重影响工程建筑物的正常使用和安全，能使建筑物开裂甚至破坏。因此，必须查清建筑地区黄土是否具有湿陷性及湿陷性的强弱，以便有针对性地采取相应措施。

除用上述各种地质特征和工程性质指标定性地评价黄土湿陷性外，通常也采用浸水压缩实验方法定量地评价黄土湿陷性。

在不同的压力作用下，湿陷系数是不一样的。当压力较小时，湿陷量较小，随着压力的增大，湿陷量会逐渐增加；当压力超过某值时，湿陷量急剧增大，结构会迅速、明显地被破坏。这个开始出现明显湿陷的压力，称为湿陷起始压力，其是一个很有实用价值的指标，在工程设计中如能控制黄土所受的各种荷载不超过湿陷压力，则可避免湿陷。

关于黄土发生湿陷的原因，国内外资料说法不一。有人认为是黄土内易溶盐被溶解造成的结果；有人认为黄土中所含黏土矿物成分不同是主要原因，若含有胶岭石是非湿陷性的，含高岭石则是湿陷性的；还有人认为黄土中 Fe_2O_3 含量大于 10% 时黄土结构是稳定的。更多的人认为黄土湿陷性与其孔隙比有密切关系，试验证明湿陷系数与孔隙比之间存在着直线正比关系，湿陷系数是压力与湿度的连续函数，压力越大，湿度越大，湿陷量也越大，而且认为湿陷原因是黄土颗粒与水相互作用形成水—胶联结，即黄土浸水后，胶体颗粒之间水膜厚度增加，使颗粒之间连接力减弱，加强了黄土的压缩性的结果。天然条件下，黄土被浸湿有两种情况：一种情况是由于地表水下渗；另一种情况是地下水位升高。一般前者引起的湿陷性要强些。

防治黄土湿陷的措施可分为两个方面：一方面可采用机械的或物理化学的方法提高黄土的强度，降低孔隙度，加强其内部连接；另一方面应注意排除地表水和地下水的影响。

②黄土陷穴

黄土地区地下常有各种洞穴，有黄土自重湿陷和地下水潜蚀作用造成的天然洞穴，也有人工洞穴。这些洞穴容易使上覆土层陷落，故称为黄土陷穴。黄土陷穴会对黄土地区工程建筑造成严重影响。例如，黄土地区某铁路线，由于黄土陷穴造成路基塌陷，甚至使列车颠覆。因此，必须研究黄土陷穴的成因、分布规律、探测方法及防治措施。

对于埋藏不深、尺寸较小、分布区较小的陷穴，一般用简易勘探方法，如小螺纹钻等探测。对于大面积普查地下较深范围内较大洞穴的分布，则可采用地质雷达等物探方法结合钻探方法进行探测。

防治黄土陷穴有两方面措施：针对已查明的陷穴可采用开挖回填、夯实等方法，洞穴较小也可用灌注砂或水泥砂浆充填；针对地下水，要在工程建筑物附近做好地表排水工程，阻挡地表水流入建筑场地或渗入建筑物地下，以防止潜蚀作用继续发展。

2. 软土

（1）软土及其特征

软土一般是指天然含水量大、压缩性高、承载力低和抗剪强度很低的呈软塑、流塑状态的黏性土。软土是一类土的总称，其还可以细分为软黏性土、淤泥质土、淤泥、泥炭质土和泥炭等，以及其性质大体与上述概念相近的土都可以归为软土。

软土主要是在静水或缓慢流水环境中沉积的以细颗粒为主的第四纪沉积物。通常在软土形成过程中有一定的生物化学作用的参与，这是因为在软土沉积环境中，往往生长着一些喜湿的植物，这些植物死亡后，埋在沉积物中的遗体在缺氧条件下分解，参与了软土的形成。

我国各地区的软土一般有下列特征：

第一，软土的颜色多为灰绿、灰黑色，手摸有滑腻感，能染指，有机质含量高时有腥臭味。

第二，软土的粒度成分主要为黏粒及粉粒，黏粒含量高达 60% ~ 70%。

第三，软土的矿物成分，除粉粒中的石英、长石、云母外，黏粒中的黏土矿物主要是伊利石，高岭石次之。

第四，软土具有典型的海绵状或蜂窝状结构，这是造成软土孔隙比大、含水量高、透水性小、压缩性大、强度低的主要原因之一。

第五，软土常具有层理构造，软土和薄层的粉砂、泥炭层等相互交替沉积，或呈透镜体相间，形成性质复杂的土体。

（2）软土的分布及成因

我国沿海地区、平原地带、内陆湖盆和洼地、河流两岸地区及山前谷地，广泛地分布有各种软土。沿海、平原地带软土多位于大河下游入海三角洲或冲积平原处，如长江、珠江三角洲地带，塘沽、温州、闽江口平原等地带。内陆湖盆、洼地则以洞庭湖、洪泽湖、太湖、滇池等地为有代表性的软土发育地区。山间盆地及河流中下游两岸河漫滩、阶地、废弃河道等处也常有软土分布。沼泽地带则分布着富含有机质的软土和泥炭。我国范围内的软土类型及其成因分析如下。

沿海沉积型：软土分布广，厚度大，土质疏松软弱，按沉积部位可分为四种成因类型。

第一，潟湖相沉积。软土颗粒微细，孔隙比大，强度低，分布范围广，常形成海滨平原。其主要分布于浙江温州、宁波等地。

第二，溺谷相沉积。结构疏松，孔隙比大，强度很低，分布窄带状，范围小于潟湖相。其主要分布于福州市闽江口地区。

第三，滨海相沉积。常与波浪及潮汐的水动力作用形成较粗的颗粒相掺杂，有机质较少，结构疏松，透水性强。其主要分布于天津的塘沽新港和江苏连云港等地区。

第四，三角洲相沉积。受河流和海潮的复杂交替作用，分选程度较差，多有交错斜层理或不规则透镜体夹层。其主要分布于长江三角洲、珠江三角洲等地区。

内陆湖盆沉积型：软土分布零星，厚度较小，性质变化大，其主要有以下三类。

第一，湖相沉积。其主要分布于滇池、洞庭湖、洪泽湖、太湖等地区。软土颗粒微细均匀，富含有机质，层较厚（一般为 10 ~ 20 m，个别超过 20 m），不夹或很少夹砂层，常有厚度不等的泥炭夹层或透镜体。

第二，河流漫滩相沉积。其主要分布于长江、松花江中下游河谷附近。淤泥类土常夹于上层粉质砂土、粉质黏土之中，呈袋状或透镜体，产状厚度变化大，一般厚度小于 10 m，下层常为砂层。这种淤泥类土为局部淤积，其成分、厚度和性质变化较大。

第三，牛轭湖相沉积。其与湖相沉积相近，但分布较窄，且常有泥炭夹层，一般呈透镜体埋藏于一般冲积层之下。

河滩沉积型：其一般呈带状分布于河流中、下游漫滩及阶地上，这些地带常是漫滩宽阔、河汊较多、河曲发育，常有牛轭湖存在。软土的特点是岩层沉积交错复杂，透镜体较多，软土厚度不大，一般小于 10 m。其在我国一些大中河流中、下游多有分布。

沼泽沉积型：沼泽软土颜色深，多为黄褐色、褐色至黑色，其主要成分为泥炭，并含有一定数量的机械沉积物和化学沉积物。

山前谷地沉积有一类"山地型"软土：其分布、厚度及性质等变化均很大。它主要由当地泥灰岩、页岩、泥岩风化产物和地表有机物质，由水流搬运沉积于原始地形低洼处，经长期水泡软化及微生物作用而成。其成因类型以坡洪积、湖积和冲积为主，主要分布于冲沟、谷地、河流阶地和各种洼地里，分布面积不大，厚度相差悬殊。通常冲积相土层很薄，土质较好；湖积相土层中常有较厚的泥炭层，土质常比平原湖积相还差；坡洪积最常见，其性质介于前二者之间。

（3）软土的物理力学性质

①软土的孔隙比和含水量

软土多在静水或缓慢流水中沉积，其颗粒分散性高，连接弱，具有较大的孔隙比和高含水量，孔隙比一般大于1.0，高的可达5.8，含水量大于液限达 50% ~ 70%，最大可达

300%。但随沉积年代的久远和深度的加大，孔隙比和含水量降低。原状土常处于软塑状态，扰动土则呈流动状态。

②软土的透水性和压缩性

软土孔隙比大，但孔隙小，黏粒的吸水、亲水性强，土中有机质多，分解出的气体封闭在孔隙中，使土的透水性变差，且其因层状结构而具方向性。因此，软土在荷载作用下排水不畅，固结慢，压缩性高，压缩过程长，开始时压缩快，以后逐渐变慢。总之，软土在建筑物荷载作用下容易发生不均匀下沉和大量下沉，而且压缩下沉很慢，完成下沉的时间很长。

③软土的强度

软土强度低，无侧限抗压强度为 10 ~ 40 kPa。软土的抗剪强度很低，且与加荷速度和排水固结条件有关，抗剪强度随固结程度增加而增大。评价软土抗剪强度时，应根据建筑物加荷情况选用不同的试验方法，而且在工程施工时应注意加荷速度。

④软土的触变性

软土受到振动，海绵状结构破坏，土体强度降低，甚至呈现流动状态，称为触变。触变使地基土大面积失效，对建筑物破坏极大。一般认为，触变是由于吸附在土颗粒周围的水分子的定向排列受扰动破坏，土粒好像悬浮在水中，出现流动状态，因而强度降低，静置一段时间，土粒与水分子相互作用，重新恢复定向排列，结构恢复，土的强度又逐渐提高。

⑤软土的流变性

软土在长期荷载作用下，变形可以延续很长时间，最终引起破坏，这种性质称为流变性。破坏时软土的强度远低于常规试验测得的标准强度，一些软土的长期强度只有标准强度的40% ~ 80%。但是，软土的流变发生在一定的荷载下，小于该荷载不产生流变，不同的软土产生流变的荷载值也不同。

（4）软土常见的工程地质问题及处理原则

第一，软土地基承载力很低，其抗剪强度也很低，长期强度更低。容许软土承载力一般低于 0.1 MPa，有时低至 0.04 MPa，往往由于地基丧失强度而遭到破坏。

第二，软土压缩性很高，沉降量大，其常出现由于地基下沉引起基础变形或开裂的现象，直至建筑物不能使用。

第三，由于软土含水量大，多接近或超过其液限而成为软塑或流塑状态，且因其持水性强，透水性差，对地基的固结排水不利，强度增长缓慢，沉降延续时间很长，故其会影响工期和工程质量。

第四，软土成分及结构复杂，平面分布及垂直分布均具有不均匀性，易使建筑物产生不均匀沉降。

第五，软土受到某种振动时，很容易破坏其海绵状结构连接强度，使软土产生稀释液化而丧失强度，在建筑物施工及使用过程中要防止软土发生触变。

软土地基的处理。一般认为，在软土地区不宜建重型建筑物。对一般建筑物和路基基底应采取相应的处理，处理的原则如下：

第一，控制路堤高度，减轻建筑物自重或加大承载面积，以减小软土单位面积所受压力。

第二，当软土埋置不深、厚度较小时，可采用开挖换填砂卵石、碎石，或抛石排淤、爆破排淤的方法，使建筑物基础置于软土以下坚实的土层上。

第三，排水固结提高软土强度。根据不同要求及条件，可分别采用预压固结，分期分层填筑路堤，路堤底部设排水砂垫层，在软土地基中采用设置排水砂井、石灰砂桩等方法加速排除软土中水分，完成预期沉陷，提高软土承载力。

第四，为防止软土地基溯流，可采用反压护道法和在软土地基周围打板桩围墙的方法，有时也可采用电化学加固法，防止软土被挤出。

常见的软土地基的加固措施有堆载预压法、强夯法、砂垫层、砂井、石灰桩、旋喷注浆法、加筋土等。

3. 膨胀土

（1）膨胀土的特征及分布

膨胀土是一种黏性土，其具有明显的膨胀、收缩特性。它的粒度成分以黏粒为主，黏粒的主要矿物是蒙脱石、伊利石，这两类矿物均具有强烈的亲水性，吸收水分后强烈膨胀，失水后收缩，多次膨胀、收缩后，其强度迅速衰减，导致修建在膨胀土上的工程建筑物开裂、下沉、失稳破坏。过去对这种土的性质认识不清，有许多不同的叫法，如裂隙黏土、膨胀黏土、胀缩土或超固结黏土等；也有许多以地区命名的叫法，如成都黏土、合肥黏土等。经过多年的工程实践和研究，目前趋向于统一称其为膨胀土。它具有以下特征：

第一，颜色有灰白、棕、红、黄、褐及黑色。

第二，粒度成分中以黏土颗粒为主，一般在50%以上，最少也超过30%，粉粒其次，砂粒最少。

第三，矿物成分中黏土矿物占优势，多以伊利石为主，少量以蒙脱石为主，高岭石含量普遍较低。

第四，以片状或扁平状黏土颗粒相互聚集形成的结构基本单元体，决定着膨胀土的胀缩性及强度，微孔隙、微裂隙的普遍发育，为水分的进出迁移创造了条件。

第五，胀缩强烈，膨胀时产生膨胀压力，收缩时形成收缩裂缝，长期反复胀缩使土体强度产生衰减。

第六，各种大、小成因的裂隙非常发育。

第七，早期（第四纪以前或第四纪早期）生成的膨胀土具有超固结性。

膨胀土分布广泛，其分布范围遍及六大洲，约40个国家和地区。我国是世界上膨胀土分布最广、面积最大的国家。目前已在20多个省、自治区、直辖市发现膨胀土及其对工程建筑的危害，其中，以云南、广西、贵州和湖北等省分布较多，且具有代表性。膨胀土一般位于盆地内垅岗、山前丘陵地带和二、三级阶地上。膨胀土多数是晚更新世及其以前的残坡积、冲积、洪积物，也有晚第三纪至第四纪的湖相沉积及其风化层，个别埋藏在全新世的冲积层中。我国范围内的膨胀土，按其成因及特征基本分为三类：

第一类为湖相沉积及其风化层。黏土矿物中以蒙脱石为主，其自由膨胀率、液限、塑性指数都较大，土的膨胀、收缩性最显著；第二类为冲积、冲洪积及坡积物。黏土矿物中以伊利石为主，其自由膨胀率和液限较大，土的膨胀、收缩性显著；第三类为碳酸盐类岩石的残积、坡积及洪积的红黏土。其液限高，但自由膨胀率常小于40%，故常被定为非膨胀性土，但其收缩性显著。

（2）膨胀土的胀缩性指标

一般来说，黏性土都有一定的膨胀性，只是膨胀量小，没有达到危害程度。为了正确评价膨胀土的工程性质，必须测定其膨胀收缩指标。

（3）膨胀土的工程性质

①强亲水性

膨胀土的粒度成分以黏粒含量为主，黏粒粒径很小，比表面积大，颗粒表面由具有游离价的原子或粒子组成，即具有表面能，在水溶液中吸引极性水分子和水中离子，呈现出强亲水性。

②多裂隙性

膨胀土中裂隙十分发育，这是区别于其他土的明显标志。膨胀土的裂隙按成因有原生和次生之别。原生裂隙多闭合，裂面光滑，常有蜡状光泽，暴露在地表后受风化影响裂面张开；次生裂隙多以风化裂隙为主，在水的淋滤作用下，裂面附近蒙脱石含量显著增高，呈白色，构成膨胀土的软弱面，这种灰白色是引起膨胀土边坡失稳滑动的主要原因。

③强度衰减性

天然状态下，膨胀土结构紧密、孔隙比小，干密度达 $1.6 \sim 1.8 \ g/cm^3$，塑性指数为 $18 \sim 23$，其天然含水量与塑限比较接近，一般为 $18\% \sim 26\%$，这时膨胀土的剪切强度、弹性模量都比较高，土体处于坚硬或硬塑状态，常被误认为是良好的天然地基。当膨胀土遇水浸湿后，其强度很快衰减，黏聚力小于 $100 \ kPa$，内摩擦角小于 $10°$，有的甚至接近饱和淤泥的强度。

④超固结性

膨胀土的超固结性是指在膨胀土受到的应力史中，曾受到比现在土的上覆自重压力更大的压力，因而孔隙比小，压缩性低。但是一旦对土体进行开挖，其就会遇水膨胀，强度降低，造成对土体结构的破坏。

⑤弱抗风化性

膨胀土极易产生风化破坏作用，对土体开挖后，在风化引力的作用下，很快会产生破裂、剥落和泥化等现象，使土体结构受到破坏，强度降低。

（4）膨胀土的工程地质问题及防治措施

①膨胀土地区的路基

膨胀土地区的路基，无论是路堑或路堤，极普遍而且严重的病害就是边坡变形和基床变形。随着行车密度与速度的提高，由于膨胀土体抗剪强度的衰减及基床土承载力的降低，造成边坡溜塌，路基长期不均匀下沉，翻浆、冒泥等病害突出，导致路基失稳，影响行车安全。

在膨胀土地区进行建筑施工，首先，必须掌握该地区膨胀土的地质特征，判定其膨胀程度。其次，根据这些资料进行正确的路基设计，确定其边坡形式、高度及坡度，并采取必要的防护措施。

边坡防护措施主要包括：采用天沟、边坡平台排水沟、侧沟及支撑渗沟等排水系统；采用植被防护、骨架护坡、片石护坡等坡面防护措施；采用挡土墙、抗滑桩、片石垛等支挡工程；对于路堤还可采用换填土或土质改良等措施。

②膨胀土地区的地基

在膨胀土地基上修筑的桥涵及房屋等建筑物，会随地基土的胀缩变形而发生不均匀变形。因此，膨胀土地基问题既有地基承载力问题，又有引起建筑物的变形问题。其特殊性在于地基承载力较低，还要考虑强度衰减；不仅有土的压缩变形，还有湿胀干缩变形。

常用的防治措施有：防水保湿措施，即注意建筑物周围的防水排水，并尽量避免挖填方改变土层自然埋藏条件；地基土改良措施，即建筑物基础应适当加深，并相应减小膨胀土的厚度，或采用换土、土垫层、桩基等方法。

二、岩石的工程性质

（一）岩石的主要物理性质

1. 岩石的密度

岩石的密度是指岩石单位体积的质量，除与岩石的矿物成分及其相对含量有关外，其还与岩石的孔隙、裂隙发育程度和含水情况密切相关。致密的岩石，其密度与颗粒密度相近，随着孔隙、裂隙的增加，岩石的密度相应减小。因此，测定出岩石的密度可以判断岩石空隙发育程度，以间接评价同类岩石的致密程度和坚固性。岩石的密度指标有颗粒密度（数值上等于比重）和岩石密度，其基本概念与土相同。它是选择建筑材料、研究岩石风化、评价边坡稳定和确定围岩压力等必需的计算指标。岩石的颗粒密度是指岩石的固相质量与固体相体积之比，其主要取决于组成岩石的矿物的密度及其在岩石中的相对含量，与岩石孔隙、裂隙发育程度和含水情况无关，其值可由比重法测定。

岩石的密度可分为天然密度、干密度和饱和密度，分别指天然含水、绝对干燥和饱和水状态下岩石单位体积的质量。因大多数岩石的孔隙率不大，三者相差甚小，在未加说明含水状态时即指干密度。

测定岩石密度的方法有尺量法（规则试样）、液量法（不规则试样）、蜡封法（易碎试样）三种，其原理与测定土的密度一样。

2. 岩石的空隙性

岩石的空隙性是指岩石具有孔隙和裂隙的特性。其仍用空隙率表示。由于岩石和土的颗粒连接方式不同，岩石中的孔隙、裂隙情况要比土复杂得多，除相互连通之外，还有互不连通且与大气隔绝的封闭空隙。与大气相通的空隙，称为开口空隙，且有大小之分。各类空隙对岩石工程地质性质有着不同的影响，应对其予以区分。

岩石空隙率是指岩石空隙体积与岩石总体积之比，以百分数表示。

岩石的空隙率变化很大，可从小于 1% 直至 10%。新鲜结晶岩类的空隙率很低，很少大于 3%；沉积岩空隙率稍高，一般小于 10%，但部分胶结差的砾岩，空隙率有 10% ~ 20%；风化程度加剧，其空隙率也相应增加。

（二）岩石的水理性质指标

1. 岩石的吸水性

（1）岩石的吸水率

岩石的吸水率是指岩石试件在大气压下吸收水的质量与其干燥时质量的比值。

（2）岩石的饱水率

岩石的饱水率是指岩石在 150 个大气压或真空条件下吸入水的质量与其干燥时的质量的比值。

（3）岩石的饱水系数

岩石的饱水系数是指岩石吸水率与饱水率的比值。

岩石的吸水率和饱水率分别说明了岩石大开口空隙和总开口空隙的发育程度，两者在数值上的差别反映了岩石中微细裂隙的发育情况。而饱水系数则反映了岩石中大开口空隙与小开口空隙之相对含量。饱水系数越大，说明岩石中的大开口空隙越多，而微小开口空隙越少。

一般岩石的饱水系数为 0.5 ~ 0.8。因此，了解岩石的吸水性，对判断岩石的抗冻性、抗风化能力及评价岩体地基或边坡稳定性都具有重要的意义。

2. 岩石的溶解性

岩石的溶解性是指岩石溶解于水的性质，其常用溶解度或溶解速度来表示。岩石的溶解性主要取决于岩石的化学成分，但其和水的性质也有密切的关系，如富含 CO_2 的水具有较大的溶解能力。常见的可溶性岩石有石灰岩、白云岩、石膏、岩盐等。

3. 岩石的软化性

岩石的软化性是指岩石在水的作用下，强度和稳定性降低的性质。岩石的软化性常用软化系数来表示。软化系数为岩石饱水状态的抗压强度与岩石干燥状态的抗压强度之比，用小数表示。软化系数越小，岩石的软化性越强。一般岩石的饱和抗压强度都低于正常含水量时的抗压强度，也就是说，岩石都不同程度地具有软化性。岩石软化性的强弱主要与岩石的矿物成分、结构、构造等特征有关。岩石中黏土矿物的含量越高、孔隙率越大、吸水率越高，则遇水后越容易被软化，岩石浸水后的强度和稳定性损失越大，其软化系数越小。

由于岩石的软化系数较易测定，因而软化系数在生产实践中，特别是在水工建筑勘查中对其的应用较为广泛，常用来间接评价岩石的抗风化性和抗冻性。软化系数值越小，表示岩石在水作用下的强度和稳定性越差，岩石的工程地质性质也越差。

（三）岩石的主要力学性质

1. 岩石的变形

第一，岩石在单向加载条件下的变形。

第二，岩石在三向压力作用下的变形。大量的岩石力学试验表明，岩石在三向受力状态下的应力—应变关系与单向受力状态下的应力—应变关系有很大的区别。

第三，岩石的蠕变。岩石在恒定应力或恒定应力差的作用下，变形随时间而增长的现象称为蠕变。岩石的蠕变特性可以通过在岩石试件上加一恒定荷载，观测其变形随时间的发展状况，即蠕变试验来研究。大量的蠕变试验结果表明，岩石的蠕变可分为稳定蠕变与不稳定蠕变两类。

稳定蠕变是指当作用在岩石上的恒定载荷较小时，初始阶段的蠕变速度较快，但随着时间的延长，岩石的变形趋近一稳定的极限值而不再增长的蠕变。不稳定蠕变是指当载荷超过某一临界值时，蠕变的发展将导致岩石的变形不断增长，直到破坏的蠕变。

第四，岩石的松弛。当应变保持恒定时，应力随着时间的延长而降低的现象称为松弛。

第五，岩石的变形指标。岩石的变形指标主要有弹性模量、变形模量和泊松比。

2. 岩石的强度

（1）岩石的抗压强度

岩石的抗压强度是指岩石的单向抗压强度，其定义为岩石试样抵抗单轴压力时保持自身不被破坏所能承受的极限应力。可以通过将岩石试件置于压力机上进行轴向加载，直至试件破坏来测定。

（2）岩石的抗拉强度

岩石的抗拉强度是指岩石试件抵抗增大的单轴拉伸时保持自身不被破坏的极限应

力值。

（3）岩石的抗剪强度

岩石的抗剪强度有抗剪断强度、抗切强度及弱面抗剪强度（包括摩擦试验）三种。

（4）岩石的三轴抗压强度

工程岩体通常都是处于双向或三向应力状态下，单向应力状态比较少见。

（5）岩石强度特征

试验资料表明，同一种岩石，由于受力状态不同，强度值相差悬殊。另外，岩石在荷载长期作用下的抗破坏能力，要比短时间加载下的抗破坏能力小。对于坚固岩石，前者为后者的 70% ~ 80%；对于软质与中等坚固岩石，长时强度为短时强度的 40% ~ 60%。

3. 岩石的破坏机理

（1）最大正应力强度理论

最大正应力强度理论也称为朗肯（Rankine）理论，其是最早提出而现在有时仍然采用的一种强度理论。这种强度理论认为材料破坏取决于绝对值最大的正应力。

（2）最大正应变强度理论

实验表明，某些材料受压时在平行于受力方向产生张性破裂。据此，提出了最大正应变强度理论，该理论认为材料破坏取决于最大正应变，材料发生张性破裂的原因是其最大正应变达到或超过一定的极限应变（确保材料不破坏所能承受的最大应变）所致。所以，只要变形岩石中任一方向的最大正应变达到其单轴压缩或单轴拉伸破坏时的应变值（极限应变）时，岩石便被破坏。

（3）最大剪应力强度理论

最大剪应力强度理论也称为屈瑞斯卡（H.Tresca）破坏条件或屈服条件，其是研究塑性材料破坏而获得的强度理论。实验表明，当材料屈服时，试件表面便出现大致与轴线呈45°夹角的斜破裂面。由于最大剪应力正是出现在与试件轴线呈45°夹角的斜面上，所以，这些斜破裂面即材料沿着该斜面发生剪切滑移的结果，而这种剪切滑移又是材料塑性变形的根本原因。据此，提出最大剪应力强度理论，该理论认为材料破坏取决于最大剪应力。

（4）最大剪应变能强度理论

剪应变能强度理论是从能量角度出发研究材料强度条件。这种强度理论认为，剪应变能达到一定值时，便引起材料屈服或破坏。具体来说，在三向应力状态下，当材料单位体积形变能（剪应变能）与其单轴压缩或单轴拉伸破坏的形变能相等时，材料便发生屈服。因此，应首先获得材料在三向应力状态下的形变能，再求出材料单向受力至破坏时的形变能，其次将这两种形变能联系起来，便可以建立剪应变能强度条件或破坏准则。

（5）最大拉应力强度理论

该理论认为，岩石无论是受压、弯曲、扭转，还是在受拉作用的条件下，其最终的破坏形式均表现为拉断破坏。拉断破坏可直接由拉伸作用引起，也可由等承载状态衍生的拉伸作用引起。

此种破坏的特点是：破坏时沿断裂面发生拉开运动，出现张开的裂缝，因此，其又称为张性破坏。关于这种破坏形式的发生和发展（破坏机理），有两种推理及解释意见：一种解释意见认为，岩石的拉断破坏是由于受力后的拉伸变形达到某种极限值（最大线应变）而导致断裂，这就是经典的第二强度理论；另一种解释意见认为岩石的拉断破坏是由于受外力作用后，使内部原本存在着许多微细裂缝或孔隙出现局部拉应力集中，拉应力达到抗拉极限值便会导致微裂隙扩展，从而导致试块破坏，这就是格里菲斯强度理论。正是由于上述解释，使岩石力学性质的评价变得复杂，实际工程中往往采用试验实测强度指标来描述。

第三章　综合地球物理的基础体系构建

第一节　综合地球物理的概念与必要性

一、综合地球物理的概念与研究内容

（一）综合地球物理的概念

综合地球物理是综合应用地球物理学的原理、方法解决各类地质问题的一门学科，属于地球物理学的一个分支学科。综合地球物理是在地球物理学各个分支学科（地球重力学与重力勘探、地磁学与磁法勘探、地电学与电法勘探、地震学与地震勘探、地热学与地热勘探、地球辐射与放射性勘探等）基础上发展起来的一门综合性学科。它是地球物理学的各个分支学科广泛应用于地球科学各个领域和开展资源矿产勘探、实施环境保护和工程勘查等生产实践中进行科学总结逐渐发展起来的一门学科，因而具有鲜明的综合性和实践性两大特点，在该学科的发展中逐渐形成了特有的理论和方法。

（二）综合地球物理的研究内容

第一，综合地球物理的概念与必要性。

第二，综合地球物理的研究思路、工作要点和解释原则。

第三，综合研究的物理—地质基础。

第四，综合地球物理的解释方法。

第五，综合地球物理在各个领域的应用实践总结（基础地质、石油天然气与煤田勘探、固体矿产资源勘探、水资源勘探、环境与工程勘查等）。

二、地球物理方法的特点

（一）全球性

地球物理学与地球科学中地质学、地球化学一样都是以地球作为研究对象，因而具有全球性。地球化学中重大地质历史事件、地质历史上重大构造运动、海底的扩张、岩石层板块运动等都具有全球性。地球物理研究以地球表层与内部物理性质差异及其引起的地球物理场均具有全球意义。地球物理场（重力场、磁场、电场、地震波场、地温场及辐射场等）

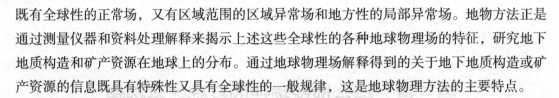

既有全球性的正常场，又有区域范围的区域异常场和地方性的局部异常场。地物方法正是通过测量仪器和资料处理解释来揭示上述这些全球性的各种地球物理场的特征，研究地下地质构造和矿产资源在地球上的分布。通过地球物理场解释得到的关于地下地质构造或矿产资源的信息既具有特殊性又具有全球性的一般规律，这是地球物理方法的主要特点。

（二）现代性

这里指的现代性有两个含义：一是方法技术的现代性；二是观测地球物理场的现代性。

地球物理学研究方法主要是通过地球物理场的观测、资料分析处理及其解释达到了解地下地质构造及其资源分布的目的。因而从某种意义讲，地球物理学是一门观测的科学。作为观测科学离不开现代科技发展。随着现代科技的迅猛发展，尤其是现代工业技术、电子学、计算机科学、遥感探测技术的发展，各种地球物理方法观测技术更新换代的速度加快，轻便、智能、高效、高精度、高分辨率、抗干扰极强的航空、地面、海洋、井下的地球物理仪器便应运而生。新型仪器不断问世，使得地球物理资料采集出现了革命性的变化。地球物理观测仪器与计算机合而为一，使得采集、处理与现场解释在野外就能基本完成。此外，对于地球物理资料的处理已经并将继续促使计算机向着超大规模容量及超高速发展。许多大型计算机几乎都与地球物理资料处理尤其是地震资料的处理紧密相关。同时，地球物理资料解释又在近代数学、计算数学、信息科学、模糊数学、人工智能等学科的发展推动下，有了新的突破与发展。

第二个含义观测地球物理场的现代性指的是通过不同的地球物理方法观测到的各种地球物理场都是现今的地球物理场，而不是过去地质年代或构造运动时期的地球物理场。因此根据这一个现今的地球物理场，通过资料处理、反演解释得到由地表至地下一定深度的地质构造和地质体的赋存状态，而不是不同地质年代、不同地质时期的和地质体的赋存状态。

虽然可以结合地质露头、钻孔岩性的化验分析等来综合推断上述地质体的地质年代和岩浆岩的期次，但要想全面了解各个不同地质年代、不同构造运动时期的地质构造形态，进而推测在地质历史时期地质构造的演化历史，还要通过物探、地质、地球化学的高度结合和综合解释才能做到，这是一项相当困难并带有很大主观成分的任务。

现今地球物理方法中仅有几种方法，如利用辐射场和放射性元素蜕变特性的同位素年龄测定，利用地磁场和沿着古地磁特性的磁性年代学。它们可以用于地磁年代的判别，后者还可以用于研究板块和块体的运动轨迹。但是要全面反映不同地质历史时期、不同构造运动时期的地质构造和地质体的赋存状态是难以实现的。

（三）间接性

这是地球物理研究方法区别于地质学、地球化学方法的显著特点。地质学是通过对地面露头、坑道取样及钻井岩芯的采集、分析、观察研究来认识地下地质结构与构造的。类似地，地球化学则是通过地面岩石、土壤、水、坑道或钻孔岩芯的取样样品的地球化学分析，了解地下化学元素及化合物的分布，结合地质规律推断研究地下的地质结构与物质组成。这两种研究方法都具有直接性的特点，而地球物理研究方法是通过地下异常体产生的地球物理场来达到解决地质问题的目的，具有明显的间接性。这种间接性的优点是可以探测隐伏的地质现象及其资源分布，勘探深度大。这也是地球物理方法可以研究地壳各层以及上地幔甚至核幔结构信息的重要原因，当然也是能探测地下隐伏矿产资源的主要手段。可以这样说，如果没有地震勘探、重磁电勘探，便没有石油工业的今天。但是间接性也带来一个大问题，因为地球物理的反演问题有非唯一性，不同的地质体会引起相同特征的地球物理场。同时地球物理的地质解释也具有突出的多解性，因此对于地质问题的解决，必须将间接的地球物理研究方法同直接的地质、地球化学研究方法紧密结合。

三、综合地球物理的必要性和重要性

（一）地球物理反演问题的非唯一性和等效性

1. 几种主要地球物理方法反演问题的非唯一性和等效性

（1）重、磁反演问题的非唯一性和等效性

由重、磁观测场求解场源体分布称为重、磁反演问题，而重磁资料的解释归结为重、磁反演问题的求解。重、磁反演问题中的一个重要性质就是它的多解性和等效性，认识和了解它们对于重、磁资料的解释十分重要。

如果给出的是场源外部场，称为外部正问题，对重、磁勘探来说这是最常见的情况；如果给出的是场源内部场，则称为内部场；也可能有混合反演问题，此时给出的是外部和内部场。

在形成等效层时，密度分布并不改变域外重力位，所以这一性质证实了非唯一性。由格林等效定理得出其等值性或等值分布，在严格意义上说，等值性应理解为建立同一位的某些异常体的场没有差异。具有相同外部物质分布称为等值分布，这种例子俯拾皆是。如共焦椭球和椭圆圆柱体，密度沿半径 r 按任意规律变化的球体重力场和位于球心总质量与之相等的点源场。

通过重力异常研究基底面起伏或构造，虽然这是一个简单的单一密度界面反演问题，但是可以获得 7 个不同深度上起伏的构造，都能拟合观测效应，实际上在上述任意两个深度之间还可以有任意数目的解释，这就是说，这个重力反演问题的解有无穷多个。但是，观测数据本身可以提供"极限深度"和"最小起伏"两个重要信息。所谓极限深度，是指构造顶面深度的上限，如果顶面深度超过这个深度，就找不到可以满足该数据的界面状态。"最小起伏"即对于给定密度差且满足异常条件下，所有构造中的最小起伏。

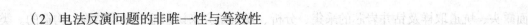

（2）电法反演问题的非唯一性与等效性

在电法勘探中，由于反演问题的非唯一性与等效性及观测误差的存在，会出现地电断面不同但观测曲线相同的情况。换言之，同一条观测曲线，在误差范围以内，可以对应一系列的电断面，此即等值性。

（3）地震勘探反演问题解的非唯一性

与重、磁、电相比，地震勘探资料解释所得的地下介质模型要肯定和明确得多。时间剖面与地质剖面的直观对应性，常常使不少人觉得地震勘探的反演问题解是唯一的。然而，理论与实践表明，这种唯一也是相对的和有条件的。

目前，地震勘探为解决地层及岩性问题，需要利用波形及振幅等波的动力学特点，这称为动力学反演问题。这类问题的多解性远远超过运动学反演问题。这就使得在一些复杂地区，例如我国东部地区，利用地震资料进行构造、地层、岩性综合解释时变得困难。由于岩性变化大、岩性带狭窄、构造多、断层密集、不整合面多等地质因素，致使地震剖面上连续的反射同相轴少，异常波（包括侧面波）发育，干扰现象严重。因此容易把地震剖面上的构造现象与地层反应混淆起来，有时漏掉了层间构造，有时认错了潜山、砂层，有时判断错了平点、亮点等。

2. 地球物理反演问题理论中零空间的存在

地球物理反演问题的非唯一性与等效性，可以从地球物理反演理论中得到证明。根据地球物理反演理论，地球物理观测数据可归为数据空间，要求取的地下地质构造可归为模型空间，数据空间和模型空间之间存在线性泛函关系。

3. 资料的不完整性和不精确性

地球物理反演理论中详细讨论了地球物理资料的不完整性和不精确性，证明了它们也是引起地球物理反演问题非唯一性的重要因素。

（二）地球物理地质解释的多解性

利用地球物理解决地质问题时，除了受到地球物理反演问题的非唯一性影响外，在地质解释中，必然会遇到解的非单值性或不确定性，这就是地球物理地质解释的多解性，这是在通过地球物理反演问题探测了物理模型以后，要转化为地质模型，产生解释上的多解性。出现这种情况的主要原因是：不同地质问题存在相似或近似的地球物理性质和特征。

在自然界中，不同地质岩性的岩石、矿石可能具有某种相同的物理性质，仅数值大小不同而已。地球物理所要研究的目标体及其所处的环境是岩矿石及其分布特征的总体反映，不同目标体及其所处地质环境可能具有某种相同的地球物理特征。因此在多数情况下很难根据所观测到的某种地球物理场单值地推求其地质模型，从而造成地球物理地质解释的多解性。

由于岩矿石物理性质的某类同性而造成地球物理地质解释的多解性，在岩矿石组成地质体以后，这种现象更为突出，这也就是所谓的"同性异质"现象。这就是说，许多地质体与围岩相比有相同的物理性质差异，但却是不同性质的地质体。例如，在区域地质调查中，相同特征的重力低可以是断裂或破碎带引起的，也可以是沉积坳陷引起的，还可以是侵入沉积岩中的中基性火成岩引起的；相近特征的磁力高可以是火成岩引起的，也可以由基底隆起或是含磁性矿物的沉积岩或矿体所引起。这种例子在地质勘探中不胜枚举。根据单一地球物理方法便会存在解释上的多解性，而地球物理方法的综合应用，可以减小地球物理地质解释的多解性。

在金属矿勘探中，常见的金属矿床与炭质页岩都会在电法中表现为低电阻率异常，要减少这种多解性，就需要结合激发极化等其他电法以及磁法和重力解决矿体的不确定性。

（三）单一地球物理方法解决问题的有限性和局限性

通过阅读本书的方法篇已经了解，每一种地球物理方法都有它的应用前提与应用条件，其中最重要的是物理性质的差异。地震勘探在众多地球物理方法中发展最快，应用广泛，分辨率最高。但是它基于波动理论，如果没有波阻抗差异，就会无能为力。例如，在石油勘探中，在寻找与火山岩和碳酸盐岩有关的油气藏以及与前寒武系有关的油气藏中，必须将地震勘探与重磁电勘探综合应用，才能有效合理地解决相应的地质任务。所以，对单一地球物理方法而言，其数据在解决地质问题的时候具有有限性与局限性。因此，在完成不同的地质任务中，在开展地震勘探的不同阶段中，为了经济而有效地完成任务，常常需要将根据各种地球物理方法解决问题的能力与效益加以有机地综合。

在石油勘探的各个阶段，在不同的地质地球物理特征条件下，为了完成各种地质任务，需要选用不同的物理方法，进行合理的组合，并进行综合解释。这首先要对各种物理方法的特点与能力进行分析。

重力勘探是应用广泛的物探方法之一。由于它的采集费用低、施工效率高，而且作为一种基础资料，国家测绘部门与地质勘探部门已经将 1：20 万比例尺的重力测量工作几乎覆盖了全国。另外，还有覆盖全球的重力测量。由于重力主要用于区域性调查勘探阶段，使用 1：20 万重力测量资料，常常已经能完成所要求的地质任务。因此通常不必另行布置专门的野外施工任务，而只要到有关部门去收集相应的资料作为基础进行研究即可。

在所有的物探方法中，重力勘探正反演方法的数学模型相对简单，用一般的微机或工作站就能完成实际资料的处理解释。同时，重力勘探又是一种体积性勘探，引起重力异常的因素众多，地下各种地质体的异常叠加在一起，重力场的多解性更为严重，这就使得重力方法的应用效果受到很多限制。因此重力资料的处理解释能否取得良好效果的关键在于这一地区引起重力异常的因素是否单一，或者能否有效地将不同地质体引起的异常加以分离。例如，在基底埋藏较深，基底岩性较为均一，各构造层界面起伏较为整合时，基底起伏将是引起重力异常的主要因素，此时利用重力异常求取基底起伏将能取得较好效果。再如，当由地震及电法资料了解了基底以上各构造层的起伏，并且掌握了岩石密度资料后，则能通过正演计算求取基底以上各地层的重力效应，将重力异常中的这部分效应消除后，就能得到主要反映基底岩性的异常，由此求取基底岩性就能得到较好效果。

磁力勘探也是一种快速经济的勘探手段。由于航磁的高精度及高效率，所以我国绝大部分地区已经覆盖有不同比例尺的航磁资料，这为航磁资料的综合利用提供了十分有利的条件。由于沉积盖层的大部分地层为无磁或弱磁性，只有基底中的正变质岩和部分火成岩有较强磁性，这就使得引起磁异常的因素较为单一，而且不同磁性体的异常特征也常常有较大差异，这些对于资料的解释均是较为有利的。因此也使磁异常主要局限于用来解决基底结构及盖层中火成岩分布等问题。

地震勘探是油气勘探中最为常见、必不可少的一种方法。它可以用于解决构造、沉积、岩性及油气检测等领域中的问题。同时它又是所有物探方法中分辨率和精度最高的方法。但是地震勘探又是资料采集难度最大、成本最高的一种方法。采用其他物探方法与之相配合的目的就在于将地震勘探工作布置在最必要的地段，以便降低成本。同时也可以在地震难以取得良好资料的地段，用其他方法的资料作必要的补充。

而电法勘探是介于重、磁方法与地震方法之间的一种过渡性方法，与重、磁方法相比，它有较好的垂向分辨率和分层能力。但是由于电磁场向地下扩散时，强度按指数规律衰减，因而它的分辨能力也随深度按指数规律减小。所以与地震方法相比，在石油勘探的有效勘探深度范围内，它的垂向分辨与分层能力要低得多。由于不同岩石的电阻率差异与密度及速度差异相比要大得多，所以电法勘探在了解岩性变化及解决油气检测与其他特殊地质体问题方面可以有比较大的作为。同时，利用频谱范围丰富的大地电磁场可以穿透到地下几十千米到上百千米的能力，电法在解决深部构造时的作用也是其他方法所不能取代的。由于在一些地震施工及采集困难地区（如海岸潮间带、黄土塬区、火山岩及碳酸盐岩裸露区等），电法都能较为容易地进行施工及数据采集，因此在这些地区将电法勘探发展成某种程度上能取代地震的一种方法，是值得重视的研究动向。但是，电法勘探以往主要用于区域勘探，采用单点观测方法。在进行局部构造勘探时，现在已经开始采用多道仪器、排列式密集采样的方法和三维电法勘探，这样才能提高施工效率、降低采集成本。

在金属矿勘探中，磁法、电法与重力勘探相对地震勘探应用更加广泛和有效。航空磁测与航空放射性测量被应用于大面积金属矿与放射性矿床的普查与勘探。航磁不仅用于区域断裂、火成岩分布研究，而且可以用于磁铁矿等金属矿的直接找矿以及与火成岩有关金属矿的间接找矿。重力勘探在研究区域构造以及火成岩分布中有效、实用，并且经常用于油气普查勘探中，同样其在详查勘探金属矿时可发挥重要作用。电法是普查勘探金属矿的最重要的勘探方法。基于金属矿的良导性与极化性、充电性等特点，可应用各种类型的电法（电阻率法、激发极化法、充电法、自然电场法、电磁感应法等）寻找相应的金属矿。

基于波阻抗的地震方法主要应用于油气资源勘探与构造研究中，在金属矿勘探中的使用仍处于试验阶段。

（四）地下地质情况复杂多样性及地球物理勘探的广度、深度、难度的增加

随着地质调查工作的深入展开和勘探程度的不断加大，近地表的地质和矿产资料已经比较容易地被发现和查明，目前存在的主要问题是对深部地质矿产资源的勘探。地质调查和勘探正在向广度、深度和难度进军。广度是指勘探的领域和地区；深度是指勘探向大深度发展；难度是指不仅在勘探领域和深度，还有很多在地质和地球物理领域尚未认识的问题。

以石油勘探为例，工作地区已从平原、盆地发展到戈壁、沙漠、山地及碳酸盐岩、火成岩覆盖的地区，油气藏类型已从常规的构造岩性油气藏发展到非常规的页岩气、煤层气、深成气等类型，勘探深度已从 5 km 发展到 6 km 及 10 km，单一的地震勘探已不能适应勘探的新形势。在金属矿勘探中，"攻深探盲"已成为主要勘探目标。许多新类型的矿床不断涌现，各种复杂地形地质条件下勘探难度增加。因此，综合物探寻找金属矿已是大势所趋。

四、综合地球物理的展望

第一，地球物理的综合已从前期以解释为主发展到以岩石物性和物理—地质模型为基础的有机综合。

第二，地球物理方法的综合解释已从定性为主的解释发展到采用先进优化算法的定量综合反演和联合反演，逐步形成完整的智能化的定性、定量与地质解释融为一体的解释系统。

第三，综合地球物理解释已从静态为主的综合解释发展到紧密结合地质演化的动态的综合解释。

第四，综合地球物理的应用领域已从基础地质资源勘探为主发展到了水文、工程和环境领域、深部地质领域以及防灾、减灾领域。

第五，综合地球物理的原理、方法、解释的理论与实践的不断完善体现了学科发展的强大生命力。

第二节　综合地球物理的思路、要点和解释原则

一、综合地球物理的研究思路概述

（一）地球物理工作的一般流程

第一，地球物理工作一般可以分为地质任务的确定、地球物理工作的设计、观测数据的采集、资料的整理与处理、资料的解释5个阶段。各个阶段都有特定的任务与分工，缺一不可，相互紧密衔接，其中观测数据的采集是基础，只有准确可靠的数据才能保证后续阶段的顺利进行，才能保证有条件获得可靠的解释结果。有了高分辨率、高精度的观测数据，才能获得丰富充分的地球物理场信息，从而可能对地下复杂的异常源（异常体）作出客观准确的推断。

第二，资料的解释是关键。地球物理的解释结果是否符合地下客观情况，关键在于：①运用地质地球物理资料是否充分；②解释方法是否科学合理和解释思路是否正确。

综观地球物理的工作流程，可以看到地质的重要性。地质地球物理的先验信息及地质规律认识决定了地质任务。而物理—地质模型的建立、修改与完善贯穿了整个流程。地质、地球物理与其他物探资料进入资料解释流程体现了综合地质地球物理结合的重要性。

（二）地球物理解释的基本问题

1. 正演与反演

地球物理正演就是已知场源研究相应的地球物理场，而反演问题是已知地球物理场来推断相应场源。地球物理场正演问题与反演问题是地球物理的基本问题之一。根据所建立的物理—地质模型用计算模拟或物理模拟求取其异常曲线，即作为正演问题的解答。它具有唯一性，应与观测异常取得良好的吻合，并以此说明模型的正确性。通过对实测异常的反演，即通过解析反演或拟合给出多种异常的地质体，即反演问题的解答，其中不仅给出地质体的形状与埋深，也给出物性参数。

2. 定性与定量

地球物理场的定性解释与定量解释是地球物理解释的两个重要环节。根据地球物理异常的各种信息来推断地球物理异常源的各种岩石物理性质与大致地质原因，称为定性解释；使用数据物理方法反演异常源的物理参数与几何参数（包括形态、规模与空间位置等内容）称为异常的定量解释。

3. 地球物理与地质解释

地球物理解释与地质解释是地球物理解释的最终成果，两者既有联系又有区别。地球物理解释重点是对地球物理异常进行定性定量解释等获得有关异常体的形态、产状、位置、

理深及物性参数的总体认识，而地质解释则主要是对地球物理解释得到的异常体模型赋予地质认识建立完善的物理—地质模型，即由物理模型变为地质模型，进而得到有关地质构造或矿产资源的相关地质认识。

（三）综合地球物理的研究思路

第一，地质是贯穿于整个综合地球物理解释的一条主线，从地质任务的确定到地质成果的取得，它包括了先验资料的研究、物理—地质模型的建立、地球物理工作的设计、野外施工、资料的处理和解释直至综合地球物理的地质解释，可以说没有地质的指导和参与，综合地球物理解释就无法完成。

第二，岩石物性是综合地球物理的前提条件和关键环节，是综合地球物理的物质基础。它是综合地球物理的物理—地质基础，贯穿于整个解释的各个阶段。综合地球物理的设计、野外施工、资料的处理和解释都需要岩石物性的资料，而且在物探的野外施工中，还必须开展相应的物性研究并获取本区完整的物性资料。

第三，物理—地质模型是综合地球物理问题的核心问题和关键环节。它是地质与地球物理相结合的产物，是地质理论指导地球物理工作的具体体现。物理—地质模型的建立、修改与完善是地球物理解释的重点，因为地质成果是要根据最终获得的物理—地质模型来得到的。

第四，在综合地球物理的资料解释中，正演与反演的结合、定性解释与定量解释的结合是重要思想。

第五，地球物理方法的有效合理综合是地球物理工作的要点，它体现了地质效果与经济效益的高度一致。它不仅反映在物探工作的设计上，还反映在野外施工的资料处理和解释上。要根据施工的时间修改与完善技术方案，而且在资料的解释处理中也要做到有效合理的综合。

第六，流程图清楚地说明了综合地球物理解释不是一次完成的，而是要通过观测资料与实测资料的比较，反复解释、反复修改与完善物理—地质模型，多次反馈来完成的，这符合人们的认识规律。

第七，在综合地球物理解释中，一般是根据方法的先后施工顺序和解决问题的能力，先进行单一方法的解释，然后进行综合方法的解释。按照先易后难、先区域后局部，由浅入深，逐步地深入解释。

第八，具体地质问题的解决有具体的思路。

二、综合地球物理的工作要点

综合地球物理的工作要点是地球物理方法的合理有效综合。为了深刻理解这一点必须了解和掌握地球物理方法的应用前提。

（一）地球物理方法的应用前提

1. 地质目标体与围岩物理性质的差异程度

有关未知地质目标（如构造、各种岩石的接触带、构造破碎带、金属矿体等）和周围岩石（围岩、上覆和下伏地层）的物理性质（密度、磁化率、电阻率、极化率、热导率等）的最充分的信息，对于评价任何一种地球物理方法的适用性都有特别重要的意义。这类信息适用于地质勘探过程的所有阶段。

不同的地球物理方法对目标体与围岩物理性质的差异程度的要求是不同的。例如，在寻找大多数金属矿时，为了有效地应用重力勘探，要求矿石和围岩的密度差异为 $0.3 \sim 0.4$ g/cm³；对于解决构造问题时，甚至有 0.1 g/cm³（级次）的差异就够了；而对磁法和电法勘探来说，矿石和围岩的磁化率和电阻率必须相差几倍到几十倍。例如，对感应类电法勘探来说，岩石和矿石的电阻率比值应当为 100 左右。

岩石的物理性质除了取决于矿物成分与结构外，还与岩石的形成条件及内力和外力对岩石的后期改造作用有关。

在普查金属矿床时，研究热液交代作用对岩石物理性质的影响具有十分重要的意义。

硅化和糜棱岩化使岩石密度急剧减小。钠长石化一方面对密度较低的岩石（凝灰砂岩、凝粉灰砂岩）实际上没有影响，另一方面使致密岩石如辉长石的密度急剧减小，从 2.85g/cm³ 降到 2.64 g/cm³，强钠长石化花岗闪长岩的孔隙度是 $4.5\% \sim 6.5\%$。

蛇纹石化和滑石菱镁片岩化使孔隙度增大。变质岩和侵入岩的糜棱岩化使孔隙度明显增大（$2 \sim 4$ 倍）。在一般情况下，孔隙度增大是大多数热液交代作用的特征，在这种情况下通常是密度减小；磁化率既可能增高，也可能降低。由于机械风化和化学风化等地表风化作用以及地表水的作用，岩石成分及其物理性质有很大变化，可同时观测到磁化强度、密度、电阻率和弹性波传播速度的降低以及大然放射性强度的变化。

2. 引起异常的目标体的几何参数

（1）目标体埋深、规模与异常的关系

为了说明目标体规模、埋深与产生的地球物理异常的关系，列出了半径为 R、中心埋深为 H 的球体几种位场的最大异常幅值的表达式。

均匀密度球体的重力异常为

$$\Delta g = \frac{4\pi GR^3 \sigma}{3H^2} \tag{3-1}$$

均匀磁化球体的垂直分量磁异常为

$$\Delta Z_{max} = \frac{8\pi JR^3 \sin\theta}{3H^3} \tag{3-2}$$

均匀极化球体的外电位为

$$\Delta U_{max} = \frac{\rho}{\rho + 2\rho_1} \Delta U_0 \frac{R^2}{H^2} \quad\quad (3-3)$$

导电球体引起的直流均匀场的变化为

$$\Delta U'_{max} = j\rho \left(1 - \frac{\rho}{\rho + 2\rho_1} - 2\frac{R^2}{H^2}\right) MN \quad\quad (3-4)$$

直流充电导电球体外的电位为

$$\Delta U''_{max} = \frac{\rho I}{2\pi} \cdot \frac{1}{H} \quad\quad (3-5)$$

高热导率球体引起的均匀热场的变化为

$$\Delta T_{max} = T_a \left(1 + \frac{1-m}{2+m} \cdot \frac{R^3}{H^3}\right) \quad\quad (3-6)$$

激发极化系数为

$$\eta_{max} = \frac{3}{4\pi} \frac{\beta V}{H^3} \quad\quad (3-7)$$

式中：G 为重力常数；a 为球的有效密度；θ 为磁化强度 J 与水平面的夹角；ρ、ρ_1 分别为球体周围和球体内部的电阻率；ΔU_0 为球面上的最大电位差；j 为电阻率 ρ 的介质的电流密度；MN 为测量电位的电极距；I 为球体的供电回路中的电流强度；T_a 为地温梯度；m 为热吸收系数；V 为电子导电矿物的总含量；β 为与电子矿物包裹体的电阻率、大小、矿物成分以及充电、放电时间有关的系数。

由上述公式可知，当埋深 H 和剩余密度 σ 一致时，重力场的最大值和梯度与球体半径 R 的三次方有关，而充电法中的电位值 $\Delta U'_{max}$ 一般与球体的大小无关。自然电场、直流电场和热场的相对梯度与球体半径的关系介于上述两者之间。

当 R 一定时，地磁场与激发极化场随埋深 H 增加衰减速度最快。重力异常值和自然极化场随埋深增加的衰减速度次之。充电球体的电场与 H 成反比；而直流电场和热场与埋深的关系最小。

估算低频电磁场时，导电球体电磁场的径向磁场分量为

$$\Delta H_{r\,max} = -H_0 \left(1 - D\frac{R^3}{H^3}\right) \quad\quad (3-8)$$

式中：H_0 为激发的磁场；D 为与介质波阻抗有关的系数。

频率介于 106 ~ 109 Hz 的探地雷达垂直反射时，目标体的雷达反射波功率为

$$W_r = TA \frac{\sum e^{-\varepsilon \beta H}}{H}$$ （3-9）

式中：$\sum$ 为目标体反射截面，与目标体的半径有关；ε 为介电常数；β 为介质吸收系数；A 为与仪器和使用频率有关的系数；T 为目标体的反射系数。

（2）目标体相对位置与地球物理方法水平分辨率

当几个目标体靠得很近时，目标体之间的相对距离决定了异常特征。当几个目标体形成只有一个极值的整体异常时，那么应用这一地球物理方法无法将这几个目标体区分出来，当同样大小，相距为 $2l$ 的两个水平圆柱处在同一深度 H 时，对磁场垂直分量而言，区分出两个圆柱的条件是 $2l > 0.82H$；对垂向微商为 $2l > 0.64H$，对两个相距为 L 的垂直极化球体，沿着通过球心剖面的自然电位极化异常表面，随着距离靠近，两个极值异常演变为一个极值异常，处在同一深度的两个水平圆柱的探地雷达反射波图像，区分开两个水平圆柱的条件是两圆柱之间的间距 l 大于菲涅耳带直径：

$$d_r = \sqrt{\frac{\lambda H}{2}}$$ （3-10）

式中：λ 为雷达反射波在介质中的波长；H 为两水平圆柱的埋深。

即使同一种地球物理方法，当方法变种不同时，对多个异常目标体的区分能力也是不同的。

（3）目标体的形状和产状与异常关系

未知目标的形状和产状要素也具有很大的意义。例如，对于地震勘探和用电测深法的电法勘探，地质体产状平缓（10°～15°）时的平坦界面比较有利；相反，对于用电剖面法的电法勘探，陡倾（> 30°）界面比较有利。在高频电法勘探的情况下，例如用无线电波法，走向很明显的地质体最为合适，同时异常效应还取决于发射体相对于地质体走向的位置，对于磁力勘探和重力勘探，缓倾分界面通常是不利的。

3. 干扰对地球物理测量的影响

（1）地质成因的干扰

①上覆岩层的影响

对于大多数地球物理方法，上覆岩层通常指的是以第四系沉积层和风化壳为代表的疏松层。这些疏松层掩盖了来自其下目标体的信号，构成了屏蔽影响。为了减小上覆疏松层的屏蔽影响，可以改变测量方式或采用相应的数据处理方法。

对电法勘探来说，当疏松层为高阻（如沙漠和半沙漠砂层）时，接地电阻加大会大大降低直流电法勘探方法的工作质量，克服这种屏蔽的有效手段是改用频率测深。

对于地震勘探，疏松沉积层是低速带，它的影响表现为弹性波谱的高频部分被吸收和波的滞后，对于一个顶部为高弹性波速度岩层构成的缓倾背斜构造，当背斜顶部被剥蚀并为疏松低速层覆盖，用一个统一的平均速度处理这个剖面时，缓倾斜的背斜地层会变得平缓甚至凹陷。这时可用速度剖面加以校正来克服这种畸变影响。

在重力勘探中进行中间层校正时，仅仅由于疏松沉积层，误差就可达 10^{-6} m/s² 量级，因为通常在疏松层的密度大大低于基岩。

在地磁场的测量结果中，疏松层的影响取决于两个主要因素：疏松层与基岩的磁化强度差异以及基岩顶板的形状。当覆盖层比基岩的磁化率大很多时，会产生很大的误差。

研究重力场时还会遇到覆盖基岩层的影响。例如，普查产于暗色岩床下的金伯利岩筒的情况就是如此。暗色岩的厚度变化为 0 ~ 150 m，包裹着许多围岩捕房体。金伯利岩筒在重力场中表现为 △ g 降低，然而类似的负异常也可能是超覆的暗色岩的厚度变化或成分不均匀引起的。

②下伏岩层的影响

这一影响在磁法勘探和重力勘探中表现得特别强烈。磁性较强的基岩的地下起伏，使其上覆弱磁地层中的未知目标的异常发生很大畸变，重力勘探时，基底岩石的重力效应往往比调查目标的重力效应强烈。为了从下伏岩石的异常背景中划分出调查目标所引起的有用异常，可采用各种处理方法。所有这些方法的基础是有用异常和使其复杂化的效应在谱成分（或相关区间）方面的差异。

③地形起伏的影响

地表切割的地形的影响不仅使未知目标的异常发生畸变，而且也表现为地形本身直接造成的异常。例如，如果基性岩脉呈垂直薄层状产于山顶下，则其磁异常分为两部分，由此可能造成存在两个磁性体的错误概念。

（2）非地质原因干扰

在非地质原因的干扰中，地球物理场随时间的变化对有用异常产生的畸变影响最大，越接近磁极，磁场日变化和磁暴的强度越大。全年的日变幅值接近 10 nT，而全天平均变化达 1 nT。进行磁测时，磁变是通过磁变站观测计算的。在高精度磁测时，短周期的磁场波动是很大的干扰。

在重力勘探中，日、月引力值可达 0.3×10^{-5} m/s²，它可与金属矿体引起的重力异常相比拟，用重力仪观测的工作方法应保证其持续行程不超过 2 h，在这段时间内，日、月变化具有线性特征，可以不进行影响的校正，日、月变化可通过重力仪的零点漂移而自动校正。

地球电磁场的特征是大地电流和游散电流的变化，大地电流是不稳定状态的天然电流，在数值上（在磁暴时期从 0.1 mV/km 到 1 V/km 以上）以及在大地电流极化矢量方向上都随时间而变化。这些变化的范围很宽：从长期变化到周期为几分之一秒的变化，大地电流的所有变化对于电阻率法和激发极化法的测量都是严重的干扰。

人为原因（电网、铁道、电焊机、工业设施）的游散电流也随时间变化。在一般情况下，夜间观测游散电流的幅值最小。远离正在开采的矿山、电气火车和轿车发动机等工业设施时，工业干扰随之减小。

海军电台（超长波）场强对甚低频电法测量的影响不仅取决于场强记录时刻的电离层状况，还取决于传播信号与地面路径的性质。

在地震勘探中，风和人类的生产活动所引起的微震对测量的影响可用多次测量叠加方法来减弱。

在非地质原因的干扰中，应该指出的是人工物体的影响。在研究重力场的情况下，当在坑道、钻孔中进行地下调查时，有时在已开采矿床的金属矿区范围内进行地面测量时，往往不得不受到人工物体的干扰。观测点附近的空穴、坑道和岩石破碎带都可以归纳为造成独特干扰背景的人工物体。

在电法勘探中，造成干扰的人工导体是管道和电缆、动力线和电话线等。

在一般情况下分析干扰时，必须注意两种情况。第一，同一类型的干扰对各种不同地球物理方法的测量结果的影响是不同的；第二，干扰的影响是可以消除的，要采用在给定条件下最佳的地球物理测量方法。或者借助于仪器中的技术手段，或者利用专门的野外资料处理方法（进行校正、滤波）来进行消除。

（3）测量误差

①系统误差

这些误差是由仪器结构上的缺点和测量方法不够完善造成的。产生这些误差的典型例子有温度影响、仪器零点漂移、观测网的平面和高程联测不精确，消除系统误差要求事先研究其产生的原因，而后对其引入相应的校正（环境温度校正、零点漂移校正等）。

②随机误差

它们是由许多因素引起的，这些因素的作用效果相当小，以致不能把它们分开和分别单个计算。随机误差不能消除，但借助于数理统计方法考虑其分布规律后可以计算出它们对测量值的影响。

③过失误差

这些误差是由于测量条件被破坏和操作员的错误而产生的。发现过失误差时应该将测量结果作废，因为包含过失就会歪曲平均值（例如，用重力仪在点上观测数次），而无规律地摒弃过失误差又会将测量精度提得过高。对于在一个点上进行多次测量的情况下，根据统计规律，偏离算术平均值超过 3ε（ε 是均方差）的数值出现概率很小，仅为0.003，由此，对已有的测量结果计算其平均值 $\bar{x}$ 和均方差 ε 后，舍去偏离平均值超过 3ε 的测量结果，然后重新计算这些值的 $\bar{x}$ 和 ε。

（二）地球物理方法的有效合理综合

1.以取得显著地质效果为目标

（1）地质任务的类型和性质

①地质任务类型

地质任务可分为基础地质、矿产勘查、工程地质和水文地质以及环境地质问题等。地质任务类型不同，投入物探方法不同，工作要求也不同。例如，若地质任务为基础地质中的深部地质研究，一般需投入深地震测深，重、磁测量和大地电磁测深；若地质任务为工程地质时，一般需投入各种地面方法、浅层地震等。

②地质任务性质

如果地质任务为矿产勘查时，应考虑勘查对象是固体矿产，还是石油天然气等。勘查对象不同，投入物探方法和工作要求也不同。若勘查对象为多金属矿石，通常多投入激发极化法、电阻率法和磁法等；若勘查是石油和天然气时，它的勘探深度大，多以查明有利于石油、天然气储集的地质构造为主要目的，故勘查时多以地震勘探为主，配以重、磁测量，有时投入大地电磁测深法等工作。

如果地质任务为勘查固体矿产时，还应明确是普查任务、详查任务，还是勘探阶段任务。因为矿产勘查阶段不同，需要解决的地质问题也不同，所以投入的物探方法和工作要求当然也不相同。例如，在矿产普查阶段，主要是查明区域性成矿环境、成矿条件和矿产可能的分布规律，故多投入重、磁测量和部分电法工作；在矿产勘查详查阶段，主要是查明局部地区的成矿环境、成矿条件和选择勘探靶区，故多投入各种电法、磁法和地电化学提取法，有时也投入重力法；在矿产勘查勘探阶段，主要配合钻探查明矿体的形状、产状和范围，故以地下物探和地面物探勘探剖面或精测剖面上的定量解释为主，有时需投入部分地面电法和磁测工作。

（2）勘查区的地质—地球物理特征

勘查区内的地质—地球物理特征，不仅是物探方法投入的主要依据之一，而且也是物探方法选择的主要依据之一。第一，勘查区应选择在成矿环境和成矿条件有利的地区；第二，勘查区内应具有良好的地球物理前提。

（3）勘查区条件、工作条件和交通条件

勘查区（如山区、平原、戈壁滩、沙漠、沼泽地或海域）条件和工作条件不同，所用物探方法和工作要求也不同。例如，在海域勘查主要以地震勘查和重磁电测量为主；在平原和戈壁滩勘查，可用与车载仪器有关的物探方法；在山区勘查只能用仪器设备轻便的物探方法；在沼泽地、沙漠、永冻山区勘查，可用场源和测量装置均不接地的方法等。

（4）勘查区干扰条件

测定和研究干扰类型、干扰程度以及对地质效果的影响。干扰影响大又无法消除的物探方法不得投入。例如，在连绵起伏的山区一般不投入地面电阻率法，由于地形引起许多假异常难以校正和消除。若干扰影响小又可消除或部分消除，而又不明显影响其地质效果的物探方法皆可投入。

2. 以取得明显经济效益为目的

承担一项勘查任务，不仅要考虑地质效果，而且必须考虑经济效益，综合物探也毫不例外。取得明显的经济效益，不单是承担者的愿望，而是投资者和承担者的共同愿望。在物探方法选择时，在保证地质效果的前提下，除上述诸因素之外，为了取得明显的经济效益，还应按下述要求来选择：

第一，物探方法的种类和数量尽可能少一些。物探方法不是越多越好，也不是越少越好，而是应以能取得较好地质效果所必需的物探方法种类和数量为宜。

第二，对方法的使用程序和投入的工作量而言，并不是所选择的方法都同时开展和投入相同的工作量为最好，而是要综合地质效果和经济效益来考虑。在取得地质效果的前提下，一般来说，成本低、速度快的方法先期使用，投入工作量较大；而成本高、速度慢的方法在后期投入，其工作量也可适当减少。因此，就有了一个选取最佳方法程序和最合适工作量的问题。

第三，仪器设备先进，自动化程度高，在同样的野外工作时间内，采集数据量大，提供的信息丰富。

（三）地球物理方法在石油勘探中的有效合理综合

1. 各种地球物理方法在不同勘探阶段的应用

（1）盆地阶段

对含油气盆地进行调查研究的主要任务是从整体出发，查明区域的基本石油地质条件。这些条件包括构造、沉积、油气三个方面。各种物探方法及其综合应用在这三个方面都有着不可取代的作用。

在这一阶段，重磁力和电法资料主要用于分析研究断裂与构造区别、基底起伏与基底岩性、火成岩分布、盆地边界及其与周边关系、控制盆地的深部构造等方面问题。

地震资料主要用于分析研究盆地内部基底及其以上各构造层的结构，包括断裂、构造层面的埋深与起伏、各种特殊地质体等方面的问题。

此时常用的综合方法是面积性重磁力和电法工作与区域性综合地质地球物理大剖面结合。综合大剖面以地震剖面为骨干，有时还配合大地电磁及高精度重磁力剖面。在剖面上由于重叠的资料多，观测的精度高，有时还有一些基准井和参数井配合，所以可以作比较精细的解释，得到比较准确的物理—地质模型。以此作为控制、利用面积性重磁力资料，对全盆地的地质结构作推断解释。

虽然物探资料主要用于构造格架方面的研究，但是物探资料已经在盆地沉积特征研究方面得到了越来越多的应用。地震地层学与层序地层学的创立与发展为地震资料的应用开辟了广阔前景。同时，由于利用物探资料反演速度、电阻率、密度等物性参数方面的飞速发展，以及这些参数与表征沉积相的岩性特征的联系，也为物探资料的进一步利用提供了机会。

构造与沉积是含油气盆地研究的基础，配合有机地球化学研究，对生油原始物质的种类、丰度、成熟度和排出量等作主分析后，就可以对盆地内生油层、储集层和盖层条件作区域性判断。在研究了盆地构造史、沉积史和油气运聚史后，就可进一步分析盆地内油气的运移、聚集和保存的情况。

（2）圈闭阶段

在圈闭阶段，对寻找背斜类圈闭，首先要找到背斜类构造。寻找局部构造的方法大致有以下3种：①地表地貌学特征（卫星和航空照片资料的判读，构造地质和构造地貌测量）；②查明浅部构造的构造钻；③物探方法，包括重力、磁法、电法、地震等。这三类方法中，物探方法是主要的，其中又以地震勘探占主要地位。用地震勘探能查明几个层中的构造，其深度一直可到7 km以上，这是它与构造钻相比的主要优点，当上下层构造不符合时，这一点尤其重要。在绝大多数断面中，地震勘探能查明幅度在50～100 m或以上的构造。只是在深部地震地质条件不好时，地震查明构造能力变差。有时地震能查明幅度只有15～20 m的背斜构造。但是地震划分小幅度构造的能力不是无限的，它受各个区域地震地质特点的局限。地震勘探的极限能力不能精确确定，它大致相当于0.1～0.2λ（λ为波长）。因此，深度增大时，由于波速增大和有效波频率的减少，使地震划分构造的能力变差，可以近似地估计为不超过深度的1%。

从提高效率及降低成本角度看，用单一地震方法是不合适的。油气圈闭调查研究可分为三个阶段：第一阶段是寻找和发现圈闭；第二阶段是查明圈闭的各种细节与参数，包括形态、埋深、范围、闭合度、上下地层的关系及断裂发育情况等；第三阶段是圈闭含油气性研究，包括圈闭在盆地内的构造部位及其与其他构造的关系、生储盖的配置、构造发育史与油气运聚史的关系、油气藏的直接检测等。

在第一阶段，由于重磁力资料可快速经济地取得，而一般的圈闭在这些资料中，尤其是重力资料经过变换处理后的局部异常图上，可以有比较明显的反映，因此在寻找和发现圈闭时，可以起到很大作用。但是由于重磁力资料的局限性，它主要用于确定圈闭的平面位置，因此在第二阶段应以地震方法为主，在条件合适时可配合密集采样的人工源电磁测深方法。第三阶段主要是各种资料的综合分析。在油气藏直接检测时，也必须重视综合方法的应用。针对某一地区的不同特点，应选用不同的综合方法。

除了背斜类圈闭以外，与侵蚀面有关的圈闭也是一种重要的构造圈闭。由于侵蚀面往往是一个重要的密度界面及电阻率界面，因此也是用重力及电法研究的良好对象。

非构造类的圈闭种类也很多，其中有一些圈闭由于形态复杂，不能形成良好反射界面，用地震方法研究有一定困难，如与火成岩、礁体、盐丘有关的圈闭。但是它们在磁性、密度及电阻率方面与围岩有较大差别，所以往往用磁法、重力及电法进行研究能取得较好的效果。

（3）储层阶段

油气储层是油田勘探开发的最终目标。由于它一般只有几米到几十米的厚度，而且埋藏又较深，因此用通常的地面物探方法，尤其是重磁力及电法方法，在解决油气储层有关问题时有一定难度。目前国内外正在发展的油储地震、油储电法及井中重力法等方法正探索解决储层中的一些问题。随着我国大多数油气田逐渐进入勘探开发的后期，需要解决的难题越来越多，如浅层稠油蒸汽驱动的监控、低孔隙度油层的加酸压裂后的变化、老油田内死油区的寻找等问题都是用综合物探方法（尤其是用电法、重力与地震测法相配合）有可能解决的。

2. 在不同地质地球物理条件下的应用

除了地质任务之外，不同的地质地球物理特征对各种物探方法的使用有着不同的制约作用，因此产生了综合物探方法的各种配置方案。在所有物探方法中，地震方法的施工与采集受到表层和深度地质地球物理特征的制约最强，根据实际遇到的情况有以下几种类型：在黄土塬区，由于地形复杂，黄土层厚几十米到几百米，黄土层对地震波的吸收与屏蔽，使地震法无法得到有效资料。而在黄土层被冲蚀的树枝状冲沟内，能得到良好的地震资料。此时，综合方法的配置方案可采用在冲沟内布置地震、重力、电法相重合的综合性骨架控制剖面，而在整个研究工区内布置散点状重力及电法测点，以了解平面内的构造变化。但是，要消除地形对重力及电法成果的影响是一项难度很大的工作。

在湖泊与水库等地区，由于生态与经济赔偿等原因，这种地区周围常常被地震测网包围，而中间为地震采集空白区。相类似的还有海陆之间的海岸潮间带。此时，可在地震采集空白区内布置高精度重磁力及密集采样的电法来工作。重磁力及电法的部分测线或测区应与地震可采集区相重合，以利于综合解释。若重磁力及电法填补区内外地质构造变化比较平缓，地质模式较为一致，则填补区内资料综合解释成果的精确度可以很高。

在碳酸盐岩及火山岩等基岩裸露区，有时这种地区大面积地覆盖在油气勘探区之上，使地震勘探无法取得良好资料。此时可采用高精度重磁力与人工源电磁测深方法的综合。电磁测深方法包括可控源大地电磁测深及瞬变电磁测深等方法，但前者仅局限于勘探目的层小于 3 km 时使用。如何能取得某种程度接近于地震方法效果的成果，这正是目前努力探索的课题。

在深部地震地质条件不良区常常存在几个构造特征、沉积特征及物性差异很大的构造层。当勘探目的层为下部构造层时，由于其埋藏较深，地震波能量较弱，同时深部构造层的地震成像又受到上部构造层的屏蔽和扭曲，使得它在地震剖面上得不到良好的反映。此时需布置高精度重磁力及电法，与地震相配合进行综合解释，才能取得较好的效果。

三、综合地球物理解释的基本原则

有学者总结提出了"一（一种指导）、二（二个环节）、三（三项结合）、多（多次反馈）"和"区域控制局部，深层制约浅层"的综合地球物理解释基本原则，有力地推动了我国综合地球物理学科的发展和地质勘探工作的深入开展。

（一）一种指导

一种指导就是以全球构造活动论为理论基础。由于地球物理工作是以解决地质任务为目的，针对地球科学的特点以及向全球化、系统化发展的趋势，地球物理工作应该以活动论的板块大地构造理论为主要指导。

第一，研究深部的岩石圈及壳幔构造。岩石圈层的板块大地构造是现代地球科学的总结。它站在全球规模的高度上，概括大洋和大陆的地质、地球物理特征和规律，以岩石圈层的离散、聚敛和相对剪切运动为标志，来区分板块并阐述其演化。因此，可以用板块大地构造理论来分析所研究区域的地球物理场，可以推演出各种地质体在三维空间内展布的形态与走向、埋藏深度与厚度、物质成分甚至形成时代。

第二，研究含油气盆地。自板块大地构造理论崛起以来，油气地质研究和勘探都获得了新的活力，也为讨论含油气盆地的形成机制和研究石油地质条件的多样性与复杂性提供了理论依据。以板块大地构造理论为指导来探讨这些问题，必须着眼于沉积基底的变迁及其对沉积层的控制作用，而沉积基底的形成与变迁受控于板块运动所引起的深部构造作用，这样，对地球物理勘探的要求就不仅是搞清盆地中沉积层内部的褶皱、断层和剥蚀等一系列问题，同时要求搞清其深部地质问题。

第三，研究固体矿产资源和水文、工程和环境等问题也需要以板块大地构造理论为指导。这是因为板块构造运动对于区域构造格局、断裂和岩浆活动沉积、变质作用以及矿产资源的形成和复杂的地质环境都起着控制和制约作用。需要指出的是在各个应用领域都有相应的具体的地质理论，如油气地质、金属矿地质和水工环地质。因此在用板块构造理论指导全局的同时还需要应用到其相关领域的地质理论指导地球物理的建模、施工和地质解释。

（二）二个环节

地球物理综合解释有两个关键的环节：岩石物性与物理—地质模型。它们是综合地球物理的物理—地质基础。

岩石物理性质（密度、磁性、电性、速度等）的差异是地球物理的前提和物质基础，是建立物理—地质模型的必要条件和地质解释的重要依据，它们是联系地质与地球物理之间的纽带和桥梁。

物理—地质模型是将地质与地球物理融为一体的模型。它既包含地层、岩性、构造火成岩矿体、基底与海洋构造的地质内容，又有反映岩石物性参数、地质体几何参数和地球物理场的地球物理内容，它是地质理论指导地球物理的具体体现。根据地质任务和物探工作的设计，在地质理论的指导下，建立相应的物理—地质模型，通过资料的解释、修改和完善模型并获得最终的地质结论。

（三）三项结合

三项结合是指地质、地球化学与地球物理的结合，正演与反演的结合，定性解释与定量解释的结合，它们是贯穿于整个地球物理综合解释的核心思想。地质、地球化学与地球物理的结合是三项结合的重中之重。因为地质是地球物理工作的出发点，地球物理工作内容由地质任务来确定，同时地质又是地球物理工作的落脚点，因为地球物理工作成果体现在解决地质问题及地质效果上。对于地球物理来说，它是地质调查的重要手段，特别是了解地下必不可少的工具，它也是地质工作的先行。所谓先行，地球物理本身不仅是一种手段，而且也是一定条件下地下调查的一个重要目的，同时可以发展地质理论。

总之，这三项结合是综合地球物理解释的核心内容，必须贯穿于设计施工、资料处理到解释的全过程。

（四）多次反馈

多次反馈是指地球物理的解释不是一次完成的，要通过多次的正演与反演、定性与定量、地质与地球物理的结合，反复多次完成的。多次反馈遵循了人类对主观世界的认识规律，实践、认识，再实践、再认识，使人的主观认识接近于地下客观实践。这个过程就是去粗取精、去伪存真、由表及里、由浅到深地使人的解释结果逼近于地下客观事实。

（五）区域控制局部，深层制约浅层

地球物理研究方法的特点之一是可以通过地球物理场观测、资料处理与综合解释研究区域地质与深部地质。借助于地球场的天然场源与人工场源观测不同性质、不同波长的地球物理场来获取深部地球物理场，可以通过大面积地面物探、海洋与航空物探甚至卫星测量来获取大面积乃至全球范围的地球物理场；也可以通过数学处理方法分离出不同尺度、不同深度的区域和深部地球物理场，通过对地球物理场的反演，获取对区域和深部构造的认识。

如何将对区域地质和深部地质的认识进一步应用于推断局部、成层的地质构造资源分布及地质环境等地质问题。"区域控制局部、深层制约浅层"是重要的基本原则，这是我国学者对于"一、二、三、多"综合地球物理解释基本原则的重要补充。从地球科学宏观来说，全球的板块运动、区域块体运动均会造成区域地壳构造运动、地壳的隆升与下陷、

断裂与岩浆的活动、矿产资源的形成和改造等这些区域地质现象，包括近地表的地质灾害、天然地震的发生等。

地球深部的构造包括核幔结构、壳幔结构等地质因素。在多数情况下，会通过深部地球物理方法来研究岩石圈的底界面、莫霍面、居里面等深部构造界面的变化，这些深部地质构造往往跟区域构造运动密切相关，这些深部与区域的地质活动和变化极大地影响和控制了局部构造和浅层的地质活动，因此在综合地球物理解释中必须将区域和局部、深层和浅层的解释结合起来。

需要指出的是，由于地球物理方法获取的区域和深部地球物理是当代地球物理场，因而通过解释推测的也是现今的地质构造和深部地质界面。但要进一步推断地质历史上的地质构造与地质演化史，必须结合地质、地球化学等多种手段进行综合解释。

在地球物理资料解释中，应自始至终贯彻这几条综合解释的原则，探索地球物理资料综合解释的途径，努力使地质与地球物理紧密结合起来，克服地球物理反演问题的非唯一性和地质解释的多解性，加深地质认识。

第四章　重力勘探

第一节　重力勘探的理论基础

一、重力场

　　地球是一个具有一定质量、两极半径略小于赤道半径且按照一定角速度旋转的椭球体。如果忽略日、月等天体对地面物质的微弱吸引作用，则在地球表面及其附近空间的一切物体都要同时受到两种力的作用：一是地球所有质量对它产生的吸引力 F；二是因地球自转而引起的惯性离心力 C。此两种力同时作用在某一物体上的矢量和称为地球的重力 P，则有 $P=F+C$。如图 4-1 所示，图中 NS 为地球自转轴，φ 为地球纬度。

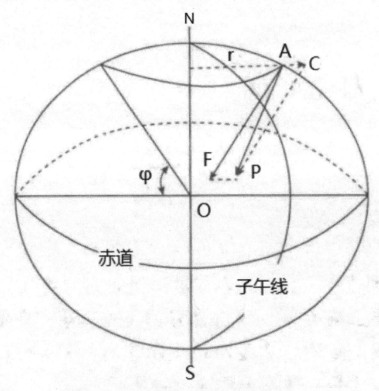

图 4-1　地球外部任一点单位质量所受的重力

地球全部质量 M_E 对质量为 m 的物体的引力可根据牛顿万有引力定律来计算：

$$F = G \frac{-M_E \cdot m}{R^3} R \qquad (4-1)$$

式中：R 为地心至 m 处的矢径；G 为万有引力常数。G 的公认值在国际单位制（SI 制）中是 6.67×10^{-11} m³/（kg·s²）；在常用（CGS）单位制中是 6.67×10^{-8} cm³/（g·s²）。在 SI 单位制中力的单位是 N（牛顿）。

由于地球平均赤道半径大于平均极半径，所以地球引力是从赤道向两极逐渐增大的。

若地球自转角速度为 ω，由 A 点到地球自转轴的垂直距离为 r，根据力学知识，A 点质量 m 所受到的惯性离心力为

$$C = m\omega^2 r \qquad (4-2)$$

C 的方向垂直于地球自转轴并沿着 r 指向球外。由于在赤道处 r 最大，两极 r 等于零，所以惯性离心力是从赤道向两极逐渐减小的。

在地球表面上，全球重力平均值大约为 9.8 m/s²。从赤道（平均 9.780 m/s²）到两极（平均 9.832 m/s²），重力变化大约为 0.05 m/s²，这个量级接近地球平均重力值的 0.5%。而离心力在赤道最大值只有 0.0339 m/s²，仅占重力平均值的 1/289，因此重力基本上是由地球的引力确定，其方向大致指向地心。

地球周围具有重力作用的空间称为重力场。根据牛顿第二定律，作用于质量为 m_0 的质点上的重力 P 的模值可表示为

$$P = m_0 g$$

式中，g 为重力加速度。显然

$$g = P / m_0 \qquad (4-3)$$

上式左端表示单位质量所受的重力，即重力场强度。由此可见，空间某点的重力场强度，无论在数值或量纲上都等于该点的重力加速度，且二者的方向也一致。为叙述方便，今后如无特殊说明，我们提到的重力即是指重力加速度或重力场强度。

厘米—克—秒制（CGS 制）中，重力单位是 cm/s²，为了纪念第一个测定重力加速度的物理学家伽利略，将这个单位称为伽利略（Galileo），简称伽，符号 Gal。

实际生产中常用单位为毫伽（mGal）和微伽（μGal）。其关系如下：

1 mGal=10^{-3} Gal，1 μGal=10^{-6} Gal。

国际单位制中，重力的单位是 m/s²，规定 1 m/s² 的 10^{-6} 为国际通用重力单位（gravity unit），简写成 g.u.，即 1 g.u.=10^{-6} m/s²。SI 单位与 CGS 单位的换算关系为：1 Gal=10^4 g.u.。

二、地球重力位

1.引力位

引力场 F 是保守场（沿闭合路线 l 做功为零，即 $\oint F \cdot dl = 0$）或无旋场（$rotF$

$=\nabla \times F = 0$ ）。考虑到标量函数的梯度的旋度恒等于零，可引入引力位 V（标量函数）

$$F = gradV = \nabla V \tag{4-4}$$

上式说明引力的方向始终指向引力位增加最快的方向。引力的分量形式为

$$F_x = \frac{\partial V}{\partial x} = V_x \quad F_y = \frac{\partial V}{\partial y} = V_y \quad F_z = \frac{\partial V}{\partial z} = V_z \tag{4-5}$$

在质量为 m 的质点的引力场中，某点引力位的定义是：将单位质量的质点从无穷远移至该点时引力场所做之功，即

$$V = \int_\infty^r F \cdot dl = -G \int_\infty^r \frac{m}{r^3} r \cdot dl = -G \int_\infty^r \frac{m}{r^2} \cdot dr = G\frac{m}{r} \tag{4-6}$$

不难理解，质体外的引力位（设密度为 ρ ，体积为 v ）应为

$$V = G \iiint_v \frac{\rho}{r} dv = G \iiint_v \frac{dm}{r} (dm = \rho dv, dv = d\xi d\eta d\zeta) \tag{4-7}$$

而质体外的引力的分量形式为

$$\left. \begin{array}{l} F_x = V_x = -G \iiint_v \frac{\rho(x-\xi)}{r^3} dv \\[3mm] F_y = V_y = -G \iiint_v \frac{\rho(y-\eta)}{r^3} dv \\[3mm] F_z = V_z = -G \iiint_v \frac{\rho(z-\zeta)}{r^3} dv \end{array} \right\} \tag{4-8}$$

2. 离心力位

离心力定义式为

$$U = \int_0^R C dR = \int_0^R \omega^2 R \quad R = \frac{1}{2} \omega^2 \left(x^2 + y^2\right) \tag{4-9}$$

而离心力的分量为

$$\left. \begin{array}{l} C_x = U_x = \omega^2 x \\ C_y = U_y = \omega^2 y \\ C_z = U_z = 0 \end{array} \right\} \tag{4-10}$$

3. 重力位

地球的重力位等于引力位与离心力位之和，即

$$W = V + U = G \iiint_v \frac{\rho}{r} dv + \frac{1}{2} \omega^2 \left(x^2 + y^2\right) \tag{4-11}$$

而重力的分量形式为

$$
\left.
\begin{aligned}
g_x &= W_x = V_x + U_x = -G\iiint\limits_v \frac{\rho(x-\xi)}{r^3}\mathrm{d}v + \omega^2 x \\
g_y &= W_y = V_y + U_y = -G\iiint\limits_v \frac{\rho(y-\eta)}{r^3}\mathrm{d}v + \omega^2 y \\
g_z &= W_z = V_z + U_z = -G\iiint\limits_v \frac{\rho(z-\zeta)}{r^3}\mathrm{d}v
\end{aligned}
\right\}
$$

（4-12）

依方向导数定义，重力在 l 方向上的分力为

$$
g_l = \frac{\partial W}{\partial l} = W_l = W_x\cos\alpha_l + W_y\cos\beta_l + W_z\cos\gamma_l = g\cos(\mathbf{g},l)
$$

（4-13）

式中：l 为任意矢量；(g,l) 为重力 g 与 l 之夹角；$\cos\alpha_l$、$\cos\beta_l$、$\cos\gamma_l$ 为 l 的方向余弦。

由以上的讨论可知，重力位对坐标轴的偏导数的物理意义是重力在相应坐标轴上的分量。而对任意方向的偏导数则等于重力在该方向上的分量。

引力位、离心力位、重力位的 SI 单位是 $\mathrm{m/s}^2$。

4. 重力等位面及其特性

由式（4-13）可知，若令 g 与 l 垂直，即 $(g,l)=90°$，于是有

$$
W(x,y,z) = C
$$

（4-14）

式中，C 为常数。上式为曲面方程，C 取不同常数时，表示一簇曲面，称为重力等位面。重力等位面各点的重力与等位面垂直。这是重力等位面的第一个特性。由于任意点的重力与过该点的水准面垂直，因此重力等位面也是水准面。不难理解大地水准面是一个特殊的重力等位面。

若令 g 与 l 平行，则 $\dfrac{\partial W}{\partial l} = \dfrac{\partial W}{\partial g} = g$，重力位对重力方向的导数等于重力的数值。由于重力方向指向重力位增加最快的方向（等位面的内法线方向），因此，等位面上各点的重力等于重力位对该点等位面的内法线 n 的方向导数，即

$$
g = \frac{\partial W}{\partial n}
$$

（4-15）

此为重力等位面的第二个特性。

将上式改写成重力位的增量形式并令其等于常数，即

$$
\Delta W = g \cdot \Delta n = 常数
$$

（4-16）

因为等位面上的重力并非处处相等，所以两相邻等位面间的距离 Δn 并非处处相等，等位面并非处处平行。又因为各点的重力皆为有限值，所以 $\Delta n \neq 0$，即等位面既不相交

也不相切。重力等位面不处处平行，既不相交也不相切，此为重力等位面的第三个特性。

三、地球重力场

1. 正常重力场

地球的外表面通常被认为是一个旋转椭球面，并习惯用大地水准面来逼近这个旋转椭球面。大地水准面在海洋上是平均海平面（或用静止海平面），而在陆地上是用这个平均海平面延伸到大陆内部所形成的包围曲面。按照定义，大地水准面是一个等位面。

遍及地球表面上的重力测量资料表明，地球形状最准确的参考面接近于旋转扁球面，而不是旋转椭球面。但后者便于应用，涉及的变量又少。所以，在重力测量中，为了确定正常重力值，选择这样一个旋转椭球体，使其表面与大地水准面接近；其质量与地球的总质量相等；物质呈相似旋转椭球层状分布；旋转轴与地球自转轴重合；旋转角速度与地球自转角速度相等。这样的旋转椭球体，称为地球椭球体（又叫参考椭球体或标准椭球体）。而在这个椭球体表面上计算出的重力场称为地球正常重力场。正常重力场随纬度变化的形式为

$$g_{\varphi} = g_e \left(1 + c_1 \sin^2 \varphi - c_2 \sin^2 2\varphi\right) \tag{4-17}$$

式中：g_e 为赤道上平均重力值；φ 是计算点的地理纬度；c_1、c_2 是取决于地球形状的常量。

2. 重力场随时间的变化

正常重力是重力的稳定成分，也是重力的主要成分。实际上，地面上任一点的重力还随时间变化，这是重力的非稳定成分。重力随时间的变化主要由天体相对于地球位置的变化、地球自转轴的瞬时摆动、地球自转角速度的变化、地球形状的变动和地球内部的质量迁移等因素所引起的。按变化特征不同，可分为长期变化和短期变化两类。

长期变化非常缓慢和微弱，重力勘探中可不予考虑。

短期变化主要是重力日变化。潮汐现象是太阳、月球相对于地球位置的变化，使它们之间的引力不断变化所产生的，它不仅表现在海水周期性的涨落上，就是固体地球也有周期性的起伏，造成地面重力日变化，又称为重力固体潮。重力日变化多以半个太阴日为周期（一个太阴日为 24 h 50 min），形状似正弦形，幅度 1～3 g.u.。重力日变化对重力测量有一定影响，高精度重力测量时应予以消除。

3. 重力异常

将地面上某点的重力观测值与该点的正常重力值比较，我们会发现二者之间总是存在一些偏差。造成这些偏差的原因有以下三个方面。

第一，重力观测是在地球自然表面而不是在水准面（大地水准面或人为选定的某一水准面）上进行的，自然表面与水准面间的物质及观测点与水准面间的高差会引起重力的变化。

第二，地壳内部物质并不是呈同心层分布的，地壳内物质密度的不均匀分布，会造成实测值与正常值的差异。

第三，地球内部物质的变动及重力日变也会引起重力场的变化。

对于重力勘探而言，第一种因素属于干扰，应予以消除。第三种因素的影响很小，除高精度重力测量外，一般都可以忽略。只有第二种因素引起的重力变化才是我们需要的重力异常。

地质异常体能探测到重力异常的条件有：

第一，异常体与围岩之间要有一定的密度差。当异常体的密度大于围岩密度时，剩余密度为正，可观测到局部重力高；反之，观测到重力低。没有密度差则观测不到重力异常。

第二，地质异常体必须沿水平方向有密度变化，或是有一定的构造形态，水平层状均匀的密度分布不能引起可观测的相对重力异常。

第三，待探测的密度不均匀体要有一定的规模，即剩余质量不能太小，因为重力异常值的大小从根本上取决于地质异常体的剩余质量。比如沉积盆地中间层密度差很小，一般不超过 0.5 g/cm^3，但由于构造规模大，也能产生足够大重力异常；反之，金属矿体与围岩密度差较大（可达 1.0 ~ 3.0 g/cm^3），但如果矿体体积太小，异常微弱，仪器也无法测出。因此在探测金属矿时，通常要针对性地采取高精度的重力勘探技术和方法。

第四，异常体埋藏不能太深。例如，中心埋藏 100 m 时，剩余质量 M=5.0 × 10^8 kg 的球形矿体，可在球心上方产生 0.335 mGal 的异常，但是该球体中心埋深变为 1000m 时，却只能引起 0.00335 mGal 的异常。

第五，干扰要轻。恶劣的地形、浅层密度不均匀、围岩密度变化等都会对重力场产生严重的干扰而使目标异常体产生的异常无法识别。

因此只有当地形比较简单，围岩密度比较均匀，探测对象（目标异常体）与围岩的密度差较大，且其他地质因素的干扰能从实测异常中清除时，重力勘探才能获得好的地质效果。

但是，上述条件都是相对的，随着理论技术和仪器设备的进步，重力探测的应用范围正越来越广。

四、岩（矿）石的密度

1. 沉积岩

沉积岩密度一般比岩浆岩、变质岩低。沉积岩本身密度变化范围大，其密度值主要取决于岩石的孔隙度。随着孔隙度的增加，岩石密度减少。从岩性看，首先是白云岩、石灰岩密度最大，其次是页岩、砂岩、黏土。同一种岩石也与其地质年代和埋深有密切关系，一般来说年代越老，埋藏越深，孔隙度越小，密度就越大。

2. 岩浆岩

其密度主要取决于物质成分。由酸性岩到基性岩、超基性岩，随着铁镁矿石含量的增加，岩石密度也越来越大。火山岩，尤其是熔岩，密度较低，而侵入岩密度较高。

3. 变质岩

其密度主要取决于岩石的物质成分，岩石密度与原岩有关。由于变质作用，使岩石以更改密度的形式再结晶，因此密度往往随变质程度增加而增加，一般比原生岩石的密度要高。

4. 石油、煤、盐等非金属矿物

石油、煤、盐等非金属矿物的密度一般低于围岩密度，而金属矿物的密度比较高。

第二节 重力勘探的相关探索

一、重力仪及重力勘探工作方法

（一）重力仪

现代用于重力测量的仪器主要是各种重力仪。它们的基本构件是某种弹性体在重力作用下发生形变，当弹性体的弹性力与重力平衡时，则弹性体处于某一平衡位置；当重力改变时，则弹性体的平衡位置也发生改变。观测两次平衡位置的变化，就可以测定两点的重力差。重力仪按制作弹性系统材料的不同，可分为石英弹簧重力仪和金属弹簧重力仪两种类型。

石英弹簧重力仪的弹性系统全是经过熔融后的石英材料制成的，它的类型很多，这类仪器的构造和测量原理基本上是相似的。该类仪器整个系统内部存在的力矩有：重力矩 mgl，主弹簧与测量弹簧构成的弹力矩为 $KD(s-s_0)+K'a(s'-s_0')$。摆杆平衡力程式为

$$mgl = KD(s-s_0)+K'a(s'-s_0') \tag{4-18}$$

式中：l 为摆杆长度；m 为摆的质量；K' 与 K 分别是测量弹簧和主弹簧的弹性系数；D 与 a 分别是摆杆在扭丝上的连接点 O 到主弹簧和测量弹簧的垂直距离；s 和 s' 分别是测量弹簧和主弹簧受力后伸长的总长度；s_0' 和 s_0 分别是测量弹簧和主弹簧的原始长度。

该类仪器采用零点读数原理，即在每一观测点上都要改变测微器的读数，使石英摆杆仍然恢复到零点位置。

如果将该系统分别置于重力值为 g_1 和 g_2 的两个点上，则测量弹簧的伸长量也不同，当仪器摆杆平衡时，测量弹簧的长度分别为 s_1' 和 s_2'，由此可得与式（4-18）一样的两个方程式，将它们相减便有

$$\Delta g = g_2 - g_1 = \frac{K'a}{ml}(s'_2 - s'_1) = c\Delta s \qquad (4\text{-}19)$$

式中，比例系数 c 称为重力仪的格值，用它乘以测量弹簧的位移量（读数差）便得到两个点的重力差。

为了消除温度对重力仪的影响，除采用保温瓶隔热装置外，仪器弹性系统加有自动温度补偿装置。为了减小外界气压变化对重力仪读数的影响，弹性系统做得很小，并密封在一个内压仅为 15 ~ 20 mmHg 的小容器内。

重力仪内部的弹簧及有关的连接件，不可能做到完全稳定，即使在仪器罩内保持恒温和恒压也是如此。例如，仪器的弹簧并不是完全弹性的，通过较长时间的作用，它会发生缓慢的蠕变；此外，仪器在搬运中要受到微小机械变化的影响，这些都会使仪器在外界条件不变的情况下，仪器读数随时间发生连续变化。重力仪读数随时间的这种连续变化称为"零点漂移"或称"零点掉格"。在重力测量中，对零点漂移要进行改正。从经过漂移改正后的测点读数中减去基点读数再乘以仪器的格值便得到基、测之间的重力差。

除石英弹簧重力仪外，还有金属弹簧重力仪。这类仪器的工作原理与石英弹簧重力仪相似。

（二）重力勘探工作方法

1. 重力测量的地质任务

与地质勘探方法相似，根据重力勘探任务的不同可分为重力预查、普查、详查和细测。不同阶段所解决的地质任务也不同。

重力预查：工作比例尺为 1：50 万 ~ 1：100 万。这种小比例尺重力测量的目的是在短时间内获得大地构造基本轮廓或者研究深部地壳构造以及地壳均衡状态等。

重力普查：工作比例尺为 1：10 万 ~ 1：20 万。完成的地质任务是在重力预查、航空磁测和地质预查的基础上，划分区域构造、圈定大岩体和储油气构造的范围，比较确切地指示成矿有利地带。

重力详查：工作比例尺为 1：2.5 万 ~ 1：5 万。目的是在已知成矿远景区内，寻找并圈定储油气、煤田以及地下水有希望的盆地及局部构造。

重力细测：又称为重力精查。工作比例尺为 1：2000 ~ 1：1 万。目的是在已经发现的储油气构造、煤田盆地以及成矿有利的岩矿体上确定矿体构造特征或产状要素等，用来直接找矿。

重力测量形式可分为路线测量、剖面测量及面积测量。面积测量是重力测量的基本形式，而路线测量和剖面测量的方向应尽可能与地质构造走向垂直。各种重力测量的具体原则如下：

第一，测点的密度保证在相应比例尺的图上每平方厘米要有 1 ~ 2 个测点。

第二，重力异常等值线的间距，应为异常均方差的 2.5 ~ 3.0 倍，以保证异常体能被 1 ~ 2 条等值线所圈闭。

第三，重力异常的均方差应小于勘探对象引起最大异常的 1/3 ~ 1/4。

2. 重力基点观测

在进行相对重力测量时，必须设立一个标准点即总基点，其他各点的重力值都是相对总基点的重力差。但是在大面积的重力测量中，为了提高重力测量的工作效率和精度，除了总基点之外，在测区内还要建立若干个重力基点，这些基点（包括总基点）通过特殊方法联系起来，称为重力基点网。

基点网中各基点相对总基点的重力差，是在普通点重力测量之前，用精度比较高的一台或几台重力仪，采用比较特殊的观测方法测定的。测定基点重力差的精度，一般要求高于普通重力点观测精度的几倍。建立基点及基点网的主要目的是：①提高普通点重力测量精度，减少误差积累；②作为每次重力测量的起算点，求出每一普通点相对起始基点的重力差，以便求出它们相对总基点的重力差；③确定零点漂移校正量。

3. 重力普通点的观测

根据现代重力仪的稳定性和精度，重力普通点的观测一般都采用单次观测。

如果测区内已经建立了基点网，每次工作都是从就近的某一基点开始，然后逐点进行观测，最后在要求的时间内闭合在另一个基点或原工作开始的基点上，以便获得在这段时间内重力仪的零点漂移值。如果测区很小，无须建立基点网，也至少应设有一个基点，以便按时测定重力仪的零点漂移，准确地对各测点进行零点漂移校正。同时，该基点也是全区重力观测的起算点。

4. 重力测量中的测地工作

在重力测量工作中，为了准确地对重力测量结果进行各项改正，绘制重力异常图，确定重力异常的位置，必须配有测地工作。测地工作的主要任务是：

第一，按照重力测量设计书的要求布设测网，确定重力测点的坐标，以便对重力观测结果进行正常改正。

第二，确定重力测点的高程，以便进行高度和中间层改正。

第三，在地形起伏较大地区，地形影响不能忽视时，还应进行相应比例尺的地形测量，以便进行地形改正。

测地工作与重力测量本身具有同样的重要性，它的质量直接影响重力测量的精度。因此，在重力测量工作中，测地工作是一项既重要而又繁重的任务。

在大、中比例尺的重力测量中，重力测网和测点位置与高程的获取，以往多用经纬仪和水准仪来进行，随着科技的发展，现代常用激光测距仪或者直接利用全球定位系统（GPS）来完成。而在小比例尺的测量中可应用大于工作比例尺的地形图或用 GPS 直接获取。

二、重力资料的整理及图示

（一）重力资料的整理

1. 纬度改正

纬度改正又称为正常场改正。地球的正常重力场是纬度 φ 的函数。其从赤道到两极逐渐增大。不同纬度的测点即使地下地质条件一样，各测点的重力值也不同。所以这项改正的目的是消除测点重力值随纬度变化的影响。

当在大面积的范围内进行小比例尺重力测量时，一般用赫尔默特正常重力公式直接计算出各点的正常重力值，然后用观测重力值减去正常重力值即可。当进行小面积较大比例尺测量时，勘探范围有限，南北距离只有几千米，此时纬度改正可按下式计算

$$\Delta g_{\text{纬}} = -8.14 \sin 2\varphi \cdot D \tag{4-20}$$

式中：φ 为总基点纬度或测区平均纬度；D 为测点与总基点间的纬向距离，以 km 为单位。在北半球，当测点在基点以北时，D 取正；反之，取负。

2. 地形改正

自然地形的起伏常常使重力观测点周围的物质不处于同一水平面上，因此需要把观测点周围的物质影响消除掉。地形改正的目的就是消除测点周围地形起伏对观测点重力值的影响。改正方法是把测点平面以上的多余物质去掉，而把测点平面以下空缺的部分充填起来。

地形改正的半径一般取 166.7 km，改正的密度在 2.0 ~ 2.67 g/cm³ 选取。当进行小范围的金属矿勘探时，改正半径根据需要可减小，一般取 7 ~ 10 km 即可。

3. 中间层改正

通过地形改正之后，测点周围已变成平面了。但是，测点平面与改正基准面之间还存在一个水平物质层。消除这一物质层对测点重力值的影响，称为中间层改正。

如果把中间层当作厚度为 Δh、密度为 ρ 的均匀无限大水平物质层来处理，则该无限大物质层厚度每增加 1 m，重力值大约增加 0.419ρp（g.u.）。因此中间层改正公式为

$$\Delta g = -0.419\rho\Delta h \quad (\text{g.u.}) \tag{4-21}$$

式中：Δh 以 m 为单位；ρ 以 g/cm³ 为单位。当测点高于基准面时，Δh 取正；反之，取负。

4. 高度改正

经过中间层改正，只是消除了测点平面与改正基准面之间物质层对测点重力值的影响。但测点离地心远近的影响还未消除。所以高度改正的目的就是消除测点重力值随高度变化的影响。其改正的实质是将处于不同高度的测点重力值换算到同一基准面（一般指大地水准面）上来。高度改正又称为自由空气改正或法伊改正。

如果把地球当作密度呈同心层状均匀分布的圆球体时，可以推导出在地面上每升高

1 m，重力值减少约 3.086 g.u.，所以球体的高度改正公式为

$$\Delta g_{高} = 3.086\Delta h \quad (\text{g. u.})$$

（4-22）

式中，Δh 以 m 为单位。当测点高于基准面时，Δh 取正；反之，取负。需要指出的是，高度改正系数 3.086 是把地球当作物质密度呈同心层状均匀分布的球体推导出来的。但实际上地球并不是这样的球体，且外壳密度分布也有差异，所以导致高度改正系数在不同地区是变化的。虽然这种变化是微小的，但实际工作中也必须注意到这一点。

如果把地球当作密度呈同心层状均匀分布的椭球体时，可推导出更精确的高度改正公式：

$$\Delta g_{高} = 3.086(1+0.0007\cos 2\varphi)\Delta h - 7.2\times10^{-7}(\Delta h)^2 \quad (\text{g.u.})$$

（4-23）

式中：Δh 以 m 为单位；φ 为地理纬度。

目前区域重力测量都要求使用式（4-23）。如果把高度改正和中间层改正合并进行，即称为布格改正，公式形式为

$$\Delta g_{布} = 3.086(1+0.0007\cos 2\varphi)\Delta h - 7.2\times10^{-7}(\Delta h)^2 - 0.419\rho\Delta h \quad (\text{g.u.})$$

（4-24）

或者写成

$$\Delta g_{布} = (3.086 - 0.419\rho)\Delta h \quad (\text{g.u.})$$

（4-25）

（二）重力测量所观测的重力异常

1. 布格重力异常

布格重力异常是经过纬度改正、地形改正及布格改正后获得的异常。由于布格改正相当于把大地水准面以上的物质质量排除掉，这样自然会造成地壳质量的不足，因此在山区或高原区经过布格改正的重力异常大多是负异常。此外，布格重力异常主要是反映地球内部异常质量对重力测量结果的影响。具体地说，从地面到地下几十千米甚至一二百千米深度的地质不均匀体，只要它们有密度差异就会引起布格重力异常。一般来讲，沉积盖层厚度变化引起的负异常一般不超过 600 ~ 800 g.u.；而花岗岩层的构造与成分变化引起的异常很少超过 ±500 g.u.；±1000 g.u. 以内的异常与玄武岩层的变化有关。此外，沉积岩中的构造以及金属矿等密度不均匀体也会引起一定量级的小异常。因此，地壳内部的不均匀性能引起的局部异常不超过 ±2000 g.u.。区域重力异常的最大作用是反映在上地幔表面的形态上，即莫霍界面的深度上。莫霍界面的起伏能够引起在水平范围超过 100 km，强度在 ±4000 g.u. 以内的异常。由此可见，布格异常大范围内的变化主要反映的是莫霍界面的起伏。这正是利用重力资料研究地壳结构的有利条件。

2. 自由空气异常

在重力观测值中，只经过纬度和高度改正的异常称为自由空气异常，又称为自由空间异常或法伊异常。该异常是形式上最简单的重力异常。这是因为它对海平面以上或以下的

岩石密度都没有做出任何假定，但是这种异常同样是很有意义的。

在研究地壳构造时，主要应用布格异常和自由空气异常。一般在地形平缓地区，自由空气异常往往接近于零。而大范围内的平均值也很低，只有几十个到上百个重力单位，只有在很少的情况下才超出这个范围。自由空气异常对地表和近地表的质量分布很敏感，所以在陆地上，有明显的唯地形变化特征，即与地形高程呈正相关。在海洋上，这种相关关系较弱。因此，在海洋上广泛使用自由空气异常。这是因为海洋上自由空气异常计算十分简单，在各测点的重力观测值中减去相应点的正常重力值即可得到自由空气异常。

（三）重力异常图

1. 重力异常平面等值线图

在观测平面上根据各测点的重力异常值绘制的等值线图。重力异常平面图的绘制方法与地形等高线的绘制方法类似，是按照设计要求的比例尺，把测点的坐标位置全部标在图上，然后注明每一点的重力异常值，再按一定的异常值线距（等高线线距也是类似的），用线性内插的方法把异常值相同的点连起来。等值线一般都取整数。等值线的勾制方法与地形等高线的勾制方法相似。重力异常平面图表示了全区重力异常的平面分布特征及变化规律。等值线圈闭中心如果重力异常值比周围的大，则这种异常分布为重力高，一般用"+"表示；同理，如果等值线圈闭中重力异常比周围的小，这种异常分布为重力低，一般用"-"表示。

2. 重力异常剖面图

此图是进行异常定性和定量解释的基本图件。其做法是：以测量剖面为横轴，按工作比例尺将测点分布在横轴上，并按适当比例尺在纵轴上标记重力值，然后将各测点的重力值用点标在图上，并用折线将它们连接起来。

3. 重力异常剖面平面图

其做法是：将测区内各测线按工作比例尺和实际位置绘在图上，并按一定比例尺绘出各测线的重力异常剖面曲线。

这类图件常用于大比例尺重力测量中，可对比各剖面异常的平面分布特征，了解测区内重力异常的全貌，较清楚地展示异常的走向和细节变化。

三、重力异常的推断解释

重力异常的推断解释按以下步骤进行：

第一，阐明引起异常的地质因素。具体地说，就是确定异常是深部因素还是浅部因素引起，是矿体还是构造或其他密度不均匀体（岩性变化、侵入体等）的反映。解答这些问题是定性解释的重要内容。

第二，划分和处理实测异常。重力异常图往往是地表到地球深处所有密度不均匀体产生的异常叠加图像。为了获取探测对象产生的异常，需要将它们进行划分。不同的研究目的提取的异常信息不同，例如，矿产调查要提取的是矿体或浅部构造产生的局部异常，而深部重力研究的目标正好相反，需要划分出的是反映地壳深部及上地幔的区域异常。

为了克服地形和地表密度不均匀体的影响，还需将划分出的异常进行各项处理。在山区，有时还要将起伏地形的异常换算到水平面上。这项工作称为重力异常的"曲化平"。

第三，确定地质体或地质构造的赋存形态。这项工作包括两个方面：一是根据已知地质体或地质构造的形状、产状及埋深等，研究它们引起的异常特征，包括异常的形状、幅度、梯度及变化规律等。二是根据异常的形态及变化规律等，确定地质体或地质构造的形状、产状、埋深及规模等。前者是由源求场，称为正（演）问题；后者是由场求源，称为反（演）问题。正问题是反问题的基础，而求解反问题则是定量解释的最终目的。

（一）地质体参数的计算

1. 简单规则几何形体参数的计算

（1）球体

自然界中一些近似于等轴状的地质体，如盐丘、矿巢等都可近似地当作球体来研究。假设以球体中心在地面的投影点为坐标原点，球体的中心埋深为 h_0，与围岩的密度差（又称剩余密度）为 ρ，则剩余质量 $M\left(M = \dfrac{4\pi R^3 \rho}{3}\right)$ 将在地面上产生重力异常。ρ 为正时，异常为正；反之，异常为负。计算时可把全部剩余质量当作集中于球心的一个质点来看待。这样，球体在地表面 x 轴上任意一点产生的重力异常为

$$\Delta g = \frac{GMh_0}{\left(x^2 + h_0^2\right)^{3/2}} \tag{4-26}$$

式中：x 代表测点的横坐标值；G 为万有引力系数。利用式（4-26）计算并画出球体在地面上引起的重力异常。

（2）水平圆柱体

实际工作中，横截面积接近圆形的扁豆状矿体、长轴状背斜、向斜等都可当作水平圆柱体来看待。沿走向无限延伸的水平圆柱体可视为全部剩余质量集中在轴线上的一条物质线。当以柱体轴线在地面的投影为 y 轴，x 轴与柱体走向垂直，z 轴垂直向下时，无限长水平圆柱体在地面 x 轴上任意一点产生的重力异常为

$$\Delta g = 2G\lambda \frac{h_0}{x^2 + h_0^2} \tag{4-27}$$

式中：h_0 为圆柱体中心埋深；λ 为圆柱体单位长度的剩余质量（剩余线密度）；x 是以圆柱中心在地面投影点为坐标原点的横坐标值。

沿走向无限延伸的水平圆柱体是二度体，但自然界中实际并不存在真正的二度体。如果要求计算不超过 5%，对 Δg 异常只要求沿走向的长度约为中心埋深的 6 倍，即可把有限长度的二度体当成无限长来计算。

（3）垂直台阶

断层以及不同岩性层的接触带，都可当作台阶处理。它相当于沿走向无限延伸的半无限大板状物质层。台阶可分为垂直台阶和倾斜台阶，这里只讨论垂直台阶。

当坐标原点选在台阶面与地面的交线上，y 轴与交线重合，x 轴与交线垂直，x 轴垂直向下，剩余密度为 ρ，上、下表面的深度分别为 h_2 与 h_1，则垂直台阶在地面上任一点 x 处引起的重力异常为

$$\Delta g = G_\rho \left[x \ln \frac{h_1^2 + x^2}{h_2^2 + x^2} + \pi (h_1 - h_2) + 2h_1 \arctan \frac{x}{h_1} - 2h_2 \arctan \frac{x}{h_2} \right] \tag{4-28}$$

2. 地质体深度与质量的估算

当地质体可用某些规则几何形体来模拟时，利用异常半宽度以及异常梯度等就能估算出该地质体的大致深度。但是，当地质体形状不能用规则形体模拟时，则很难单一地确定其深度。众所周知，重力异常的梯度是异常源深度的一种标志。史密斯根据这个特点，提出了在不考虑异常物质分布形态的前提下，利用重力异常及异常梯度估算最大深度的一些方法。具体有：

第一，如果在一条剖面上，已知重力异常的极大值 Δg_{max} 和它的水平梯度极大值 $\Delta g_{x\max}$（$\partial \Delta g / \partial x$ 的极大值），则物体顶部埋深 h 可表示为

$$h \leqslant 0.86 \left| \frac{\Delta g_{max}}{\Delta g_{x\max}} \right| \tag{4-29}$$

第二，当只有部分重力异常为已知时，则利用同一测点的重力值和它的水平梯度 $\Delta g_x(x)$ 仍可估算出物体顶部的深度 h：

$$h \leqslant 1.5 \left| \frac{\Delta g(x)}{\Delta g_x(x)} \right| \tag{4-30}$$

以上二式是对三度地质体而言。若对二度体，只要把系数 0.86 与 1.5 分别改为 0.65 和 1.0 即可。使用以上这些关系式的唯一条件是，产生重力异常的地下地质体与围岩的密度差应保持不变。这类关系对于平卧构造产生的异常更为合适。

重力异常的大小是地下剩余质量的直接反映，这样在对异常物体的形状、密度和深度不做任何假定的前提下，根据区内的剩余异常，利用高斯面积分就能单值地确定产生异常的剩余质量，具体公式为

$$M = \frac{1}{2\pi G} \iint_s \Delta g ds \approx 239 \times 10^3 \sum_{i=1}^n (\Delta g_i \times \Delta S_i) \quad (kg) \tag{4-31}$$

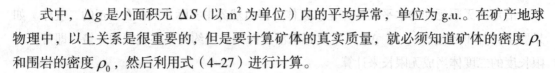

式中，Δg 是小面积元 ΔS（以 m^2 为单位）内的平均异常，单位为 g.u.。在矿产地球物理中，以上关系是很重要的，但是要计算矿体的真实质量，就必须知道矿体的密度 ρ_1 和围岩的密度 ρ_0，然后利用式（4-27）进行计算。

（二）重力异常的识别和划分

1. 重力异常的识别

第一，在重力异常平面图上，等值线的圈闭和弯曲、重力异常等值线轴向的改变、等值线间距的疏密、平行排列等，都是值得注意的异常现象。

第二，在重力异常剖面图上，异常曲线上升或下降的规律、幅值大小、极大或极小值的出现等，也都是值得关注的异常现象。

2. 重力异常的划分

（1）引起重力异常的主要地质因素

重力异常是对地下地质构造和矿产赋存情况进行解释的基本依据。它的产生是由地表到地下深处密度不均匀体引起的。综合起来，决定重力异常的主要地质因素有：①地壳厚度变化及上地幔内部密度不均匀性；②结晶基岩内部构造和基底起伏；③沉积盆地内部构造及成分变化；④金属矿的赋存以及地表附近密度不均匀等。因此，为了更好地进行地质解释，必须先对各类地质因素引起的重力异常进行划分。

（2）重力异常的多解性

重力异常的多解性是由重力异常的复杂性和反问题解释的非单一性决定的。

①重力异常的复杂性

重力异常的复杂性是多种地质因素的一种反映。从地表到地下深处甚至到上地幔，只要存在密度差异，就能引起重力异常。所以，任何测点的观测值，虽然经过了各种改正，但它们仍代表了从表层以下许多物质分布的叠加效应，即来源于不同的深度。这样只有采用某些方法把来自不同深度的异常成分区分开来，才能着手进行解释。

②重力场反问题解释的非单一性

在重力解释中，根据已知地质体的产状研究它引起的异常特点、分布范围等称为解释中的正问题；而把根据异常的特点及变化规律研究地质体的产状问题称为解释中的反问题。

对已知物质分布，计算它产生的重力异常是较为容易的，因为正问题的解是单一的。计算反问题的解却较困难而且存在多解性。这是由重力异常的等价性决定的，即地下不同深度、形状、密度的地质体在地表面可引起同样的重力异常。以上情况给重力异常的解释带来一定困难。因此，在重力资料解释中，必须强调与地质和其他地球物理资料的综合解释，方可缩小解释的多解性，使最后的解释与实际情况更加吻合。

重力异常是由从地面到地下数十千米甚至到上地幔内部物质密度的不均匀引起的。这一方面说明它可以应用于不同深度的探测目的；另一方面说明异常的复杂性，它给寻找地下矿产和探明地下构造带来一定的困难。因此，在重力资料解释时，一般需要对异常进行划分。把深部或较大的地质构造引起的区域性背景场称为区域异常；而把与矿体和局部构造有关的异常称为局部异常。局部异常是从整个异常中减去区域异常的剩余部分，所以又称为剩余异常。对于不同的勘探目的，所要保留的异常成分也不同。异常的划分就是要将异常场分解为两个或几个不同的部分，把需要的保留下来，不需要的消除掉，一般采用的方法有图解法、数学分析法、重力高阶导数法、重力场的解析延拓等。

（3）位场转换

①重力异常的解析延拓

重力异常是随着场源深度的变化而变化的，当叠加异常的场源深度不同时，它们随着观测平面高度的变化而增减的速度也不同。浅部地质因素所引起的异常随观测平面高度的变化具有较高的敏感性，而深部地质因素却显得比较迟钝。因此，在异常的划分中，人们提出用异常的空间换算方法来划分不同深度的叠加异常。这项工作称为异常的解析延拓。常用的解析延拓方法有向上延拓和向下延拓两种。

向上延拓是将地面实测的异常换算为地面以上另一高度观测面上的异常，其目的在于削弱局部异常、突出深部物质引起的区域异常。

向下延拓是将实测异常换算到下半空间场源以外的某个深度上，其目的在于压制深部物质引起的区域异常，突出浅部物质产生的局部异常。

沿走向无限延伸，且横截面积比较稳定的地质体，称为二度体。

沿各方向延伸都有限的地质体称为三度体。三度体重力异常地向上、向下延拓都比较复杂。

需要注意的是，向上延拓的高度一般要通过试验确定，以保证异常曲线的特征清晰为准。向下延拓属于数学上的"不适定性问题"，即观测数据中难以避免的误差或浅部干扰在延拓时会被不同程度地"放大"。使用逐次延拓逐次圆滑的方法，对防止上述现象可以取得较好的效果。此外，向下延拓的深度不能太大，尤其不能超过地质体的埋深，否则会因失去延拓的前提条件而造成失误。

②重力位高阶导数法

将重力异常沿垂直方向求一阶导数（$\partial \Delta g / \partial z$ 或写成 Δg_z）或二阶导数（$\partial^2 \Delta g / \partial z^2$ 或写成 Δg_{zz}），可使异常所含成分的比例发生变化，有利于对异常的划分。从位场理论可知，不同阶次的重力导数对不同埋深的物质反映是不同的。现以质量为 M，中心埋深为 h 的球体重力各阶导数的极大值为例。

$$\left.\begin{array}{l} \Delta g_{max} = GM\dfrac{1}{h^2} \\[2mm] \Delta g_{zmax} = 2GM\dfrac{1}{h^3} \\[2mm] \Delta g_{zmax} = 6GM\dfrac{1}{h^4} \end{array}\right\} \qquad (4\text{--}32)$$

由此可见，随着球体埋深增大，高阶导数 Δg= 减小得很快（它与埋深 h^4 成反比），而重力 Δg 相对变化较小。例如，质量相等的球体，当埋深分别为 $0.5h$、h、$2h$ 时，其重力各阶导数的极大值之比为

$$\left.\begin{array}{l} (\Delta g_{max})_{0.5h} : (\Delta g_{max})_h : (\Delta g_{max})_{2h}=16：4：1 \\[2mm] (\Delta g_{zmax})_{0.5h} : (\Delta g_{max})_h : (\Delta g_{max})_{2h}=64：8：1 \\[2mm] (\Delta g_{max})_{0.5h} : (\Delta g_{max})_h : (\Delta g_{max})_{2h}=256：16：1 \end{array}\right\} \qquad (4\text{--}33)$$

这说明深部物质很少在高阶导数中得到反映，只有埋深浅的物质才会引起高阶导数较大的变化。高阶导数异常主要反映局部异常。

重力高阶导数不仅能划分异常，还可用来提高对异常的分辨能力，区分多个地质体产生的叠加异常。

综上所述，重力高阶导数的作用可归纳为以下几点：突出反映浅部地质因素，压制区域性深部地质因素的影响；可以同时将几个互相靠近、埋深相差不大的相邻地质因素引起的叠加异常划分出来；重力高阶导数具有自己的物理意义，在不同形状的地质体上，它的异常有不同的特征，有助于异常的分类与解释。

重力位三阶导数单位为 $1/(m \cdot s^2)$，记作 MKS。实用单位采用 $10^{-9} \cdot 1/(m \cdot s^2)=1$ nMKS 或者 $10^{-12} \cdot 1/(m \cdot s^2)=1$ pMKS。

第三节　重力勘探的应用

一、在区域地质构造研究中的应用

实践证明，利用区域性布格重力异常的分布特征有可能划分地槽区和地台区。重力异常在地槽区和地台区具有不同的特征。

地槽区（褶皱带）是地壳上构造运动最强烈、构造最复杂的地区，区内以强烈的褶皱运动、岩浆活动、变质作用和成矿作用发育为主要特点。地壳的强烈振荡和褶皱运动使地槽区形成巨厚的沉积建造，并在造山运动中回返褶皱成山系，所以地形上往往表现为巨大的褶皱山系，同时地壳厚度相应增大。地槽区的区域性重力异常的等值线多呈条带状重力低平行排列，延伸可达数百千米乃至数千千米；区域异常变化的幅度可达数百个至数千个

重力单位。一般来讲，该区布格重力异常与地形起伏有镜像关系，也就是说，地形越高，重力异常越低。其也反映了地壳下界面（莫霍面）相应加深的特点。

地台区是地壳运动相对稳定、沉积建造相对较薄、褶皱作用和火山活动相对较弱的地区。从地形上看，地台区多为平原或丘陵。地台区的区域布格重力异常变化平缓、稳定，相对幅度变化较小，方向性不明显。因为地壳厚度较薄，平均异常值较地槽区高。

从我国 1 ∶ 500 万布格重力图中可以看到我国布格重力异常分布的基本特征：

布格重力异常值变化总趋势从东向西逐渐变小，南海海域及琉球群岛布格重力异常值最高达 $400 \times 10^{-5} \ \text{m/s}^2$，进入大陆为 $0 \times 10^{-5} \ \text{m/s}^2$，青藏高原最低达 $-580 \times 10^{-5} \ \text{m/s}^2$。

布格重力异常值的变化趋势反映了地壳厚度的变化，随着布格重力异常值的减小，地壳厚度逐渐增加。根据地震及大地电磁测深等地球物理资料证明，沿海大陆架地壳厚度为 24 ~ 28 km，而在青藏高原地壳厚度达 70 ~ 80 km。

在区域性重力异常背景下，有三组巨大的重力梯级带（我们通常把等值线密集且重力值变化大的线性异常称为梯级带）。它们是海域的钓鱼岛梯级带、大兴安岭—太行山—武陵山梯级带和青藏高原周边梯级带。

重力梯级带反映了陡峭的密度分界面，往往是莫霍面陡变带及各种类型的断裂带、造山带的综合反映。

这三条巨大梯级带与我国主要构造体系有着密切关系。

除此之外，还有一些规模稍小的重力梯级带。如宁波—茂名重力梯级带、东昆仑—阿尼玛卿山重力梯级带、额尔齐斯（阿尔泰山）重力梯级带、雅鲁藏布江重力梯级带等。

在梯级带之间还分布着一些不同规模的相对区域重力异常（重力高）和重力异常（重力低）。正异常与盆地相对应如四川盆地、鄂尔多斯盆地、塔里木盆地、柴达木盆地等，它们是上地幔相对隆起区。负异常多与次一级山脉相对应，如大兴安岭、大别山、伏牛山等。其是板块活动造山带引起的异常。

除研究深部构造外，重力异常还可用于研究大地构造分区，划分地质构造单元等。

二、在石油及天然气勘探中的应用

应用重力方法直接寻找储存石油和天然气构造（如背斜、古潜山、岩丘等）的可能性与效果已被大量实践所证明。

如 20 世纪 50 年代大庆油田就是重力勘探发现的，以后的大港、胜利、塔北、长庆、江汉、南阳等油田均是在首先应用重力勘探手段寻找储油构造、结合地震资料，圈定含油盆地继而进行钻探证实的。

圈定含煤盆地边界，确定含煤盆地的基底深度，在一定条件下，研究含煤层系的构造（断裂），确定含煤层系或煤层厚度。

由于煤系地层密度值较其围岩低（煤及煤系地层密度值在 1.5 ~ 2.2 g/cm^3）密度较高，

形成了明显的密度界面，加之煤系地层多为层状，这就给应用重力勘探提供了良好的前提条件。

利用小比例尺（1：100万～1：50万）重力异常图研究区域地质构造，可以划分构造单元，圈定沉积盆地的范围，预测含油气远景区；根据中等比例尺（1：20～1：10万）的重力异常图划分沉积盆地内的次一级构造，则可以进一步圈定出有利于油气藏形成的地段，寻找局部构造，如地层构造、古潜山、盐丘、地层尖灭、断层封闭等有利于油气藏储存的地段；利用大比例尺高精度重力测量查明与油气藏有关的局部构造的细节，能够直接寻找与油气藏有关的低密度体，为钻井布置提供依据；在油气开发过程中，亦可以根据重力异常随时间的变化，监测油气藏的开发过程。

古潜山构造主要由下奥陶统、寒武系、震旦系的灰岩为主的老地层隆起所构成。当它周围沉积了巨厚的生油岩系时，石油就会向古潜山地层上翘或隆起部位运移、聚集。由于石灰岩的节理、层理或溶洞比较发育，因此在一定条件下，可形成古潜山油田。断层封闭构造所产生的断块凸起或下陷，在具有良好的生、储油条件下，也可形成储油构造。

重力勘探在我国煤田普查中被广泛应用，并取得很好效果。

三、在盐矿探测中的应用

盐岩是一种沉积矿床，主要产于古内陆盆地的不鸿湖里或滨海半封闭的海湾中。由于盐岩的密度比围岩低，因此当盐矿有一定规模时，应用重力勘探的效果很好。

将重力异常与依据钻井资料绘制的岩盐视厚度图和顶板深度图对比，发现矿体等视厚度线与重力异常平面图形态相似，但岩盐厚度最大地段与负异常中心略有偏移。

四、在金属矿勘探中的应用

应用重力法勘探金属矿床有两个途径：一是在有利条件下直接寻找矿体；二是研究金属矿床赋存的岩体或构造以推断矿体的位置。

五、重力勘探在其他地质勘探方面的应用

重力勘探方法应用不限于前述几个方面，它还可与其他物探方法相结合，寻找磁铁矿体、铬铁矿、硫化矿床、铜镍矿床，等等。这些矿床主要与岩体有关，而利用重力异常来圈定隐伏、半隐伏岩体是重力勘探基本任务及有效的方法。另外，利用重力异常还可以划分断裂构造、圈定盆地等。在覆盖地区还可利用重力资料来进行基岩地质、构造填图。

除此之外，重力资料还可应用在军事、测绘、地质灾害、水工环、地震等方面。

第五章　磁法勘探

第一节　岩（矿）石的磁性与地球磁场的基本特征

一、岩（矿）石的磁性

（一）物质的磁性

1. 抗磁性物质

抗磁性是由于该类物质原子的各电子壳层中，电子成对出现，自旋方向相反，因而抵消了它们的自旋磁矩，由于临近轨道磁场的相互作用，其轨道磁矩也被抵消，因而这类原子没有剩余磁矩。在外磁场 H 的作用下，这类物质的磁化率表现为负值，且数量很小。这是因为抗磁性物质没有固定的原子磁矩，在受到外磁场作用后，原子磁矩将沿外磁场方向旋进，进而产生附加磁矩，方向与外磁场相反，形成抗磁性，若外磁场去掉后，这种附加磁矩随即消失。

抗磁性物质的磁化率 κ' 可用下式计算：

$$\kappa' = \frac{-\mu_0 N e^2}{6 m_e} \sum_{i=1}^{z} \overline{r_i^2} \qquad (5-1)$$

式中：μ_0 为真空中磁导率；N 为单位体积内的原子数；e 为元电荷；m_e 为电子静质量；Z 为每个原子的电子数；$\overline{r_i^2}$ 为电子轨道半径平方的平均值。

抗磁性物质的磁化率 κ' 与温度无关，其磁化率是量纲为一的负值，多为 -10^{-5} SI（κ）。

2. 顺磁性物质

顺磁性物质原子的电子壳层中，含有非成对的电子，其自旋磁矩未被抵消，此时原子具有固定磁矩，在外部均匀磁场强度 H 的作用下，将使原子磁矩沿 H 方向整齐排列，这种特性叫顺磁性。不存在外磁场时，整个磁介质的各个原子磁矩的取向是杂乱无章的，宏观上不显磁性。在外磁场的作用下，原子磁矩在外磁场方向的作用下定向排列，物体发生磁化，即产生顺磁效应。

顺磁性物质的磁化率 κ'' 可用下式表示为

$$\kappa'' = \frac{\mu_0 N \mu_a^2}{3KT} = \frac{C}{T}$$

（5-2）

式中：N 为单位体积内含有非成对电子的原子数；μ_a 为每个顺磁物质的原子磁矩；K 为玻尔兹曼常数；T 为热力学温度；C 为居里常数。

可见顺磁物质的磁化率与热力学温度成反比。此现象由居里发现，故称为居里定律。研究表明纯顺磁性矿物的磁化率一般不超过（25～35）$\times 10^{-5}$ SI（x），但通常来说，这些矿物具有混合的磁性，若其中含有铁磁性矿物的微包裹体，磁化率值增大，这种现象与矿物结晶早期阶段或变质交代过程中的重新结晶有关。

如果用磁化曲线来表示磁性物质的磁化强度与磁化场强的关系，则顺磁性和抗磁性物质的磁化曲线均为直线，其磁化过程是可逆的。

3.铁磁性物质

（1）磁滞现象

铁磁性物质的磁化强度与磁化场呈非线性关系，即具有磁滞现象。其磁化曲线却表现为复杂的磁滞回线。

（2）铁磁性物质的磁性和温度的关系

抗磁性物质的磁化率不随温度变化，顺磁性物质的磁化率与热力学温度成反比，而铁磁性物质当温度升高时，磁化率逐渐增加，临近居里点时达到极大值，然后急剧下降趋于零。居里点处铁磁性物质的磁化率陡然降低，由铁磁性转变为顺磁性的温度。这个关系服从居里—魏斯定律，即

$$\kappa = \frac{C}{T - T_C}$$

（5-3）

式中：C 为居里常数；T 为热力学温度；T_C 为居里温度。当 $T > T_C$ 时，铁磁性消失，变为顺磁性。

对于铁磁性物质，在磁化磁场增加时，加热或振动可使磁化率增加。在磁化磁场减弱时，加热或振动将使其提前去磁。

根据原子磁矩在磁畴中排列的形式不同，铁磁性物质一般可分为三类：铁磁性、亚铁磁性（或称为铁淦氧磁性）和反铁磁性。

①铁磁性物质

磁畴内原子间存在很强的正交换力，在磁畴内原子磁矩大小相等，排列在同一方向上。

②反铁磁性物质

磁畴内磁性离子间存在超交换作用力，磁畴内离子磁矩大小相等，排列方向相反，故磁化率很小，但具有很大的矫顽磁力。

③铁淦氧磁性物质

磁畴内离子间存在超交换作用力，磁畴内磁性离子磁矩大小不相等，反平行排列，故

每一磁畴仍有自发磁矩，所以具有较大的磁化率和剩余磁化强度。

（二）岩（矿）石的磁性特征

1. 表征磁性的物理量

（1）磁化强度和磁化率

①磁化强度 M

磁化强度的定义是单位体积的磁矩，它是描述介质被磁化程度的物理量，与磁场强度的关系为

$$M = \kappa H \qquad (5-4)$$

式中，κ 即为磁化率。磁化强度的 SI 单位为 A/m。

②磁化率 κ

磁化率是描述介质被磁化难易程度的物理量，定义式为

$$\kappa = \frac{M}{H} \qquad (5-5)$$

式中：H 为磁介质的磁场强度；磁化率 κ 是量纲为一的量，用 SI（κ）表示 κ 的 SI 单位的大小，1SI（κ）=1。

（2）磁感应强度和磁导率

在各向同性磁介质内部的任意点，磁感应强度 B 可以定义为

$$B = \mu H \qquad (5-6)$$

其中，B 以特斯拉为单位；μ 是介质的磁导率，在真空中记为 $\mu_0 = 4\pi \times 10^{-7}$ H/m。应注意的是，磁场强度与磁感应强度是描述磁场性质的两个不同的物理量。

磁法勘探中常用 T 表示磁感应强度 B。也就是说，磁法勘探中的磁场强度，即为物理中的磁感应强度。H 与 B 的量纲不同、单位不等，H 的单位是 A/m，B 的单位是特斯拉（T），因此二者不能混淆。

（3）感应磁化强度和剩余磁化强度

感应磁化强度 M_i：位于岩石圈中的地质体中，在地磁场作用下，受现代地磁场的磁化而具有的磁化强度，它可以表示为

$$M_i = \kappa \frac{T}{\mu_0} \qquad (5-7)$$

剩余磁化强度 M_r：与当代地磁场无关，它是岩石在形成时，处于一定的条件下，受当时地磁场磁化所保留下来的磁性。

只有岩（矿）石中含有铁磁性矿物，它才可能有剩余磁化强度。

磁法勘探中常可涉及：M_i、κ、M_r 及 M（$M = M_i + M_r$）。

2. 矿物的磁性

由岩（矿）石磁性的强弱与特点可知，物质分为抗磁性矿物、顺磁性矿物和铁磁性矿物。

自然界中，绝大多数矿物属顺磁性与抗磁性，主要代表矿物有以下几种：

顺磁性矿物：黑云母、辉石、角闪石、蛇纹石、石榴子石、堇青石、褐铁矿等。

抗磁性矿物：岩盐、石膏、方解石、石英、石油、大理石、石墨、金刚石及某些长石等。

一般抗磁性矿物的磁化率很小，在磁法勘探中可认为是无磁性的，而顺磁性矿物的磁化率比抗磁性矿物大得多。

自然界中不存在纯铁磁性矿物，主要是铁淦氧磁性的矿物。如铁的氧化物和硫化物及其他金属元素的固溶体等，这些矿物虽然不多，但它们磁性却很强，对岩石的磁性起着决定性的作用。主要代表矿物有：磁铁矿、磁赤铁矿、赤铁矿、钛铁矿、磁黄铁矿等。

3. 岩石的一般磁性特征

（1）沉积岩的磁性

沉积岩的磁化率比火成岩及变质岩的磁化率小，其造岩矿物一般无磁性，如果不含铁质，磁化率可被认为接近于零。其磁性主要取决于副矿物的含量和成分，如含磁铁矿、磁赤铁矿、赤铁矿及它的氢氧化物的含量，而其中的另一些矿物如石英、长石、方解石等无磁性。这类岩石的天然磁性与母岩的磁性颗粒有关。

（2）火成岩的磁性

火成岩一般具有明显的天然剩余磁性。根据火成岩的产出状态，可分为侵入岩和喷出岩。

第一，侵入岩的不同种类中（如花岗岩、花岗闪长岩、闪长岩、辉长岩、超基性岩等），其磁化率值的平均值随岩石基性增强而增大。它们的磁化率变化范围较宽。

第二，超基性岩是火成岩中磁性最强的岩石。超基性岩在经受蛇纹石化时，辉石被分解形成蛇纹石和磁铁矿，使磁化率急剧增大。

第三，基性岩的磁性较超基性岩小，中性岩、酸性岩的磁性一般很弱。

第四，花岗岩建造的侵入岩，普遍是铁磁—顺磁性的，磁化率不高。

第五，喷发岩在化学和矿物成分上与同类侵入岩相近，其磁化率一般特征相同。由于喷发岩迅速且不均匀的冷却，结晶速度快，使磁化率离散性大。

（3）变质岩的磁性

变质岩的磁化率和天然剩余磁化强度的变化范围很大，这与变质岩的基质和变质条件有关，沉积变质岩一般具有铁磁—顺磁性，由岩浆岩变质生成的即火成变质岩一般具有铁磁—顺磁和铁磁性两种。

层状结构的变质岩表现为各向异性，往往其剩磁方向与片理方向一致。

4. 影响岩石磁性的主要因素

（1）岩石磁性中铁磁性矿物的含量

岩石中铁磁性矿物的含量是影响磁性的主要因素。一般来说，铁磁性矿物含量越高，其 κ 值就越大，但两者之间并不是简单的正比关系，而是服从于某种统计相关的关系。

另外，只有铁磁性矿物能够形成剩磁。因此岩石中是否含有铁磁性矿物也就决定了它是否具有剩余磁化强度。

（2）岩石的结构及铁磁性矿物的结构

铁磁性矿物的结构不同，磁化率也不同。①若是以胶结状出现，其磁性较以颗粒状出现时为强。②一般颗粒粗的比颗粒细的磁化率大，颗粒越小，磁化率越小，但矫顽磁力增强。③颗粒的形状对岩（矿）石的磁性也有一定的影响，如果颗粒为长轴状且整齐排列，则该方向的磁化率较垂直此方向者为强，使岩石的磁化呈各向异性。④同一成分的喷出岩的剩磁较侵入岩的剩磁大。

（3）岩石形成过程中温度和机械力

前面已经说过，抗磁性物质磁性与温度无关，顺磁性物质的磁性与热力学温度成反比。铁磁性物质的磁性与温度的关系有两种：①可逆型的。其磁化率随温度增高而增大，接近居里点则陡然下降趋于零，加热和冷却时的磁化率不同。②不可逆型的。加热或冷却时的磁化率曲线不吻合。温度增高可导致剩余磁化强度退磁。

岩石在机械应力作用下，其磁性大小会有变化。岩石磁化率随所受机械压力的增加而减小，垂直于受压力方向所测得的磁化率与压力的相依关系较弱。其剩余磁化率强度亦随着岩石受压的增大而减小。

当然，自然界中一些岩（矿）石的磁性特点，还可能受一定地质条件的影响。

（三）岩石的剩余磁性

1. 岩石剩余磁性的类型及特点

（1）热剩磁

在恒定地磁场作用下，岩石由炽热的岩浆通过它的居里点冷却到正常地表温度所获得的磁性，称为热剩磁。

热剩磁的特点是：强度大，剩磁方向与外磁场方向一致，且具有很高的稳定性。一般火成岩的剩磁方向就代表了成岩时的地磁场方向，它的剩余磁性主要属于热剩磁，比较稳定。

（2）沉积剩磁

在形成沉积岩的缓慢沉积过程中，微细的岩石颗粒按当时地磁场方向呈定向排列，这种颗粒的排列经沉积、压实、脱水后长期保存在沉积岩中。这样显示出的磁性称为沉积剩磁，也称碎屑剩磁。

沉积剩磁的特点：这类剩磁强度小于热剩磁，有较高的稳定性，剩磁的方向与外磁场的方向一致。

（3）化学剩磁

在居里点以下的某一温度条件下，因化学作用（如氧化等），使得磁性颗粒直径增大或把原来的矿物变为新矿物，在此过程中，受当时地磁场作用获得的剩磁称为化学剩磁。

化学剩磁的特点：在弱磁场中，它的强度正比于外磁场，其强度介于热剩磁和沉积剩磁之间，且有较高的稳定性。沉积岩和变质岩的剩余磁性的形成常与这种过程有关。

（4）等温剩磁

在温度为常温时（不加热），因外磁场作用岩石获得的剩余磁性称为等温剩磁。如闪电能使地面小范围的岩石产生剩余磁性。

等温剩磁的特点：这种剩磁是不稳定的，它的大小和方向随着施加外磁场的大小和方向发生变化。

（5）黏滞剩磁

岩石长期受地磁场作用，原来定向排列的磁畴逐渐弛豫（反应比诱因在时间上要延缓一段时间，这就称为弛豫）到作用磁场的方向，该过程中获得的剩磁，称为黏滞剩磁。

黏滞剩磁的特点：它的强度与时间的对数成正比。因为地磁场强度处在不断变化之中，所以黏滞剩磁的方向可能与原生剩磁不同。

以上五种剩磁中，热剩磁、沉积剩磁、化学剩磁属于原生剩磁，而等温剩磁、黏滞剩磁属于次生剩磁。

原生剩磁：岩（矿）石中，因含铁磁性矿物，在成岩过程中，受当时地磁场的磁化，而获得的剩余磁性，在岩石形成后，这种磁性未遭到破坏，而原原本本地保留下来，即原生剩磁。

次生剩磁：岩（矿）石形成以后，在原生剩磁中又叠加上其他原因所产生的剩磁，称为次生剩磁。

2. 各类岩石剩余磁性的成因

（1）火成岩剩磁的成因

火成岩的原生剩磁主要是热剩磁。因此火成岩在形成时，熔融的岩浆由高温冷却，逐渐开始凝固，形成固熔体。当高温降至铁磁性组分的居里点以下，同时受到地磁场的磁化作用，获得较强的磁性，随温度继续下降，磁畴（自发磁化的小区域）的热扰动能量减少，不会再使磁畴的体积和畴转方向发生变化，因而保留了剩余磁性。

（2）沉积岩剩磁的成因

沉积岩的成岩过程没有高温冷却，它所获得的剩磁是通过沉积作用和成岩作用两个过程形成的，前者形成碎屑剩磁，后者成岩作用经氧化和脱水过程，获得化学剩磁，因此沉积岩的剩磁系碎屑与化学剩磁。

（3）变质岩剩磁的成因

变质岩的剩磁成因与母岩有关，如果原岩是火成岩，则它可能有热剩磁；原岩是沉积岩，则它可能有碎屑剩磁或化学剩磁。

3.地质体磁化的消磁作用

我们前面所讲的磁化强度与磁场的关系式为 $M = _\kappa H$，感应磁化强度与地球磁场的关系式，只适用于均匀、无限磁介质。但自然界中，岩矿体一般都是有限体，对于有限物体来说，由于存在一定的小磁场，因而使其磁化率发生变化，也使感磁和剩磁发生变化，有限物体的磁化往往与岩（矿）石的形状有关。

一均匀有限物体，受到均匀外磁场 H_0 磁化后，物体表面将有磁荷分布，因而在物体内部产生一个与 H_0 方向相反的磁场 H_d，使物体内部磁场强度 $H_i=H_0+H_d$ 比外磁场 H_0 小，把物体内部这个与外磁场方向相反的磁场 H_d 称为消磁磁场（或退磁磁场）。

经证明由于消磁磁场的存在，对强磁体有明显影响，对于不等轴的物体，沿不同方向的消磁系数是不同的。因此，消磁作用不仅影响磁化强度的大小，还会影响磁化强度的方向，这就是所谓的消磁作用。但其对弱磁体 [$\kappa < 0.1$ SI（κ）] 的影响可忽略。

二、地球磁场的基市特征

（一）地磁要素及地磁场的构成

正常地磁场(T_0)的大小和方向是随纬度而变化的。正常地磁场 T_0 具有偶极子场的特征，北半球磁针的 N 极向下倾，南半球 N 极向上倾，赤道上磁针近于水平，北磁极处 N 极朝下，而南磁极处 N 极朝上。

1.地磁要素

地磁场总强度 T 是矢量，为描述地磁场总强度 T 在地表某一点的状态，我们定义若干量，用以表示地磁场的大小和方向，这些量就是地磁要素。

将空间直角坐标系的原点置于考察点，x 轴指地理北（或真北）N，z 轴铅直向下，如图 5-1 所示。I 为地磁倾角，北半球 T 下倾，规定 I 为正，南半球 T 上倾，规定 I 为负；Z 为地磁场垂直分量，北半球 Z 为正，南半球 Z 为负；H 为地磁场水平分量，全球皆指磁北；D 为地磁偏角，H 自地理北向东偏 D 为正，西偏 D 为负；X 为地磁场北向分量，全球皆指向真北，Y 为地磁场东向分量，H 东偏 y 为正，H 西偏 y 为负。

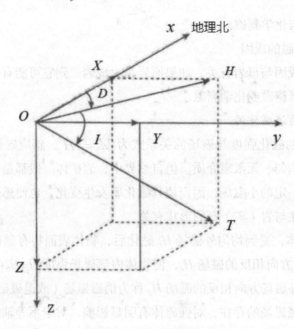

图 5-1　地磁要素

T、Z、X、Y、H、I 及 D 称为地磁要素，七个地磁要素间有如下关系：

$$\begin{cases} H = T\cos I & Z = T\sin I & X = H\cos D \\ Y = H\sin D & X^2 + Y^2 = H^2 & \tan D = \dfrac{Y}{X} \\ \tan I = \dfrac{Z}{H} & T^2 = H^2 + Z^2 = X^2 + Y^2 + Z^2 & \end{cases} \quad (5\text{--}8)$$

地磁场强度的单位：地磁场强度在国际单位制中用特斯拉（T）来表示，而一般在磁法勘探中，取更小的单位，常用纳特（nT）作单位，有时也用伽马（γ）作单位，并有：$1\ nT = 1\ \gamma = 10^{-9}\ T$。

2. 地磁场的构成和磁异常划分

（1）地磁场的构成

地磁场总强度 T 矢量，习惯上也称为地磁场，是近似于一个置于地心的偶极子的场。偶极子的磁轴 S–N 和地理南北轴 N–S 相反且斜交于一个角度（11.5°）。图 5-2 是地心偶极子磁场的磁力线分布情况。Nm 与 Sm 就是磁轴 S–N 延伸到地面上与地表相交的两个交点，分别称作地磁北极 Nm 与地磁南极 Sm。地磁北极 Nm 与地磁南极 Sm 是地理位置的概念。按磁性来说，地心偶极子的两极和地面上使用的罗盘的磁针两极极性正好相反。

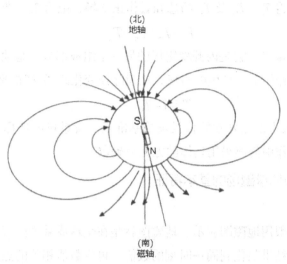

图 5-2　地球磁力线分布示意

地磁场是一个弱磁场，在地面上的平均强度约为 50000 nT。实际上在地面人们观测得到的地磁场 T 是各种不同成分的磁场之和。它们的场源分布有的在地球内部，有的在地面之上的大气层中。按照其来源和变化规律的不同可将地磁场分为两部分：一是主要来源于地球内部的稳定磁场 T_n；二是主要起因于地球外部的变化磁场 δT。因而，地磁场 T 可以表示为

$$T = T_n + \delta T \tag{5-9}$$

稳定磁场和变化磁场又可以分解为起源于地球内、外的两部分，分别表示为

$$T_n = T_{si} + T_{se} \tag{5-10}$$

$$\delta T = \delta T_i + \delta T_e \tag{5-11}$$

其中，T_{si} 是起因于地球内部的稳定磁场，占稳定磁场总量的 99% 以上；T_{se} 是起源于地球外部的稳定磁场，仅占稳定磁场总量的 1% 以下；δT_e 是变化磁场的外源场，约占变化磁场总量的 2/3；δT_i 为变化磁场的内源场，实际上也是由外部电流感应而引起的，约占变化磁场总量的 1/3。

通常所指的地球稳定磁场主要是内源稳定场，它由以下三部分组成：

$$T_{si} = T_\varphi + T_m + T_a \tag{5-12}$$

式中：T_φ 为中心偶极子磁场；T_m 为非偶极子磁场；T_a 为地壳磁场，又称为总磁异常矢量。

综上，地球磁场的构成可用下式表示为

$$T = T_\varphi + T_m + T_{se} + T_a + \delta T \tag{5-13}$$

（2）异常的划分

根据对某一地区磁场研究目的的不同，可将地磁场 T 划分成正常地磁场和磁异常两部分。这种划分都是相对的，正常场的选择应根据所研究的磁异常的要求而确定。

一般情况下，可将 T_φ、T_m 及 T_{se} 的总和看作正常场，记为 T_0，即

$$T_0=T_\varphi+T_m+T_{se} \tag{5-14}$$

而对总磁异常矢量 T_a，它是内源稳定场的另一个组成部分，是地壳内的岩石矿物及地质体在基本磁场磁化作用下所产生的磁场，在消除掉变化磁场 δT 的情况下有

$$T_a=T-T_0 \tag{5-15}$$

正常场 T_0 可以认为是磁异常的背景场或基准场。背景场的选择是磁法勘探中一项很重要的任务。具体工作中需要采用具体的方法来确定。

（二）地磁图与地球磁场的基本特征

1. 地磁图

地磁场的分布一般用地磁图表示。地磁图就是在全球或某个国家的若干点上进行地磁要素的测量，将测量结果归化到同一时刻的数值，再将数值相等的点连成圆滑的曲线图。它对于地面定向、航空、航海、资源勘探以及地磁学研究都非常需要。

地磁图分为世界地磁图和局部地磁图。世界地磁图表示地磁场在全球范围的分布，通常每 5 年编一次。根据各地的地磁要素随时间变化的观测资料，还可以求出相应要素在各地的年变化平均值编制地磁要素的年变率等值线图。

2. 地磁场分布的基本特征

世界地磁图基本上反映了来自地球深部场源的各地磁要素随地理分布的基本特征。

等倾线大致与纬度线平行，其中零度等倾线即磁赤道；由磁赤道向两磁极，I 由 0° 逐渐变为 ±90°。$I=+90°$ 的点在 NW 处，称北磁极；$I=-90°$ 的点在 SE 处，称南磁极。两磁极在地球表面的位置不对称。

等偏线图是从一点出发汇聚于另一点的曲线簇。其中两条零度等偏线将全球划分为正、负两个区域。等偏线在南北半球各有两个汇聚点，它们是两个磁极和两个地理极，这是因为两个磁极处地理北方向是确定的，而磁北方向不确定，而在两个地理极处地磁北方向是确定的，而地理北方向不确定，所以两磁极和两地理极处的磁偏角可为任意值。

世界地磁场总强度 T 的等值线图在大部分地区显示等值线与纬度接近于平行，其强度值在赤道附近为 30000 ~ 40000 nT，由此向两极逐渐增大，在南北两极处总强度值是 60000 ~ 70000 nT。

由地磁场的基本特征，如地球有两个磁极，磁极处的地磁场约等于磁赤道上地磁场的两倍及地磁场的等强度线、等倾线大致与纬度线平行，这说明地磁场与一个磁偶极子的磁场相近。确切地说，现代地磁场与一个磁心位于地心、磁轴与地理轴夹角为 11.5°、磁矩约等于 7.9×10^{22} A/m^2 的磁偶极子的磁场拟合得最佳，通常称这个磁偶极子为地心偶极子。

应当注意的是，世界地磁图的等值线并不是均匀分布的，甚至在某些地区形成闭合

圈。这表明地磁场中还含有非偶极子场成分，偶极子场与非偶极子场之和称为地球的主磁场（或基本磁场）。因此，世界地磁图实际上是地球的主磁场图，也就是正常地磁场图，从世界地磁场图中减去地心偶极子的磁场，便得到世界非偶极子磁场图。

3. 中国地磁图的基本特征

在我国境内应用较多的几种地磁要素有以下分布特征：

第一，磁偏角的零等值线由蒙古穿过我国中部偏西的甘肃省和西藏自治区延伸到尼泊尔、印度。零等值线以东偏角为负，其变化由 $0°\sim11°$；零等值线以西为正，变化范围由 $0°\sim5°$。第二，磁倾角 I 自南向北由 $-10°$ 增至 $70°$。

第三，总场强度 T 由南到北，变化值为 $41000 \sim 60000\,nT$。

在中国最强的正异常区位于塔里木盆地，强度为 $8 \sim 10\,nT$；最强的负异常区位于西藏高原南部喜马拉雅区，强度达 $-10\,nT$。

（三）地磁场的变化

地磁场的值是随时间不断变化的，这种变化总体上可以分为两大类：一类主要是由地球内部场源引起的缓慢的长期变化；另一类主要是来源于地球外部的场源引起的短期变化。它们的变化特征不同，变化的原因也不同。

1. 长期变化

地磁场长期变化总的特征是随时间缓慢变化，周期比较长。这种变化有下面两个显著的特征：第一个特征是地磁极正在向西漂移；第二个特征是地球的磁矩在逐渐衰减。

2. 短期变化

短期变化是一类复杂的地磁现象，它们的形状各异、时空特征不同，并且常常相互叠加。依其出现的规律又可分为两类：一类是有一定的周期且连续出现的，称为平静变化；另一类是偶然发生且持续一定时间即消失的，称为扰动变化。

平静变化是一种周期性的连续变化，变化平缓而有规律，类型较少，仅分太阳日变化（Sq）和太阴日变化（L）两种。

地磁场的扰动变化也称磁扰，它是一类短暂而复杂的变化，类型较多，可分为磁暴、极光区磁扰、地磁脉动和钩扰等。这里以磁暴为例，只做简单介绍。

磁暴起源于太阳活动区喷发出来的等离子粒子流。发生的具体时间不确定，但具有一定的统计规律。部分磁暴具有 27 天（太阳自转一周的时间）的重现性，太阳活动极大年磁暴多而极小年少；磁暴数目的变化具有 11 年的周期性；春秋两季磁暴多而夏冬两季少。

磁暴是全球同时发生的强烈磁扰。不同磁暴间的形态差异很大，同一磁暴不同纬度处的形态也不同。高纬度区的磁暴所含的扰动成分多，幅度大，形态不规则；低纬度区的磁暴所含的扰动成分少，幅度小，形态较规则。一般地说，水平分量变化强烈，中低纬度区形态最清楚。

第二节 简单规则形体的磁性特征

一、简化磁场的条件

磁测的根本目的是要解决地质问题，对磁测资料进行定性、定量的地质解释。整个过程包括两个阶段：正演过程和反演过程。正演计算是由已知的物性参数求取地质体的异常过程；反演计算由已知地质体的异常来求取物性参数的过程。

实际上由于地质条件的复杂性和地表情况的不确定性，我们没法准确地对某一地质体进行计算。因此在计算磁性体异常时，我们应对研究对象进行一些假设，以便对一般地质体进行研究。通常假设磁性体为简单规则、单一的形体，观测面是水平的，磁性体被均匀磁化，不考虑剩磁。

二、计算磁性体磁场的基本公式

（一）泊松公式

计算磁性体磁场的方法有多种，主要有体积分公式法、面积分公式法、重磁位场的泊松公式法。我们这里介绍的是重磁位场的泊松公式法。

在讨论各种磁性体的磁场时，一般将坐标原点选在磁性体中心或顶面中心在地面的投影点，我们还规定磁性体处 P 点的坐标为（x，y，z），磁性体内体元的坐标为（ξ，η，ζ）。

一个均匀磁化且密度均匀的物体，其磁位和引力位的解析式之间存在一定的关系，这就是著名的泊松公式，根据此式可以方便地计算磁性体的磁场。

我们知道重力引力位可以表示为

$$V = G\rho \iiint_v \frac{1}{r}\mathrm{d}v$$

而磁位可表示为

$$U_{\mathrm{m}} = -\frac{1}{4\pi}\mathbf{M} \cdot \nabla \iiint_v \frac{1}{r}\mathrm{d}v$$

合并两式可得

$$U_{\mathrm{m}} = -\frac{1}{4\pi Gp}\mathbf{M} \cdot \nabla V \tag{5-16}$$

该式进一步可写成

$$U_m = -\frac{M}{4\pi G\rho}\left(V_x\cos\alpha_s + V_y\cos\beta_s + V_z\cos\gamma_s\right)$$

$$= -\frac{1}{4\pi G\rho}\left(M_x V_x + M_y V_y + M_z V_z\right)$$

（5-17）

式（5-16）将磁化强度、密度均匀物体的磁位与引力位联系在一起，即著名的泊松公式。该式表明，同一个既均匀磁化又有均匀密度的物体的磁位，可由其引力位来计算。

（二）磁异常要素及其物理意义

设在 P 点附近的地下有一个球形地质体，该地质体的磁矩 m 铅直向下，则其在 P 点引起的总磁异常矢量 T_a 的方向为过该点的磁力线（在过球心的铅直面 ABCD 内）的切线方向。

已知正常地磁场矢量为 T_0，P 点的实际地磁场总强度矢量 T 应为正常地磁场矢量 T_0 与总磁异常矢量 T_a 的矢量和，显然 T 与 T_0 的方向是不一致的。

P 点的地磁场总强度矢量 T 与正常地磁场矢量 T_0 的模量差定义为 ΔT，称其为总强度磁异常，根据定义有

$$\Delta T = |T| - |T_0| = T - T_0$$

（5-18）

根据三角形余弦定理，可推出

$$\Delta T \approx T_a\cos\theta = T_a\cos(T_a, T_0)$$

（5-19）

该式表明在一般情况下，当总磁异常矢量 T_a 不十分强时，可近似把 ΔT 看作 T_a 在 T_0 方向的分量。那么它们的分量式可写成

$$\begin{cases} Z_a = Z - Z_0 \quad H_{ax} = H_x - H_{0x} \\ H_{ay} = H_y - H_{0y} \quad H_a = \left(H_{ax}^2 + H_{ay}^2\right)^{1/2} \end{cases}$$

（5-20）

$$T_a = \left(Z_a^2 + H_a^2\right)^{1/2}$$

（5-21）

综上可知，总强度磁异常 ΔT，垂直磁异常 Z_a，水平磁异常 H_{ax}、H_{ay}、H_a 义分别是：总磁异常矢量 T_a 在正常地磁场 T_0 方向上的分量、在垂直方向（z 量、在 x 轴和 y 轴上的分量以及在水平面 xOy 面）内的分量。

通常，将 ΔT、Z_a、H_{ax}、H_{ay} 及 H_a 统称为磁异常要素。

（三）有效磁化强度和有效的磁场

首先给出磁化强度 M、正常地磁场 T_0 与各个分量的关系。

磁化强度 M 与其水平分量 T_0、M_y 及 M_z 的关系为

$$M_x = M\cos\alpha_s = M\cos i\cos\delta \quad M_y = M\cos\beta_s = M\cos i\sin\delta$$
$$M_z = M\cos\gamma_s = M\sin i$$

$$\begin{cases} \cos\alpha_s = \cos i\cos\delta \\ \cos\beta_s = \cos i\sin\delta \\ \cos\gamma_s = \sin i \end{cases} \tag{5-22}$$

其中，i 为磁化强度 M 的倾角，称磁化倾角；δ 为 x 轴与 M 的水平分量的夹角。同样得出正常地磁场 T_0 与其水平分量 H_{0x}、H_{0y} 及 Z_0 的关系为

$$H_{ax} = T_0\cos\alpha_t = T_0\cos I_0\cos A' \quad H_{oy} = T_0\cos\beta_t = T_0\cos I_0\sin A'$$
$$Z_o = T_0\cos\gamma_t = T_0\sin I_0$$

$$\begin{cases} \cos\alpha_t = \cos I_0\cos A' \\ \cos\beta_t = \cos I_0\sin A' \\ \cos\gamma_t = \sin I_0 \end{cases} \tag{5-23}$$

式中：I_0 为地磁场 T_0 的倾角；A' 为 x 轴与磁北的夹角。磁化强度 M 的方向与正常地磁场 T_0 的方向可以一致，也可以不一致，一般如果不考虑剩磁时，可以认为磁化强度方向和磁场强度方向是一致的，否则二者方向可能不一致。若两者一致，则有 $\alpha_s = \alpha_t$、$\beta_s = \beta_t$、$\gamma_s = \gamma_t$、$i = I_0$、$\delta = A'$。

在研究地质体的磁异常时，将磁化强度 M、正常地磁场 T_0 在观测剖面（xOz 面）内的分量 M_s、T_{0s} 定义为有效磁化强度和有效的磁场，i_s 为 M_s 的倾角，称为有效磁化倾角；I_{0s} 为 T_{0s} 的倾角，称为有效的磁场倾角。因而有

$$\begin{cases} M_x = M\cos i\cos\delta = M_s\cos i_s \\ M_z = M\sin \imath = M_s\sin i_s \end{cases} \tag{5-24}$$

那么

$$\begin{cases} M_s = \left(M_x^2 + M_z^2\right)^{1/2} \\ \tan i_s = M_z / M_x = \tan i\sec\delta \end{cases} \tag{5-25}$$

同理

$$\begin{cases} T_{0x} = H_{0x} = T_0\cos I_0\cos A' = T_{0s}\cos I_{0s} \\ T_{0z} = Z_0 = T_0\sin I_0 = T_{0s}\sin I_{0s} \end{cases} \tag{5-26}$$

所以

$$\begin{cases} T_{0s} = \left(H_{0x}^2 + Z_0^2\right)^{1/2} \\ \tan I_0 = Z_0 / H_{0x} = \tan I_0\sec A' \end{cases} \tag{5-27}$$

　　有效磁化强度与磁性体走向或剖面方向有关，走向不同，被磁化的情况也不同，当形体确定后，有效磁化强度的方向是决定磁场特征的重要因素，这是因为有效磁化强度的方向决定了磁性体磁荷的分布特征，而磁荷的分布与磁性体磁场的分布特征直接相关。

（四）地质体磁异常的计算

　　根据定义，磁异常的各分量可表示为

$$H_{ax} = -\mu_0 \frac{\partial U_m}{\partial x} \quad H_{ay} = -\mu_0 \frac{\partial U_m}{\partial y} \quad Z_a = -\mu_0 \frac{\partial U_m}{\partial z} \tag{5-28}$$

　　磁位 U_m 可通过泊松公式用引力位表达，于是三度体磁异常表达式可改写为

$$H_{ax} = \frac{\mu_0}{4\pi G\rho}\left(M_x V_{xx} + M_y V_{xy} + M_z V_{xz}\right) \tag{5-29}$$

$$= \frac{\mu_0 M}{4\pi G\rho}\left(V_{xx}\cos\alpha_s + V_{xy}\cos\beta_s + V_{xz}\cos\gamma_s\right)$$

$$H_{ay} = \frac{\mu_0}{4\pi G\rho}\left(M_x V_{xy} + M_y V_{yy} + M_z V_{yz}\right) \tag{5-30}$$

$$= \frac{\mu_0 M}{4\pi G\rho}\left(V_{xy}\cos\alpha_s + V_{yy}\cos\beta_s + V_{yz}\cos\gamma_s\right)$$

$$Z_a = \frac{\mu_0}{4\pi G\rho}\left(M_x V_{xz} + M_y V_{yz} + M_z V_{zz}\right) \tag{5-31}$$

$$= \frac{\mu_0 M}{4\pi G\rho}\left(V_{xz}\cos\alpha_s + V_{yz}\cos\beta_s + V_{zz}\cos\gamma_s\right)$$

$$\Delta T = \frac{\mu_0 M}{4\pi G\rho}\Big[\left(V_{xx}\cos\alpha_s + V_{xy}\cos\beta_s + V_{xz}\cos\gamma_s\right)\cos\alpha_t +$$

$$\left(V_{xy}\cos\alpha_s + V_{yy}\cos\beta_s + V_{yz}\cos\gamma_s\right)\cos\beta_t +$$

$$\left(V_{xz}\cos\alpha_s + V_{yz}\cos\beta_s + V_{zz}\cos\gamma_s\right)\cos\gamma_t\Big] \tag{5-32}$$

$$= H_{ax}\cos\alpha_t + H_{ay}\cos\beta_t + Z_a\cos\gamma_t$$

　　式中，$\cos\alpha_t$、$\cos\beta_t$、$\cos\gamma_t$ 为正常地磁场 T_0 的方向余弦。也可将 $\cos\alpha_t$、$\cos\beta_t$、$\cos\gamma_t$ 分别用 $\cos I_0 \cos A'$、$\cos I_0 \sin A'$、$\sin I_0$ 代替。

　　对于二度体，可以认为是沿走向方向无限延伸的磁性体，假设其沿 y 方向无限延伸，则无论其磁位或磁异常沿 y 方向均为常数，所以有 $V_{xy} = V_{yz} = V_{yy} = 0$。据此，可得二度体剖面磁异常表达式：

$$H_{ax} = \frac{\mu_0}{4\pi G\rho}\left(-M_x V_{zz} + M_z V_{xz}\right) = \frac{\mu_0 M}{4\pi G\rho}\left(-V_{zz}\cos\alpha_s + V_{xz}\cos\gamma_s\right)$$

$$Z_u = \frac{\mu_0}{4\pi G\rho}\left(M_x V_{xz} + M_z V_{zz}\right) = \frac{\mu_0 M}{4\pi G\rho}\left(V_{xz}\cos\alpha_s + V_{zz}\cos\gamma_s\right)$$

$$\Delta T = \frac{\mu_0}{4\pi G_\rho}\left[\left(-V_{zz}\cos\alpha_s + V_{xz}\cos\gamma_s\right)\cos\alpha_t + \left(V_{xz}\cos\alpha_s + V_{zz}\cos\gamma_s\right)\cos\gamma_t\right]$$

$$= H_{ax}\cos\alpha_t + Z_n\cos\gamma_t \tag{5-33}$$

由二度体公式还可推出

$$V_{xx} = -V_{zz}$$

具体计算时，$\cos\alpha_t$、$\cos\beta_t$、$\cos\gamma_t$、$\cos\alpha_s$、$\cos\beta_s$、$\cos\gamma_s$ 可分别用 $\cos I_0\cos A'$、$\cos I_0\sin A'$、$\sin I_0$、$\cos I_0\cos A'$、$\cos i\cos\delta$、$\cos i\sin\delta$ 代替。就可以将 ΔT 表示为

$$\Delta T = \frac{\mu_0 M_s}{4\pi G\rho}\frac{M_s}{M}\left[V_{xz}\cos(2I_{0s}-90°) + V_{zz}\sin(2I_{0s}-90°)\right] \tag{5-34}$$

$$= \frac{\mu_0 M_s}{4\pi G_\rho}\frac{\sin I_0}{\sin I_{0s}}\left[V_{xz}\cos(2I_{0s}-90°) + V_{zz}\sin(2I_{0s}-90°)\right]$$

三、简单规则形体的磁异常特征

（一）球体

1. 球体的磁场表达式

根据三度体磁异常计算表达式，我们直接写出球体的磁异常表达式：

$$H_{ax} = \frac{\mu_0 m}{4\pi\left(x^2+y^2+h^2\right)^{5/2}}\left[\left(2x^2-y^2-h^2\right)\cos i\cos\delta + 3xy\cos i\sin\delta - 3xh\sin i\right] \tag{5-35}$$

$$H_{ny} = \frac{\mu_0 m}{4\pi\left(x^2+y^2+h^2\right)^{5/2}}\left[\left(2y^2-x^2-h^2\right)\cos i\sin\delta + 3xy\cos i\cos\delta - 3yh\sin i\right] \tag{5-36}$$

$$Z_a = \frac{\mu_0 m}{4\pi\left(x^2+y^2+h^2\right)^{5/2}}\left[\left(2h^2-x^2-y^2\right)\sin i - 3xh\cos i\cos\delta - 3yh\cos i\sin\delta\right] \tag{5-37}$$

如果是在主剖面上（过原点的中心剖面，即与有效磁化强度在水平面上的投影同向），此时 y=0，H_{ax} 可化简为

$$H_{ax} = \frac{\mu_0 m}{4\pi\left(x^2+h^2\right)^{5/2}}\left[\left(2x^2-h^2\right)\cos i_s - 3xh\sin i_s\right] \tag{5-38}$$

同理可得其他几式的简式。

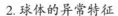

2. 球体的异常特征

（1）平面特征

垂直磁化（I=90°）时的垂直磁异常 $Z_a^\perp$ 可由公式（5–36）导出

$$Z_a^\perp = \frac{\mu_0 m}{4\pi\left(x^2+y^2+h^2\right)^{5/2}}\left(2h^2-x^2-y^2\right) \qquad (5\text{--}39)$$

$$= \frac{\mu_0 m}{4\pi\left(r_0^2+h^2\right)^{5/2}}\left(2h^2-r_0^2\right)$$

式中：$r_0^2 = x^2+y^2$；$m = MV$ 为球体的磁矩。

上式表明，$Z_a^\perp$ 的平面等值线是以球心在地面的投影点为圆心的一系列同心圆，极大值点在球心的正上方。$2h^2 > r_0^2$ 时，$Z_a^\perp$ 为正等值线；$2h^2 < r_0^2$ 时，$Z_a^\perp$ 为负等值线；$2h^2 = r_0^2$ 时，$Z_n^\perp$ 为零等值线。斜磁化（$0° < I < 90°$）时，Z_a 与 ΔT 都不是 x、y 的简单函数，它们的平面等值线也都不是简单曲线。Z_a 等值线呈等轴状，负异常几乎将正异常包围；极大值与极小值的连线（异常的极轴）对应磁化强度矢量 M 在地表平面上的投影方向；极小值位于正异常的北侧，极大值位于坐标原点之南侧。ΔT 的等值线基本形态与 Z_a 类似，只是其负值较大正负面积的大小不一样。

（2）剖面特征

I=90°，即得到垂直磁化条件下主剖面上磁异常的表达式：

$$H_{ax} = \frac{-3xh\mu_0 m}{4\pi\left(x^2+h^2\right)^{5/2}} \qquad (5\text{--}40)$$

$$H_{ay} = 0 \qquad (5\text{--}41)$$

$$Z_n = \frac{\mu_0 m}{4\pi\left(x^2+h^2\right)^{5/2}}\left(2h^2-x^2\right) \qquad (5\text{--}42)$$

$$\Delta T = Z_a \qquad (5\text{--}43)$$

分析公式可知：垂直磁化（I=90°）的垂直磁异常 Z_a（90°）为轴对称曲线，水平磁异常 H_{ax}（90°）为点对称曲线；而水平磁化（I=0°）时的 Z_a（0°）为点对称曲线、H_{ax}（0°）为轴对称曲线。

斜磁化如 Z_a（45°）和 H_{ax}（45°）为非对称曲线，Z_a 为两边有负值的非对称曲线，ΔT 与 Z_a 曲线类似，只是 ΔT 受磁化倾角的影响比 Z_a 更大。Z_{amax} 点向磁化强度 M 的水平分量的反方向移动，明显的 Z_{amin} 点在磁化强度的水平分量正方向一侧，两极值点间的曲线较陡。

当球体被垂直磁化时，主剖面上 Z_a 表达式变得非常简单。若令式（5-41）中 $x=0$，即可得到 Z_{amax} 在原点处的值为

$$Z_{amax} = \frac{\mu_0 m}{2\pi h^3}$$

（5-44）

可以看出，$Z_{max\,x}$ 与球体中心深度 h 的三次方成反比，随深度的增加磁异常曲线变低变缓；当 $Z_a=0$ 时，$x_0 = \pm\sqrt{2}h$，由此可根据 x_0 大致计算球体的中心埋深。

（二）无限延伸水平圆柱体

水平圆柱体是埋藏在一定深度上的横截面积近于等轴状、沿走向延伸较长的地质体，它的磁异常表达式可由二度体异常公式导出，由于式子冗长，这里不一一写出。由公式分析可知：它的平面异常特征是一系列相互平行、数值不等的直线，最大值在中间，由中间向两边对称递减（$p>0$）。这种线性特征的等值线是二度体磁异常的基本特征。而剖面异常特征与球体剖面异常特征形态相同，这里不再重复，只是其随深度的衰减率不同。球体中 Z_a、H_{ax}、ΔT 与中心深度 h 的三次方成反比，而水平圆柱体中 Z_a、H_{ax}、ΔT 与中心深度 h 的二次方成反比。但应注意 Z_a 和 ΔT 是为同簇曲线，即有效磁化强度为 i_s 的 Z_a 曲线和有效磁化强度为 ε_2 的 ΔT 曲线特征相似。这里：$\varepsilon_2 = i_s + I_{0s} - 90°$。

（三）板状体的磁场

磁性板状体主要指一些矿脉、岩脉及岩墙等磁性地质体。

这里，h 为上顶面埋深；H 为下底面埋深；M 为磁化强度；i_s 为有效磁化倾角；β 为板状体的倾角；α 为台阶倾斜面与下底面水平线的夹角；γ 为有效磁化方向与板状体倾向间的夹角，且有 $\gamma=\beta-i_s$；矢径 r_A、r_B、r_C、r_D 分别是角点 A、B、C、D 到计算点 P 间的距离，φ_A、φ_B、φ_C、φ_D 分别为 r_A、r_B、r_C、r_D 与过 P 的铅直线间的夹角。

这里我们仍然讨论板状体的磁化方向与地磁场方向一致时的异常特征。根据磁异常理论知识可得磁化方向与地磁场方向相同时的有限延深板状体总磁异常 ΔT 和几个分量的表达式，这里只写出 ΔT 的异常表达式：

$$\Delta T = \frac{2\mu_0 M_s}{4\pi} \frac{M_s}{M} \sin\beta \left\{ \sin\varepsilon_3 \ln\frac{r_B r_C}{r_A r_D} + \cos\varepsilon_3 \left[(\varphi_A - \varphi_B) - (\varphi_C - \varphi_D) \right] \right\}$$

（5-45）

式中，$\varepsilon_3 = 90° + \gamma - I_{0s} = 90° + \beta - 2I_{0s}$。

若令 $H\to\infty$，即可得无限延深板状体的相应磁异常公式：

$$\begin{cases} H_{ax} = \frac{2\mu_0 M_s}{4\pi} \sin\beta \left[\cos\gamma \ln\frac{r_C}{r_A} - \sin\gamma (\varphi_A - \varphi_C) \right] \\ Z_a = \frac{2\mu_0 M_s}{4\pi} \sin\beta \left[\sin\gamma \ln\frac{r_C}{r_A} + \cos\gamma (\varphi_A - \varphi_C) \right] \end{cases}$$

（5-46）

$$\Delta T = \frac{2\mu_0 M_s}{4\pi} \sin\beta \left[(\sin\gamma\sin I_0 + \cos\gamma\cos I_0\cos A')\ln\frac{r_C}{r_A} + \right.$$
$$\left. (\cos\gamma\sin I_0 - \sin\gamma\cos I_0\cos A')(\varphi_\Lambda - \varphi) \right] \qquad （5-47）$$

当 M 与 T_0 方向一致时 $(\delta = A',\ i_s = I_{0s})$，有

$$\Delta T = \frac{2\mu_0 M_s}{4\pi} \frac{\sin I_0}{\sin I_{cs}} \sin\beta \left[\sin\varepsilon_3 \ln\frac{r_C}{r_A} + \cos_3(\varphi_A - \varphi_C) \right] \qquad （5-48）$$

$$= \frac{2\mu_0 M_s}{4\pi} \frac{M_s}{M} \sin\beta \left[\sin\varepsilon_3 \ln\frac{r_C}{r_A} + \cos\varepsilon_3(\varphi_A - \varphi_C) \right]$$

由式（5-45）和式（5-47）可知 Z 和 ΔT 是同簇曲线，即有效磁化强度为 γ 的 Z_a 曲线和有效磁化强度为 ε_3 的 ΔT 曲线异常特征相似。

当 $2b \leqslant h$ 时，也就是在薄板条件下，有

$$\varphi_A - \varphi_C \approx 2bh / (x^2 + h^2),\quad \ln(r_c / r_A) \approx -2bx / (x^2 + h^2) \qquad （5-49）$$

若令上述公式中 β =90°、i_s =90°、γ =0°、γ =90°，则分别可得到直立板状体、垂直磁化板状体、顺层磁化板状体和垂直板面磁化的板状体的磁异常公式。

由此看来板状体的异常特征不仅与 i_s 有关，还与 β 有关，它的特征主要取决于 γ 角。

（四）台阶

当台阶的倾角 $\alpha \neq 90°$ 时，磁化强度方向 $i_s \neq 90°$ 时，曲线特征较复杂，若 i_s =90°，其异常特征可以通过重力异常 V_{xz}、V_z 来掌握。

（五）磁异常特征

1. 平面特征

平面等值线因物体形状不同而不同，它的形状往往是地质体水平展布情况的反映，异常等值线的长轴方向往往反映地质体的走向。一般等轴状和椭圆形异常是由三度体引起的，而条带状和长椭圆状异常可近似看作由二度体引起的。磁异常中，三度体异常一般是正负成对出现，在北半球，一般负异常偏北侧，整个正异常周围有负异常，则表示磁性体向下延深不大。对于三度和二度的划分，一般走向长度大于深埋 5 倍，即可看成二度体异常；从平面等值线上看，取二分之一极大值等值线，若长轴长度为短轴长度的三倍以上，可近似看作二度异常。

2. 剖面特征

（1）Z_a

第一，轴对称型（两侧有负值）：垂直磁化的球、无限延伸水平圆柱、正方体、长方体、有限延深板状体、水平磁化台阶等。

第二，轴对称型（两侧无负值）：顺层磁化无限延深板。

第三，点对称型：水平磁化的球、无限延伸水平圆柱、正方体、长方体、有限延深板状体、垂直磁化台阶（一、三象限）。

第四，非对称型（两侧有负值）：斜磁化的球、无限延伸水平圆柱、有限延深板状体等。

第五，非对称型：（一侧有负值）斜交磁化无限延深板状体、台阶等。

（2）H_{ax}

第一，轴对称：水平磁化的球、无限延伸水平圆柱、正方体、长方体、（反向轴对称）垂直磁化台阶、垂直版面磁化（$\gamma =90°$）时的板状体。

第二，点对称型：垂直磁化的球、无限延伸水平圆柱、正方体、长方体，水平磁化台阶、顺层磁化（$\gamma =0°$）板。

第三，非对称型：斜磁化的球、无限延伸水平圆柱、有限（无限）延深板状体等。

剖面特征主要是异常的对称性和正负异常的伴生关系，一般磁性体截面为对称型时：$i_s=90°$，Z_a 为对称曲线。若两侧无负值，则表明向下延深较大，两侧有负值，一般为有限延伸；二度异常，一般正负异常伴生，只有顺层磁化无限延深板状体 Z_a 的两侧无负值。若磁性体截面为非对称型地质体，一般剖面特征也不对称，只有顺层磁化的无限延深时，才可能出现对称异常，还可以根据垂直磁化时，Z_a 曲线的陡缓判定板状体的倾向，倾斜磁化时，一般曲线形态不对称。可以根据这些特征来分析、判断地质体的赋存状态。

第三节　磁法勘探的方法与应用

一、磁法勘探的野外工作方法及资料整理

利用磁力仪进行野外实地测量得到磁异常资料，是磁法勘探的基础工作。按照观测磁异常方式的不同，磁法勘探可分为地面磁测、航空磁测、海洋磁测、卫星磁测及井中磁测，按其测量参量的不同可分为垂直磁场、水平磁场、总场及各种梯度异常测量等。这里重点介绍地面野外磁测。

磁法勘探的野外工作主要包括以下五个部分。

第一，工作设计：接受任务以后，首先收集与工作区有关的地质、地球物理等资料，并组织现场踏勘，在此基础上编写磁测工作设计书。

第二，前期准备：对仪器设备的性能进行测定；确定基点或基点网并进行基点联测；选择并确定日变站地点。

第三，工作区磁测：完成测点磁测、质量检查以及物性标本采集与测定。

第四，资料整理：本部分工作在当天野外磁测完成后进行，主要包括日变改正、基点改正以及质量检查结果的计算，同时将数据回放保存。

第五，磁测结果的初步解释：包括磁异常图的绘制以及结果的初步推断解释。

成果报告的编写一般在野外施工结束后在室内完成。

根据目前我国用于磁法勘探中电子式磁力仪的应用现状，磁测精度可分为如下三个等级，高精度：均方误差 ≤ ±5 nT；中精度：均方误差 ±5 ～ ±15 nT；低精度：均方误差 ≥ ±15 nT。

（一）磁法勘探野外工作仪器简介

1. 质子旋进磁力仪的工作原理

它的灵敏系统称为探头，探头是一个绕线圈的盛水或酒精、煤油的容器。探头中的工作物质是富含氢的液体。其分子中的电子轨道磁矩、电子自旋磁矩各自成对地相互抵消了，只有原子核内的氢质子有一定的磁矩。就水（H_2O）分子而言，宏观上看它是逆磁性物质。水分子中的氧原子核，不具磁性。当施加外界磁场时，水分子中的氢原子核（质子），由自旋产生的磁矩，将在外加磁场的影响下，逐渐地转向外磁场方向，呈现顺磁性。当没有外界磁场作用于含氢液体的样品时，其中质子磁矩无规则地任意指向，不显现宏观磁矩。若在垂直地磁场 T 的方向上，加一个强人工磁场 H_0，则样品中的质子磁矩，将按 H_0 方向排列起来，此过程称为极化。然后，切断磁场 H_0，则地磁场对质子有 $\mu_p \times T$ 的力矩作用，试图将质子拉回到地磁场方向，由于质子自旋，因而在力矩作用下，质子磁矩 μ_p 将绕着地磁场的方向做旋进运动（称为拉莫尔旋进），它好像地面上倾斜旋转着的陀螺。

2. 测量原理

理论物理分析研究表明，氢质子旋进的角速度 ω 与地磁场 T 的大小成正比，其关系为

$$\omega = \gamma_p T \tag{5-50}$$

式中，γ_p 为质子的自旋磁矩与角动量之比，称为质子磁旋比（或回旋磁比率），它是一个常数。由国家标准局统一颁布。

又因 $\omega = 2\pi f$，则有

$$T = \frac{2\pi}{\gamma_p} \cdot f = 23.4874 f \tag{5-51}$$

由该式可见，只要能准确测量出质子旋进频率 f，再乘以一常数，就是地磁场 T 的值。

光泵磁力仪是 20 世纪 50 年代发展起来的，利用光泵技术制成的高性能磁力仪。与质子旋进磁力仪相比，光泵磁力仪灵敏度高、采样频率高，除了可用于宇宙磁探测、国防磁探测、地磁绝对测量以及矿产勘探外，由于其对磁场环境要求不严，在城市磁干扰比较大的条件下也能实施地面磁法勘探。根据观测方式的区别分为跟踪式光泵磁力仪、自激式光泵磁力仪。

磁通门磁力仪又称饱和式磁力仪。它是利用具有高导磁率的软磁铁芯在外磁场作用下的电磁感应现象测定外磁场的仪器。磁通门磁力仪的探头部分是由高磁导率的长环状坡莫

合金（软磁性材料）环和激励线圈及输出线圈组成。分析坡莫合金的磁性特征可知，当外磁场有微弱变化时，就会引起磁感应强度 B 的显著变化。这种仪器可以进行地磁场垂直分量的相对测量，适用于矿产勘查以及以探测铁器埋设物为主的工程物探。

超导磁力仪是利用超导技术，于 20 世纪 60 年代中期研制成的一种高灵敏度磁力仪。其灵敏度高出其他种类磁力仪几个数量级，可达 6 ~ 10 nT，能测出 3 ~ 10 nT 级磁场。超导磁力仪具有灵敏度高、测程大和观测读数稳定可靠等优点。在地磁学领域，超导技术可用于研究测量地磁场的微扰；在磁大地电流法与电磁法中，它可用于测量微弱的磁场变化等。但需要说明的是，由于这种仪器的探头需要低温条件，装备复杂，费用较高。目前此项磁测技术只是较多地应用于磁场定点观测。

（二）磁法勘探野外工作方法

1. 仪器准备

（1）磁力仪的选择

磁力仪的选择与磁测结果的精度要求有关，在高精度磁测中，必须选择较高精度的仪器；反之，对仪器的精度的要求可以放宽。在同一个地区完成同一任务时，应尽量选择同类型、同精度的仪器。

（2）磁力仪相关技术指标的检测

在正式施工之前，对投入使用的仪器须重新检测，以确认仪器性能及其相关指标能满足本次施工精度的要求。其中有两项指标须强调说明，一是定点重复观测误差，即在同一测点上短时间内 2 ~ 4 次的重复读数的差，性能稳定的仪器一般不能大于 2 倍的读数分辨率；二是指仪器在持续工作状态下测量结果中出现的误差，即间隔 2 小时左右到固定点重复观测，性能稳定的仪器的误差不应大于磁测总均方误差的一半。

（3）磁力仪噪声水平的测定

质子磁力仪与光泵磁力仪等电子式磁力仪，本身具有一定的噪声，所以这些磁力仪的读数分辨率尽管等于或优于 0.1 nT，但接上电缆和探头后仪器的噪声水平却往往达到 0.2 ~ 0.3 nT，因此在使用这类仪器进行高精度磁测时，必须仔细测定实际工作时仪器的噪声水平。仪器的噪声水平低，表明该仪器抗干扰的能力强；反之，则较差。

（4）仪器的一致性测定

需要多台仪器同时施工时，为减少各仪器观测结果间的系统误差，在施工前，对所有投入使用的仪器要进行一致性测定。该项工作的进行，首先要选择某个磁场大约有 200 nT 变化的直线地段，并确定间隔大致相等的 20 ~ 30 个测点（所选择的地段内磁场变化较小时，可适当增加测点数），其次将所有需要检测的仪器依次在各个测点上进行往返观测（各仪器在一个测点上要同点位、同高度），并将观测值进行日变改正。将观测结果代入式（5-51），可以求出每台仪器自身的均方差 m_i（$i=1$, 2, …, k, k 为参加测定的仪器的台数）。一般要求 m_i 不得超过整个磁测总均方差的一半。将均方差符合要求的仪器的观测值代入式（5–52），计算多台仪器间的均方误差 ε。

其中，k 为进行两次观测的点数；Δ_j 为两次观测的差值。

$$m = \pm\sqrt{\frac{\sum\limits_{j=1}^{k}\ddot{A}_j^2}{2k}} \qquad (5\text{–}52)$$

$$\varepsilon = \pm\sqrt{\frac{\sum\limits_{i=1}^{n}V_i}{m-n}} \qquad (5\text{–}53)$$

式中：V_i 为某次观测值（包括参与计算平均值的所有观测值）与该点各次观测值平均数之差；n 为测点数；m 为总观测次数，即各测点上全部观测次数之和；e 为衡量仪器一致性的指标，当 ε 不超过磁测总均方差的 1/2 时，表明仪器的一致性测定合格。

2. 野外观测

（1）基点和基点网的确定

磁法勘探中，无论观测到的是总磁场 T 还是垂直分量 Z_a，都要去掉工作区的正常地磁场 T_0 或 Z_0，获得总磁异常 ΔT 或磁异常垂直分量 Z_a。

基点的作用之一就是为整个工作区设立一个正常地磁场的起算点 T_0 或 Z_0。由于磁场变化频繁，国家对小区域内以地质勘探或工程勘探为主的地面磁法勘探的地磁正常场没有统一要求。实际工作中，可以在工作区内或附近选定磁场平稳的地点的磁场值 T_0 或 Z_0 暂时作为正常场，至于该磁场值作为正常场是否合适，需要看野外测量结束后绘出的整个工作区的磁异常图是否合理，即在一个较大的工作区内，所有的正磁异常与负磁异常的和为零。如果选择的正常场 T_0 或 Z_0 偏高或偏低，可对 T_0 或 Z_0 做简单的加减处理。对于以研究区域、深部地壳结构为主的地面磁测或测量面积比较大的航空磁法勘探，其均采用国际地磁参考场（IGRF）作为正常场。

基点的另一个作用是为控制和校正野外磁测中随时出现的误差。在小区域的磁法勘探中，使用电子类磁力仪进行测量，也必须始于基点、终于基点。其作用为：①用于检查一天或一段工作时间内仪器性能是否正常；②确定合适的当天日变改正计算的起算时间。基点的设置，要注意避开可移动的磁性干扰物，并尽量选择在驻地附近或其他便于使用的地方。

磁法勘探野外工作中也需要设立基点，但对基点磁场值确定的要求与重力勘探有所不同，没有统一的某一个总基点及磁异常值。野外工作中若使用观测地磁场总场强度 T 绝对值的仪器进行测量，可以在保证结果成图合理的条件下确定出某个"基点异常值"，基点仅为当天校对仪器和做零点漂移改正计算所用。如使用相对测量仪器，且在某一个工作区内需要设立统一的起算点以及分基点时，基点或基点网的测定可参照重力基点测定的部分，但要依照与磁场测量有关的误差传递指标进行。

（2）日变观测

在进行较高精度的磁测时，须设立日变观测站进行日变观测。日变观测站必须设在磁场平稳、无外界电磁场干扰并且环境稳定的地方。日变观测的起始时间一般要在日出之前，且必须早于所有参与磁测的磁力仪器的开始观测时间，日变观测的结束时间必须晚于所有参与磁测的磁力仪器的结束观测时间。利用不具有自动记录功能的电子式磁力仪进行日变观测时，需要每隔 5 min 记录一次读数、时间、温度等；若日变观测仪器具有自动记录功能，可设置自动记录方式，记录间隔时间不应大于 0.5 min。无论日变观测仪器有无自动记录功能，都需注意日变观测仪器与测点观测仪器的时间记录或设置必须同步。

日变站的有效范围与磁测精度有关，一般精度测量时，半径可在 50 ～ 100 km 内，可以认为日变规律及变化幅度基本相同，在此范围内采用同一个日变站观测结果做改正就能够达到精度要求；高精度测量时，日变站的有效半径要变小。

（3）野外基点、测点观测

野外基点观测是指每天做测点观测时必须进行的早基点和晚基点的测量。早晨进入工区测量之前，必须在基点上读数并记录，称为早基点观测。当天的野外测点测量结束以后，回到基点上采用同样的方式再读数并记录，称为晚基点观测（时间不一定必须在晚上，只要在当天野外施工结束后即可）。早、晚基点观测不能缺少，需要认真记录时间、温度以及观测结果，并且要求测量精度高于测点的观测精度。

测点观测是磁法勘探施工的主体。对具有自动记录功能的电子式磁力仪，测点观测中须保证测量点位、记录时间以及记录设置的正确无误。除此之外，操作人员应注意观察沿测线的各种现象，如遇到地形特殊或有磁干扰物体存在等特殊情况要随时记录，为测量结果的解释推断积累资料。观测到有意义的磁异常时，要注意适当加密测线或测点，以便准确地确定异常的形态。

（4）质量检查

磁测结果的质量检查是通过重复观测（或称检查观测），并计算观测误差的办法完成。质量检查中，在磁场平静处一般应抽出 3% ～ 5% 的测点进行重复观测。测点较少时检查观测点不能少于 30 个，磁测精度要求较高时，检查点要多一些。做剖面磁测时，检查观测数量一般必须大于总观测量的 10%。

检查观测的测点应比较均匀地分布在整个测区才具有代表性。检查观测应与原始观测工作精度要求相同。检查观测一般要符合"一同三不同"的原则，即检查观测与原始观测必须在不同时间，由不同操作员，用不同仪器，在同一点位进行。当然只有一台仪器工作时例外。检查工作一般应该在磁测工作开始后随时进行。

磁法勘探所观测的地磁场相对于任何近距离的铁器或其他含铁磁性物品所引起的磁场而言均为弱磁场。因此野外磁测中不仅要求测量人员认真细致，而且绝对不能随身携带磁性物品，并在观测时要随时避开机动车、工业建筑、矿石堆等各种干扰。

（三）磁测资料的整理计算及图件

1.磁测数据的整理计算

（1）日变改正

日变改正的目的主要是消除太阳日磁场变化的干扰。如果磁测过程中用于测点观测和日变观测的仪器均具备自动记录以及自动进行日变改正的功能时，可在每天野外磁测时将两台仪器的时间设置为同步，测量完成后将两台仪器对接，再启动日变改正程序即可完成日变改正。

如果使用的磁测仪器不具备上述功能，则首先须将日变观测结果以时间为横坐标，磁场日变化值为纵坐标绘出日变曲线，并对日变曲线做 5 点或 7 点的滑动平均以消除偶然误差，然后以测点观测仪器做早基点观测时间的日变值作为标准值 A_0，再将测点磁场观测时间与日变曲线图的时间坐标对应，根据时间对应关系，对测点逐点进行日变改正计算。找到对应的时间后，纵坐标磁场日变化值大于 A_0，则将大于的部分从测点磁场观测值中减去；反之，在测点磁场的观测值中加上。

对于使用电子式磁力仪做总场绝对测量的情况，对日变站（或每个日变站）测量结果可先假定一个 T'_0（此 T'_0 相当于前面的标准值 A_0），在日变改正中，大于 T'_0 的减去；反之，加上。此 T'_0 一经选定不应变动，直到与总基点联测确定 T'_0 的绝对值后，再对各测点进行基点改正。

（2）基点改正

对于具有自动基点改正功能的仪器，只需将选定的基点改正值依照程序要求输入仪器并计算即可。否则，需要对测点磁场观测值逐点进行计算。

（3）正常梯度改正

当测区面积较大时，其需要做正常梯度改正。

进行正常梯度改正，可以利用 IGRF 的计算公式，代入相应年代系数及经纬度计算得到正常梯度分布值（nT/km）后，即可进行改正计算。改正计算中以工作区的总基点为零点，向北减掉梯度变化的影响，向南加上其影响。

（4）混合改正

混合改正适合于低精度的测量，在仅有一台磁力仪可用的情况下，不设立专门的日变观测，仍然可正常实施磁测。它的作用在于可以消除日变、温度及零点漂移的综合影响，利用混合改正代替上述三项改正。混合改正的前提认为，在某一段时间（2～4h内）上述各项所引起的磁场变化为线性变化。如在这段时间内至少两次到基点或分基点上观测读数，则两次基点磁场读数的差值去掉基差（基点之间已知的固有差别）便是混合改正部分。

混合改正计算需要首先做出混合改正曲线图。作图时以时间为横坐标，以磁场值为纵坐标。以当天第一次基点磁场值读数为零点 O，以两次基点磁场读数差值去掉基差后的部分在对应第二次基点读数的时间位置上标出并记为 D，作直线连接 O、D，这样就得到第一段时间内混合改正的一条斜线。在一个工作日内仿照上面的做法标出以后各时间段的不同的斜线，注意第二时间段的第一次基点观测值与上一时间段第二次基点观测值合并，最终会在一个坐标系内绘出当天的混合改正曲线（折线）图。混合改正曲线图做出后，将各测点观测时间与曲线图时间一一对应，查出纵坐标上对应的混合改正量，在原观测值上加上或减去即可。

混合改正的精度取决于对基点做重复观测的时间间隔，间隔越短，混合改正的精度越高。

（5）磁异常的整理计算

以上各改正项可根据每一项的增减变化加上正、负号作为改正值列出，最后由各测点的实测磁场值 $T_{测}$ 加上这些改正值，即得到总强度磁异常值 ΔT。例如，日变为 ΔT_1，混合改正为 ΔT_2，基点改正为 ΔT_3，正常梯度改正为 ΔT_4，则测点上的磁异常值应为对设立日变站做日变改正情况：

$$\Delta T = T_{测} + \Delta T_1 + \Delta T_3 + \Delta T_4 \tag{5-54}$$

对进行混合改正情况：

$$\Delta T = T_{测} + \Delta T_2 + \Delta T_3 + \Delta T_4 \tag{5-55}$$

（6）质量检查结果的统计计算

对质量检查观测结果的统计计算一般将平稳磁场区与异常区分开进行。

对平稳磁场区，一般同一个观测点只做两次观测，即第一次为正常测量，第二次为检查测量。此种情况下可采用下式进行均方误差的计算，即

$$\varepsilon = \pm\sqrt{\frac{\sum_{i=1}^{n}\Delta_i^2}{2n}} \tag{5-56}$$

其中，n 为检查点数；Δ_i^2 为两次观测的差值。

当同一观测点的观测次数多于两次时，可利用贝塞尔公式计算均方误差，即

$$\delta = \pm\sqrt{\frac{\sum_{i=1}^{n}\sum_{j=1}^{k}\left(\Delta T_{ij} - \overline{\Delta T_{ij}}\right)^2}{m-n}} \tag{5-57}$$

式中：$i=1, 2, 3, \cdots, n$，表示检查点的序号；$j=1, 2, 3, \cdots, k$，表示某检查点多次观测的序号；ΔT_{ij} 表示第 i 个观测点上的第 j 次观测值；$\overline{\Delta T_{ij}}$ 表示第 i 个观测点上 k 次观

测值的平均值；m 为全部检查点的总观测次数；n 为检查点数。

对异常区进行检查观测时，因为异常区磁场变化梯度较大，原始观测与检查观测前后两次因定点稍有变化而造成的磁场差别就会很大，所以均方误差一般采用求平均相对误差的公式计算，即

$$\overline{\eta} = \frac{1}{n}\sum_{i=1}^{n}\eta_i \tag{5-58}$$

式中：$\overline{\eta}$ 为平均相对误差；n 为异常区检查点数；η_i 为异常区某检查点的相对误差，其表达式为

$$\eta_i = \left| \frac{\Delta T_i' - \Delta T_i}{\Delta T_i' + \Delta T_i} \right| \tag{5-59}$$

式中，ΔT_i 和 T_i' 分别为异常区某检查点的原始观测值和检查观测值。

2. 结果图件的绘制

磁测工作中，反映工作区磁异常特征的基本图件有三种：磁异常剖面图、磁异常平面剖面图以及磁异常平面等值线图。这几种图件绘制的要求与重力异常图的做法基本相同，可参阅重力异常图示部分。磁异常剖面图的绘制要注意图中纵向坐标的定义、比例尺的选择等。

二、磁异常的资料解释及地质应用

（一）磁测资料的解释

1. 磁异常的定性解释

定性解释是从观测主要异常的形状和定性着手，大体上判定磁性体的形状、分布范围以及产状等。定性解释包括判断引起磁异常的地质原因、判断地质体的形状和走向、推测地质体的位置与范围、估计地质体的埋深等。

不同地质体的形状和走向，可根据平面异常特征判断。根据前面的知识我们知道异常特征一般分为狭长异常和等轴异常。当长度大于三倍宽度时，可以认为是狭长异常；否则认为是等轴异常。一般狭长异常的走向即为地质体的走向，如果异常对称，两侧无负值，则多为顺层磁化无限板；两侧均有负值，则为有限延深二度体；若一侧有负值，一般为斜交磁化无限板引起。

等轴异常一般无明显走向，多为球体、立方体、长方体、直立柱体等引起，或由埋藏深度较大的，无明显走向的地质体引起。如正异常周围有负值（北面），可能为球体，其他情况也可能为向下延深的有限板或柱。如正异常周围无负值或一侧有负值，可能是顺层磁化的延深较大的柱等。

推测地质体的位置与范围：当异常为轴对称曲线时，磁性体中心位置在极大值点的正下方；异常为点对称曲线时，磁性体中心位置在零值点的正下方；当异常不对称时，磁性

体中心在曲线极大值点和幅度较大的那个极小值之间的某个位置，且偏向主要极值一方。平面图上，为等值线最密集处。也可以根据二分之一 Z_{amax} 等值线大致圈定磁性体走向长度。当曲线以正为主且基本对称时，Z_a 曲线两拐点位置一般与磁性体上顶边界相对应；当曲线正负异常幅度相当时，磁性体上顶边界一般在正、负峰值范围内，当曲线不对称时，如果伴生的负异常较明显，则磁性体的边界在负的一侧不会超出负峰值以外，在正的一侧不会超出水平梯度较缓的地带。

估计地质体的埋深：通常地质体埋藏浅时，Z_a 异常强度大，范围窄，梯度陡；埋藏深时，异常范围宽，梯度平缓，但强度减弱。因此，在磁异常图上，出现强而窄的异常，可认为是埋深较浅的地质体引起；反之，为较深地质体引起。

2. 磁异常的定量解释

定量解释通常是在定性解释的基础上具体计算磁性体的倾向、走向、深度等几何参数以及磁性参数，推断地下地质构造，以便合理布置探矿工程。

磁异常的定量解释包括很多具体方法，比如切线法、特征点法、选择法、人机交互法、欧拉法、归一化法等。

（二）磁异常资料的应用实例

1. 磁异常的地质特征

（1）大陆的磁性特征

大陆上的主要岩石是岩浆岩和变质岩，也有一些侵入岩体，它们总的磁性特征是由岩石磁化率的变化所决定，也就是说由感应磁化强度所控制。一般磁异常不很明显。而海洋的磁性特征，主要由海洋地壳玄武岩层的剩余磁化所控制，即海上观测到的磁异常主要是剩余磁化强度引起的。一般呈条带状走向平行洋脊，正、负相间出现。

岩石（地层）间磁性差异较大，不同岩体、岩性区的磁场特征明显不同，因此由磁测资料圈定岩体、划分不同岩性区的效果也较重力资料的效果好。

（2）磁异常与构造填图

很多地区由于沉积覆盖影响了对基底的研究，鉴于沉积岩磁性较弱，所以一般沉积盆地上观测到的磁异常一定是由基底表面或其内部的磁性体所引起。另外对于盖层下面的断裂，磁异常多表现为长条状线性正异常带或串珠状、雁行排列的线性磁异常，所以磁异常较适宜基底填图。

侵入岩和喷出岩，由于它们的剩磁特别强，所以根据其磁性进行地质填图很有效。还可以利用岩脉的磁性差异特点确定它们之间的接触界线。近些年，利用磁资料研究基底起伏，确定沉积盖层找煤和油气的应用也很多。

（3）断裂的磁异常特征

断裂（层）的磁异常特征主要表现为：线性异常带；串珠状异常带；磁异常发生水平

错动；异常强度和宽度发生变化；有些断裂带、破碎带的范围较大，构造应力复杂，既有垂直变位也有水平变化和扭转现象，因而造成雁行排列的岩浆通道，形成雁行状异常带。

在断块活动较复杂的地区，有时可见到放射状异常带组合，每个线性异常带都是一条断裂岩浆活动线；不同特征磁场区的分界线。

2. 磁测资料的应用实例

利用磁测资料可以有效寻找固体矿产，尤其可以直接寻找铁矿。还可以研究区域地质构造、圈定沉积盆地范围、确定基底起伏、划分次一级构造单元、指出含油气远景区，反映前新生代地层分布规律以及结晶基底、古潜山特征等，并且都取得了良好的效果。

第六章　电法勘探

第一节　岩（矿）石的电学性质与地球中的电场

一、岩（矿）石的电学性质

在电法勘探中，常用的电学性质有：导电性、电化学活动性、介电性和导磁性。研究目标与围岩的电性差异越大，产生的电（磁）场的变化就越明显。

（一）岩（矿）石的电阻率

电阻率是描述物质导电性能的一个重要电性参数，可用 ρ 表示。岩（矿）石间的电阻率差异是电阻率法的物理前提。

电阻率的定义：电流垂直通过每边长度为 1 m 的立方体均匀物质时所呈现的电阻值。显然，岩（矿）石的电阻率值越大，其导电性就越差；反之，则导电性越好。可见电阻率 ρ 与物质的导电性呈反比关系。在 SI 单位制中，电阻率的单位为 $\Omega \cdot m$[欧（姆）米]。

1. 矿物的电阻率

电阻率是物质的一种属性。从导电机制来看，溶液主要是借助于其中的带电离子导电；而固体矿物由于导电机理不同可以分为三种类型：金属导体、半导体和固体电解质。

各种天然金属都属于金属导体。如自然金、银、铜、镍、铁等，由于它们含有大量的自由电子，因此电阻率值很低，一般为 $n \times 10^{-8} \sim n \times 10^{-7}\ \Omega \cdot m$。此外，石墨也是具有某些特殊性质的电子导电体。

大多数金属矿物均属于半导体，包括所有的金属硫化物和金属氧化物。因为半导体中的自由电子很少，它们主要靠"空穴"导电。因此，其电阻率都高于金属导体，并有较大的变化范围，一般电阻率值为 $n \times 10^{-6} \sim n \times 10^{0}\ \Omega \cdot m$ 的被称为良导电矿物，如多数金属硫化物：黄铜矿、黄铁矿、磁铁矿方铅矿等，某些金属氧化物，如磁铁矿的电阻率都小于 $1\ \Omega \cdot m$。电阻率值为 $n \times 10^{0} \sim n \times 10^{6}\ \Omega \cdot m$ 的被称为中等导电矿物，如闪锌矿、辉锑矿、铬铁矿、锡石、软锰矿、赤铁矿等。

绝大多数造岩矿物，如辉石、长石、石英、云母、方解石等，均属于固体电解质。它们都是离子键晶体，依靠离子导电，其电阻率往往很高，一般都大于 $10^{6}\ \Omega \cdot m$，导电性很差，常有劣导电性矿物之称。在干燥情况下可视之为绝缘体。

综上，矿物电阻率值是在一定范围内变化的，同种矿物可以有不同的电阻率值，不同矿物也可能有相同的电阻率值。因此，由矿物组成的岩石和矿石的电阻率也必然有较大的变化范围。

2. 常见岩石的电阻率

通常情况下岩浆岩的电阻率最高，其变化范围在 $n \times 10^2 \sim n \times 10^6 \ \Omega \cdot m$，如花岗岩、玄武岩等；沉积岩的电阻率偏低，一般为 $n \times 10 \sim n \times 10^4 \ \Omega \cdot m$，由低到高依次为土壤、砂岩、石灰岩等；至于变质岩，其电阻率一般介于沉积岩和岩浆岩电阻率之间，且视其原岩的电阻率而异，各种岩（矿）石的电阻率均无定值，且有相当大的变化范围，其中片麻岩、大理岩、石英岩相对较高，泥质板岩稍低。

（二）影响岩（矿）石电阻率的主要因素

影响岩（矿）石导电性的因素很复杂。其中主要是岩（矿）石的矿物成分及含量、矿物结构、湿度、温度，以及岩石孔隙中所含水溶液的矿化度等。

一般来说，岩（矿）石中，良导金属含量增高，电阻率就降低；反之，电阻率升高。

岩石的结构对电阻率具有关键性的影响。事实证明，在良导性矿物含量相同的条件下，呈浸染状结构的岩石比细脉状或网脉状结构的岩石具有更高的电阻率。这是因为前者的良导矿物颗粒周围被劣导电性的岩石基质所包围，以致它们彼此不相连通，不能形成良好的导电通道；而后者的良导矿物是互相连通的。

湿度对岩石的电阻率有很大的影响，这是因为水的电阻率较小，通常小于 $100 \ \Omega \cdot m$，并且含盐分越多，电阻率值越低。含水岩石的电阻率远比干燥的岩石低。岩石的湿度又与岩石自身的孔隙度有关，岩石孔隙度较小，故其电阻率较高。但在受到风化或构造破坏而裂隙增多的情况下，湿度要增大，其电阻率将大为降低。

通过大量实验表明，电子导电矿物或矿石的电阻率随温度增高而变大，但离子导电岩石的电阻率却随温度增高而减小。在常温下，温度的变化对岩（矿）石的电阻率值影响不大，但在零度以下，含水岩石的电阻率随温度的降低而明显增高。

还有一个不容忽视的因素就是水溶液的矿化度。随着矿化度的增大，水的电阻率明显减小，岩石的电阻率就降低。温度升高时，地下水的溶解度增加，从而提高了矿化度；同时水溶液中离子的迁移率增大，将导致岩石电阻率降低。当外界温度低于 0℃时，岩（矿）石中的裂隙水将由液态变为固态而使电阻率增大。

对于层理发育的岩层而言，由于层理间往往存在良导层和不良导层互层，因此电流垂直穿过层理时所呈现的电阻率比平行穿过层理时大，这种现象称为岩层电阻率的各向异性。

实际上地球深部岩石处于高温、高压的环境中，岩石的电阻率是按指数关系随温度升高而降低的，但不同温度段的变化梯度不同，高温区变化梯度较低温区大。而压力对电阻率的影响并不大。

鉴于影响岩（矿）石电阻率的因素复杂，所以具体问题中也应有所侧重。在金属矿产普查和勘探中，岩（矿）石中良导矿物的含量及结构是主要影响因素。在水文、工程地质调查和沉积区构造普查勘探中，岩（矿）石的孔隙度、含水饱和度及矿化度为决定因素。而在地热研究及深部地质构造中，温度及地应力又成了考虑的主要因素。

大量的统计结果表明：在自然界中，一般火成岩的电阻率往往较低，沉积岩的电阻率相对较高，变质岩的电阻率则与变质程度和变质岩的孔隙度有关，一般变质程度越高，岩石越密实，孔隙度越小，电阻率就越大。

二、地球中的电场

地电研究中的电场，不仅包括地球中天然存在的变化电磁场、稳定自然电场，也包括人工建立的各种形式的直流电场和交变电磁场。我们仅介绍人工电场和天然电磁场。

（一）点电流源电场的分布规律

为了建立地下电场，总是需要两个接地的电极 A 和 B，电流由 A 极输入地下，又通过 B 极从地下流出，构成闭合回路。这两个电极称为供电电极。当两电极间的距离很大时，它们之间将不相互影响，此时可将这两个电极看成两个"点"，所以它们又被称为点电（流）源，它们的场就可看成一个点电源的电场。

那么以 A 为中心，$2\pi r^2$ 为半径的半球面上一点 M（地面及地下任一点）的电场强度和电位分别为

$$E = \frac{I\rho}{2\pi r^2} \cdot \frac{r}{r} \tag{6-1}$$

$$U = \frac{I\rho}{2\pi r} \tag{6-2}$$

（二）两个异性点电源的电场

当研究范围内同时存在两个异性点电源时，下部为等电位线（实）和电流线（虚）按照场的叠加原理，测点附近的电场应是电流强度为 I 的点电源 A 和电流强度为 $-I$ 的点电源 B 在该点产生的电场的合成。可求得 A、B 两点电源在 M 点的电位分别为

$$U_M^A = \frac{I\rho}{2\pi AM}, \quad U_M^B = \frac{-I\rho}{2\pi BM} \tag{6-3}$$

因此，两个异性点电源在 M 点的总电位为

$$U_M = U_M^A + U_M^B = \frac{I\rho}{2\pi}\left(\frac{1}{AM} - \frac{1}{BM}\right) \tag{6-4}$$

式中，AM、BM分别为点电源A到点M和B到点M的距离。

同理，可求出两个异性点电源在M点的总电场强度：

$$E_M = E_M^A + E_M^B = \frac{I\rho}{2\pi}\left(\frac{1}{AM^2}\cdot\frac{AM}{AM} + \frac{1}{BM^2}\cdot\frac{BM}{BM}\right) \tag{6-5}$$

第二节　电阻率法

一、电法中常用的装置类型和特点

（一）二极装置（AM）

这种装置的特点是供电电极B和测量电极N均置于"无穷远"处接地。这里的"无穷远"是一个相对概念，如对B极而言，若相对A极在M极产生的电位小到实际上可以忽略，便可视B极为无穷远；同理，若相对N极而言，A极在N极产生的电位相对M极很小，以致实际上可以忽略，便可视N极为无穷远，并取那里的电位为零。测量中的观测记录点在AM的中点。可见二极装置实际上是一种测量电位的装置。

二极装置的视电阻率ρ_s的表达式为

$$\rho_s^{AB} = K_{AM}\frac{U_M}{I} \tag{6-6}$$

其中，

$$K_{AM} = 2\pi AM \tag{6-7}$$

（二）三极装置（AMN）

如果只将供电电极B极置于无穷远处，而将AMN排列在一条直线上进行观测时，便称为三极装置。观测记录点在MN的中点（图6-1）。

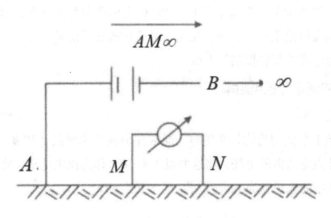

图6-1　二极装置示意

三极装置的 ρ_s 的表达式为

$$\rho_s^{AMN} = K_{AMN} \frac{\Delta U_{MN}}{I} \qquad (6\text{-}8)$$

其中，

$$K_{AMN} = 2\pi \frac{AM \cdot AN}{MN} \qquad (6\text{-}9)$$

（三）对称四极装置（AMNB）

这种装置的特点是：有四个电极，两个供电电极 A 和 B，两个测量电极 M 和 N，且有 $AM=NB$。

对称四极装置的 ρ_s 的表达式为

$$\rho_s^{AB} = K_{AB} \frac{\Delta U_{MN}}{I} \qquad (6\text{-}10)$$

其中，

$$K_{AB} = \pi \frac{AM \cdot AN}{MN} \qquad (6\text{-}11)$$

二、电阻率测深法

在利用岩（矿）石导电性差异，解决各类地学问题的实践中，以人工直流场源的电阻率测深法（也称点测深法）应用最广而且效果较好。该测量方法是在一个观测点上，通过多次加大供电极距，增加探测深度，来完成观测相应电阻率值的方法。因此在同一测点上不断加大供电极距所测出的 ρ 值的变化，将反映出该测点下电阻率有差异的地质体在不同深度的分布状况。由于供电极距的加大，增加了供电电流的分布深度，因此所测得的是一个测点自地表向下垂直方向电阻率的变化。

按照电极排列方式的不同，电测深法又可以分为对称四极电测深、三极电测深、偶极电测深、环形电测深等方法。其中最常用的是对称四极电测深，所以我们主要介绍这种方法。

电测深法适用于划分水平的或倾角不大于 20° 的电阻率分界面问题，有效地应用于区域地质填图、石油和煤田地质构造普查、探测与地质构造相关的矿产分布、水文及工程地质调查、城市及工程建设的基底探测等方面。

（一）电阻率的测定和视电阻率

1. 均匀大地的电阻率

当地表水平、地下半空间为均匀介质时，通常在地表任意两点 A 和 B，将直流电通入地下，形成两个异性点电流源的电场，将这两点（A、B）作为供电电极，将另外两点 M、N 作为测量电极，测定的电位差为

$$\Delta U_{MN} = \frac{I_\rho}{2\pi}\left(\frac{1}{AM} - \frac{1}{AN} - \frac{1}{BM} + \frac{1}{BN} \right) \qquad (6\text{-}12)$$

整理上式可得

$$\rho = 2\pi \cdot \frac{\Delta U_{MN}}{I} \bigg/ \left(\frac{1}{AM} - \frac{1}{AN} - \frac{1}{BM} + \frac{1}{BN} \right) \qquad (6-13)$$

如果令

$$K = 2\pi \bigg/ \left(\frac{1}{AM} - \frac{1}{AN} - \frac{1}{BM} + \frac{1}{BN} \right) \qquad (6-14)$$

则

$$\rho = K \cdot \frac{\Delta U_{MN}}{I} \qquad (6-15)$$

式中，K 是一个仅与 A、B、M、N 四个电极之间的距离有关的系数，常称为电极的排列系数或装置系数，它是一个与各电极间的距离有关的物理量，可以根据具体选定的装置类型而定。所谓电极装置，是指供电电极、测量电极的排列形式和移动方式。在野外工作中，装置形式和极距一经确定，K 值便可计算出来。获得岩石电阻率的方法之一，是用小极距的四极装置在岩石露头上进行测定，称为露头法。此外，通过电测井或标本测定也可以获得岩石的电阻率。

2. 视电阻率

首先需要引入"地电断面"的概念。所谓地电断面，是指根据地下地质体电阻率的差异面划分界线的断面。这些界线可能同地质体、地质层位的界线吻合，也可能不一致。

实际工作中地下介质往往呈各向异性非均匀分布，且地表也不水平，即都是非均匀的地电断面，因此用上述方法计算的电阻率值就不可能是某一地层或某种岩矿体的真实电阻率，而是该电场作用范围内各种岩（矿）石电阻率的综合反映。这个电阻率值我们称其为视电阻率，用 ρ_s 表示，即只有在地下介质均匀且各向同性的情况下，ρ 和 ρ_s 才是等同的。

影响视电阻率的因素主要有：①电极装置的类型及电极距；②测点位置；③电场有效作用范围内各地质体的电阻率；④各地质体的分布状况，包括它们的形状、大小、厚度、埋深和相互位置等。

3. 视电阻率的定性分析公式

视电阻率的基本公式也可改换成一个便于定性分析的公式，即视电阻率与电流密度的关系式。这样可将 $\rho_s = K \cdot \dfrac{\Delta U_{MN}}{I}$ 转换为视电阻率与电流密度的关系，即

$$\rho_s = \frac{j_{MN}}{j_0} \rho_{MN} \qquad (6-16)$$

式中，j_0 是介质均匀时 MN 间的电流密度，它只决定于装置的类型（或者说电极排列）和极距大小，对于一定的装置，可以认为它是已知的。因此，视电阻率 ρ_s 与测量电极 M、N 间的电流密度 j_{MN} 和介质电阻率 ρ_{MN} 成正比。在地表介质均匀时，ρ_s 只正比于 j_{MN}，因此可以根据 j_{MN} 的异常状况来判断非均匀地质体的性质。

4. 电阻率法的仪器及装备

电测仪器的任务就是测量测点间的电位差 ΔU_{MN} 和电流 I，从而得到相应的视电阻率

值 ρ_s。为适应野外条件，便于观测和保证精度，要求供电电源输出电流稳定，电压连续可调，接收仪器必须有较高的灵敏度、较好的稳定性、较强的抗干扰能力，还必须有较高的输入阻抗，较大的量度范围，要绝缘性能好、体积小、轻便耐用。目前我国采用的是国产的各种电子自动补偿式电测仪器。使用较普遍的一种是具有电流负反馈的自动补偿仪，这类仪器也适用于其他各种交流电法。

5. 电测深法的野外工作布置

当确定了野外任务后，应该根据具体情况选择合适的测区范围、测网和相应比例尺。还应根据探测深度选定合适的极距，这是非常重要的环节。

根据电测深法的特点，供电电极的选择原则上最小 AB 距离应能使电测深曲线的首部近似于水平的线段，以便由它的渐近线求出第一电性层的电阻率；最大 AB 距离应满足勘探深度要求，保证测深曲线尾部完整，可以解释出最后一个电性层；在 AB 极距逐渐增加的过程中，增加的最大间距应能使最薄电性层的 ρ_s 变化在曲线上有所反映。

在测量中如果只加大供电极距，测量极距不变，则当供电极距很大时，测量极距间的电位差将会太小，甚至会无法测量，因此在测量中应视需要适当加大测量极距，一般应满足：$\frac{1}{3}AB \geq MN \geq \frac{1}{30}AB$。

电测深法在观测时是测量电极的间距不变，逐渐加大供电电极距，所测的视电阻率反映该点视电阻率随深度的变化规律。由于电极距的改变，装置系数也逐次不同，测量结果一般以 $AB/2$ 为横坐标，ρ_s 为纵坐标，将同一点上所测的视电阻率值绘制在双对数坐标纸上，形成一条测深曲线。

（二）电测深曲线的类型及特点

1. 二层断面的电测深曲线类型

二层地电断面具有 ρ_1 和 ρ_2 两个电性层，设第一层厚度为 h_1，第二层厚度为 h_2，且 h_2 为无穷大。

按 ρ_1 和 ρ_2 的组合关系，可将地电断面分为 $\rho_1 > \rho_2$ 和 $\rho_1 < \rho_2$ 两种类型。与二层断面相对应的电测深曲线称为二层曲线。其中对应于 $\rho_1 > \rho_2$ 断面的曲线定名为 D 型曲线，对应于 $\rho_1 < \rho_2$ 断面的曲线定名为 G 型曲线。

实际工作中，还有一种常见的情况是第二层电阻率 ρ_2 相对于 ρ_1 为无限大，此时二层曲线尾部呈斜线上升。在对数坐标上，其渐近线与横轴成 45° 相交。

2. 三层断面的电测深曲线类型

三层地电断面由三个明显的电性层组成，各电性层的电阻率分别为 ρ_1、ρ_2 和 ρ_3，设第一、二层厚度分别为 h_1 和 h_2，第三层厚度为 h_3，且 h_3 为无穷大。

3. 多层断面的电测深曲线类型

由四个电性层组成的地电断面，按相邻各层电阻率之间的组合关系，其测深曲线可以有八种类型。每种类别的电测深曲线用两个字母表示。第一个字母表示断面中的前三层所对应的电测深曲线类型，第二个字母表示断面中后三层所对应的电测深曲线类型。用来表示这 8 个类型的字母分别是：HK 型、HA 型、KH 型、KQ 型、AA 型、AK 型、QH 型和 QQ 型。

地电断面的电性层更多时，每增加一层，表示电测深曲线类型的字母就增多一个。五层曲线用三个字母表示，如 HKH 型、HKQ 型等。其余照此类推，不再详述。值得注意的是，只要地电断面中底层的电阻率相当大，以致可以认为是趋于无限大时，电测深曲线尾部的渐近线总是与横轴相交成 45°。

当中间层具有一定厚度，且与相邻层有明显的电性差异时，所获得的电测深曲线类型容易辨认，若中间层厚度很薄或相邻层之间电性差异不大，则很难准确判定电测深曲线的类型。类型定得不准将给解释带来很大的误差，为此，需要将全测区的电测深曲线互相对比，并与已知的地质、钻探和其他物化探资料对比，才能做出准确的判断。

（三）电测深的工作方法及资料整理

电测深工作中测点距与测线距的选择，既决定于勘探的详细程度，也决定于目的层的埋深 H 和倾角 α。当 $\alpha > 20°$ 时，对测深资料的定量解释会带来较大的误差。一般来说，$a < 20°$，可取 $\Delta x = （0.5 \sim 1）H$ 作为具有临界密度的测网的点距。

由于测量是以改变供电极距 AB 来实现的，因此 AB 的极小值和极大值取决于第一层厚度 h 和覆盖层总厚度 $\sum\limits_{i=1}^{n-1} h_i$，并要求

$$AB_{min} < h_1 ; \quad AB_{max} > 2N \sum_{i=1}^{n-1} h_i \tag{6-17}$$

式中：n 为电性层数目；h_i 为第 i 层的厚度；N 为决定断面类型的系数，可根据实际情况选定。

工作中供电极距 AB 逐渐增大，会使测量电极 M、N 之间的电位差逐渐减小，所以，为取得可靠的电位差，MN 也应按一定关系增大，以保证测量结果的有效。

（四）电测深资料的解释

1. 定性解释

电测深资料的解释分为定性解释和定量解释两部分。定性解释是定量解释之前必不可少的步骤，在不能进行定量解释时，通过定性解释可以了解工作地区地电断面的性质及其变化概况。

单独一条电测深曲线的定性解释是很简单的。根据曲线的类型就可以判断该测点处地电断面包含的电性层数目及各层电阻率的相对大小，并能近似地估计第一层和底层的电阻率值。对全测区电测深资料的定性解释则需要绘制各种图件，借以反映测区内电性层的分布和变化情况，从而了解地质构造或各电性层的形态。

2. 定量解释

（1）量板法

电测深理论曲线都是根据一定的假设条件，利用公式计算出来的。将这些理论曲线按一定分类标准集合成许多曲线簇，每一簇曲线绘在一张纸上，就构成了电测深量板。

量板法就是利用理论曲线对实测曲线进行对比求解的方法，它是电测深资料定量解释的主要手段。对于三层以上为曲线，必须在解释前用电测井资料或井旁测深资料或通过对岩石露头、标本的测定结果确定出中间层的电阻率，才能做出较准确的解释。

（2）数字解释法

近年来，用电子计算机对水平层电测深曲线进行数字解释发展较快，已经提出了很多方法。其中，用最优化法拟合电阻率转换函数的解释方法用得较广，下面简述其原理。

首先根据工区定的电参数初步确定出初始层参数，并用该参数计算不同极距的 ρ_s 值，其次将其与各对应极距的实测 ρ_s 值相比较，通过不断修改层参数，直到两者差异较小满足要求为止，取此时的层参数作为实测曲线的解释结果。

三、电阻率剖面法

电阻率剖面法简称电剖面法。一般测量中，是以测量电极沿测线方向逐点进行测量，以探测地下一定深度内地电断面沿水平方向的视电阻率的变化。这种方法适应各种地电条件的能力强，应用范围较广。能有效寻找金属矿和非金属矿，还可以进行地质填图，进行水文地质和工程地质调查，解决地质构造等问题。

电阻率剖面法测量时采用不变的供电电极距，并使整个和部分装置沿观测剖面移动，逐点测量视电阻率 ρ_s 的值。由于供电极距不变，探测深度就可以保持在同一范围内，因此可以认为，电剖面法所了解的是沿剖面方向地下某一深度范围内不同电性物质的分布情况。

根据电极排列方式的不同，电剖面法又有许多变种。目前常用的有联合剖面法、对称四极剖面法和中间梯度法等。由于电极排列方式的差异，各种电剖面法所解决的地质问题也不同，但总的来讲，电剖面法适于探测陡倾的层状或脉状金属矿体和高阻岩脉，划分接触带配合地质填图，也能为寻找含水断裂破碎带等水文、工程地质服务。

（一）电阻率剖面法常用的装置类型

电阻率剖面法中比较常见的是：联合剖面法、中间梯度法和对称四极剖面法。其中联合剖面装置是采用了两个三极装置（$AMN\infty MNB$）联合组成，故称为联合剖面装置。它是将电源的负极置于无穷远（也可称 C 极，它是两个三极装置共同的无穷远极），电极 C 一般敷设在测线的中垂线上，与测线的距离大于 AO 的 5 倍，电源的正极接向 A 极，也可以接向 B 极。如图 6-2 所示，以 M、N 之间的 O 为测点，且 $AO=BO$、$MO=NO$。

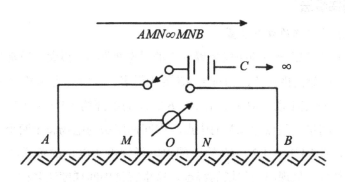

图 6-2　中间梯度装置

其中，ρ_s 可表示为

$$\rho_s^{MN} = K_{MN} \frac{\Delta U_{MN}}{I} \tag{6-18}$$

其中装置系数

$$K_{MN} = \frac{2\pi \cdot AM \cdot AN \cdot BM \cdot BN}{MN(AM \cdot AN + BM \cdot BN)} \tag{6-19}$$

（二）联合剖面法

1. 联合剖面法的工作原理

联合剖面法是用两个三极装置 $AMN\infty$ 和 ∞MNB 联合进行探测的一种电剖面方法。工作中将 A、M、N、B 四个电极沿测线一起移动，并保持各电极间的距离不变。在每个测点上分别测出 A、C 极供电时的电位差 ΔU^A_{MN} 和电流强度 I，B、C 极供电时的电位差 ΔU^B_{MN} 和电流强度 I，然后按视电阻率公式分别求得两个视电阻率值 ρ^A_s 和 ρ^B_s，因此，联合剖面有两条视电阻率曲线。

2. 联合剖面法的曲线分析

一般而言，联合剖面法曲线的特点多呈横 "8" 字形。该法对于寻找陡倾的良导金属矿及构造破碎带地质效果较好，在地质填图中均得到了广泛的应用。

3. 联合剖面法的应用

（1）寻找金属矿的应用

某区内出露岩层有大理岩及闪长岩两种，在两种岩石的接触部分见有矽卡岩化及黄铁矿化，并有微量的黄铜矿。区内均为浮土掩盖，露头很少。大理岩和闪长岩电阻率均比较高，为在本区利用联合剖面法寻找接触交代型铜矿创造了条件。

（2）寻找和追索破碎带

在某区为了确定坝址，需查明构造破碎带的位置及方向，可以使用联合剖面法。

（三）中间梯度法

1. 中间梯度法的工作原理及装置

中间梯度法的装置属于一种四极装置。它的供电极距 AB 很大，通常选取为覆盖层厚度的 $70 \sim 80$ 倍。测量电极距 MN 相对于 AB 要小得多，一般选用 $MN=$（$1/50 \sim 1/30$）。工作中保持 A 和 B 固定不动，M 和 N 在 A、B 之间的中部约（$1/3 \sim 1/2$）AB 的范围内同时移动，逐点进行测量，测点为 MN 的中点。中间梯度法的电场属于两个异性点电源的电场。因此在 AB 中部（$1/3 \sim 1/2$）AB 的范围内电场强度（电位的负梯度）变化很小，电流基本上与地表平行，呈现出均匀场的特点。这也就是中间梯度法名称的由来。这种方法的优点是能最大限度地克服其他电剖面法由于供电电极附近电性不均匀对视电阻率测量的影响。这种方式可称为"一线布极，多线测量"，比起其他电剖面方法（特别是联合剖面法）来说，其生产效率要高得多。

2. 中间梯度法的应用

中间梯度法主要用于寻找产状陡倾的高阻薄脉，如石英脉等。这是因为在均匀场中，高阻薄脉的屏蔽作用比较明显，排斥电流使其汇聚于地表附近，j_{mv} 急剧增加致使 p_s 曲线上升，形成突出的高峰。至于低阻薄脉，由于电流容易垂直于它通过，只能使 j_{MN} 发生很小的变化，因而 ρ_s 异常不明显（图6-3）。图6-4是在我国东北某铅锌矿区使用中间梯度法所得的 ρ_s 剖面平面图。该区铅锌矿是倾角接近 $70°$ 的高阻石英脉。图中两条连续的 ρ_s 高峰值带由含矿石英脉引起。右边1号矿脉是已知的，左边2号矿脉是根据中间梯度法的 ρ_s 曲线形态，与1号矿脉的 ρ_s 线对比而圈定的。

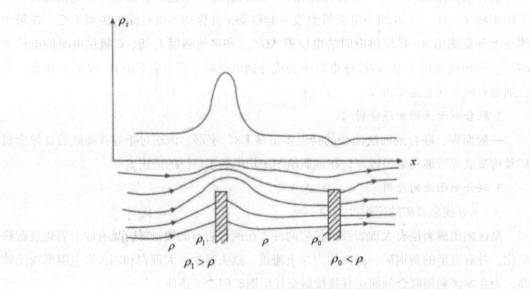

图6-3　高、低阻直立薄脉上的中梯法的 ρ_s 曲线

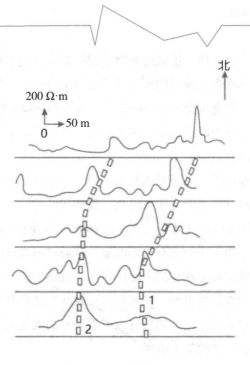

图 6-4 某铅锌区中梯法的 ρ_s 平剖曲线

第三节 激发极化法

一、激发极化法的理论基础

（一）岩（矿）石激发极化效应的成因

1. 电子导体的激发极化成因

由电化学效应可知，沉浸于水溶液（或盐溶液）中的单一电子导体表面会形成封闭的均匀双电层，它不显电性，在周围空间不形成电场。这种自然状态下的双电层电位差是导体与溶液接触时的电极电位，又称为平衡电位。若有电流通过上述系统时，导体内部的电荷将重新分布，自由电子逆着电场方向移向导体的电流流入端，使那里的负电荷相对增多，形成"阴极"；在导体的电流流出端呈现出相对增多的正电荷，形成"阳极"。与此同时，溶液中的带电离子（如 H^+、Na^+、OH^-、Cl^- 等）也在电场作用下发生相应的运动，分别在"阴极"和"阳极"处形成正离子和负离子的堆积，从而使正常双电层发生了变化："阴极"处导体带负电，围岩带正电；而"阳极"处导体带正电，围岩带负电。这时导体"阳极"和"阴极"处的双电层电位差与平衡电极电位的差值称为"超电压"。超电压形成的过程即是电极极化过程。

不难理解，随供电时间的延长，导体界面两侧堆积的异性电荷将逐渐增多，超电压值随之增大，最后趋于一个饱和值，这就是充电过程。断去供电电流，一次电场随即消失，此时被激化了的电子导体将通过围岩的水溶液及导体本身放电，使整个系统逐渐恢复到供电前的均匀双电层状态，超电压也随时间的延续逐渐减小，最后消失，这就是放电过程。

除电极极化过程外，通电时"阴极"和"阳极"处发生的氧化—还原过程也是形成电子导体激发极化效应的因素之一。

实践表明，在电场作用下，电子导体与离子导电溶液接触时的激发极化效应产生在固相与液相的接触面上，故又称为面（积）极化。致密状结构的电子导体产生的正是这样的效应。对于浸染状电子导体或矿化岩石，其中每个电子导电颗粒都相当于一个"小电池"，并且分布在岩石（或胶结物）中的所有"小电池"都通过围岩放电，因此对整个矿体（或矿化岩石）来说，极化效应发生在它的全部体积内，故称为体（积）极化。虽然每个小颗粒与围岩（或胶结物）的接触面很小，但它们的接触面积的总和是很可观的，所以尽管浸染状矿体与围岩的电阻率差异很小，仍然可以产生明显的激发极化效应。这就是激发极化法能够成功地寻找浸染状矿体的基本原因。

2. 离子导体激发极化效应的成因

有关离子导体激发极化效应的假说有很多，较为公认的是离子导体的激电效应与岩石溶液界面上的双电层结构有关。大多数硅酸盐成分的造岩矿物，表面总呈现出负的剩余电价力，因而能吸附周围溶液中的正离子并在溶液的接触面上形成具有分散结构的双电层，双电层的固相岩石表面一侧为占有固定位置的负离子，它们吸引溶液中的正离子，使液相一侧靠近界面处的正离子不能自由活动，构成了双电层的紧密层，其厚度约 10^{-8} m。离界面稍远的正离子受到的吸引力较弱，可以平行于界面自由移动，构成厚度 $10^{-7} \sim 10^{-6}$ m 的扩散区。当岩石颗粒间的孔隙直径与双电层的扩散区厚度相当时，则整个孔隙皆处于扩散区内，其中过剩的正离子吸引负离子而排斥正离子。在有外加电场的情况下，正离子将沿电场方向迅速移动，而负离子则由于过剩正离子的"阻塞"，即受正离子的吸引而移动很慢，以致导电孔隙实际上被裁断。我们称这种孔隙为正离子选择带或薄膜。薄膜极化效应是离子导体激发激化的主要原因。

岩石中的孔隙宽窄不同，彼此相连。当窄孔隙（薄膜）中过剩正离子在外电场作用下沿电场方向移动时，其速度较快，到达宽孔隙（非选择带）后即减速，因而在窄孔隙电流的流出端就有正离子的堆积，电流流入端则正离子不足。进入宽孔隙后，正、负离子的移动速度相当，但负离子在宽孔隙中的移动速度却比在窄孔隙中大些，结果窄孔隙电流流出端又形成了负离子的堆积不足。这就是说，在正离子堆积和不足的窄孔隙两端，同样形成了负离子的堆积和不足。于是在窄孔隙两端出现一个不断增大的离子浓度梯度，直至达到一个定值为止。该梯度将阻碍离子（外电流）的移动。断去电流后，由于离子的扩散形成扩散电场，浓度梯度将逐渐消失，并恢复到供电前的平衡状态。

（二）岩（矿）石激发极化法的特征及测量参数

激发极化的时间特性：岩（矿）石充、放电过程中刚开始向地下供直流电时，由于激发极化效应还未产生，这时地下电场的分布只和岩（矿）石的导电性有关，且不随时间变化，属于稳定电场。我们称刚供电时的这种电场为一次电场 E_1，相应一次场的电位差为 ΔU_1。随供电时间的延长，岩（矿）石激发极化效应从无到有逐渐形成，附加电场先是迅速增加然后变慢，在供电 $3 \sim 5$ min 后，达到饱和。我们将供电时的附加电场称为激发极化场或二次电场 E_2。显然，供电过程中二次场叠加在一次场上，供电时的地下电场称为总场 E（$E=E_1+E_2$），此时观测的电位差称为总场的电位差 ΔU。若断去供电电流，一次场立即消失，岩（矿）石将通过围岩放电，放电开始时二次场 E_2 迅速衰减，然后逐渐变慢，$3 \sim 5$ min 衰减完毕。断电后某一瞬间观测的电位差称为二次场电位差 ΔU_2。观测表明，岩（矿）石的充、放电速度与其结构有关。一般来说，体极化比面极化的充、放电速度快，而极化的岩（矿）石中，当其所含电子导电矿物成分越少时，其充、放电速度越快。激发极化的极化率可用式表示为

$$\eta(T,t) = \frac{\Delta U_2(T,t)}{\Delta U(T)} \times 100\% \qquad (6-20)$$

式中，ΔU_2（T，t）是供电时间为 T 和断电后 t 时刻测得的二次电位差。极化率是用百分数表示的参数，由于 ΔU_2（T，t）和 ΔU（T）均与供电电流 I 呈线性正比，故极化率是与电流无关的常数。但极化率与供电时间 T 和测量延迟时间 t 有关，因此当提到极化率时必须指出其对应的供电和测量时间 T 和 t。如不特殊说明，一般将极化率 η 定义为长时间供电（$T \to \infty$）和无延时（$t \to 0$）的极限极化率。

二、激发极化法的异常特征

（一）中梯装置的激电异常

1. 球形极化体的中梯异常

球形极化体的中梯异常与位于球心的电偶极子的电场分布相同，在主剖面上极化体中心正上方出现极大值，两侧对称地分别有个极小值，并且极化幅度与球体体积成正比，异常幅度与极化率成正比。由于"饱和效应"良导或高阻极化体的 η_s 异常都很小，而在某一中等相对电阻率时，异常幅度才最大。

2. 椭球极化体的中梯异常

椭球极化体有一定的走向，实际工作时可以采用横向中梯和纵向中梯两种形式进行测量。纵向中梯装置是供电电极和测量电极布极方向垂直于极化体的走向；横向中梯装置是供电电极和测量电极布极方向平行于极化体的走向，但测线仍垂直极化体的走向，两测量电极分别在不同测线的对应点上。

（二）联合剖面装置的激电异常

1. 球形极化体的联合剖面激电异常

采用联合剖面法对高阻极化体进行测量，其激电异常特征的两条视极化率曲线是相互对称的，并在球心上方有高的反交点。当电极距与球心深度比不大时，异常幅度小，形态简单，随极距加大，异常幅值变大，异常形态变得复杂。

2. 板状极化体的联合剖面激电异常

陡立板状极化体的联合剖面激电异常的基本形态与球体的一致。对于倾斜板状极化体上，联合剖面法的两条激电曲线互不对称，反映极化体存在的反交点，从板状体上顶往倾斜方向移动。

三、激发极化法的野外工作方法

（一）激发极化法的仪器装备

直流激发极化法的仪器装备与电阻率法所使用仪器基本一样。不同的是激发极化法测量的是一定供电时间 T 和断电时间 t 时的电位差。因此，要求激发极化仪含有时间控制电路和归一化计算电路等，因此可以沿用电阻率法的各种电极装置。直流（时间域）激电仪仪分为供电和测量两部分。供电回路是用导线、发送机、供电电源和供电电极与大地相连而成。测量回路是用导线将接收机、测量电极和大地相连组成，接收机由极化补偿器、电位差测量单元和测量程序控制电路三部分组成。极化补偿器用于供电前补偿测量电极之间的自然电场及极化电位差，以消除它们对测量结果的干扰。

（二）激发极化法的工作方法

激发极化法除了测量技术比较复杂和测量参数不同外，其工作布置和电极排列方式都与电阻率法相同。直流激电法的装置类型有中间梯度、联合剖面和测深装置。常用的观测方法有两种：一种是长脉冲制式，其特点是供电时间长（一般 $2 \sim 3$ min），有利于突出充、放电速度较慢的电子导体的激电异常，缺点是耗电大、效率低，因此只适宜于在精测剖面上使用；另一种是双向短脉冲制式，其特点是在每个测点向地下先后正、反向供电几秒至几十秒，耗电少、效率高，因此是生产中常用的方式。

四、激发极化法的应用

激电法的应用范围很广，无论在金属和非金属固体矿产勘查，还是在寻找地下水资源、油气矿藏和地热田方面，都获得了广泛应用。

第四节　充电法和自然电场法

一、充电法

在普查勘探金属矿中，往往需要对矿体露头做出远景评价，即大致地确定矿体的分布范围，判明矿体的形状与产状。解决这些问题，利用地质手段往往需要布置大量的山地工程去揭露矿体，但埋藏较深的矿体使用轻型山地工程又无法揭露，而利用充电法能发挥其有效性。此外，利用充电法还能确定两个相邻矿体是否相连及在露头附近是否存在隐伏矿体等。

充电法是对地面上、坑道内或钻孔中已经揭露的良导体直接充电，以解决某些地质问题的一种电法勘探方法。所以该方法的应用条件首先是必须具有良好的露头，否则无法选择充电点。其次矿体还必须有良好导电性、围岩电阻率均匀、地形平坦。最后就是充电体要有一定规模，规模越大，埋藏越浅，应用充电法的效果越理想。该法最大研究深度一般仅为充电体延伸长度的一半。

（一）充电法的基本原理

充电法的工作原理比较简单。将与电源正极连接的供电电极 A 同良导体（矿体、含水层等）露头接触，其接触点称为充电点。与电源负极连接的供电电极 B 称为无穷远极，B 应该布置在距充电点很远的地方，使它的电场不影响 A 极，以致它在导体附近产生的电场可以忽略不计的位置接地。这时，整个良导体就相当于一个大供电电极。在理想条件下，即导体的电阻率 $\rho_0=0$ 或较之围岩电阻率 ρ 满足 $\rho_0 \leqslant \rho$ 时，无论将导体内哪一点作为充电点，由于导体内没有电阻（或电阻趋于 0），都不会产生电位降（或此电位降可以忽略），因此导体内部及表面各点的电位都相等，整个导体实际上就是一个等位体。假定围岩的电性是均匀的，则进入围岩的电流将与作为等位体的导体的表面正交。

在围岩周围，因围岩电阻率较矿体的电阻率大得多，因而电流经过时要产生明显的电位降。由于导体周围有很多等电位面，在导体表面附近，电流刚流出导体，电流密度大，电位降落快，因此等位面密集。且越靠近导体，等位面的形状与导体形状越一致。随着远离导体，电流密度逐渐减小，电位降落逐渐减低，等电位面越来越稀，形状逐渐趋于圆形。如果用仪器在地面追索，可获得若干条等位线，这些等位线在导体边缘附近最密集，形状接近于导体在地面的投影轮廓。据此便可确定矿体的位置、形状及范围大小。

由此可见，利用在地面上观测得到的等电位线的形状和分布情况，可以判定充电导体的形状和范围；利用剖面电位曲线和电位梯度曲线，还可以判定充电导体的顶部和边界位置。

实际工作中，由于一般导体都不是等位体（$\rho_0 \neq 0$），因此离开充电点，即使在充电导体内，电位也要下降。且导体电阻率 ρ_0 越大，电位下降越快。充电曲线与充电点的位置有关，一般电位曲线的极大值点在充电点附近偏向导体内的一侧，曲线从极大值缓慢地下降至导体的另一端，而在充电点另一侧，电位曲线离开极大值后便迅速下降，整条曲线呈现明显的不对称。当然要做出正确的解释，还必须考虑充电导体本身的电阻率、充电导体与围岩的电阻率差异，以及充电点的位置才能对充电导体的形状和范围做出较为可靠的结论。

（二）充电法的电位及电位梯度曲线

在充电法中，充电后异常矿体的边缘位置会有电位的明显变化，所以可以通过观测电位曲线的变化来判断地质体的位置及大小。但是因为电位梯度曲线较电位曲线有较强的分辨能力，所以电位梯度曲线应用更加广泛。

如果地质体深度一定，那么对应不同的观测点可以求出一个电位或电位梯度值，将这些值连成曲线，即我们所说的电位曲线或电位梯度曲线。

（三）充电法的装备及工作方法

充电法所用的仪器装备与电阻率法相同。为了减小接地电阻，对被钻孔揭露的充电导体，因而使用的电极不同于电阻率法的铜棒电极，而用特制的刷子电极作为充电电极，则可以与之直接接触。

在地面上观测电场分布的常用方法主要有以下两种。

1. 电位观测法

将测量电极 N 置于距导体足够远的某一固定基点接地，则可视 N 极电位为零，另一测量极 M 沿测线逐点移动，观测各测点相对于固定基点 N 极之间的电位差值，这个差值即为该点电位值 U。

2. 电位梯度观测法

将测量电极 M、N 置于同一测线的两相邻测点上，保持其位置和间距不变，沿测线逐点移动电极 M、N，注意电极前后顺序不能颠倒。观测各相邻测点间的电位差 ΔU_{MN}，便可算出 M、N 中点处的电位梯度。为了消除供电电流 I 的变化对观测结果的影响，在整理资料时要将电位值 U 换算成 $\frac{U}{I}$，电位梯度值换算成 $\frac{\Delta U_{MN}}{I \cdot MN}$。

除上述两种常用的观测方法外，充电法的野外工作还可以采用追索等位线的方法。

充电法的主要成果图件有：电位剖面图、电位平剖图、电位等值线平面图、电位梯度剖面图、电位梯度平剖图等。

（四）充电法资料的解释及应用

解释电位等值线平面图时，可由等电位线的形状和密集带推断导体在地面上投影的形状和走向，并初步圈定其边界。还可以从等位线分布的不对称性判断导体的倾向。一般来说，等位线较稀的一侧为导体的倾斜方向，因为在该方向上电位下降缓慢，所以等位线变稀。对电位剖面曲线，可利用其极值点、拐点和对称性，大致推断充电体在剖面上的中心位置、边界和倾斜方向。

解释电位梯度曲线时，可认为曲线的零值点位置反映了充电导体的顶部位置。极值点位置大致是导体的边界，若梯度曲线不对称，则导体向两个极值中幅度较小的一方倾斜。对电位梯度平剖图，可由零值点的连线判定导体的走向，由各剖面的极值点位置圈定导体的大致位置。

应当注意，上述特征只是在充电导体接近等电位体时才表现明显。不等位体、围岩电性不均匀或地形起伏，都会使充电法的电位曲线、梯度曲线发生畸变。这在解释电位曲线时应引起注意。

充电法解决致密脉状矿体或透镜状矿体的效果较好，不适宜针对浸染状矿体。其可应用于寻找良导性金属矿、无烟煤、石墨及解决一些水文地质工程问题。

二、自然电场法

在自然条件下，无须向地下供电，地面任意两点间总能观测到一定大小的电位差，这表明地下存在着天然电流场，称为自然电场。可以通过研究岩（矿）石和地下水之间的氧化—还原电化学反应，地下水的渗透、扩散作用，生物化学、气体交换和热电效应等产生的稳定或缓慢变化的自然电场的分布规律，解决地质问题。

自然电场法可以寻找埋藏较浅的硫化金属矿床和部分氧化金属矿床，来寻找无烟煤、石墨等非金属矿等，还可以在黄铁矿化地区进行地质填图。该方法的应用条件是：矿体的导电性能良好，块状或金属矿呈浸染状连续分布的细脉，且矿体一端必须处于潜水面之下，另一端在潜水面之上。

常见的自然电场有两类：一类是呈区域性分布的不稳定电场，称为大地电磁场，其分布特点与地壳表层构造有关；另一类是分布范围限于局部地区的稳定电场，它的存在往往与某些金属矿床或地下水运动有关。这里只讨论后一类自然电场。

（一）自然电场的成因

当电子导体与溶液接触时，由于热运动，导体的金属离子或自由电子可能有足够大的能量，以致克服晶格间的结合力越出导体而进入溶液中。从而破坏了导体和溶液的电中性，分别带异性电荷，并在分界面附近形成双电层，此双电层的电位差称为电子导体在该溶液中的电极电位。它与导体和溶液的性质有关。若导体及周围的溶液都是均匀的，则界面上的双电层也是均匀的，这种均匀、封闭的双电层不会产生外电场；如果导体和周围的溶液是非均匀的，则界面上的双电层也呈非均匀分布就会产生极化，并在导体内、外产生电场，引起自然电流。要使这种自然电流持续，还需要某种外界作用来保持这种不均匀性。

目前对产生自然电场的原因，比较一致的认识有三个：①电子导体与围岩溶液间的电化学作用；②岩石中地下水运移的电动效应；③岩石中不同浓度溶液离子的扩散作用。

（二）自然电场法的装置及工作方法

自然电场法所用的主要仪器设备比较简单，一对测量电极、导线、测量仪器（具有较高输入阻抗的电位计）。但测量电极不是铜棒，而是不极化电极，其目的是减小两电极间的极差。常用的不极化电极有 Cu–CuSO$_4$ 和 Pb–PbCl$_2$。

用底部不涂釉的瓷罐盛硫酸铜的饱和溶液，将纯铜棒浸入溶液中，铜棒上端可以连接导线。当瓷罐置于土壤中时，硫酸铜溶液中的铜离子可通过瓷罐底部的细孔进入土壤，使铜棒与土壤之间形成电通路。铜棒浸在同种离子的饱和溶液中，并不与土壤直接接触，因此在土壤和电极之间不会产生极化作用。由于作为测量电极的两个不极化电极的铜棒与硫酸铜溶液间产生的电极电位基本相等，故它们之间的电位差接近于零（实际工作中要求两电极间的极化电位差小于 2 mV）。这样做是因为采用这种电极能避免电极与土壤中水溶液接触而产生的极化作用，使两极间极化电位差不对测量结果产生影响，使测量值只与自然电场的电位差有关。

自然电场法的观测方式与充电法相同。电位法是观测所有各测点相对某一固定点（基点）的电位。梯度法是观测相邻两点间的电位差，但以电位观测法用得更普遍，因为电位法观测比较准确，技术上也简单，观测结果的整理也相对简单。只有在工区附近存在严重电场干扰时，才采用电位梯度法观测。

梯度法观测是测量电极放置在同一条测线的两个相邻测点上，观测它们之间的电位差，然后沿测线方向同步移动或交叉地移动，即每次观测后都把后面的一个电极移到另一个电极之前，如此交叉地移动下去。这种跑极方法可以避免两电极之间的极差积累，便于计算电位曲线。应注意只是电极交叉移动，接线柱的导线位置不能变。

根据观测数据可绘制自然电位剖面图、自然电位平剖图，以及自然电位等值线平面图等。

（三）自然电场法资料的解释及应用

自然电位曲线的定性解释：对倾斜板状或脉状良导体或倾斜极化等轴状体而言，其自然电位曲线呈不对称分布，在导体倾斜方向或极化轴倾斜方向上变陡，且可能出现很小的正值。这是由于导体下端或极化轴倾斜方向下端的溶液中出现正电荷的缘故。倾斜脉状或层状导体的自然电位异常在平面等值线图上呈不对称分布的狭长条带状。在导体倾斜的一侧等值线较密集，甚至有正值出现。解释时除了以异常的狭长形状推断导体的产状外，还可根据等值线密集带大致确定导体范围，并凭借异常的长轴方向判断导体的走向。在等值线分布不对称的情况下，由较密的一侧确定导体的倾向。分析时应注意地形和围岩电性不均匀干扰的影响。

第七章　地震勘探

第一节　地震勘探的理论基础

一、弹性介质中的波

（一）弹性介质中的应力、应变和弹性模量

任何一种固体都介于完全弹性与塑性体之间，但是对大多数物体来说，当外力较小且作用时间很短时，可以把它近似看作完全弹性体。在地震勘探中，大多数介质都能基本上满足完全弹性体这一假设，所以从弹性力学角度出发，可以把地震波看作弹性波而加以研究。

1. 应力和应变

在弹性力学中，把相切于单位面积上的内力，称作剪切应力。弹性介质在应力作用下产生的形状和体积的变化叫作应变。

2. 弹性模量

通常把表征弹性体性质的参数，称为弹性参数，常用的弹性参数如下：

（1）泊松比

表示物体受单向拉伸力时，物体的横向应变（横向相对压缩）和纵向应变（纵向相对伸长）之比。

（2）杨氏模量

表示物体单向拉伸或压缩时，应力与应变之比。

（3）体变模量

表示物体受各向均匀压缩的情况下，所加压力与体积相对变化之比。

（4）拉梅系数

表示横向拉应力与纵向应变之比。

以上 5 个参量，对于各项同性均匀介质，其中任意一个参量都可用任意 2 个其他参量表示。

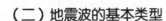
（二）地震波的基本类型

地震波在介质中传播时，可分为体波和面波两类。体波在介质的整个体积中传播，有纵波（或称 P 波、压缩波）和横波（或称 S 波、剪切波）之分。面波在介质的自由面或界面传播，包括瑞利面波和勒夫面波等。

1. 纵波

弹性介质发生体应变产生的波动称为纵波。介质压缩时质点彼此靠近，形成压缩带，膨胀时质点彼此疏远，形成膨胀带，波的传播就由压缩带和膨胀带的序列所组成。因此，纵波又称为疏密波和压缩波。纵波的传播具有下列特征：

第一，纵波在介质中的传播速度比横波快。

第二，当纵波的传播速度一定时，介质中的质点均在其起始平衡位置附近来回振动，质点位移的大小主要取决于震源强度及其变化率。

第三，质点位移的大小与离开震源和传播的距离有关。

第四，质点位移的方向同波的传播方向一致。

第五，沿着纵波的传播路径交替地出现一系列压缩带和膨胀带，它们之间的间隔是半个波长。

2. 横波

弹性介质发生剪切应变时所产生的波动是横波。它有如下特征：

第一，横波的传播速度较纵波低，分辨薄层的能力比纵波强。

第二，横波质点振动方向与传播方向垂直。如果质点振动在波传播方向的铅垂面内，这种横波称为 SV 波。如果质点振动在波传播方向的水平面内，这种横波称为 SH 波。

第三，在液体和气体中，剪切模量 $\mu=0$，所以没有横波。

3. 面波

纵波和横波都在介质内部传播，统称为体波。它们随着时间的增加，向整个弹性空间的介质体内传播。还有另一类只存在于弹性界面附近的波动，称为面波。面波有两种，一种是沿介质与大气接触的自由表面传播的面波，称为瑞利面波（或 R 波），它的特点如下：

第一，面波传播时，质点是在通过传播方向的铅垂面内沿椭圆轨迹做逆时针方向运动，椭圆长轴垂直于介质表面，长短轴比值大致为 3/2，且质点的垂直位移比水平位移超前。

第二，瑞利波的波速与横波速、泊松比的关系。在均匀各向同性的半无限弹性介质的表面，瑞利波的传播速度 V_R 与横波波速 V_S、泊松比 ν 的关系为

$$\frac{1}{8}\left(\frac{V_R}{V_S}\right)^6 - \left(\frac{V_R}{V_S}\right)^4 + \frac{2-\nu}{1-\nu}\left(\frac{V_R}{V_S}\right)^2 - \frac{1}{1-\nu} = 0 \tag{7-1}$$

第三，瑞利波的穿透深度与波长的关系。瑞利波的能量主要集中在一个波长的深度内，

当深度大于一个波长时，其能量迅速衰减，因此可认为瑞利波的穿透深度约为一个波长。从而可利用不同波长的瑞利波来探测不同深度的地质体。近年来新发展起来的瑞利波勘探技术的探测深度可达 50 m。

总之，瑞利波具有低频、低速、强振幅、沿介质表面传播较远、穿透深度较浅的特点。

另一种面波叫作勒夫波，是沿两弹性介质之间的界面传播的面波。它实际上可看作SH 波的一种特殊形式，对横波勘探是一种严重的干扰。

二、地震波的传播

（一）地震波传播的基本原理

1. 惠更斯菲涅尔原理（波前原理）

假设地质体为均匀介质，地面 O 点为震源。当 O 点振动后，地震波就从这一时刻起自 O 点向各个方向传播。如果把某一时刻介质中所有刚刚开始振动的点连成曲面，该曲面称作此时刻的波前；如果把同一时刻所有刚停止振动的点连成曲面，则此曲面称波后（波尾）。

惠更斯菲涅尔原理就是说明波前向前传播规律的原理。该原理表明：在弹性介质中，任何时刻波前的每一质点，都可以看作一个新的点震源，由它产生的二次扰动形成子波前，而以后新的波前位置可以认为是该时刻各子波波前的包络面。

2. 费马原理（射线原理）

所谓射线，就是波从一点到另一点传播的路径。弹性波沿射线传播的旅行时间与沿任何其他路径传播时间相比是最小的，这就是费马的最小时间原理（也称为射线原理）。在均匀各向同性完全弹性的介质中，射线为自震源发出的一簇辐射状直线，射线垂直于波前。

用射线和波前来研究波的传播，是一种用几何作图来反映物理过程的简单方法，也叫作几何地震学，它只能说明波传播中不同时刻的路径和空间几何位置，但不能分析能量的分布问题。

3. 互换原理

所谓互换原理，就是指震源和观测点（检波器所在点）的位置可以互换，在此情况下，同一波的射线路径保持不变。

互换原理普遍适用于任意形状界面的弹性介质、非均匀介质和各向同性介质。地震勘探中的相遇时距曲线的观测系统就是以该原理为基础的。

若有几个波源产生的波在同一介质中传播，且在空间某点相遇，则相遇处质点的振动是各个波所引起的分振动的合成。介质中某质点在任一时刻的位移便是各个波在该点所引起的分矢量之和。换言之，每个波在空间内的传播是独立的，几个波相加的结果等于各个波作用之和，这种性质称为叠加原理。

（二）反射波、透射波和折射波的形成

1. 反射波的形成

每一介质的密度 ρ 与波在介质中传播的纵波速度 V 的乘积，称为波阻抗或声阻抗。当地震波垂直入射到波阻抗不同的介质分界面上时，其能量要重新分配。一部分能量穿过界面继续向前传播，称为透射波；而另一部分能量反射回去，称为反射波。由于垂直入射时，不存在沿界面方向的振动分量，故入射波、反射波、透射波都沿界面的法线方向传播。

入射线、反射线、透射线和界面法线同在一个平面内，此平面叫射线平面，它和弹性分界面垂直。这时，入射线、反射线位于反射界面法线的两侧，入射角等于反射角，这就是反射定律。

2. 透射波的形成

当入射波透过反射界面形成透射波时，由于分界面两侧介质波速的不同，透射波的射线要改变入射波射线的方向，而发生射线偏折现象。偏折程度的大小决定于透射定律：入射线、透射线和界面法线在同一射线平面内，入射线、透射线位于法线的两侧；入射角 α 的正弦和透射角 β 的正弦之比等于入射波和透射波速度之比，或者说入射角、反射角和透射角的正弦和它们各自相应的波速的比值等于一常数。这个定律亦称为斯奈尔定律。

3. 折射波的形成

假设地下有一个水平的速度分界面，且下面介质的传播速度 V_2 大于上覆介质的速度 V_1，从震源发出的入射波以不同的入射角投射到界面上，依据斯奈尔定律，随着入射角 α 的增大，透射角 β 也随着增大，透射波射线偏离法线向界面靠拢，当 α 增大到某一角度 i 时，可使 $\beta=90°$。这时透射波就以 V_2 的速度沿着界面滑行，形成滑行波，这时的入射角 i 称为临界角，即

$$\sin i = \frac{V_1}{V_2} \tag{7-2}$$

由波前原理可知，高速滑行波所经过的界面上的任何一点，都可看作从该时刻振动的新点源，因此紧邻介质中的质点就要发生振动。由于界面两侧介质质点存在着弹性联系，因此下面的质点振动必然要引起上覆介质质点的振动，这样在上层介质中就形成了一种新的波动，这种波动的传播，就形成折射波。

由斯奈尔定律可知，要在某一地层顶界面形成折射波，必须是该层波速大于上覆所有层介质的速度。如果上、下地层速度倒转，即中间出现速度相对较低的地层，在这界面顶面就不能形成折射波。

（三）波的绕射和散射

以上介绍的是相对理想化条件下，即界面是连续光滑时弹性波传播的基本规律。但在实际地质条件下，往往由于断层或岩性尖灭而造成反射界面的突然中断。另外侵蚀面也不

是光滑的界面，而是粗糙不平的，这时便会产生波的绕射和散射现象。

此外，当侵蚀面构成反射界面时，因古地形的起伏不平，在界面上局部无规则的起伏处，会发生散射现象。由于反射波能量的散射，在地面的一些地段会观测不到反射波，而在另一些地段又可能观测到不能用正常反射规律来解释的一些波动，从而造成地震剖面中反射界面断断续续、时隐时现的情况。

三、地震勘探的地质基础

如果说弹性波理论是地震勘探的物理基础，那么岩土的物理力学性质的差异，则是地震勘探的地质基础。不同类型的岩石具有不同的物理力学性质；即使是同一种岩石，由于存在于不同地质环境中，其特性也随地而异。反映在地震波形上，也就呈现出不同的运动学和动力学的特点，我们正是通过研究这种变化来解决相应的地质问题。

（一）影响地震波速度的因素和岩石的波速特征

1. 影响地震波速度的因素

影响岩石地震波速主要因素如下：

（1）岩石的矿物成分与结构

矿物结晶颗粒细，结构致密的岩石波速偏高；反之，偏低。

（2）岩石的密度和孔隙率

波速随密度的增加而增大，随孔隙率的增加而降低。

（3）埋深

随着埋深的增加，上覆岩体压力加大，使岩体孔隙率减小，密度变大，波速也增加。

（4）温度

它主要是对深部地区而言。

2. 岩石的一般波速特征

由于随着岩石的密度 ρ 的增加，杨氏模量 E 增加得更快一些，因此岩石中波的传播速度和波阻抗随着密度的增加而变大。

（二）浅层地震地质条件

只要岩体存在弹性差异，就存在用地震勘探来查明各种地质构造的可能性。但是地震勘探效果的好坏，不外乎取决于两个条件：一个是地震勘探的技术条件；另一个是工区地震地质条件。前者有一个逐步发展的过程，而在现有勘探水平条件下，勘探效果的好坏则主要取决于后者。浅层地震地质条件主要是指地表附近和浅部的地质条件（一般深度小于200 m）以及影响因素，包括地形、地貌、植被、潜水面变化、基岩以上现代沉积的岩性和厚度及浅部基岩的岩性与构造等因素，下面分别进行叙述。

1. 低速带的特性

地表附近的岩层由于长期遭受风化作用变得比较疏松，地表浅部的土层也往往因沉积年代较新，胶结作用较差，因此地震波在这些岩土层中传播的速度比在下部未风化的基岩的波速要小得多。这类疏松层称为低速带。

低速带通常具有以下几个特性：

第一，低速带与其下部基岩波速相差较大，形成很强的速度界面和波阻抗界面，因此它有良好的折射界面。浅层折射法就是利用这一特性来进行的，同时也会产生多次反射波。

第二，低速带对地震波（特别是高频成分的地震波）具有较强的吸收性，使波的频率变低，能量变弱。当低速带较厚时（如西北黄土高原上的黄土厚 100 多米），要得到地下反射界面的反射，就必须克服低速带吸收作用的影响。

第三，低速带存在对其下部反射波信号造成影响。一方面，当反射波返回地表时，产生时间上的滞后；另一方面，当低速带的速度和厚度在横向上变化较大时，还会使得从深部反射上来的地震波产生偏移。因此，在实际地震勘探中，收集低速带的有关资料，是资料处理和修正时必须进行的步骤。

2. 表层潜水面特性

潜水面往往就是低速带的底部，而疏松的风化层饱和水时，其速度值会增大。因此，地震勘探中所指的低速带并非总是和地质上的风化层相一致，一般是指不含水的风化层。

潜水面是一个速度界面，在进行地震勘探中应加以适当的考虑。

潜水面较浅时，在潜水面下激发震源，可得到频带宽、能量较强的地震波。

3. 浅层地质剖面的不均匀性

浅层地质剖面中，纵向和横向上都存在着不均匀性。不均匀性主要是指存在高速夹层（厚层），它与顶底的岩层形成很强的反射界面，往下传播的地震波遇此界面能量大部分被反射返回地表，透射能量很小，限制了地震波的穿透能力，也不能用折射法研究更深处的速度低的地层（形成速度倒转层），影响对下部地层的勘探。地震勘探把此现象称作"高速层的屏蔽"。另外，不均匀性还指岩层中存在的溶洞、断层和人工堆积层。表层的不均匀性会对下部地震波资料的解释精度产生重大影响。

4. 地质界面、地震界面和地震标准层

（1）地质界面和地震界面

地质界面是岩性不同的界面，而地震界面是地震波速度变化的界面或波阻抗变化的界面。在许多情况下，这两个界面是一致的，但有时也不一致。有些情况下，不同的地质层，但其波速很接近，或者有些很薄的地层，从地震信号上难以识别出来，这时就会出现地震界面和地质界面的不一致，而地震勘探所能探测到的，只是那些与地震界面一致的地质界面。

（2）地震标准层

和地质标准层一样，把能反射且反射能量较强的，能大面积连续稳定追踪，具有较明显的运动学和动力学特征的地震波的地质界面，称作地震标准层，常用它来对比连续地震层位、控制构造形态等。尤其是当这一地震标准层和某地质层位一致时，其意义就更大，当然在有条件的情况下，也可以在同一地区内找几个地震标准层，以便进行对比。

第二节 地震波时距曲线及野外工作方法

一、折射波的时距曲线

（一）二层介质的折射波时距曲线

1. 二层水平界面的折射波时距曲线

假设地面下深度为 h 处有一水平的速度分界面 R，其上、下层的速度分别为 V_1 和 V_2，且满足 $V_1 < V_2$ 的条件（图 7-1）。震源点为 O，通过 O 点布置测线 Ox，在测线上的 x_1，x_2，x_3，$\cdots$，x_n 等点上分别安置检波器接收地震波信号。在 OM 段内，检波器首先接收到的是直达波。直达波从震源 O 点出发，沿测线 x 传播到任意点的旅行时间 t 为

$$t = \pm \frac{x}{V} \qquad (7-3)$$

式（7-3）就是直达波的时距方程。通常以震源点的距离 x 为横坐标，地震波旅行时 t 为纵坐标，便可作出相应的时距曲线。显然，由式（7-3）可知，直达波的时距曲线为一直线方程。由此，得到了两支通过原点 O 且对称于 t 轴的两条直线。对折射波曲线，为方便起见，只研究 Ox 轴右边的一支曲线（左边和右边完全对称）。

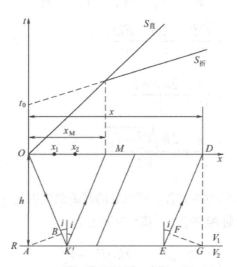

图 7-1 水平二层介质折射波时距曲线

如前所述，当入射波的入射角达到临界角 i 时，才开始产生滑行波，即只有满足 $x >$

x_M 条件的检波器才能接收到折射波。设有一检波器安置在测线 D 处，其炮检（震源与检波器之间的距离）为 x，则折射波的旅行路线为 OKED，它的旅行时间 t 为

$$t = \frac{OK}{V_1} + \frac{KE}{V_2} + \frac{ED}{V_1}$$

从 A、G 分别作 OK、ED 的垂线 AB 和 GF，由几何关系得到 $\angle BAK = \angle EGF = i$。

已知

$$\sin i = \frac{V_1}{V_2}$$

所以

$$\frac{BK}{AK} = \frac{EF}{EG} = \frac{V_1}{V_2}$$

即

$$\frac{BK}{V_1} = \frac{AK}{V_2}$$

又因

$$OB = DF = h\cos i, AG = x$$

所以

$$
\begin{aligned}
t &= \frac{OB}{V_1} + \frac{BK}{V_2} + \frac{KE}{V_2} + \frac{EF}{V_1} + \frac{FD}{V_1} \\
&= \frac{OB}{V_1} + \frac{AK}{V_2} + \frac{KE}{V_2} + \frac{EG}{V_2} + \frac{FD}{V_1} \\
&= \frac{OB}{V_1} + \frac{AG}{V_2} + \frac{FD}{V_1} \\
&= \frac{x}{V_2} + \frac{2h\cos i}{V_1} \\
&= \frac{x}{V_2} + \frac{2h\sqrt{V_2^2 - V_1^2}}{V_1 V_2}
\end{aligned}
\tag{7-4}
$$

这就是水平二层介质的时距方程。可见它的时距曲线也是一条直线，这条直线的斜率为 $1V_2$，直线 $S_{折}$ 延长与 t 轴相交于 t_0，截距时间 t_0 为

$$t_0 = \frac{2h\cos i}{V_1} = \frac{2h\sqrt{V_2^2 - V_1^2}}{V_1 V_2} \tag{7-5}$$

$$h = \frac{t_0 V_1}{2\cos i} = \frac{1}{2} t_0 \frac{V_1 V_2}{\sqrt{V_2^2 - V_1^2}} \qquad (7\text{-}6)$$

由此可见，可以利用直达波时距曲线求出 V_1，利用折射波时距曲线求出 V_2 和截距时间 t_0，即可按上述公式计算出震源点（炮点）下界面的埋藏深度 h。

这时，折射波盲区的半径为

$$x_M = 2h \tan i = 2h \frac{V_1}{\sqrt{V_2^2 - V_1^2}} = \frac{V_1^2 V_2 t_0}{V_2^2 - V_1^2} \qquad (7\text{-}7)$$

当 $x < x_M$ 时，无折射波出现；当 $x > x_M$ 时，有折射波出现。但在此范围内，同样还会出现直达波、反射波（包括多次反射波），这样就有可能造成这些波的相互干涉和叠加。

2. 二层倾斜界面的折射波时距曲线

（1）时距方程

如图 7-2 所示，R 为一倾斜折射界面，$V_2 > V_1$。当在炮点的下倾方向接收折射波时，波沿射线的走时 $t_下$ 为

$$t_下 = \frac{OB + DS}{V_1} + \frac{BD}{V_2}$$

通过几何换算可以推出时距方程 $t_下$ 的表达式

$$t_下 = \frac{\sin(i + \varphi)}{V_1} x + \frac{2h_1 \cos i}{V_1}$$

同理，可推出炮点上倾方向接收到的折射波时距方程为

$$t_上 = \frac{\sin(i - \varphi)}{V_1} x + \frac{2h_1 \cos i}{V_1}$$

合并上面两式，得倾斜界面的折射波时距方程的一般式

$$t = \frac{2h_1 \cos i}{V_1} + \frac{\sin(i \pm \varphi)}{V_1} x \qquad (7\text{-}8)$$

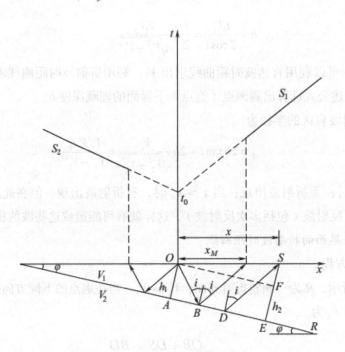

图7-2 倾斜平界面时距曲线

（2）时距曲线特点

由式（7-8）可以看出，时距方程是一个直线方程，直线的截距为$t_{01} = \dfrac{2h_1 \cos i}{V_1}$，斜率

为$\dfrac{\sin(i \pm \varphi)}{V_1}$。

两条时距曲线的斜率的倒数或视速度的倒数分别为

$$\frac{1}{V_F^*} = \frac{\sin(i + \varphi)}{V_1} \tag{7-9}$$

$$\frac{1}{V_\perp^*} = \frac{\sin(i - \varphi)}{V_1} \tag{7-10}$$

分析式（7-9）、式（7-10）可知，下倾方向时距曲线的斜率较大，视速度小，曲线陡上倾方向折射波的斜率小，视速度大，曲线较平缓。因此，通常可以从这两条时距曲线的陡缓情况定性判断其折射界面的倾斜方向。

对式（7-9）、式（7-10）进行变换，可得到

$$i + \varphi = \sin^{-1} \frac{V_1}{V_F^*}$$

$$i - \varphi = \sin^{-1} \frac{V_1}{V_\perp^*}$$

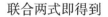

联合两式即得到

$$
\left.\begin{aligned}
i &= \frac{1}{2}\left(\sin^{-1}\frac{V_1}{V_F^*} + \sin^{-1}\frac{V_1}{V_{\pm}^*} \right) \\
\varphi &= \frac{1}{2}\left(\sin^{-1}\frac{V_1}{V_F^*} - \sin^{-1}\frac{V_1}{V_{\pm}^*} \right)
\end{aligned}\right\}
\qquad (7\text{-}11)
$$

如果 V_1 为已知值（可从直达波资料求取），并从折射波时距曲线上分别求得两条曲线的视速度，便可用式（7-11）求取折射波临界角 i 和界面的倾角 φ。由临界角 i 和 V_1 又能求出界面速度 V_2。

倾斜界面的折射波时距曲线存在盲区的临界值分别是

$$
\left.\begin{aligned}
\text{下倾方向：}\quad x_{M下} &= \frac{2h_1\sin i}{\cos(i+\varphi)} \\
\text{上倾方向：}\quad x_{M下} &= \frac{2h_1\sin i}{\cos(i-\varphi)}
\end{aligned}\right\}
\qquad (7\text{-}12)
$$

显然，整个盲区的半径即为

$$
x_M = x_{M上} + x_{M下} = \frac{2h_1\sin i}{\cos(i-\varphi)} + \frac{2h_1\sin i}{\cos(i+\varphi)}
\qquad (7\text{-}13)
$$

在进行地震勘探时，对倾斜界面的倾角有下列要求，即应满足 $i+\varphi<90°$。因为当 $i+\varphi>90°$ 时，若在下倾方向观测，则折射波不能到达地面接收点；若在上倾方向观测，则入射角总是小于临界角，而不能产生折射波。因此，在大倾角地区进行折射波观测时应注意这一条件。

（二）多层介质的折射波时距曲线

1. 多层水平界面的折射波时距曲线

对于多层介质的情况，只要满足向地下深处各层速度逐层递增的条件，就可以形成折射，即只要满足 $V_1<V_2<V_3<\cdots<V_n$ 的关系，存在 $n-1$ 个界面时其折射波时距方程为

$$
t_n = \frac{x}{V_n} + \frac{2h_1\sqrt{V_n^2-V_1^2}}{V_nV_1} + \frac{2h_2\sqrt{V_n^2-V_2^2}}{V_nV_2} + \cdots + \frac{2h_{n-1}\sqrt{V_n^2-V_{n-1}^2}}{V_nV_{n-1}}
\qquad (7\text{-}14)
$$

图 7-3 给出了三层结构的时距曲线。从图 7-3 可以看出，随着界面的逐渐加深，界面上的波速依次增大，时距曲线的斜率越来越小，且相互交叉。

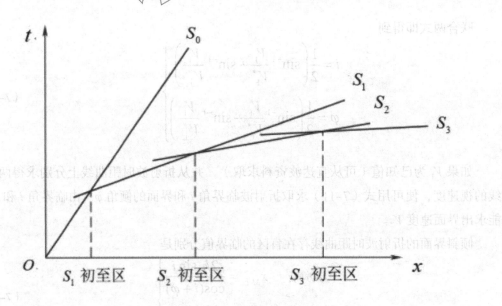

图 7-3 水平三层介质时距曲线

2. 多层倾斜界面的折射波时距方程

多层倾斜界面的时距方程为

$$t_\text{下} = \frac{x}{V_1}\sin\left(i_{n-1} + \varphi_{n-1}\right) + \sum_{k=1}^{n-1}\frac{H_k}{V_k}\left[\cos\left(i_k + \varphi_k\right) + \cos\left(i_k - \varphi_k\right)\right] \quad (7\text{-}15)$$

$$t_\text{上} = \frac{x}{V_1}\sin\left(i_{n-1} - \varphi_{n-1}\right) + \sum_{k=1}^{n-1}\frac{H_k}{V_k}\left[\cos\left(i_k + \varphi_k\right) + \cos\left(i_k - \varphi_k\right)\right] \quad (7\text{-}16)$$

式中：x 为炮检距；V_k 为各层波速；H_k 为相应各层的垂直厚度$\left(H_k = h_k / \cos\varphi_k\right)$；$i_k$ 为射线在各层界面的入射角；φ_k 为各层界面的倾角。

（三）特殊界面的折射波时距曲线

1. 变速层的折射波时距曲线

在自然界中，有些介质如覆盖层、风化壳等，由于岩层风化程度随理深增加而逐渐变化，波速的变化是随深度增加而逐渐增大，但无明显的速度界面，这种地层称为变速层。

由于地震波在变速层中传播和在匀速层中的传播具有不同的特点，人们把变速层中的折射波称为潜射波，而将其时距曲线方程称为射线方程或旅行时方程。

下面讨论有界面存在时，变速层的几种时距曲线形态。

第一，覆盖层为连续变速层，该层下面是一个均匀介质的界面，这时在时距曲线图上可见到反映覆盖层的潜射波时距曲线和反映 V_2 介质界面的折射波时距曲线，如图 7-4 所示。

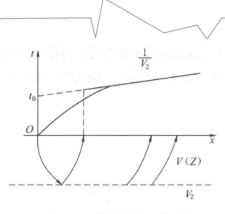

图 7-4　连续变速层时距曲线

第二，当介质中变速层在上部速度逐渐变大而达到一定深度后，速度保持不变［保持为 $V(Z)$ 的常数］，但无明显速度界面，这种情况下的潜射波的时距曲线具有有限的长度，即到达某一距离（如 OC）后，就追踪不到时距曲线了，如图 7-5 所示。

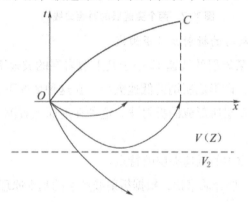

图 7-5　$V(Z)$ 和 V_2 无明显速度界面时距曲线

第三，倾斜界面。情况与第一种相同，但界面倾斜，这时在界面的上倾方向可以见到一段较长的潜射波时距曲线和类似凹界面的折射波时距曲线；在下倾方向，则可见到一段较短的潜射波时距曲线和一类似凸界面的折射波时距曲线，如图 7-6 所示。

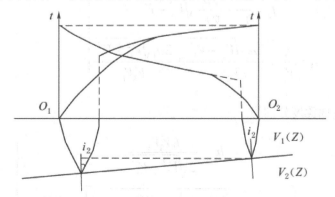

图 7-6　连续变速层下有倾斜界面的时距曲线

第四，两个变速层形成水平界面，上面为变速层 $V_1(Z)$，下面为变速层 $V_2(Z)$，

形成突变界面 R。这时，由于波在变速层中的穿透潜射作用，得到的时距曲线与凹形界面上折射波的时距曲线十分类似，如图 7-7 所示。但两时距曲线不平行，Δt 随着 x 的增大而减小。

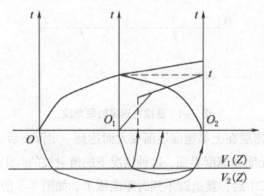

图 7-7　两个变速层的时距曲线

2. 层状介质中有隐伏层时的折射波时距曲线

在层状介质中，如果某岩层的波速 V_2 小于其上覆岩层的波速 V_1，也小于下伏岩层的波速 V_3，即 $V_1 > V_2 > V_3$，即形成所谓的低速夹层。在这种情况下，根据折射波的传播特性，无法观测到这种低速夹层所形成的折射波。这种在地面上观测不到其界面所产生的折射波的岩层，称为隐伏层。

下面讨论水平层状介质中的低速夹层的特点。

在正常情况下，对于三层介质来说，根据折射波产生的基本原理，必须满足 $V_1 > V_2 > V_3$ 的要求。其时距方程为

$$
\left.
\begin{aligned}
t_1 &- \frac{x}{V_1} \\
t_2 &= \frac{x}{V_2} + \frac{2h_1}{V_1 V_2}\sqrt{V_2^2 - V_1^2} \\
t_3 &= \frac{x}{V_3} + \frac{2h_2\sqrt{V_3^2 - V_2^2}}{V_2 V_3} + \frac{2h_3\sqrt{V_3^2 - V_1^2}}{V_3 V_1}
\end{aligned}
\right\}
\tag{7-17}
$$

它们的两个界面深度分别为

$$
\left.
\begin{aligned}
h_1 &\quad \frac{t_0 V_1 V_3}{2\sqrt{V_3^2 - V_1^2}} \\
h_{1,2} &= \left[\frac{t_{02}}{2} + h_1\left(\frac{\sqrt{V_3^2 - V_2^2}}{V_3 V_2} - \frac{\sqrt{V_3^2 - V_1^2}}{V_3 V_1} \right) \right] \frac{V_3 V_1}{\sqrt{V_3^2 - V_2^2}}
\end{aligned}
\right\}
\tag{7-18}
$$

在实际工作中，当在有低速层的地区进行折射波法勘探时，应尽量避免产生上述这种遗漏低速层的现象。因此，这要求工作人员首先必须摸清地震地质条件。一般情况下，在有钻孔、测井资料的工区，应先进行地震波速的对比评价。当满足 $V_1 < V_2 < \cdots < V_n$ 的波速条件时，才能使用折射波方法，当然，在有条件的地区或低速层埋深不大的情况下，可将震源点移到低速层内进行激发，以便得到相应的结果。

二、反射波时距曲线

（一）水平界面的反射波时距曲线

只要满足界面上下介质的波阻抗不相等，即 $\rho_1 V_1 \neq \rho_2 V_2$，则入射到界面的地震波可按反射定律产生反射波。

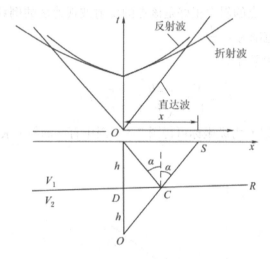

图 7-8　水平二层介质的反射波时距曲线

如图 7-8 所示，地下有一水平波阻扰界面 R，界面埋深 h，其上部表层的波速为 V_1。爆炸点 O 为震源，在地面上设若干观测点接收反射波。如在 C 点反射到地面检波点 S 的反射波，其旅行路程为 $OC+CS$。设与爆炸点 O 对称的 O^* 为虚爆炸点（虚震源），则 $OO^*=2h$，而且反射界面是 OO^* 的垂直平分面。于是 $\triangle OCD = \triangle O^*CD$，因而 $OC=O^*C$，$\angle OCD = \angle O^*CD$，并且 O^*CS 是一条直线。于是折射波旅行时间为

$$t = \frac{OC+CS}{V_1} = \frac{O^*CS}{V_1} = \frac{1}{V_1}\sqrt{(2h)^2 + x^2} \qquad （7-19）$$

或

$$\frac{t^2}{\left(\dfrac{2h}{V_1}\right)^2} - \frac{x^2}{(2h)^2} = 1 \qquad （7-20）$$

此两式就是水平界面反射波的时距方程。可见反射波的时距曲线是一双曲线，且对称于 t 轴极小点坐标为 $\left(\dfrac{2h}{V_1},\ 0\right)$。

在震源 O 点接收到的反射波的到达时间称为双程垂直时间 t_0，从图 7-8 中可以看出 $t_0=\dfrac{2h}{V_1}$，t_0 也是最小的反射时间。根据 t_0 可以确定水平界面的埋深 $h=\dfrac{1}{2}V_1 t_0$。

令式（7-20）的右端为零，经整理简化，可得到双曲线的渐近线公式 $t=\pm\dfrac{x}{V_1}$，也就是说直达波的时距曲线是反射波时距曲线的渐近线。

在震源附近 $x=0$ 的检波点，反射波垂直射向测线，出射角为 $0°$。根据视速度定理，该点反射波的视速度 $V^*=\infty$，时距曲线为零，随着炮检距 x 的增加，出射角也增大，沿测线的视速度 V^* 则逐渐减小。当 $x\to\infty$ 时，反射波的出射角为 $90°$。视速度 V^* 即等于 V_1。反射波时距曲线上任意一点的斜率正好是该点的反射波视速度的倒数，即 $V^*=\dfrac{\mathrm{d}x}{\mathrm{d}t}$，故双曲线上各点的斜率变化范围为 $0\sim\dfrac{1}{V_1}$。

对式（7-19）两边平方得

$$t^2=\frac{x^2}{V_1^2}+\left(\frac{2h}{V_1}\right)^2=\frac{x^2}{V_1^2}+t_0^2 \tag{7-21}$$

以 x^2 为横坐标、以 t^2 为纵坐标可得图 7-9，图中直线的斜率 $K=\dfrac{1}{V_1^2}$，由此可反求覆盖层的波速 $V_1=\sqrt{\dfrac{1}{K}}$。

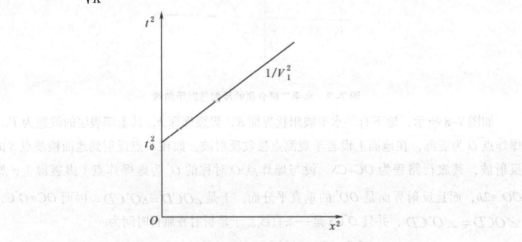

图 7-9　x^2-t^2 关系

（二）倾斜界面的反射波时距曲线

设地下有一反射界面 R，界面与水平测线的夹角（视倾角）为 φ，界面上下介质满足 $V_1\rho_1\neq V_2\rho_2$，爆炸点到界面的法线深度为 h，虚震源 O^* 不在 O 点的正下方，而是向上倾方向偏离（图 7-10）。

在 O 点激发，地震波经界面上的 A 点反射到达地面上任意一点 S。用虚震源的概念，

可以写出波的旅行路程 $O^*S = OA + AS = V_1 t$ ，则

$$t = \frac{O^*S}{V_1} \tag{7-22}$$

用 M 点表示 O^* 在地面的投影点，则有

$$O^*S = \sqrt{MO^{*2} + MS^2} \tag{7-23}$$

由于

$$MO^* = \sqrt{OO^{*2} - x_M^2} = \sqrt{4h^2 - x_M^2},$$
$$MS = x - x_M$$

故

$$O^*S = \sqrt{x^2 + 4h^2 - 2xx_M} \tag{7-24}$$

将式（7-24）代入式（7-22），得

$$t = \frac{1}{V_1}\sqrt{x^2 + 4h^2 - 2xx_M} \tag{7-25}$$

因为 $x_M = 2h\sin\varphi$ ，
所以

$$t = \frac{1}{V_1}\sqrt{x^2 + 4h^2 - 4hx\sin\varphi} \tag{7-26}$$

式（7-26）就是反射波时距曲线方程式。我们约定：当界面的下倾方向和 x 轴正方向一致时 φ 值取正；反之，φ 取负值。

经变换得

$$\frac{t^2}{\left(\dfrac{2h\cos\varphi}{V_1}\right)^2} - \frac{(x - 2h\sin\varphi)^2}{(2h\cos\varphi)^2} = 1 \tag{7-27}$$

由此可见，这时反射波的时距曲线仍为一条双曲线，其极小点的坐标为

$$\left.\begin{aligned} x_M &= \pm 2h\sin\varphi \\ t_M &= \frac{2h}{V_1}\cos\varphi \end{aligned}\right\} \tag{7-28}$$

极小点的位置就是虚震源在地面测线上的投影，它始终位于界面的上倾方向。在实际工作中，可以根据极小点的位置来定性地判断反射界面的倾斜方向，而且随着界面埋藏深度和倾角的增大，极小点也越远离震源 O 点。

在震源 O 点接收到的反射波的到达时间称为双程垂直时间 t_0，在时距曲线上即是时距曲线与时间 t 轴的交点。

$$t_0 = \frac{2h}{V_1}$$ （7-29）

从时距曲线上求出 t_0 后，可用 t_0 值求出界面的法线深度：

$$h = \frac{1}{2}V_1 t_0$$ （7-30）

（三）断层附近的反射波时距曲线

在震源附近有一直立断层。假设断层两侧的反射界面是水平的，震源 O 在下降盘一侧，如图 7-10 所示。作下降盘 R_1A 反射界面的虚震源 O_1^*。因为界面在 A 点断开，所以下降盘的反射波只能在 S_1 点的左方被接收到，而 S_1 点右方就接收不到下降盘的反射波。因下盘是水平界面，所以反射波时距曲线呈双曲线形状，极小点位于 t 轴上，且 $t_0 = \frac{2h_1}{V_1}$。

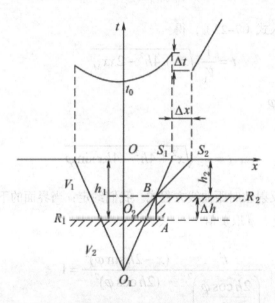

图 7-10　直立断层附近的反射波时距曲线

同样，把上升盘 R_2B 当作一个独立的反射界面，向左延长 R_2B，其虚震源为 O_2^*，作 $O_2^*BS_2$ 线，则 S_2 点左边没有上升盘 R_2B 的反射波。这样在 S_1 和 S_2 两个断点之间无法得到反射波。因此在地震记录上，反射波的同相轴在 S_1 和 S_2 两点中断，在 S_1 和 S_2 之间出现空白带。并且在 S_1 和 S_2 点上的反射波时距曲线前后错开一段时差：

$$\Delta t = \frac{O_1^*S_1 - O_2^*S_2}{V_1}$$ （7-31）

必须指出，在断层附近还会因出现绕射波的干扰而出现复杂的干涉现象。

三、地震勘探的野外工作方法

（一）概述

一般地说，地震勘探野外工作大体分为三个阶段。首先是现场踏勘和收集工区有关资料，目的在于了解工区的地震地质条件和地形情况，确定布置地震勘探的可能性及预期达到的地质效果。其次是进行必要的试验工作，目的在于选择最佳的工作方法和试验条件，如激发方法、接收条件和观测系统的确定，这是保证勘测任务顺利完成的关键所在。最后在试验工作的基础上，根据所提出的地质任务，确定工区整个测试计划，进行野外生产作业，以取得有关地质体空间位置的定性或定量解释的资料，为内业数据处理提供正确的数据。

（二）测网的布置

1. 测线的布置

一般情况下都把测线布置为直线，遇到特殊地形时也可以布置为折线或弧线状。测线的走向要求与地质体的走向大致相垂直，而测线的密度（单位面积内测线数）则是由勘探的精度要求来决定的。

2. 排列长度和道间距

测线的排列长度 L 是指每次激发接收地震记录时第一道检波器到最后一道检波器的距离。设道间距为 Δx，检波器道数为 N，则排列长度 $L = (n-1)\Delta x$，如图 7-11 所示。

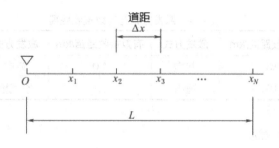

图 7-11　L 和 Δx 示意

很明显，道间距 Δx 越大，则排列长度 L 就越大，工作效率就越高。但是，对于具体勘探任务来说，Δx 值不能超出某一数值，因为 Δx 太大时，会给各相邻记录道之间同一个波的相位追踪和对比带来困难，从而不利于分辨有效波，所以 Δx 的选择要合适。特别是遇到特殊地质体时，排列和道间距应尽量小些。在浅层工程地震勘探中，一般多采用道间距为 3 m、5 m、10 m 等。

3. 观测系统的选择

为了有效地接收不同的有效波，炮点（震源所在位置）与接收点（检波器所在位置）的布置应保持必要的相对位置。通常把激发点与接收点之间的相对位置关系称为观测系统。

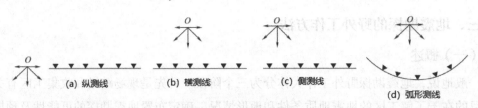

图 7-12　测线类型

测线的类型有多种，如图 7-12 所示。当激发点和接收点在同一条直线上时称为纵测线，如图 7-12（a）所示。当激发点和接收点不在同一直线上时称为非纵测线，图 7-12（b）所示称为横测线，图 7-12（c）所示称为侧测线，图 7-12（d）所示称为弧形测线。实际工作中以纵测线为主，非纵测线作为辅助测线或在特殊条件时应用。

用纵测线进行观测时，可根据采用的勘探方法及不同的地质情况分别采用下列观测系统。

（三）激发方式和接收条件的选择

1. 激发方式

激发方式是在一定的地质条件下获取地震信息的方法。根据不同的条件及勘探要求，可采用不同的方法。震源的激发方式主要有爆炸（雷管和炸药）、锤击和夯击、压缩空气枪等形式。爆炸时其有效接收距离随药量的增加而增加。例如，在井中放炮时，接收距离可达十余千米。其他方式的最大接收距离约为数百米（与仪器的工作性能有关），有关数据见表 7-1。

表 7-1　激发方式与有效接收距离

激发方式	有效接收距离/km	激发方式	有效接收距离/km	激发方式	有效接收距离/km
土炮	0.3	井炮	1.0	夯击	0.2
水炮	0.6	锤击	0.1	空气枪	0.2

2. 接收条件的选择

（1）有效波和干扰波

就地震勘探而言，其有效波和干扰波是两个相对的概念。利用折射波勘探时，所有其他的波如反射波、面波、直达波等均属于干扰波。同样，利用反射波勘探时，折射波等其他波显然均为干扰波。过去往往把面波视为干扰波，但随着勘探水平的提高，利用面波做浅层勘探已经达到了一定的水平。这样在进行面波勘探时，折射波、反射波又均成为干扰波了。因此，只有那些不能被利用的波才始终属于干扰波，如声波、多次反射波以及一些随机干扰信号。地震勘探的效果好坏，关键在于能否有效地压制干扰波，加强有效波。

（2）仪器工作条件的选择

目前使用的地震仪器一般都具有滤波、延时、信号放大增强等功能。所谓仪器工作条件的选择，就是根据不同的要求，通过反复试验，选用能获得最佳效果的有效波参数指标。

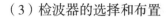

（3）检波器的选择和布置

检波器实质上就是接收地震信号的传感器，每一种检波器都具有自身的频率特性和方向特性。而地震波中各种不同特征的波，其频率和方向性也不一样。如面波的主频分布一般在 20 ~ 30 Hz，而浅层有效波的主频分布均在 80 ~ 300 Hz。故在选择检波器的固有频率时，应选用固有频率较高的检波器。检波器的方向特性，主要是指检波器的最灵敏接收方向。当地震波的振动方向与检波器的最灵敏方向一致时，所接收到的信号最强。因此，在布置检波器时其最灵敏的方向对纵波来说就是波的传播方向，对横波来说是垂直波的传播方向。

第三节 地震勘探处理和解释

一、折射波法的资料处理

（一）截距时间法

截距时间法适用于界面为平面的条件，可用它来求界面的深度。对于弯曲的界面，因位于激发点不同侧的时距曲线变得异常复杂，因此必须用其他方法处理。界面以上为多层覆盖层时可用平均速度或交点速度等作为其有效速度 V_1。

如图 7-13 所示，设 O_1、O_2 分别为两个激发点，得到两条相遇时距曲线 S_1 和 S_2。当倾斜界面为平面时，S_1 和 S_2 都为直线段。将 S_1 和 S_2 延长与时间轴分别交于 t_{01} 和 t_{02}，根据时距曲线方程可写出

$$\left. \begin{array}{l} t_{01} = \dfrac{2h_1 \cos i_0}{V_1} \\[3mm] t_{02} = \dfrac{2h_2 \cos i_0}{V_1} \end{array} \right\} \tag{7-32}$$

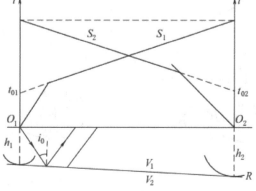

图 7-13 截距时间法求界面深度

由此，可得震源点 O_1 和 O_2 处折射界面的法向深度 h_1 和 h_2 为

$$\left.\begin{aligned} h_1 = \frac{t_{01}V_1V_2}{2\sqrt{(V_2+V_1)(V_2-V_1)}} \\ h_2 = \frac{t_{02}V_1V_2}{2\sqrt{(V_2+V_1)(V_2-V_1)}} \end{aligned}\right\}$$ （7-33）

求出 h_1 和 h_2 后，以 O_1 和 O_2 为圆心，分别以 h_1 和 h_2 为半径作圆，然后作这两圆的公切线，便得到所求的折射界面。

（二）t_0 法和差数时距曲线法

此方法是利用 t_0 法绘制折射面，因而用差数时距曲线来求折射界面的速度，该方法的应用前提是：折射界面的曲率半径比其埋藏深度大得多，波沿界面滑行时没有穿透现象。同时要知道波在界面以上介质中的速度。

如图 7-14（a）所示，设由炮点 O_1、O_2 激振，得到两条相遇折射波时距曲线 S_1、S_2。取测线上任一点 S，在相遇时距曲线上分别得到相应的旅行时间 t_1 和 t_2：

$$\left.\begin{aligned} t_1 = t_{O_1ABS} \\ t_2 = t_{O_2DCS} \end{aligned}\right\}$$ （7-34）

而在 O_1 和 O_2 的互换时间为

$$T = t_{O_1AB} + t_{BC} + t_{CDO_2}$$ （7-35）

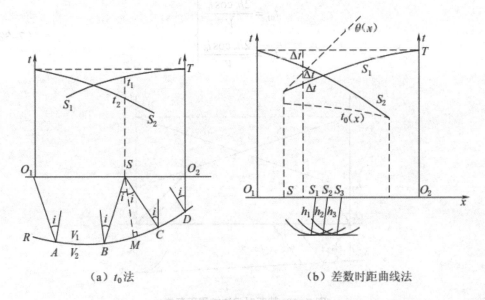

（a）t_0 法　　　　　　　　　　（b）差数时距曲线法

图 7-14　t_0 法和差数时距曲线法

图 7-14（a）中，三角形 BSC 近似于等腰三角形，经过 S 点作 BC 的垂直平分线，得到 $SM=h$，于是

$$\left.\begin{aligned} t_{BS} = t_{CS} &= \frac{h}{V_1 \cos i} \\ t_{BC} = 2t_{BM} &= \frac{2h \tan i}{V_2} = \frac{\sin^2 i}{V_1 \cos i} \end{aligned}\right\} \tag{7-36}$$

由上述诸式即可求得

$$t_1 + t_2 - T = t_{BS} + t_{CS} - t_{BC} = \frac{2h}{V_1 \cos i}\left(1 - \sin^2 i\right) = \frac{2h \cos i}{V_1} = t_0(x)$$

因此，S 点到折射界面的法线深度为

$$\left.\begin{aligned} h &= \frac{V_1 t_0}{2 \cos i} = \left(t_1 + t_2 - T\right)K = Kt_0(x) \\ K &= \frac{V_1}{2 \cos i} \end{aligned}\right\} \tag{7-37}$$

通过测量测线各检波点的 t_0 和 K 值，就能求得折射界面的法线深度 h。求 $t_0(x)$ 的方法是令

$$t_0 = t_1 - \left(T - t_2\right) = t_1 - \Delta t$$

即先在时距曲线上任一点 S 处，量得 $\Delta t = T - t_2$，然后在另一条时距曲线上减去 Δt 而得到 t_0，各观测点所得 t_0 均不同，可连成 $t_0(x)$ 曲线，如图 7-14（b）所示。

K 值求法为

$$K = \frac{V_1}{2 \cos i} = \frac{V_1}{2\sqrt{1 - \left(\dfrac{V_1}{V_2}\right)^2}} \tag{7-38}$$

这样，问题就变成求 V_2 值。为求 V_2 值，可引入差数时距曲线

$$\theta(x) = t_1 - t_2 + T = t_1 + \Delta t$$

则

$$\frac{\theta(x)}{\Delta x} = \frac{\Delta t_1}{\Delta x} - \frac{\Delta t_2}{\Delta x} = \left|\frac{1}{V_{\acute{E}}^*}\right| + \left|\frac{1}{V_F^*}\right| = \frac{2 \cos \varphi}{V_2}$$

所以

$$V_2 = 2 \cos \varphi \frac{\Delta x}{\Delta \theta}$$

当界面倾角小于 15° 时 $\cos\varphi \approx 1$，则有

$$V_2 = 2\frac{\Delta x}{\Delta\theta}$$

（7–39）

二、反射波法的资料处理

（一）数字滤波

1. 一维频率滤波

所谓一维频率滤波就是利用有效波与干扰波在频率成分上的差异，设计出一个滤波器，通过对数字信号进行特定的运算而完成。由于用时间函数 $x(t)$ 或对应的频谱 $X(f)$ 表示地震道都是等价的，故数字频率滤波可以在频率域或时间域进行。下面分别介绍频率域滤波和时间域滤波。

（1）频率域滤波

进行滤波的目的是要削弱干扰波，突出有效波。因此，首先要了解有效波和干扰波在频谱上有何差异，其次才设计出滤波器的频率响应，以进行滤波。

设地震道 $x(t)$ 的频谱为 $X(f)$，其中有效波的频谱为 $S(f)$，干扰波的频谱为 $N(f)$，而且 $S(f) \neq 0$ 时 $N(f) \neq 0$，见图 7–15（a）。设滤波器的频率响应函数为 $H(f)$ [图 7–15（b）]，且满足

$$H(f) = \begin{cases} 1, & S(f) \neq 0 \\ 0, & S(f) = 0 \end{cases}$$

当进行滤波处理时，则用 $N(f)$ 与 $x(t)$ 的频谱 $X(f) = S(f) + N(f)$ 相乘，得

$$\begin{aligned}\hat{X}(f) &= X(f)H(f) \\ &= [S(f)+N(f)]H(f) \\ &= S(f)H(f)+N(f)H(f) \\ &= S(f)\end{aligned}$$

式中：$\hat{X}(f)$ 为滤波器的输出。

通过上述运算消去了干扰波，保留了有效波。上面地震波的频谱是较典型的。一般干扰波的频谱 $N(f)$ 与有效波 $S(f)$ 并不完全分离，但可以近似地看作分离，只要设计出合适的频率响应函数 $H(f)$，通过滤波也可以达到提高信噪比的目的。

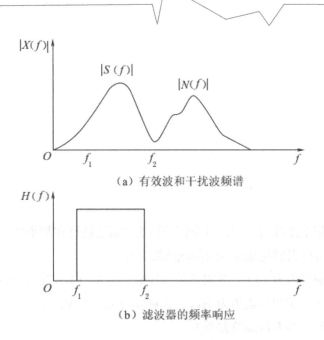

(a)有效波和干扰波频谱

(b)滤波器的频率响应

图 7-15 地震道的频谱及滤波器的频率响应

由上述运算知频率域滤波方程为

$$\hat{X}(f) = X(f)H(f) \tag{7-40}$$

式中：$X(f)$ 为输入地震道 $x(t)$ 的频谱；$H(f)$ 为滤波器的频率响应；$\hat{X}(f)$ 为输出地震道 $\hat{x}(t)$ 的频谱。

把 $X(f)$、$\hat{X}(f)$、$N(f)$ 分别写成复数形式，则

$$X(f) = |X(f)|e^{i\theta(f)} \tag{7-41}$$

$$\hat{X}(f) = |X(f)|e^{i\hat{\theta}(f)} \tag{7-42}$$

$$H(f) = |H(f)|e^{i\theta(f)} \tag{7-43}$$

由式（7-40）~式（7-43）得

$$|\hat{X}(f)| = |X(f)| \| H(f)| \tag{7-44}$$

$$\hat{\theta}(f) = \theta(f) + \varphi(f) \tag{7-45}$$

式（7-40）表明：频率域滤波在数学上是通过将 $x(t)$ 的频谱 $X(f)$ 与滤波器的频率响应 $H(f)$ 相乘而实现的。

式（7-44）表明：输出 $\hat{x}(t)$ 的振幅谱 $\hat{X}(f)$ 等于输入 $X(f)$ 的振幅谱 $H(f)$ 与滤波器振幅响应的乘积。

式（7-45）表明：输出 $\hat{x}(t)$ 的相位谱 $\hat{\theta}(f)$ 等于输入 $x(t)$ 的相位谱 $|X(f)|$ 与滤波器的相位响应之和。

频率域滤波方程建立完成，下面介绍滤波的主要步骤。设已知一个地震道 $x(t)$，它包含有效波 $x(t)$ 和干扰波 $n(t)$，见图 7-16。现需对 $x(t)$ 进行滤波处理。

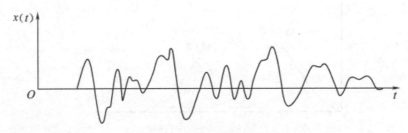

图 7-16　滤波前地震记录

（2）时间域滤波

根据上面建立的频率滤波的方程，以及信号和滤波器的特性在频率域表示与时间域表示可以互换的关系，可以很容易地建立时间域滤波方程。

设滤波器的频率响应为 $H(f)$，其对应的脉冲响应为 $h(t)$；输入地震道为 $x(t)$，其相应的频谱为 $X(f)$，输出地震道为 $\hat{x}(t)$，其对应的频谱为 $\hat{X}(f)$。

从式（7-40）可知，频率域滤波方程为

$$\hat{X}(f) = X(f)H(f)$$

根据频谱褶积定理可得

$$\hat{x}(t) = x(t) * h(t) \tag{7-46}$$

* 表示褶积运算，式（7-46）即为时间域的滤波方程。由于频率滤波在时间域是一种褶积运算，故把在时间域的滤波又称为褶积滤波。

式（7-46）运算的连续形式为

$$x(t) = \int_{-\infty}^{\infty} h(\tau)x(t-\tau)\mathrm{d}\tau \tag{7-47}$$

其离散的形式为

$$\dot{x}(n\Delta) = \Delta \sum_{m=-\infty}^{\infty} h(m\Delta)x(n\Delta - m\Delta) \tag{7-48}$$

式中：Δ 为采样间隔；$x(n\Delta)$ 为输入离散的地震道；$\hat{x}(n\Delta)$ 为输出离散的地震道；$h(m\Delta)$ 为离散的脉冲响应。

式（7-48）中求和号前面的 Δ 是一个常数。我们可以省略，略去后滤波结果相差一个常系数，对滤波后信号频谱的相对关系无影响。为了方便，可以把式（7-48）简化为

$$\hat{x}(n) = \sum_{m=-\infty}^{\infty} h(m)x(n-m) \tag{7-49}$$

在实际运算中，m 的取值范围都不可能是（$-\infty$，$+\infty$），而只能取有限长度，即（-M，M）。这样，又会给滤波效果带来影响。

2. 二维数字频率波数滤波

频率滤波的前提条件是地震信号的有效波和干扰波具有明显的差异，否则，是难以把有效波分离出来的。但是当这种前提条件不存在时，我们可以利用不同时间、不同距离的

多道地震记录 $x(t, l)$ 上接收的有效波与干扰波在频率波数谱上的差异进行二维数字频率波数滤波（以下简称二维滤波）。

二维滤波可以在频率—波数域进行，也可以在时间—空间域进行，因此，二维滤波要涉及两个自变量 (t, l) 或 (f, K)，表示波数。它的数学基础是二维傅里叶变换和二维褶积运算。

二维滤波的原理和一维频率滤波原理是一样的。首先，根据地震记录频波谱上有效波和干扰波频谱成分的差异，设计出二维滤波器的频谱响应 $H(f, K)$，在频率波数域进行滤波，只需用 $X(f, K)$ 与地震记录 $x(t, l)$ 的频波谱 $X(f, K)$ 相乘，即得到二维滤波的输出 $\hat{X}(f, K)$。

（1）在频率波数域的二维滤波

设地震记录为 $x(t, l)$，则

$$x(t, l) = s(t, l) + n(t, l)$$

式中：$s(t, l)$ 为有效波，对应的频波谱为 $S(f, K)$；$n(t, l)$ 为干扰波，其频波谱为 $N(f, K)$。

$x(t, l)$ 的频波谱为

$$X(f, K) = S(f, K) + N(f, K) \tag{7-50}$$

希望二维滤波后的输出为

$$\hat{X}(f, K) = S(f, K) \tag{7-51}$$

要实现滤波目的，显然要求

$$S(f, K) = 0, (f, K) \notin D \ \text{即} \ \left|\frac{f}{K}\right| \leqslant v$$

$$N(f, K) = 0, (f, K) \in D \ \text{即} \ \left|\frac{f}{K}\right| \geqslant v$$

式中：D 为 f-K 平面中一个区域，符号"$\in$"表示属于，"$\notin$"表示不属于。

根据 f-K 平面上有效波和干扰波的分布特点，可以设计出需要的二维滤波器的频波响应为

$$H(f, K) = \begin{cases} 1, (f, K) \in D \ \text{即} \ \left|\dfrac{f}{K}\right| \geqslant v \\ 0, (f, K) \notin D \ \text{即} \ \left|\dfrac{f}{K}\right| \leqslant v \end{cases} \tag{7-52}$$

将 $H(f, K)$ 与 $X(f, K)$ 相乘可得二维滤波的输出：

$$\begin{aligned} \hat{X}(f, K) &= H(f, K)X(f, K) \\ &= H(f, K)S(f, K) + H(f, K)N(f, K) \\ &= S(f, K) \end{aligned}$$

则

$$\hat{X}(f,K) = H(f,K)X(f,K) \qquad (7\text{-}53)$$

式（7-53）即为频率波数域上的二维滤波方程，把 $\hat{X}(f,K)$ 通过二维傅里叶反变换就可得到时间空间域的 $\hat{x}(t,l)$。

从上述的讨论可见，要进行二维滤波，必须找出有效波和干扰波在频波谱上的差异。这是二维滤波的前提，有此前提条件，才能保证二维滤波的效果。

（2）时间空间域的二维滤波

设二维滤波器的频率波数响应为 $H(f,K)$，其滤波因子为 $h(t,l)$，通过反变换求得滤波因子

$$h(t,l) = \int_{-\infty}^{\infty}\int_{-\infty}^{\infty} H(f,K)e^{i2\pi(ft+Kl)}\mathrm{d}f\mathrm{d}K \qquad (7\text{-}54)$$

若输入为 $x(t,l)$，对应的输出为 $\hat{x}(t,l)$，类似于一维滤波，在时间空间域的二维滤波方程为

$$\hat{x}(t,l) = \int_{-\infty}^{\infty}\int_{-\infty}^{\infty} h(\tau,\xi)x(t-\tau,l-\xi)\mathrm{d}\tau\mathrm{d}\xi \qquad (7\text{-}55)$$

在实际运算时，需把式（7-54）改写成离散化的二维数字滤波公式：

$$\hat{x}(n\Delta,m\nabla) = \Delta\nabla\sum_{p=-N}^{N}\sum_{q=-M}^{M}(p\Delta,q\nabla)x(n\Delta-p\Delta,m\nabla-q\nabla) \qquad (7\text{-}56)$$

式中：n、p 分别为地震波和滤波因子的时间采样序号；m、q 分别为地震波和滤波因子的空间采样序号；Δ 为时间采样间隔；∇ 为空间采样间隔。

（二）动校正和静校正

1. 动校正

无论是单次的反射波时距曲线还是共深度点的时距曲线都是一条双曲线（图 7-17 和图 7-18）。

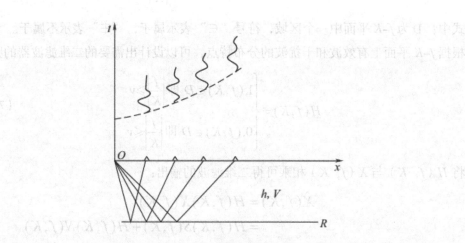

图 7-17 反射波时距曲线

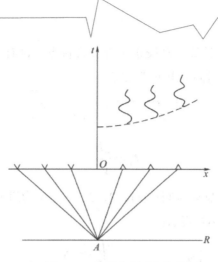

图 7-18　共深度点时距曲线

对单次反射波时距曲线来说，当地下反射界面水平时，时距曲线是一条对称的双曲线；当地下反射界面倾斜时，时距曲线是一条极小点向上倾方向偏移的双曲线。一般情况下，根据时距曲线族的形状可以大致了解地下各反射界面的形态，把由于在地面接收点偏离炮点所引起的时差消除掉，即把每个接收点都看成自激自收的，这样，时距曲线便成了一条直线，它就能直接反映地下反射界面的产状了。消除由于接收点偏离炮点所引起的时差，这个过程就叫作动校正或时差校正。

共深度点的时距曲线也是一条双曲线，由于各道存在炮检距不同而引起的时差，不能直接进行多次叠加，为此必须先消除这些时差，即进行动校正，使其成为在共深度点上的自激自收时间，这时共深度点时距曲线成为一条水平直线，各道间已无时差，便可进行同相叠加了。

动校正就是把不同炮检距的时间均校正到零炮检距的时间（t_0 时间），这个时差叫作动校正量。

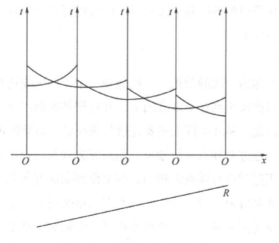

图 7-19　倾斜地层时距曲线

下面讨论动校正量怎样计算、动校正量有什么特点。设有一共深度点时距曲线（图7-19），时距曲线上某点的时间 t_i 由下式确定：

$$t_i = \frac{1}{V}\sqrt{4h^2 + x_i^2} = \sqrt{{t_0}^2 + \frac{{x_i}^2}{V^2}}$$

$$t_0 = \frac{2h}{V}$$

式中：t_0 为 M 点的垂直反射时间；$i=1,2,3,\cdots,N$ 为道的序号；N 为覆盖次数；x_i 为炮检距。某道动校正量用 ΔT_i 表示：

$$\Delta T_i = t_i - t_0 = \sqrt{{t_0}^2 + \frac{{x_i}^2}{V^2}} - t_0 \qquad (7-57)$$

式（7-57）是动校正量的基本公式。从式（7-56）看出，只要固定 x_i（炮检距在野外是固定的），给出 t_0，已知 V，立即可求出 ΔT_i。另外可以看到，对一个固定的炮检距 x_i，随着 t_0 的增大，通常 V 也在增大或变化，这时 ΔT_i 是减小的。因此，对于每个地震道，动校正量随着 t_0 的变化而变化。当 x_i 变了，动校正量也是变化的。因此，动校正量 ΔT_i 不仅随时间 t_0 而变化，也随空间位置 x_i 的改变而变化。

2. 静校正

人们一般认为反射波时距曲线是一条双曲线，这是由于在推导反射波时距方程时，假设观测面是一个平面，炮点 S 和接收点 R 在一条直线上，而且认为以下介质是均匀的。但是，实际在野外观测时，观测面不一定是平面，而是起伏不平的，地下介质也不是均匀介质，实际观测的时距曲线往往是一条畸变了的双曲线，它不能正确地反映地下的构造形态。因此，必须研究地形变化及地表条件对地震波传播地表时间的影响，找出由于激发条件和地表接收条件 S 的变化所引起的时差，并对时距曲线进行必要的校正，以恢复原双曲线形状。这一过程就称为静校正。

（1）基准面校正

所谓基准面校正也称为一次静校正。一般是在一个工区事先选择一个基准面，将工区内的所有炮点和接收点都校正到这个基准面上，并且把基准面以下的低速带全部替换成高速层（基岩速度）。因此，基准面校正主要包括井深校正、地形校正和低速带校正。

静校正的实现也是通过对样点进行搬家，但搬家方式与动校正不同。其一，对某道记录来说，该道的静校正值对所有样点都相同，与界面埋藏深度无关。其二，任一道的静校正值可能是正，也可能是负值，因此静校正搬家有的道是向前搬家（静校正值为正），有的道是向后搬家（静校正值为负），各道均不相同。但是对于某道来说，各样点搬家的方向和移动的单元数目是相同的，也就是说该道的所有样点整体向前或向后移动，所以称静校正为整体搬家。

（2）剩余静校正

①剩余静校正量的分类

剩余静校正量可分为短波长（高频）静校正量和长波长（低频）静校正量两类。其中短波长静校正量是由局部范围低速带变化引起的，使共深度点道集中各道反射波到达时间不同，从而影响叠加效果。长波长静校正是较大区域的低速带异常，是由相当于一个排列以上的低速带变化引起的，一般对共深度点道集的水平叠加影响不是很大，但这种长波长静校正量的存在将造成速度谱异常，往往容易误认为由岩性变化或构造异常引起，导致解释错误。

②剩余静校正处理的基本假设和特点

这里主要讨论短波长静校正处理。剩余静校正处理方法很多，一般都是在一定的假设条件下求取剩余静校正量。

（三）频谱分析

频谱（振幅谱）表示波的能量相对频率的变化规律。频谱分析就是利用傅里叶分析从地震信号 $x(t)$ 中求取其频谱 $X(f)$ 的过程。频谱 $X(f)$ 则反映出组成地震信号的各谐振分量的振幅、初相与其频率的关系。频谱分析的目的在于了解有效波和干扰波的频谱分布范围，以便选取合适的频率滤波器，压制干扰波，突出有效波，提高记录的信噪比。此外，还为进行岩性岩相解释等提供参数。

根据离散傅里叶变换理论可知，若给出时间序列 $x(n\Delta)$，其中 Δ 为时间采样间隔，$n=0$，1，$\cdots$，$N-1$，N（N 为采样点数），$x(n\Delta)$ 的频谱为 $X(md)$，则有

$$x(n\Delta) = d \sum_{m=0}^{M-1} X(md) e^{i2\pi mdn\Delta} \tag{7-58}$$

$$X(md) = \Delta \sum_{n=0}^{N-1} x(n\Delta) e^{-i2\pi mdn\Delta} \tag{7-59}$$

式中：m 为频谱 $X(md)$ 的采样序号；$d = \dfrac{1}{N\Delta}$ 为基频，代表频率 f 的采样间隔。

式（7-58）和式（7-59）组成了离散傅里叶变换对。从式（7-59）可知，$X(md)$ 的实部 $ReX(md)$ 和虚部 $ImX(md)$ 分别为

$$Re\,X(md) = \Delta \sum_{n=0}^{N-1} x(n\Delta)\cos\left(nm\frac{2\pi}{N}\right) \tag{7-60}$$

$$ImX(md) = -\Delta \sum_{n=0}^{N-1} x(n\Delta)\sin\left(nm\frac{2\pi}{N}\right) \tag{7-61}$$

则 $x(n\Delta)$ 的振幅谱 $|X(md)|$ 和相位谱 $\theta(md)$ 分别为

$$|X(md)| = \sqrt{[Re\,X(md)]^2 + [Im\,X(md)]^2}$$ （7-62）

$$\theta(md) = \arctan\frac{Im\,X(md)}{Re\,X(md)}$$ （7-63）

频谱分析时要考虑如何选择参数 Δ 和 N，它们影响着频谱分析的精度。

1. 采样间隔 Δ 的选取原则

根据采样定理，要求采样间隔 Δ 满足

$$\Delta \leqslant \frac{1}{2f_c}$$ （7-64）

式中：f_c 为地震信号 $x(t)$ 的截止频率，即 $x(t)$ 最高可能达到的频率，如果 Δ=4 ms，那么，截止频率为 125 Hz。

2. 参数 N 的选取原则

连续的地震信号 $x(t)$ 经过采样后，截取出其中某一段离散的地震信号 $x(n\Delta)$（$0 < n < N-1$）来做频谱分析，从有限傅里叶分析知，有限离散频谱的频率间隔为

$$d = \frac{1}{N\Delta}$$

因此，要求 N 满足

$$d = \frac{1}{N\Delta} \leqslant f_\delta \quad 或 \quad N \geqslant \frac{1}{f_\delta}$$ （7-65）

式中：f_δ 为地震信号的频率分辨间隔。

$x(t)$ 的振幅谱 $|X(f)|$ 取离散值分析时，频率离散值的间隔不能大于 f_δ，故当 $x(t)$ 所包含的某两个频率之差大于 f_δ 时，对这两个频率成分就可以分辨开。当对频谱分析精度要求高些，对 f_δ 就要取得小些；反之，f_δ 可以取得大些。

从式（7-66）可知，进行频谱分析的记录长度 $N\Delta$ 必须大于或等于1，因此称

$$T_{min} = \frac{1}{f_\delta}$$ （7-66）

为进行频谱分析的最小记录长度。

选取 N 时要求满足式（7-66），即要求记录长度 $N\Delta$ 不小于最小记录长度。又因为一般频谱分析程序都采用快速傅里叶变换算法，因此，一般还要求 $N = 2^k$，k 为正整数。

由于离散傅里叶变换具有周期性和共轭性，则频谱 $X(md)$ 是以时间采样点数 N 为周期的周期函数。其振幅谱图形对称于 $\frac{N}{2}$ 点，相位谱绝对值相等，符号相反。

为减小选取时窗端点截断因素影响，在频谱分析时，应在时窗两侧取一斜坡值或镶边。当地震资料反映的薄层较多、层间距较小时，为了对某一波组进行频谱分析，斜坡值应取

小些；否则，将不可避免地把相邻层的振动取入分析时窗，以致歪曲有分析价值的细节。对二维信号 $f(t, x)$ 的频谱分析，我们采用二维傅氏变换计算，其结果为 f–k 谱。

（四）叠加技术和偏移技术

1. 水平叠加

经过动、静校正处理后，共中心点道集中各道反射记录时间已换算为从一个统一基准面计算的双程垂直旅行时，双曲线型的时距曲线已校正为直线型时距曲线，可进行叠加处理。

叠加处理的方法很多，常规叠加是地震处理工作中最常用的一种方法，其叠加公式为

$$x_{\Sigma}(n) = \frac{1}{N}\sum_{i=1}^{N} x_j(n)$$

（7–67）

式中：$x_{\Sigma}(n)$ 为叠加结果，是 N 个叠加道叠加平均的结果；N 为叠加总道数；j 为叠加道序号；n 为样点序号。

从上述公式可以看出，常规叠加是将道集中经过动、静校正后的各道上序号相同的采样值取算术平均值，组成叠加道输出。每个共中心点道集输出一个叠加道。一条测线上所有叠加道的几何组成直观反映地下构造形态、可供解释使用的常规水平叠加时间剖面。

处理时只需将经过抽道的共深度点道集顺序输入进行计算即可。若没有进行抽道，则需要先补做，单边放炮多次覆盖共反射点抽道公式为

$$P = \left(M - \frac{M}{N} + j\right) - (i-l)\frac{M}{N}$$

（7–68）

式中：P 为满覆盖次数的选道号；M 为一个排列的总道数，一般 M=48，96，120；N 为叠加次数；j 为小叠加段内的共反射点序号，j=1，2，…，$\frac{M}{N}$；i 为激发炮点序号；l 为小叠加段序号。

在计算机的内存中开辟一个叠加区和一个叠加后记录区。利用共反射点道集记录进行水平叠加时，叠加区所占内存只需一个道长的样点数就够了，道集记录中各道输入叠加区进行叠加运算，当累加到满覆盖后，将叠加区的记录进行记录，并同时把它调到记录区，等待显示。记录区所占内存的多少视机器而定，一般可开辟 24 道的记录区，经过水平叠加后的记录可存放 24 道，即一个叠加段，待 24 道叠后记录一起显示。这就是一般水平叠加的基本过程。

2. 偏移处理

（1）反射观点

当地下界面水平时，由地下反射点 R_1、R_2 反射的波在自激自收剖面上的位置（经时深转换后）R_1'、R_2' 与原反射点一致，如图 7–20 所示，自激自收剖面上的界面位置与真实界面一致。当界面倾斜时，由 R_1、R_2 点反射的波在普通剖面上则汇于自激自收点 O_1、

O_2 的正下方，经时深转换后为 R_1'、R_2'，$\overline{O_1R_1'} = \overline{O_1R_1}$，$\overline{O_2R_2'} = \overline{O_2R_2}$，如图 7-20 所示。可见，自激自收剖面上的视界面 $\overline{R_1'R_2'}$ 与真实界面 $\overline{R_1R_2}$ 在长度、位置、倾角等方面均不一致，主要表现为向下倾方向发生了偏移且倾角变缓。当构造复杂时，自激自收剖面上的视界面由于位置不正确可能产生能量汇聚、空白或干涉等现象，使记录复杂化，影响解释工作的进行。所谓偏移处理，就是将自激自收剖面上的同相轴恢复其原来的正确位置，同时使干涉带自动得到分解，剖面面貌变得清晰。

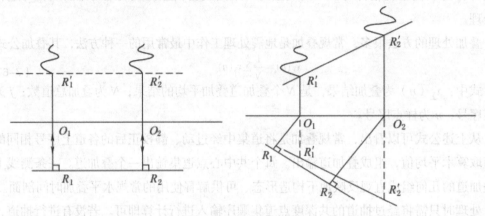

图 7-20 偏移的反射分析

（2）广义绕射的观点

广义绕射的观点认为，地下界面上的每一点均可认为是一个绕射点，它们在入射波的激励下会向界面上方辐射广义绕射波。地下绕射点对应到记录上就是一条绕射双曲线，即一大片，这正是一个模糊化过程。由于真实界面由许多绕射点组成，它们都辐射绕射波，自激自收剖面上的视界面是所有这些绕射波双曲线的公切线，其位置与双曲线顶点连线不一致，发生了偏离。偏移处理就是将绕射波能量正确地汇聚于其双曲线顶点，结果能量收敛，模糊化消除，界面也自然恢复到真实位置处（双曲线顶点连线位置）。

（3）波场的观点

从波场分析的角度来看，可以将偏移处理过程看作自激自收剖面形成的过程。众所周知，波场函数既是时间变量的函数，又是空间变量的函数，即 $g(x, y, z, t)$，若不考虑 y 方向，则为 $g(x, z, t)$。可见，地下任何一点处均存在着波场，地震记录仅是地面的波场值，即 $z=0$ 时的波场值 $g(x, z=0, t)$。偏移处理也就是将已知的地面波场值（自激自收记录剖面）作为边界条件反过来求地下各点处波场值的过程。要想得到地下各点波场值，可以将检波器放置在地下这些点处进行记录，但相对较困难，我们可借助于数学运算方法，计算出地下各点波场值。因此，偏移处理就是相当于将检波器不断地向地下移动的过程，故称之为延拓或波场外推。

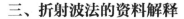

三、折射波法的资料解释

（一）查明河床覆盖层厚度和基岩埋深

在水利水电工程中，一般所要勘探的基岩埋藏不深，在应用地震勘探时较多地采用初至折射波法。只要基岩的波速大于上覆地层的波速且具有折射波法的良好物理前提，应用这种方法就能取得良好的地质效果。以天桥水电站为例，该水电站位于山西保德黄河干流上，河床中间有一小岛，基岩暴露，将河床一分为二，右岸河床地形平坦，左岸为宽约 200 m 的主河槽。测区内基岩为奥陶系泥灰岩和石灰岩互层，覆盖层上部为砂层，下部有厚度不大的砂砾石层。各层的波速是：含水砂层一般为 1300 ~ 1500 m/s，基岩一般为 4000 ~ 5000 m/s。测网布置按 1 ∶ 2000 时比例尺要求，剖面间距为 60 ~ 80 m，检波器间距为 10 m。由于测区具有较好的电法勘探条件，因此，同时也进行了电测深工作。

通过地震折射波法勘探且辅以电测深方法查明，测区覆盖层厚度为 15 ~ 28 m，基岩高程为 790 ~ 800 m。这些测试成果为设计电站主体工程及建筑物布置方案和指导地质勘探及时提供了必要资料。在采用上述方法进行物探之后，又及时打钻验证。

（二）查明潜水分布、评价水库渗涌

在水文地质勘探中，利用地震初至折射波法在松散地层中测定地下水位的主要依据，是含水地层的波速大于上覆不充水地层的波速。在一般情况下，松散岩层中的潜水面均可成为良好的地震折射界面。因此，可以利用折射法直接确定潜水面，借以了解地下水的分布情况，研究其运动规律和补给关系。

（三）探测覆盖层下的基岩断裂构造

当覆盖层以下的基岩存在断裂构造时，可能有不同岩性的岩层接触，也可能有一定宽度的断层破碎带。而不同岩性及断层破碎带与完整岩石之间往往具有弹性波速的差异和不同的动力学特征。因此，可以应用地震法来探测地下断层构造，特别是对浅部和较大的断裂构造，能取得较好的效果。在地震勘探时，采用初至折射波法，并沿垂直断层构造线的可能走向布置测线，观测系统应用纵测线与横测线相配合。

四、反射波法的资料解释

（一）时间剖面的对比

1. 确定反射标准层

时间剖面上从浅至深存在着大量的反射波，为了能清楚地反映地下地质构造特征，一般只选择几个有特征的反射波进行对比，这几个反射波称为标准反射波。一般情况下，由于产生标准反射波的反射界面与地质界面是一致的，可以确定其确切的地质层位，所以我们常把标准反射波称为反射标准层。

地震构造解释的基础，是确定反射标准层（定层）。具有下列条件的反射层，可以作为地震反射标准层：

第一，反射标准层必须是分布范围广、特征稳定的反射层。选择连续性好、波形稳定、能够长距离追踪的反射波作为标准反射波，可以保证构造图的准确性。

第二，反射标准层必须具有明显的地震特征。反射波的特征包括波形特征和波组特征两反射波与前后反射波之间的关系。

第三，反射标准层能反映地下地质构造的主要特征。在研究区域构造时，可选择区域不整合面，或者时间地层分界面的反射波作为标准层，以便于全区的构造和地层的统一解释；在研究局部构造时，根据需要在含油层系附近增选一些反射标准层，以进一步查清构造形态。

在没有反射标准层的地区，或者反射标准层变坏的地区，可用换算层代替反射标准层。作换算层时，要根据构造层的特征和邻近反射层的产状关系进行换算。

用什么方法可以把标准层的层位确定准确呢？确定标准层的方法因资料的好坏程度，钻井数量的多少，各种资料的齐全、准确程度而不同，其准确性也不一样。一般常用的方法如下：

第一，根据标准层的波形特征、波组特征和构造层的特征确定反射标准层。确定反射标准层的方法主要根据标准层的特征。特征明显、标志突出的反射标准层，容易辨认，层位确定的准确度就高。标准层的特征，既包括标准层本身的波形、波组特征，也包括构造层特征。所谓构造层是指一套地层，在这套地层内部，各层之间是整合的、相互连续的，并且在成因上是有联系的。这套地层的顶底界面可以是不整合面，也可以是和不整合面相连接的整合面。构造层和地震地层解释中的地震层序是一致的。根据标准层的特征确定标准层的层位是可靠的。

第二，根据测线网的连接确定反射标准层。反射标准层有特征的剖面，可以根据标准层的特征，确定其标准层的层位。在反射标准层没有特征的剖面，或者是资料质量较差的剖面，可以通过测线网的连接，确定标准层的层位。为此，先要在全区的测线网中，选出反射标准层特征明显、连续性好、构造简单和断层较少的剖面作为基干剖面。通过测线网的连接，既可以确定反射标准层的层位，也可以实现全区的层位统一。

第三，根据层速度资料推断反射标准层。一般情况下，反射标准层是下列几种地质界面的反射：长期沉积间断的不整合面；明显的岩性岩相分界面，如碎屑岩与碳酸盐岩的分界面；稳定的不同岩性组合层段，包括砂、泥岩组合层段，盐膏层组合层段等。因而，产生反射标准层的这些界面，由于沉积条件的不同、岩性岩相的差异，反映到层速度上就有明显的区别。

第四，利用钻井资料，确定标准层的地质层位。反射标准层的地质层位由钻井资料确定。利用钻井的声波测井曲线，制作合成地震记录，和井旁地震剖面对比，可以确定标准层的地质时代及其所反映的岩性。在无钻井资料的地区，可以根据层速度资料，或者根据标准层的特征，与邻区进行比较，推断其地质层位。

2. 时间剖面的相位对比

（1）对比的基本原则

①振幅标志

振幅标志是反射波的主要动力学特征之一，它是识别和追踪同一层反射波的重要标志。因为同一层反射波的振幅变化是很小的，不同层的反射波的振幅是不同的。同一层反射波的振幅，沿测线的变化是渐变的。产生振幅横向变化的原因，一般与地下岩性岩相变化有关。在对比过程中，反射波的振幅发生突变，既可以由断层所造成，也可以由波的干涉所引起。因此，反射波的振幅标志，不仅是识别同一层反射波的重要标志，同时也是判断地下地质因素变化的依据之一。

②波形标志

同一层反射波的波形是相似的，这种相似性是识别和追踪反射波的又一个动力学标志。反射波的波形有时也会产生一些规则的横向变化，如相位数的逐渐增减、某一相位的振幅渐变等，这些变化多半与岩性变化有关。在反射波产生干涉（如绕射波与反射波之间的干涉、断面波和反射波的干涉等）时，将产生反射波的波形突变。

③相位标志

由于同一层反射波到达相邻两个接收点的时间相近，而且接收点之间的距离相等，因此反射波的同相轴是平滑的、有一定长度，不同相位彼此平行，这些是识别和追踪同一层反射波的基本标志。但是必须注意波的干涉对相位一致性的破坏，例如当出现扭曲同相轴或者阶梯状同相轴时，而且同相轴较短，各相位之间也不平行，这些特征都是波干涉的标志。

上述三个标志，从地震波的不同方面反映了同一层反射波的特征。三个标志不是彼此孤立的，而是互相联系在一起的。

（2）相位对比

由于反射波是在干扰背景上被记录下来的，因此，反射波的波前（初至）到达时间难以识别，在时间剖面上不能对比波的初至，只能对比波的相位，这种对比方法叫作相位对比。相位对比就是在时间剖面上，识别和追踪同一层反射波的相同相位。绘制反射标准层的构造图，不仅要求反射标准层的层位一致，而且要求反射标准层的相位相同。一般在地质条件比较简单的地区，反射波的特征稳定，可以对比追踪反射波的某一个相位。这种对比方法又称为单相位对比。对于每一个反射标准层，都要选择振幅较强、连续性好、尽量靠近初至的相位进行单相位对比。在相位对比过程中，由于地质条件的变化或是受波的干涉，对比相位变坏，可以根据反射波的相邻相位关系进行相位换算。

（3）相位闭合

进行反射标准层的相位闭合，既可以统一构造图的作图相位，也可以检查标准层对比工作的质量。根据水平叠加时间剖面同一层反射波相同相位的 t_0 时间在剖面交点上相等的原则，确定其同一层反射波的相同相位，叫作相位闭合。相位闭合不仅是剖面交点上的闭合，而且是整个测线网的闭合。在剖面交点上，相位是否闭合用相位闭合差来衡量。相位闭合差是相交两条剖面反射波的 t_0 时间之差，用 Δt_0 表示。如果相位闭合差小于或等于反射波视周期的一半，即 $\Delta t_0 \leqslant \frac{1}{2}T^*$，则认为相交两条剖面的相位闭合；否则为相位不闭合。如果所有剖面在交点上都满足这个要求，那么整个测线网的相位就闭合了。只有测线网的相位都闭合以后，才能绘制构造图。

（二）时间剖面的地质解释

1. 背斜

背斜是褶皱构造中岩层向上弯起的部分，它是油气勘探的主要对象。在水平叠加剖面上，背斜构造的主要形式是凸界面反射波和平界面反射波，有时也伴随有回转波。在复杂背斜构造上，还会有绕射波、断面波和侧面波。

地垒背斜是在形成背斜时，由于顶部上升，两翼下降，伴随有地垒型断层。地堑背斜则是在形成背斜时，顶部受张力作用产生断层，地层因重力作用下降形成地堑。在水平叠加剖面上，两种背斜凸界面反射波被分成几段，波组关系有明显的错开，各断点上都有绕射波，由于断层面较陡，很少见到有断面波。

2. 向斜

向斜是褶皱构造中岩层向下弯曲的部分。较大的沉积凹陷是油气生成的地方，查清沉积凹陷对估价油气资源有着重要意义。向斜构造一般有两种：一种为对称向斜；另一种为非对称向斜。水平叠加剖面上，凹界面反射波反映了向斜构造的形态。由于凹界面曲率中心的埋藏深度不同，凹界面反射波的类型也不一样。一般情况下，浅层是平缓向斜型，中层是聚焦型，深层则为回转型。凹界面反射波的特点是振幅强，连续性好。但是，在回转波出现的部位，经常有波的干涉现象，造成相位对比困难。在对称向斜构造上，各种波的关系都是对称的，而在对称向斜构造上，各种波的关系则不对称。另外，由于非对称向斜和断层相伴生，因此，在水平叠加剖面上，除有各类凹界面反射波之外，还有断面波和绕射波。

3. 断层

断层在油气田勘探中具有非常重要的意义，因此，断层解释是反射波地震资料解释的重要内容之一。断层解释包括两个方面的工作：一是确定剖面上的断层性质，这叫作断点解释；二是进行断点的平面组合，又称为断层的平面解释。

断层是岩层的连续性遭到破坏，并沿断裂面发生明显相对移动的一种断裂构造现象，反映在时间剖面上，具有以下几个特点。

第一，反射波同相轴的数目突然增减或消失，出现这种情况，一般是基底大断裂的反映。断层的下降盘由于沉积较多，地层变厚，因而时间剖面上反射波同相轴数目增多，标准层齐全。断层的上升盘因为沉积很少，甚至未接受沉积，造成地层变薄或缺失。因而在时间剖面上反射波同相轴数目减少，标准层不全甚至缺失。

第二，反射标准层波组错断，断层两侧波组关系稳定，特征清楚，这是中小断层在时间剖面上的反映。它的特点是断层延伸短、断距小、破碎带窄。

第三，反射标准层发生强相位转换或扭折，一般是小断层的反映。这种断层由于断距小与地层岩性变化不容易区分。

第四，反射波同相轴零乱，前后产状突变或出现资料空白带，这些也是断层的反映。上述现象是由于断层错动，地层两侧产状发生突变，以及断面的屏蔽作用和对射线的畸变作用所造成的。

第五，绕射波和断面波的出现是识别断层的重要标志。

4. 挠曲

挠曲是褶皱的一种。地震勘探中，常见的挠曲现象一般出现在断层附近，这种挠曲又叫作断层挠曲或断层牵引。断层牵引分为正牵引和逆牵引两种。正牵引是正断层的上升盘（或下降盘）受断层面的牵引力作用而产生的一种褶皱现象。逆牵引是在断层的下降盘形成和正牵引褶皱方向相反的褶皱现象。正牵引常在断层的上升盘形成牵引背斜，逆牵引则在断层的下降盘形成逆牵引背斜（又叫作滚动背斜）。水平叠加剖面上，正牵引在上升盘出现凸界面反射波，下降盘则是聚焦型或回转型出现凹界面反射波，此外，还有断棱绕射波和断面波出现。逆牵引则在下降盘产生凸界面反射波，并和下降盘断棱绕射波相切而连接。

5. 不整合

不整合是由地壳运动引起的沉积间断。它与油气的聚集有密切关系，如不整合遮挡圈闭就是一种地层圈闭油藏。另外，查明不整合对研究沉积历史也有重要意义。不整合分为平行不整合与角度不整合两种。

平行不整合的特点是上下构造层之间存在侵蚀面，但是产状一致。这种不整合在时间剖面上不易识别。由于不整合面受到长期风化剥蚀而凸凹不平，水平叠加剖面上常出现绕射波。与绕射波相似的凸界面反射波和回转波又因为不整合面的波阻抗差异明显、变化大，产生的反射波振幅强，变化也大。这些特点是识别平行不整合的标志。

角度不整合比平行不整合容易识别，时间剖面上表现为不整合面上下反射层有不同的产状，并呈明显的角度接触关系。不整合面以下的反射波，依次被不整合面所产生的反射波代替；形成于不整合面以上的反射波连续，可长距离追踪，不整合面以下的反射波依次尖灭于不整合面。在地层尖灭点上产生的绕射波常和尖灭点附近的反射波同相轴交叉，形成波的干涉。

6. 超覆和退覆

超覆和退覆出现在盆地边缘和斜坡带。超覆是海平面相对上升时，新地层的沉积范围扩大，依次超越下面较老地层的覆盖范围。退覆则是海平面相对（迅速）下降时，新地层的沉积范围缩小，依次小于下面较老地层的覆盖范围。所以，超覆和退覆是角度不整合的一种特殊形式。时间剖面上它们的基本特点相同，都是几组互不平行的反射波逐渐靠拢，和地层尖灭点的绕射波相切而连接在一起。所不同的是超覆时，不整合面以上的反射波依次被不整合面的反射波所代替；而退覆时，在不整合面以上的地层中，较新地层的反射波依次被下伏较老地层的反射波所代替。

（三）地震地层解释

1. 划分地震层序

从理论上讲，地震反射代表地层的波阻抗界面。但是，一般人很容易把波阻抗界面理解为岩性界面，其实这种理解不符合实际情况。地震勘探的大量实践以及一些典型的实验证明：连续地震反射通常都是沿着地层的层面和不整合面，而地层内部的岩性变化，一般不产生连续反射，只是使层面和不整合面的反射波形发生变化。

产生上述现象的原因在于层与层之间由于时代不同、沉积条件的差异，会出现波阻抗的突变，即使有时看上去上下岩性是类似的，实际上波阻抗还是有差别。另外，地层内部的岩性变化常常是渐变的，岩性界面也是参差不齐的非连续界面，因此一般不可能形成连续地震反射。对于不整合面，尽管沿着这个面下部岩性有很大变化，由此会引起不整合面反射的振幅变化，甚至极性反转，但是它并不妨碍不整合面形成连续地震反射。

总之，连续地震反射来自地层层面和不整合面这个事实使地震反射具有了地层学的含义，也就是说，当地震反射来自地层层面时，连续地震反射相当于地质时间线；如果地震反射来自不整合面，则连续地震反射就是沉积间断面。

2. 地震层序

地震构造解释的基础是确定反射标准层（定层），地震地层解释的基础则是划分地震层序（分层）。地震层序与沉积层序相对应，它是沉积层序在地震剖面上的反映。所谓沉积层序，是指上下整一的、相互连续的、成因上有联系的一套地层，其顶底界面为不整合面，或者和它相连接的整合面。在地震剖面上，找出两个相邻的不整合面，分别追踪到整合面处，则这两个整合面之间的全套地层就是一个完整的地震层序，其所持续的地质时间，称为地震层序年龄。因此，划分地震层序的目的，就是要确定地震地层解释的时间地层单元（地震层序）。

那么划分地震层序和确定反射标准层有什么区别呢？地震构造解释确定反射层时，着眼于反射的连续性。选出连续性好、波形稳定、能够长距离追踪的反射层作为标准层，可以保证构造图的准确性。地震地层解释划分地震层序时，着眼点是找不整合面，因为不整合面是划分地震层序的主要标志。从盆地边缘，根据反射终端找出相邻的两个不整合面，然后向盆地中部对比到相应的整合面，就划分出一个地震层序。

3. 地震层序的边界关系

由上述分析可知，划分地震层序的主要标志是不整合面。不整合面是一个沉积间断面。沉积间断可以由两种原因造成：一种是后期侵蚀，叫作侵蚀型间断；另一种是原来就有某些地层未沉积，称为未沉积型间断。未沉积间断可以形成顶超和底超，底超包括上超和下超两种。因此，一个地震层序的边界关系可能有三种：一是整合；二是未沉积间断引起的不整合（包括顶超和底超）；三是因侵蚀造成的不整合，当然侵蚀不整合只能出现在地震层序的顶部。地震层序的各种边界接触关系分别为：顶部边界的接触（包括侵蚀、顶超和整合三种）、底部边界的接触（包括上超、下超和整合三种）。

侵蚀代表沉积层序在沉积后经过了构造变动和侵蚀作用，它是划分地震层序顶部边界最可靠的不整合标志。顶超是一种未沉积间断的不整合，它表示一种同沉积冲刷面，或沉积作用面，使得后续地层的沉积始终维持在同一个沉积基准面上。上超代表海平面或沉积基准面不断上升，使得后续地层不断扩大沉积范围，沿着古地貌上倾方向超覆。下超代表沉积物的前积作用，表示沉积沿着古地貌下倾方向超覆。上超和下超统称为底超，都是未沉积间断不整合。

4. 时间地层剖面

由相邻的两个不整合面分别追踪到整合面处，两个整合面之间的全套地层才是一个完整的地震层序，所持续的地质时间是该层序的年龄在地震层序顶部或底部不整合的地方，地震层序的年龄是不完整的。因此，地震层序就具有时间地层的意义。

地震层序的地质年代可以根据地面露头和钻井资料确定；在没有钻井资料时，也可以根据相邻地区，分析已知时代的地震层序特征，推断本区地震层序的地质时代；或者利用本区海平面相对变化曲线，与全球性海平面相对变化曲线进行对比，预测本区的地质时代。

地震层序剖面解释出来之后，如果已知各个地层的地质时代，就很容易做出时间地层剖面图。时间地层剖面的纵坐标代表地质时间，因为来自地层层面的地震反射相当于地质时间线，这些反射在沉积时间剖面上都是一些水平线，水平线的终止点连线就是相邻的不整合面。

（四）地震储层预测

1. 储层的岩性预测

储层的岩性预测可以圈定有效的储集层发育区，如孔隙型砂岩、裂隙型碳酸盐岩、孔隙型生物礁滩等，尤其是对于砂泥岩互层区域，识别储集层困难。

目前，进行岩性预测的方法主要有两大类，即基于叠前反演的弹性参数交绘图版法和叠后地震多属性参数分析法。基于叠前反演的弹性参数交绘图版方法，可以利用叠前反演获得的密度、纵横波阻抗及速度、纵横波速度比、泊松比、泊松阻抗以及拉梅常数等参数建立多参数交绘图版。叠后地震多属性参数分析法有很多种，主要使用地震振幅、频率、相位、方差体、地震瞬时谱、地震相以及地质模式等信息，通过一些地质统计类方法建立岩性与地震属性参数之间的关系，进而形成岩性识别方法。地质统计类方法有神经网络、灰色理论、模式识别、核主成分分析等方法。对比分析可以发现，尽管叠后岩性识别方法有很多，但是由于受叠后地震资料分辨率、复杂地质条件的影响，在解决一些地质问题时会遇到困难，尤其是研究区的砂泥岩（薄）互层问题。为此，需要借助叠前地震资料识别岩性。叠前地震资料不仅具有保真保幅、较高分辨率的特点，还可以通过叠前弹性波阻抗反演获得与岩性有直接关系的岩石物理参数，这将很好地解决岩性识别问题。

2. 储层的物性预测

地震资料评价储层的物性，主要是指孔隙度和饱和度参数，考虑到饱和度计算的复杂性给地震预测带来困难，这里仅仅进行孔隙度参数预测。

在优选用于孔隙度预测的弹性参数中，先要从测井数据统计分析入手，给出各种弹性参数与有效孔隙度之间的交绘图。

3. 储层的含油气性预测

含油气圈闭的确定是油气资源勘探的最终目的，储层评价的后续工作也需要完成含油气预测工作。在储层区域评价中，人们为了识别流体提出了许多流体识别因子，其中，泊松比、V_P/V_S、λ 等参数为较常用的流体识别因子。

从物理意义上说，由于横波（S波）不在流体中传播，只在岩石骨架中传播，因此流体性质的改变不影响横波速度的变化。所以横波速度 V_S 对流体不敏感，即 Z3 对流体也不敏感。所以第一拉梅系数 λ 对流体敏感，第二拉梅系数 μ 对流体不敏感。根据这个理论可以判断各识别因子对流体的敏感程度，含有 P 波波阻抗 Z_P 或 V_P 的流体识别因子都是相对比较敏感的。

第八章　放射性勘探与地热勘探

第一节　放射性勘探

一、基础知识

（一）放射性核素及其衰变规律

1. 放射性核素

众所周知，化学元素的原子是由带正电的原子核和绕核旋转的壳层电子所构成。一个原子最多有 7 个壳层，由里向外依次为 K、L、M、N、O、P、Q 层，而每一层上运动的电子又分属若干个轨道。由于壳层电子总的负电荷量与核的正电荷量相等，故原子呈中性。

原子核由质子和中子组成，质子带正电，中子不带电。以电子所带的电荷作为单位量，则质子带一个单位的正电荷。通常用字母 Z 表示原子核的质子数，称为原子序数；字母 N 表示中子数；字母 A 表示核内质子和中子的总数，称为质量数。具有确定质子数的一类原子称为元素。具有确定质子数和中子数的原子称为核素，以符号 $_Z^A X$ 表示，其中 X 是原子所属化学元素的符号。例如，氢元素有三种核素：氕（$_1^1 H$）、氘（$_1^2 H$）、氚（$_1^3 H$），这些质子数相同而中子数不同的核素，在元素周期表中占有同一位置，因此它们都是氢元素的同位素。

原子核结合能处于最低能量状态（基态），是所有稳定原子核的状态。高于基态的能量状态，为不稳定的激发态。自然界有一些元素的原子核处于不稳定状态，能自发地发生变化，由一种原子核转变为另一种原子核，并伴随着放出一种特殊射线，这种现象称为核衰变，这样的元素称为天然放射性核素（同位素）。主要核衰变类型有：α 衰变、β 衰变、电子俘获和同质异能 γ 跃迁。

2. 放射性衰变的类型

（1）α 衰变

核内放出 α 射线的过程称为 α 衰变。α 射线是初速度为 20000 km/s、带正电子的 α 粒子流，即核素（He）流，因此，母体（用 X 表示）经 α 衰变后，将转换为原子系数减少 2，质量数减少 4 的子体（用 Y 表示），同时放出能量 Q。

（2）β 衰变

核内自发将一个中子转换为质子，并放出带负电的 β 射线、中微子 V 和能量 Q 的过程称为 β 衰变。

（3）电子俘获

当原子核中质子过剩时，核就捕获一个轨道电子（一般是离核最近的 K 层电子），使核中的质子转化成中子并放出一个中微子，这种衰变称为电子俘获。经电子俘获产生的子体，其原子序数比母体减少 1，但质量数不变，因而它在周期表中居于母体之前一位。

（4）同质异能 γ 跃迁

实验表明，电子绕核旋转的轨道是不连续的。每个轨道的电子都具有确定的能量，因此电子在各轨道上具有的能量也是不连续的，我们把这些不连续的能量数值称为原子核的能级。在正常情况下，原子核处于最低能级，这时它所处的能量状态称为基态。如果原子核吸收了能量而处于较高的能级，其所处的能量状态就称为激发态。使原子核处于激发态的能量称为激发能级。按照能量增高的顺序，我们可以将激发能级依次分为第一、第二、第三等激发能级。

3. 放射性核素的衰变规律

核衰变是原子核的自发转变过程，由其内部特性决定，而与外部条件（如温度、压力、电磁场等）以及核素本身所处的化学状态无关。实验证明，对于单独存在的一定量的某种放射性核素而言，在时间间隔 $\mathrm{d}f$ 内，原子核的衰变率 $\dfrac{\mathrm{d}N}{\mathrm{d}t}$ 与 t 时刻该核素的原子核数目 N 成正比。

（二）放射性系列及放射平衡

1. 放射性系列

（1）铀系

铀矿是主要的天然放射性矿产，起始元素是 $^{238}_{92}U$ 经过一系列衰变，最终形成 $^{206}_{82}Pb$，如下：$U \rightarrow \cdots \rightarrow 气体 ^{222}_{86}Rn \rightarrow \cdots \rightarrow ^{206}_{82}Pb$。

（2）钍系

起始元素是 ^{232}Th（钍），经过 10 次 α 衰变或 β 衰变，最终形成 Pb。

（3）锕（铀）系

起始元素是 $^{238}_{92}U$，经过 11 次 α 衰变或 β 衰变，最终形成 ^{232}Th。

三个放射性系列有一些共同的特点：

第一，起始母体的半衰期都在 108 α 以上，因此这三个系至今仍存在于自然界中。

第二，每个系各有一代原子序数为 86 的气态子体，称为射气。其中属于铀系的称为氡（Rn）、钍系的称为钍射气（Tn）、锕铀系的称为锕射气（An）。Tn 和 An 都是氡的同位素，氡是镭的 α 衰变产物。

第三，各系最后的稳定核素都是铅（Pb）的同位素。

2. 放射平衡

在放射性系列中，除起始母体外，任意一代子体在其衰变过程中只要与母体共存，都能不断得到补充。如果母体的衰变常数 λ_1 比子体衰变常数 λ_2 小很多，则可认为母体数量不随时间变化而变化，而子体的数量逐渐增加，最后达到一个定值。这时，母、子体在数量上保持一个恒定的比值，我们将这种情况称为放射平衡。当达到放射平衡后，单位时间内母体衰变成子体的原子核数量与子体自身衰变而减少的原子核数量相等。

只要时间足够长（一般是系列中每代子体最长半衰期的 10 倍），整个放射性系列都可以达到放射平衡。

自然界中钍系一般都处于放射平衡状态。但铀系达到平衡所需的时间要以百万年计，因此，平衡一旦被破坏，将很难恢复。

（三）射线与物质的相互作用

1. α 射线与物质的相互作用

α 粒子可在与原子中的壳层电子发生静电作用时，使电子获得能量，并从原子中逸出，成为自由电子，同时原子变成带正电的离子，电子和正离子组成离子对，这种效应称为电离。如果自由电子具有较高的能量，就会再次与原子中的壳层电子作用，产生次级电离。如果壳层电子获得的能量不足以使它从原子中逸出，它就只能跃迁到更高的能级，这种效应称为激发。

α 粒子在物质中耗尽全部动能后就停下来，并被物质吸收。通常把 α 粒子在物质中完全停止下来所经过的距离称为 α 粒子在该物质中的射程。射程是表征射线穿透能力的物理量。粒子的射程越长，说明它在物质中的穿透能力越强。

2. β 射线与物质的相互作用

β 粒子的质量很小，它与原子的壳层电子或原子核作用时，容易改变自身的运动方向，但变向前后的总动能不变，这种现象称为弹性散射。弹性散射的径迹为一条不规则的折线。α 粒子质量大，故其散射作用很不明显。

当快速 β 粒子掠过原子核附近时，由于受核库仑力的作用而突然改变速度，使其一部分动能转变为电磁辐射，称为韧致辐射，韧致辐射产生的射线称为韧致伦琴射线。

β 粒子也能使物质电离和激发。但与 α 粒子相比，它在物质中通过单位距离所生成的离子粒数大约为 α 粒子所产生离子粒数的 1%。β 射线的穿透能力比 α 射线强得多，大约高出 100 倍。

3. γ 射线与物质的相互作用

（1）光电效应

低能量（小于 0.5 MeV）的 γ 光子与物质作用时，可将其能量全部转移给原子而自身

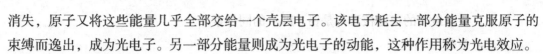

消失，原子又将这些能量几乎全部交给一个壳层电子。该电子耗去一部分能量克服原子的束缚而逸出，成为光电子。另一部分能量则成为光电子的动能，这种作用称为光电效应。

（2）康普顿效应

能量较高（0.5～1.02 MeV）的 γ 光子可以直接与原子中的壳层电子（有时也与自由电子）发生弹性碰撞，碰撞后光子损失能量从而改变运动方向，电子获得能量而从原子中飞出，这种现象称为康普顿效应（或康普顿散射）。由原子中逸出的电子称为反冲电子，改变了运动方向的 γ 光子称为散射光子。

（3）电子对效应

能量大的 γ 光子经过物质的原子核（特别是重原子核）附近时，有可能被吸收而失去全部能量，转化成由一个正电子和一个负电子组成的电子对，这种作用称为电子对效应。

天然放射性核素产生的 γ 射线在岩石中的作用以康普顿效应为主。γ 射线通过物质时也能产生电离作用，但在单位距离上所产生的离子对大约只有 β 射线的1/100，而其穿透能力却胜过 β 射线约100倍。在岩石和覆盖层中，γ 射线一般能透过 0.5～1 m，β 射线能透过数毫米，而 α 射线只能穿透 30 μm。

（四）原子核反应

1. 带电粒子核反应

属于这类核反应的入射粒子有质子、氘核、α 粒子及重离子（质量比 α 大的粒子，如 $_{10}^{2}\mathrm{Ne}$、$_{6}^{12}\mathrm{C}$）等。

2. 中子核反应

其入射粒子为不同能量的中子（$_{0}^{1}\mathrm{n}$）。

3. 光子核反应

其入射粒子为能量较大的 γ 光子。

核反应所放出的粒子有质子、中子、氘核、α 粒子及 γ 光子等。

产生核反应的方法很多，其中最简单的是用 α 射线照射低原子序数的核素。例如，用镭核衰变放出的 α 粒子轰击铍核，产生核反应，可放出中子。于是将镭与铍混合制成 Ra-Be 中子源，利用其产生的中子又可以进行一系列的中子核反应。

（五）核辐射测量常用的量及单位

1.（放射性）活度

处于特定能态的一定量放射性核素在单位时间内发生自发核衰变或核跃迁的次数为（放射性）活度 A，即 $A = dN/dt$。

在 SI 制中，活度的单位为 Bq [（贝可勒尔）]，1Bq 是指一定量的核素每秒产生一次核衰变，即 1 Bq=1 s-1。

单位体积的气体或液体中的射气的放射性活度称为（放射性）活度浓度，以 Bq/L（贝可每升）表示。

2. 物质 B 的质量分数 ω_B 和质量浓度 $\tilde{n}_B$

物质 B 的质量 m_B 与混合物质量 $m_总$ 之比称为物质 B 的质量分数 $\omega_B = m_B / V_总$。对固体岩、矿石采用 ω_B 表示。例如，岩石中"铀的质量分数"记为 $\omega(U)$，岩盐中"氯化钾的质量分数"记为 ω（KCl）。在 SI 制中，ω_B 的数值可以表示为 %、ppm、ppb。

物质 B 的质量 m_B 与混合物体积 $V_总$ 之比，称为物质 B 的质量浓度，即 $\rho_B = m_B/V_总$。对水样（或稀释溶液）、气体样品采用 ρ_B 表示。ρ_B 的 SI 单位有：kg/m^3、g/m^3、mg/m^3、ng/m^3、g/L（克/升）、mg/L、$\mu g/L$。

3. 照射量 X 和照射率 $\dot{X}$

在标准状态下，X 射线或 γ 射线使质量为 dm 的干燥空气释放出来的全部电子（正电子和负电子）被空气完全阻隔时，在空气中产生的任一种符号的离子（正离子或负离子）的总电荷的绝对值 dQ 与空气质量 dm 之比，称为照射量 X。即 $X = dQ / dm$。

X 的单位在 SI 制中为 C/kg[库（仑）每千克]，在 CGS 制中为 R（伦琴）。

dt 时间内的照射量 dX 与 dt 之比，称为照射量率 $\dot{X}$。$\dot{X} = dX/dt$。$\dot{X}$ 的 SI 制单位为 A/kg[安（培）每千克]，高斯制单位为 R/s（伦琴每秒）。常用单位为 R/h（伦琴每小时）及其分数单位 γ（伽马），$1\gamma = 10^{-5}$ R/h。

照射量率与射线强度（单位时间内垂直入射到物质单位截面的射线能量）有近于正比的关系，故 γ 也曾作为衡量射线强度的单位。

（六）放射性核素在自然界的分布

1. 岩石中放射性核素的含量

对岩浆岩而言，放射性核素的含量以酸性岩最高，并随岩石酸性的减弱而逐渐降低。但即使岩性、成分相同，不同时代、不同地区岩石中放射性核素的正常含量也可以有很大差异，因此表中数据只能代表一般情况，对同一类型的岩浆岩而言，年代越新，放射性核素含量越高。

沉积岩中放射性核素的含量取决于岩石中的泥质含量。这是因为泥质颗粒吸附放射性核素的能力很强，而且泥质颗粒细，沉积时间长，有充分时间让铀从溶液中析出；此外，泥质沉积物中较多的钾矿物也导致放射性核素含量增高。所以，尽管总的来说沉积岩比岩浆岩的放射性核素含量低，但在页岩、泥质砂岩和黏土中放射性核素含量还是很高的。一般来说，黏土、淤泥、泥质页岩、泥质板岩、泥质砂岩、火山岩、海绿石砂和钾盐等的放射性核素含量高；砂、砂岩和带有泥质颗粒的碳酸盐类岩石次之；白云岩、石灰岩、某些砂和砂岩再次之；石膏、硬石膏和岩盐最低。

变质岩中放射性核素的含量与它们在原岩中的含量及变质过程有关。由于铀、钍等核素在变质过程中容易分散，故变质岩一般比原岩的放射性核素含量低，但也可能富集成变质铀矿床。

值得注意的是，花岗岩中 $^{40}_{19}$K 的含量较高，常常形成干扰，以致很难确定花岗岩分布区铀、钍的背景值。伟晶岩脉中钾长石引起的放射性增高也容易被误认为是铀和钍的富集。研究钍、铀（含量）比的分布规律有助于解决诸如划分岩体、指示找矿方向等地质问题。

2. 天然水中放射性核素的含量

天然水中放射性核素含量很少，通常只含铀、镭和氡，很少含钍和钾。

水中镭的含量一般只有岩石中的 1/1000，但自然界中也有含铀、镭和氡较高的水，如流经铀矿床的铀水、铀镭水等。这些水可以作为寻找铀矿床的标志。

岩石中因射气作用而放出的氡易溶于水。若岩石遭受破坏，则射气作用增强，于是流经岩石破碎带的水可以溶解大量氡气造成水中镭含量正常而氡浓度增大的状况，这将有助于圈定岩石破碎带。

3. 放射性同位素定年

在绘制一个地区整体的地质图时，确定岩石的年龄常常是一个重要的因素。同位素比值可被用于地质定年，包括 $^{87}Sr/^{87}Rb$、$^{40}Ar/K$、$^{146}Sm/^{147}Nd$、$^{14}C/^{12}C$ 天然衰变反应以及 Sb/U、Sb/Th 值等。

对于衰变过程 $^{87}Rb \rightarrow {}^{82}Sr + \beta$，设 ^{87}Rb 原子的初始数目为 N_0，并假设在初始时刻没有 ^{87}Sr 原子，式（8-1）显示了此时铷和锶的原子数目，N_{Rb} 和 N_{Sr} 分别为

$$N_{Rb} = N_0 e^{-\lambda t}, \quad N_{Sr} = N_0 \left(1 - e^{-\lambda t}\right)$$

结果

$$N_{Sr} / N_{Rb} = N_0 \left(1 - e^{-\lambda t}\right) / N_0 e^{-\lambda t} = e^{\lambda t} - 1 \tag{8-1}$$

因此，知道了衰变常数 λ，可通过测量 ^{87}Sr 和 ^{87}Rb 的比值确定时间 t。因为半衰期为 $4.9 \times 10^{10}a$，$^{87}Sr/^{87}Rb$ 方法在确定前寒武纪岩石年龄方面很有用。$^{87}Sr/^{87}Rb$ 方法的一个有利因素是所有的产物都是固体，从而不太可能丢失。适合分析的矿物包括云母、长石、花岗岩和片麻岩。

^{40}K 的半衰期大约为 $1.4 \times 10^9 a$，因此 K/Ar 方法在确定 5 万 ~ 35 亿年这一范围内的年龄非常有用。^{40}K 以两种方式衰变：①从最内层捕获一个电子（K 捕获）：$^{40}K + e \rightarrow {}^{40}Ar$；② β 辐射 $^{40}K \rightarrow {}^{40}Ca + \beta$。因为每种反应都有它的特征衰变常数，所以衰变速率的比值是常数。因此，双衰变模式的存在并不影响使用 ^{40}K 定年。然而，由于有天然存在的 ^{40}Ca，因而第二种模式不适合用于定年。使用第一种模式，Ar 的量可由溶化样品测得。一个替换方法是把样品放到核反应堆的中子流中，这时稳定的 K（3 K 相对 K 的丰度比值是固定的）会经历如下反应：$^{39}K + e \rightarrow {}^{39}Ar$；然后可以由 $^{40}Ar/^{39}Ar$ 的值确定年龄，这一比值可由质谱

分析仪确定。这一方法精度很高，因为质谱仪的测定精度可以小于 0.01%。

氩在温度 300℃以上扩散很快，因此 ^{40}K 测量测定年龄用于当岩石温度低于 200℃时。^{40}Ar 在大气中也存在，这常导致污染；Ar（可能在来自被捕获的岩浆气体）有时会污染洋底玄武岩。适用于 ^{40}Ar 方法分析的矿物包括云母、角闪石和斜长石。

一些同位素配量可用于测量衰变系列 $^{238}U \rightarrow ^{206}Pb$、$^{235}U \rightarrow ^{207}Pb$ 和 $^{232}Th \rightarrow ^{208}Pb$，同时测量几个不同的比值可以相互印证。测量的比值包括 $^{207}Pb/U$、$^{206}Pb/U$、$^{208}Pb/Th$、$^{207}Pb/^{206}Pb$（因为 $^{235}U/^{238}U$ 的比值是固定的）。锆石特别适合于这个分析方法。

^{14}C 的半衰期为 5730 α，衰变方程为 $^{14}C \rightarrow ^{14}N$，$^{14}N$ 再最终衰变为稳定的 ^{12}C。这一反应用于距今大约 30000 α 内事件的定年。^{14}C 是在高层大气中通过宇宙射线撞击 ^{14}N 产生的。随后，碳成为植物、动物或其他物质的一部分，^{14}C 和 ^{12}C（或者其他碳同位素）的比率给出了这个植物或动物个体存活以来的时间。

当寒冷的大陆冰期到来时，大洋水中 ^{18}O 和 ^{16}O 的比值会改变。因而 ^{18}O 和 ^{16}O 的比值是古气候的一个指示器。尽管对于定年不是很有用，但氧同位素比值对于沉积温度变化的研究是一种很有用的工具。

（七）标准模型

为把仪器的测量结果直接表示成含量单位（g/t、ppm 等），以及测定 γ 能谱仪的换算系数，需要制备 γ 射线达到饱和厚度的标准源。这类标准原具有一定的体积，习惯上称为标准模型。

标准模型实际上是一个人造辐射体，它是用铁皮制成的圆柱形或立方体形的密封箱子，箱内装含量已准确测定的铀（或钍等）矿粉，这类标准模型称为密封模型。近年来常采用下列方法制作密封模型：将矿粉加水泥等黏固剂使矿粉固结成块状，然后在成型的矿粉块表面涂以环氧树脂薄层，使矿粉块密封。

根据模型制作质量上的差别，将标准模型分为Ⅰ级模型（国家级标准）、Ⅱ级模型、Ⅲ级模型等。我国已建立一套用于标定地面 γ 能谱仪、γ 能谱测井仪和航空 γ 能谱仪的饱和标准模型（Ⅰ级模型）。

（八）核辐射防护

1. 放射性物质进入人体内的途径

放射性物质可以通过下列途径进入人体内：

第一，气态、气溶胶或粉尘状态的放射性核素易由呼吸道进入人体；

第二，放射性核素可随污染的水或食物经胃肠道进入人体；

第三，气态或液态（包括存在于溶液中）的放射性核素，可通过正常皮肤或伤口，经血液循环进入人体。

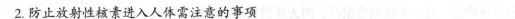

2. 防止放射性核素进入人体需注意的事项

为了防止放射性核素进入人体，必须注意下列几点：

第一，工作地点空气中放射性物质的浓度不能超过最大容许浓度。为此，工作场所要有可靠的通风装置，使空气新鲜。在实验室工作时，能引起放射性尘埃或气体的操作工序应在通风室内进行。

第二，工作时要穿工作服并戴口罩。工作服可将 α 射线全部挡住。佩戴有效的防尘口罩，可防止氡子体等有害物质吸入体内。这是矿山工作人员必要的防护措施。

第三，在坑道、矿井和实验室中严禁吸烟、吃东西和饮水。

第四，从事放射性物质的操作要小心，防止放射性物质泼、溅、散。接触放射性物质时要戴手套，事后手要清洗干净。

第五，注意安全生产，防止损伤。带有伤口的手不要接触放射性物质，应等伤口愈合后再工作。

3. 剂量监测的类型

要进行有效的防护，必须进行定期的剂量监测与对工作人员进行定期的健康检查。剂量监测按监测对象不同可分为：

第一，个人剂量监测；

第二，工作场所剂量监测；

第三，周围环境剂量监测。

在铀矿的开采、勘探工作中首先主要是进行工作场所的剂量监测，其次是环境剂量监测。只有在必要时才进行个人剂量监测。在矿山坑道中工作时，工作人员受超剂量当量限值外照射的情况是极少的，所以在一般情况下在矿山坑道中只监测空气中的氡和钍射气浓度，以防止吸入高浓度的氡、钍射气。

对从事放射性勘查工作人员进行定期健康检查是十分必要的。因为进行定期健康检查不仅可以观察工作人员在工作过程中的健康情况，早期发现放射性损伤和其他疾病，并给予及时的医疗措施，而且有可能发现在劳动条件和防护措施方面存在的问题，以便及时改进。

二、常见的放射性测量方法及其应用

（一）测量仪器

1. 盖革—弥勒计数器

这是一种主要对 β 辐射有响应的非常简单的仪器，因此它只能用于地面导线测量。盖革计数器最初是在 20 世纪初由德国物理学家汉斯·盖革（Geiger, Hans Wilhelm）和英国物理学家卢瑟福（Ernest Rutherford）在 α 粒子散射实验中，为了探测 α 粒子而设计的。

后来几经改进而成为现代的盖革计数器。盖革计数器因为其造价低廉、使用方便、探测范围广泛，至今仍然被普遍地使用于核物理学、医学、粒子物理学及工业领域。

盖革计数器是根据射线对气体的电离性质设计成的。其探测器（称"盖革管"）的通常结构是在一根两端用绝缘物质密闭的金属管内充入稀薄气体（通常是掺加了稀有气体，如氦、氖、氩等），在沿管的轴线上安装有一根金属丝电极，并在金属管壁和金属丝电极之间加上略低于管内气体击穿电压的电压。这样在通常状态下，管内气体不放电；而当有高速粒子射入管内时，粒子的能量使管内气体电离导电，在丝极与管壁之间产生迅速的气体放电现象，从而输出一个脉冲电流信号。

盖革计数器也可以用于探测 γ 射线，但由于盖革管中的气体密度通常较小，高能 γ 射线往往在未被探测到时就已经射出了盖革管，因此其对高能 γ 射线的探测灵敏度较低。在这种情况下，碘化钠闪烁计数器则有更好的表现。

2. 轻便型 γ 射线测量仪

轻便型 γ 射线测量仪，主要指携带式辐射仪、积分 γ 能量谱仪、四道 γ 能量谱仪以及小型多道 γ 能谱仪等，主要用于现场 γ 射线测量。它们的特点是仪器轻便，携带方便，是寻找铀矿和其他矿产的主要仪器，也是环境辐射剂量测量仪器。

这里以便携式微机多道 γ 能谱仪做介绍。该仪器是放射性矿产找矿勘探中常用的 γ 能谱仪之一，目的是一次同时测量矿石及土壤中铀、钍、钾的含量。目前这类仪器品种很多，基本结构也大同小异。主要由探测器、线性放大器、模数转换器（ADC）、变换控制器和单片（或笔记本）微机系统组成。探测器可以是 NaI（TI）闪烁探测器，也可以是高能量分辨率的半导体探测器。放大器一般使用低功耗（CMOS）高速线性运算放大器，ADC 多数使用高分辨能力的线性放电工作的 16 位模数转换器，通过接口 / 控制使微机系统能够顺利读取 ADC 输出数据，并处理显示其结果。

（二）野外工作方法介绍

1. γ 测量方法

（1）准备工作

开始野外工作之前，重要的准备工作是仪器的性能测试、本底测量。性能测试，主要是检查仪器工作稳定性，受湿度、温度影响情况；连续工作，稳定性测试产生的读数变化，不得超过规范允许的标准误差。每天工作之前和工作之后都要固定工作原位置记录仪器的照射量率。如果相对于每次测量的平均值，其变化偏差不超过 $\pm 10\%$，说明仪器工作正常，测量结果质量可靠。

当用多台仪器同时进行野外 γ 测量时，需要注意仪器的一致性。工作经验证明，虽然每台仪器都已经过严格的标定，但测量结果的平均值（用至少 30 次测量结果的平均值）并不完全一致。通过两台仪器平行测量，保持几何条件相同，取平均值进行对比，或用 t 检验法进行检验。如果相对误差在允许范围之内，则认为是合格的。

仪器的本底测量是每台仪器都要做的工作，而且在仪器大修之后或到新的测量地区需要重新测量。

（2）测网布置和路线 γ 测量

①概查

比例尺一般为 1：10 万～1：5 万，或者只做几条剖面。主要任务是研究工作区域岩性的放射性特征，找出有利含矿层位、构造的分布情况，大致圈定找矿远景地区。

②普查

比例尺一般为 1：2.5 万～1：1 万。以概查为基础，主要任务是寻找 γ 异常点、异常带并探查其分布规律、成矿条件和矿化特征。

③详查

比例尺主要为 1：5000～1：1000。一般是在成矿的远景区或矿区的外围进行详查。主要任务是对具有成矿可能的异常点、异常带进行追索，查明异常的特征、规模，赋存的地质条件、矿化特征，为揭露评价提供依据。

2.α 测量方法

α 测量方法是指通过测量氡及其子体产生的 α 粒子的数量来寻找铀矿、地下水及解决其他地质问题的一类核物探方法。该方法又分为射气测量、α 径迹测量和 α 卡法测量等。

与 γ 测量相比，射气测量具有探测深度较大的优点。但它的仪器较笨重、操作较复杂，因而工作效率较低。射气测量主要用于寻找浮土覆盖下的铀矿体，也用于地质填固、追索岩层接触带和构造破碎带，以及寻找浅层裂隙水等。

α 径迹测量记录的是氡放出的 α 粒子，实质上它是一种长时间的射气测量。因此，凡是射气测量能解决的地质问题 α 径迹测量也能解决，且后者的勘探深度要大得多。这是因为，虽然氡可以扩散到百米以上，但射气仪是瞬时取样测量，灵敏度有限，不可能把不够一定浓度的氡探测出来。α 径迹测量采用长期积累测量方式，使得深达 200 m 的铀矿体所含的氡都可以扩散到探测器薄膜上，故灵敏度大大提高。

α 卡法是一种短期积累测氡的方法。α 卡法比射气测量灵敏度高，探测深度大，又比 α 径迹测量生产周期短，故已得到广泛的应用。

3.人工核辐射测量方法

该方法有：X 射线荧光法和中子活化法等。

X 射线荧光方法在寻找各种金属及非金属矿床，探测石油、煤田等方面都取得了显著的成效。在金矿勘查中，X 射线荧光法是借助亲铜元素（如 As、Cu、Pb、Se、Hg、Bi、Zn、W 等)与金的共生关系,通过观测金矿分散晕中由人工激发出的亲铜元素的特征 X 射线,找出它们与金矿的相关关系，从而寻找和圈定金矿带。

利用核反应可以把许多稳定的核素变为放射性核素，这个过程称为活化。利用中子核反应进行的活化，称为中子活化。

中子活化法是利用具有一定能量的中子去轰击待测岩矿样品，然后测定由核反应生成的放射性核素的核辐射特征（能谱、半衰期等），从而实现对样品中元素种类和含量的定性和定量分析。

由于中子活化法测量微量元素的灵敏度高，且测量时不破坏样品，不受元素在物质中化学状态的影响，因此已越来越广泛地应用于地质工作中。

第二节　地热勘探

一、地热勘探的理论基础

（一）温度

温度是热力学中特有的一个物理量，它表示物体的冷热程度。为了定量地进行温度的测量，必须确定温度的数值表示方法。温度的数值表示方法称为温标。

波义耳定律指出，一定质量的气体，在一定温度下，其压强 P 和体积 V 的乘积为常量。对于不同的温度，这个常量值不同。各种气体都近似地遵守波义耳定律，而且压强越小，与这个定律的符合程度越高。

为了表示气体的共性，我们引入理想气体的概念。所谓理想气体，就是指在各种压强下，严格遵守波义耳定律的气体，它是各种实际气体在压强趋于零时的极限情况。由于对一定质量的气体，P、V 乘积只决定于温度，我们就可以定义一个温标，称为理想气体温标（热力学温标）。对于理想气体来说，这一乘积和由这一温标所指示的温度值 T 成正比。

为了给出任意温度的确定数值，只要规定其一特定温度的数值就可以了。1954 年国际上规定的标准温度点为水、冰和水汽共存而达到平衡状态时的温度，这个温度称为水的三相温度。

理想气体温标是一种热力学温标。此外还有一种常用的温标，称为摄氏温标。

（二）热量

热量是能量的一种形式。根据热力学第一定定律，若系统由状态 1 变到状态 2，内能的增量为 $\Delta U = U_2 - U_1$，在这个过程中，系统对外界所做的功为 A，系统所吸收的热量为 Q，则它们的相互关系为

$$Q=\Delta U+A \tag{8-2}$$

我们规定，系统从外界吸收热量时，Q 为正；系统向外界放出热量时，Q 为负。系统对外界做功时，A 为正；外界对系统做功时，A 为负。

在 SI 制中，热量和能量的单位相同，都是 J[焦（耳）]。

单位时间内流过单位面积的热量，称为热流密度，以字母 q 表示，即

$$q=\frac{Q}{S \cdot t} \tag{8-3}$$

式中，t 为沿物体某段长度上热传递的时间；S 为其横截面积。热流密度是一个以温度降低方向为正向的矢量，在地热学中简称为"热流"，其单位为 W/m^2 [瓦（特）每平方米]，在地热学研究中，常用 mW/m^2。

（三）岩石的热物理性质

为了研究地球的热状态，了解地球内热能在深部岩石中的传递规律，以及地球上部或地壳个别地段的温度分布特征，测定和研究岩石的热物理性质是十分必要的。描述岩石热物理性质的参数有热导率（k）、比热容（c）和热扩散率（a）等。

1. 热导率 k

热导率是表征岩石导热能力的物理量，即沿热传导方向，单位长度上温度降低 1 K 时通过的热流密度。

各种矿物的热导率都有一个确定的值，但由造岩矿物组成的岩石却无定值而有一个较大的变比范围，松散的物质如干砂、干黏土和土壤的热导率最低；湿砂、湿黏土及某些热导率低的岩石具有相近的热导率；沉积岩中，页岩、泥岩的热导率最低，砂岩、砾岩的热导率变化范围大，石英岩、岩盐和石膏的热导率最大；岩浆岩、变质岩及火山岩的热导率为 2.1 ~ 4.2 W/（m·K）。

2. 比热容 c

比热容是表征岩石储热能力的物理量，表示加热单位质量的物质，使其温度上升 1K 时所需的热量。

大部分岩石和有用矿物的比热容变化范围都不大，一般为 586 ~ 2093 J/（kg·K），由于水的比热容较大 [15℃时为 4186.8 J/（kg·K）]，因此，随着岩石湿度的增加，其比热容也有所增加。沉积岩如黏土、页岩、灰岩等，在自然条件下都含有一定量的水分，其比热容稍大于结晶岩。前者为 786 ~ 1005 J/（kg·K），后者为 628 ~ 837 J/（kg·K）。

3. 热扩散率 a

它是表征岩石在加热或冷却时，各部分温度趋于一致的能力。

岩石的热扩散率主要与其热导率及密度有关，比热容因数值变化不大，对热扩散率影响较小。

岩石的热扩散率随湿度的增加而增加，随温度的增高而略有减小。对层状岩石来说，热扩散率具有各向异性特点，即顺岩石层理方向比垂直层理方向要高。

二、地球的热场

（一）温度场

地球内部及其周围某一瞬间温度的分布空间称为地热场（或地温场），即

$$T = f(x, y, z, t) \tag{8-4}$$

式中，x，y，z 为空间坐标；t 为时间。此式反映的是非稳定热场。若 $\partial T / \partial t = 0$，则反映的是稳定热场。

如果连接地热场中温度相同的各点，则可以构成许多等温面，等温面总体反映的是某一时刻地热场的分布特征。

（二）大地热流

大地热流是表征地热场的一个重要物理量，大地热流密度（简称大地热流或热流），用它来表示地球内部热能经热传导方式传输至地表散失的状况。

大地热流值是一个综合性参数，是地球内热在地表可直接测量到的唯一的物理量，它比其他地热参数（如温度、地温梯度）更能确切地反映一个地区热场的特点。热流的测定和分析属于地热研究的一项基础性工作，它对地壳的活动性、地壳与上地幔的热结构及其与其他地球物理场关系等理论问题的研究，对区域热状况的评定、矿山深部地温的预测，以及对某一地区地热资源潜力的评价、油气生成能力的分析等实际问题的研究，都有重要的意义。

陆地热流测试一般是在钻井中测量地温和采集相应层段的岩样，然后分别确定其地温梯度和在实验室测定岩石热导率，便可计算出热流值。但在实际工作中，要得到可信的热流数据并不容易。首先在钻井中温度必须处于稳定状态，其次岩石标本需要相当数量的测试结果，代表该地层岩性。

我国系统的大地热流研究工作始于 20 世纪 70 年代，随后，热流研究工作在我国迅速开展，中国科学院地质研究所、中国地震局地质研究所、地质矿产部等许多单位，在完成国家自然科学基金项目和 GGT 地学断面等项目的同时获取了一大批大地的热流数据。

（三）地球内部热源

地球热源主要来自放射性元素衰变所释放的热量，此外还有次要的热源，比如重力分异热、潮汐摩擦热和化学反应热等。

1. 放射性生热

在放射性勘探部分提到，目前地壳中只有 U、Th 和 K 三种放射性元素的丰度、生热率和半衰期可以构成地球内部热源。

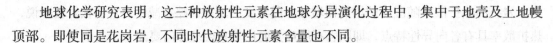

地球化学研究表明，这三种放射性元素在地球分异演化过程中，集中于地壳及上地幔顶部。即使同是花岗岩，不同时代放射性元素含量也不同。

2. 重力分异热

重力分异是指原来混合在一起的几种密度不同的物质，在重力作用下逐渐按密度差异分开的现象。地球早期是较均匀的"混沌体"，后来在重力分异作用下，物质向地心集中时由势能转化为热能，从而形成一部分热源。

3. 潮汐摩擦热

由于潮汐现象摩擦产生的热量也能使地球增温，这部分热量就称为潮汐摩擦热。

4. 化学反应热

地球内部化学反应释放的热量，不过这仅仅能反映局部地区的地热场，只能引起局部的热异常。

三、地热资源的普查与勘探

（一）程序、目的和手段

地热工作是一个由调查、勘查到钻探的程序。根据地区研究程度的不同，大致可分三个阶段。

1. 普查阶段

主要目的是寻找勘探基地，并施工地热普查孔。普查可以在一个较大的范围内进行（一般在 500 km² 以上），采用 1：5 万或 1：10 万比例尺的图件，也可以在几个地区同时进行各项地热普查，包括物化探等工作，以便综合分析各种资料，仔细对比优选，定出地热普查孔，一旦地热普查孔在开采深度内（一般不超过 2000 m）揭露热储层，获得与开采深度相应的、有开采价值的地热流体，待查阶段基本完成，可转入勘探阶段。

2. 勘探阶段

主要目的是查明地热田热储范围、参数、特征等。勘探一般在一个较小范围内进行（船在 100 km² 以内），采用 1：1 万或 1：2.5 万比例尺的图件。根据地热田的大小、复杂程度和物探、化探等资料，至少要布置 5～10 个地热勘探孔，每个孔都要取心和测试等，取得热油层深度、温度、渗透性等参数，以便初步评价地热田的地热储量和环境影响等，为设计开发利用项目（主要是建电厂）的规模、经济核算等提供基础数据。在勘探阶段根据物化探、钻探测试资料还应提出地热田的地质模型，评述地热田的成因、高温热流体的补给途径，估算深部地热流体温度，为打生产井和进一步进行深部勘探提供地热地质依据。

3. 开发阶段（或称管理阶段）

开发阶段主要目的是开发利用好地热田，建立地热田开采动态观测网（压力或水位、流体温度等），建立地热田数学模型，进一步验证地热资源量和对环境的影响等。

目前，地热资源主要还是利用热水型地热田，但是，应该指出的是地热流体与固体矿产不同。普查勘探固体矿产资源的钻孔没有直接的经济价值，而普查勘探地热资源的钻孔与石油或地下水钻孔相似，当遇到目的层时可以成为生产井，一般称之为"探采结合"。所以，当遇到物化探资料等显示比较有把握能探出地热流体的地方，应考虑探采结合。此外，口径较大对取得热储层参数亦是有利的条件。必要时为打开地质工作的局面或由于地热地质条件复杂，在没有把握的情况下，可使用小口径钻探，花费较少的投资，甚至仅以取得热储层埋深、岩性和温度资料，作为普查勘探的目的。

因为在普查勘探中需要考虑探采结合，所以往往出现边普查勘探边利用的局面，当然这种利用开始时规模是很小的。我们认为这应该是被允许的。地热利用本身亦有逐步发展，不断提高技术水平的问题。较小规模的开发在资源上是有充分保证的。

还有地热流体与固体矿产在资源评价上也显然有较大差别，前者在不同程度上受大气降水和大地热流补给的影响，其资源值并不像固体矿产那样是固定不变的，一个地热田的资源量是很难根据 1 ~ 9 个普查孔或其中几个勘探孔，在短期内评价得很精确。所以，在普查勘探阶段有较小规模的开发并不是坏事；相反，还能帮助评价资源。

地热是一门多学科的应用科学，所以，在地热普查、勘探和开发中应采用多种手段。在普查和勘查阶段，最广泛应用的是浅层温度测量和电法测量，也被称为直接方法。地球化学方法（对温—沸泉水、气样做化学与同位素测定和对岩石蚀变矿物、泉华等各种鉴定等），以及重力、磁力等地球物理方法也应用较广泛。另外，还可采用人工地震、大地电磁、微地震、航磁或卫星红外线勘测等方法，但主要由于成本较高（如人工地震）或效果不理想，并在地热中未得到普遍应用。

在普查阶段，为了找低电阻率区（高温地热田），电测深和测温点点距应控制在 1 km 以内。地热田面积一般在 5 km^2 以上，所以至少会有两个控制点。勘探阶段目的是圈定和评价地热田，网度要加密到线距 500 ~ 1000 m、点距 200 m 左右才合适。

开发阶段采用的手段与上述的有很大不同。主要采用各种仪表监测热储变化，通过精确测量了解地面形变，通过回灌以维持热储层流体压力和了解热流体对人体和环境的影响等。

（二）资料收集和地面地质调查

在进行任何普查勘探之前，首先要尽可能地收集、整理和分析该地区地质、水文地质、物化探等资料。这些资料可以在公开文献中查阅，也可以在国家和地方相关地质资料馆中收集。

第一，查阅的范围应尽量大一些，包括一个完整的地质构造单元及其相邻地区，如北京城区找热水，曾查阅北京凹陷及其两侧隆起的各类资料。

第二，重视岩体和地质构造资料的收集。对寻找高温对流型地热田来说，重要的是热源条件，工作地区是否有第四纪岩浆活动，有无与地热有关的成矿作用（如硫黄矿等）；

对中低温传导为主型的地热田而言，重要的是凹陷中的凸起。

第三，重视物化探资料的收集。

第四，重视温度资料的收集。要尽可能收集温泉的位置、温度、水量等资料是不言而喻的。但在覆盖地区主要寻找钻孔抽水时的实测温度资料。这里往往有两种情况，一是石油、煤炭、地质部门的有测温数据的钻孔；二是在供水勘探中往往曾打过许多分层抽水钻孔，有分层水温和出水量数据，收集这些数据也很重要。当出水量较大时（几千克每秒以上），井口测得的水温较之热储层温度仅低几摄氏度。此外，亦需收集气象、地形、土壤、水文等资料。

1. 地球化学探测

地球化学探测是地热普查勘探中便宜和有效的方法之一。地球化学家的任务是分析天然热泉或沸泉的化学成分。这些资料对确定是否要进行钻探提供重要指导。钻探后，直至热田开发，地球化学探测也始终是了解地热田的重要手段。地球化学资料解释可主要提供以下信息：

第一，深部热储层可能具有的温度，即地热温标法；

第二，土壤汞气等测量以寻找地热田；

第三，了解地热田模型（包括水的来源、热流体运动方向、年龄、与冷地下水的混合等）。

（1）深部热储温度的估计

根据泉水或热井水中的 K、SiO_2 等成分可以估算深部热储的温度，也可称为基础温度、地下温度等。

地热温标主要用于高温热流体，当 $t < 100℃$ 时仅可以使用 Na–K–Ca 温标。计算相当容易，但是解释这些计算结果要求考虑地质和水义背景、泉水的温度和其他的成分等。

硅温标法对流量大的热泉更合适些，并认为不适用于热储温度大于 220℃、氯含量非常低的水和酸性水（$pH < 7$）。如果热水从热储到地表过程中被稀释了，也不适用。

Na–K 地热温标法是基于钠长石与钾长石的平衡。这个方法的优点是采用了钠与钾的比值，因此它不受大气降水的稀释或蒸汽损失引起浓缩的影响。Na–K 温标法不通用于热储温度低于 120℃、泉的周围出现钙化、当 Na/K 比小于 8 或大于 20（Na、K 以当量表示），以及与别的热水发生混合和酸性水（$pH < 7$）的种种情况。

Na–K–Ca 温标法是钠钾地热温标的发展，适用于地热流体中富含钙离子或泉周围有钙化的条件。

首先用 $\beta = 4/3$ 来计算温度，如果计算出的温度小于 100℃并且（$\lg \sqrt{Ca}/Na + 2.06$）为正值，计算出的温度即为深部热储温度。但当 $\beta = 4/3$ 时，计算出的温度大于 100℃或者（$\lg \sqrt{Ca}/Na + 2.06$）为负值，则令 $\beta = 1/3$ 并重新计算。

气体地热温标是用溢出地表的气样数据来估算深部热储温度的。据报道，这是适用于酸性硫酸盐泉的一种地热温标。P_{CO_2} 是 CO_2 的气体的分压力，它取决于 CO_2 的体积分数，假设以下几个数量级：

第一，若 CO_2（体积分数）< 75，$P_{CO_2} = 0.1$ 标准大气压；

第二，若 CO_2（体积分数）> 75，$P_{CO_2} = 1$ 标准大气压；

第三，若 CO_2（体积分数）> 75，同时 CH4 $>$ 2H2，H2S $>$ 2H2，$P_{CO_2} = 10$ 标准大气压。

可见 β 系数只能估算，并导致计算误差。如果（a+β）值在 5 ~ 40，对高温和低温热储计算温度误差分别为 ±16% 与 ±28%。

（2）土壤中汞气测量

在地热地带的蒸汽系统上部出现水银矿是常有的。

汞的高挥发性能决定了它具有强大的扩散能力。测定汞采用金箔澜汞仪，灵敏度十亿分之一（ppb）。在硫质喷气孔、强烈蚀变地带的空气中汞气相当多，汞气从深处沿着断层、裂隙上升而达到地表，因此土壤中汞气测量成为寻找地下热水的重要方法。江苏省地质局在南京地区做了试验，获得初步成效。地下热水含汞量多数高于冷水 2 ~ 5 倍以上（有例外），在同一热水井内深部水含汞量要高于水面的。在南京市东约 30 km 的汤山温泉（泉口水温 50℃ ~ 60℃，自流量 1500 ~ 2000 t/d）有奥陶系灰岩出露。地下热水出自一条高角度的断裂破碎带（有火成岩脉侵入），垂直破碎带布置了土壤中汞气测量和 α 径迹测量剖面，在热泉和热水池部位均出现明显异常，汞气异常峰值高出正常场 5 ~ 10 倍，α 径迹异常峰值也高出正常场 3 ~ 5 倍。据测定，在南京市鼓楼广场附近出现明显异常，降值高出正常场 3 ~ 15 倍，为地热普查钻探提供了线索。

α 径迹调查是从氡 –222 的衰变去检测 α 粒子。α 径迹密度与氡射气通量成正比。

2. 地球物理探测

（1）浅层测温

按照测量的深度，可分为两类：浅孔温度测量（浅孔测温）和深孔温度测量（深孔测温）。

浅孔测温的目的是在最浅的深度上测得不受或少受气候和人为因素影响的真实地温，一般是在热储层以上的覆盖层中进行；深孔测温的主要目的是测定热储的稳定温度。深孔测温可参考测井的相关知识。这里主要讨论浅孔测温。

测温勘探过程中，应尽量避免自然因素和人为因素的影响，包括日照、地形、大气降水、地下水活动和人工热源等对温度实测的干扰。诸如地下水的活动可能带走传导热流，可导致梯度测温数值的假象，过浅的地温测量应该校正因气温带来的数值偏差等。所以测温勘探最好选择同一时间完成，可选择同在早上或夜间作业，以增加测量数据的准确性。

（2）电法勘探

①电阻率法测深

这是地热普查勘探中除地温测量法外，应用较广泛的方法。但对不同类型地热田工作方法和能解决的问题各不相同。

A. 电阻率填图法

进行较大面积的电阻率填图以发现新地热田，并进一步对地热田做电阻率填图，以查明其范围。这种方法主要是对高温对流型地热田是非常适用的。因为高温热储与周围冷水温差大，高温热流体的矿化度也高得多，所以，热储层是低电阻率。

B. 电阻率测深

其目的是确定各地层的电阻率及其埋深，最重要的是确定热储层的深度，这对寻找隐伏的地热田是非常重要的。如果在钻探前不能获得较确切的关于热储层的深度，不能安排好合适类型的钻机，就有可能发生钻机能力揭露不到热储层，导致勘探孔失败，浪费资金和时间。

②电磁测深法

常见方法为 MT、AMT 和 CSAMT 方法。

CSAMT 方法抗干扰能力强，对浅层介质的构造有细致的刻画，但其深度受覆盖层阻值的影响；MT 法勘探不受高阻层屏蔽，对深部构造尤其是低阻层的反映极其灵敏。CSAMT 法沿测线方向高密度连续采集，可有效划分浅部不均匀体，提高水平方向分辨率，并为 MT 法资料校正提供地电模型；而 MT 法不受高阻屏蔽层影响，对高阻中的低阻层有较高的分辨率，两种方法联合应用，既能提高横向分辨率又能提高纵向分辨率，从而对浅部与深部构造都有较准确的反映。利用其综合反演的结果并结合已知钻井资料来确定不同介质的地电结构以及根据地下介质电性的差异来确定断裂及热储层的位置是一种行之有效的方法。实际工作中，常常联合进行地热资源勘探。

（3）重力勘探

由于岩石的密度和产状不同，大地重力正常场形成这样或那样的畸变，因而可利用重力探测地下地质构造，从而寻找地下热水。由于重力仪体积小、操作简便、费用较低、效果较好，所以在地热普查勘探中得到较广泛的使用。尤其是在城镇地区，它不像电阻率法受到各种电流的干扰和要拉很长的电线，是一种理想的方法。

重力勘探应用到地热田勘探中往往分两步：①查明测区内基底起伏轮廓，圈出基底凸起区；②确定断裂带。

（4）磁法（航磁）探测

它作为一种辅助的方法也常用于地热普查，主要是了解火成岩的分布，尤其是当岩体近于直立时。磁法虽然仪器设备简单，工作方便，但在城区受到电源、铁器等的影响，往往效果差，而航空磁法可以避免这些缺点。

（5）地震勘探

地热资源勘探的地震方法分为被动地震和主动地震两类。被动地震勘探是利用密集地震台阵来监测岩层中微地震活动所产生的地震波，然后运用地震学方法来反演微地震的活动特征，并反演出研究区三维纵横波速度、纵横波速度比、泊松比等弹性参数分布的一种勘探方法。被动地震勘探方法在国外地热资源勘探中已得到普遍应用，而国内对该方法研究尚不广泛。主动地震是指高分辨率的反射地震勘探方法。主动地震成本相对高，因此在地热资源普查阶段仍然依靠被动地震，而对于评价区的地热储层，主动地震才是最可靠的资料。地震方法作为一种超深且高精度的勘探方法，在一定程度上弥补了重磁电方法勘探的不足，它已在我国大多数地热田展开了应用。

地球物理勘探可以初步查明以下地热地质问题：

第一，圈定地热异常范围、热储的空间分布和地热田边界；

第二，圈定隐伏岩浆岩及其蚀变带；

第三，确定基底起伏及隐伏断裂的空间展布；

第四，确定勘查区的地层结构、热储层的埋深和地热流体的可能富集区（带）。

四、地热资源的评价

地热资源评价是指对地热田内赋存的地热能与地热流体的数量和质量做估计，并对其在一定技术经济条件下，可被开发利用的储量及开发可能造成的影响做评估。

第九章　岩体弹性波勘探

第一节　岩体声波探测与隧道超前预报

一、岩体声波探测

和地震勘探一样，声波探测是利用岩石弹性性质的一种物探方法。这种方法是利用频率很高的声波和超声波（甚至是微超声波）作为信息的载体，来对岩体进行测试。与地震勘探的主要区别在于声波探测所使用的频率大大高于地震勘探所使用的频率。这样与地震勘探相比，由于其频率高、波长短，因此探测范围小、分辨率高，对于岩石的若干微观结构也会有所反映。另外，方法本身也具有简便、快速、经济、便于重复测试、对测试的岩体（岩石）无破坏作用等特点。当然，由于声波本身频率相对较高，故岩石对高频声波的吸收、衰减和散射比较严重，因而探测距离远不如地震勘探那么远。

声波探测技术可分为主动测试和被动测试两类。主动测试所利用的声波由声波仪的发射系统或人工锤击等方式产生，包括波速测定、振幅测定、频谱测定等内容；被动测试的声波则是岩体由于遭受自然界的或其他的作用力，在变形或破坏过程中由其本身发出的，所以亦可称为声发射技术。

声波探测技术，目前在工程地质勘测工作中，使用得越来越普遍。水利电力、交通、地质采矿和国防部门，近年来在许多地区的不少工程项目中都进行了这方面的工作，取得了一些重要的结果。特别是随着各种大型地下工程的兴建，为了保证设计和施工质量，需要对围岩性质和混凝土构筑物的质量做出定量评价，促使声波探测技术在广泛的应用中能得到迅速发展，成为工程地质勘测中不可缺少的勘测手段。

目前声波探测技术主要用于以下几个方面：

第一，围岩工程地质分类。根据波速声学参数的变化规律，进行工程岩体的地质分类并提出各地段应采取的工程措施。

第二，围岩应力松弛范围的确定。根据波速随岩体裂隙发育而降低，以及随应力状态的变化而改变等规律，定量测出地下工程围岩的应力松弛范围（松动圈），为确定合理的衬砌厚度和锚杆长度等提供设计依据。

第三，测定岩体或岩石的物理力学参数，包括动弹性模量、泊松比、杨氏模量和单轴抗压强度等。

第四，测定岩体的地质参数，包括岩体的裂隙系数、完整系数、各向异性系数及风化程度等。

第五，测定小构造的情况，如探测溶洞位置大小、张开裂隙的延伸方向及长度、断层的宽度及走向等。

第六，混凝土构件的探伤及水泥灌浆效果的检查。对混凝土构件内在施工中可能存在的裂隙或空洞进行检测，并根据声波波速的变化来检查灌浆前后的处理效果。

另外，声波技术已用于测井技术中，可利用声速、声幅及超声电视测井的资料划分钻井剖面、岩性剖面，确定结构面位置及套管的裂隙等。声波探测技术已成为工程地质勘查中不可缺少的手段。

（一）声波仪的基本原理

1.声波仪主要部件及功能

声波技术的理论基础是弹性波理论。在此基础上所研制的声波仪由发射系统和接收系统两部分组成。其结构和工作原理简介如下：发射系统包括发射机和发射换能器，由发射机（一种声源信号发生器）向换能器（压电材料制作）输送电脉冲、激励换能器的晶片，使之振动而产生声波，并向周围岩体发射。于是声波在岩体中即以弹性波形式传播，然后由接收换能器接收后转换成微弱的电信号送到接收机，最后经放大后在终端以波形和数字形式直接显示声波在岩体中的旅行时间 t。

发射换能器的功能是将发射机送来的电能转换成弹性振动形式的机械能，从而产生声波；接收换能器的功能则是将收到的岩体中的弹性波转换成电能，然后输送给接收机。因此它们是声波仪的重要组成部分。

目前在岩体声波探测中使用的是电声换能器，最常用的是由压电效应的材料（天然晶体或人工制造的极化多晶陶瓷等）制成的压电换能器。其他还有多种型号和式样，应根据测试条件和要求加以选择。接收换能器中常用的是单片弯曲式；发射换能器多用喇叭式。另外还有为测试横波而研制的横波换能器。这里以喇叭式换能器为例，来简介换能器的工作原理。

喇叭式换能器主要由晶片、辐射体及配重三部分组成。用黏接剂将这三螺柱部分黏合，并用螺栓旋紧，使其能承受较大的功率。晶片为圆形，由压电陶瓷制成，其前端的辐射体为喇叭形的铝合金硬盖板，可以使压电陶瓷受激振动后所产生的声波向岩体单向发射。喇叭式换能器具有单向辐射性能，指向性能较好，机械强度高，还能承受较大功率，因此多用作发射换能器。

2.声波探测的现场工作方法

目前，主要是利用纵波进行波速测定，常用的有直达波法（或直透法）、单孔初至折射波法和反射波法。对穿直透法是将发射和接收探头放置在目标体的两侧，记录直达波。同侧直达波法是将发射和接收（两个）探头放置在目标体表面，记录两个直达波的旅行时间差，可以提高探测结果的横向分辨率和消除目标体表面不规则的影响。双孔直透法需要将发射和接收探头分别放置在两个井孔中。单孔一发双收和单孔双发四收装置的测量纵波临界入射的滑行波，可以获得沿井孔剖面的纵波波速，采用多发射或多接收探头记录时间差，可以消除井轴偏离垂直方向和井壁不规则的影响。单孔反射波法可以是单发射多接收，也可以使用旋转式自激自收探头，能够获得井壁 360° 的信息。此外，反射波法目前仅用于井中超声电视测井和水上的水声勘探。

3. 纵横波的识别及波速的测定

为了求得在岩体或岩石中的纵波和横波的波速等参数，首先必须在接收机荧光屏上正确地区分出纵波和横波，并分别读出它们的初至时间值。一般来说，由于纵波波速大于横波波速，所以纵波比横波先期到达，这样纵波的初至是比较容易读取的。如遇初至不清时，可利用记录波形中的相位校正求出初至时间值。横波由于其波速小于纵波，故在荧光屏上的波形往往叠加在纵波的续至区中，不易辨认。

只有当岩体比较完整，在传播过程中声波的反射、散射不严重，直达波形比较简单，使用的工作频率较高，纵波的延续时间 t 小于 $0.7\,t_P$（t_P 为纵波初至时间）时，纵波和横波才能清楚地分开。

在理想弹性介质中，如坚硬完整的岩体，当其泊松比等于 0.25 时，横波与纵波到达时间关系大致为 $1.73\,t_P$，而在破碎岩体中，则大于 $1.73\,t_P$。

（二）声波探测

这里对声波探测在实际工程地质中推广使用而且效果显著的几个方面做一介绍。

1. 岩体弹性力学参数测定

岩体的弹性模量、泊松比、抗压强度等力学参数，对于有关工程围岩稳定性的评价，以及进行工程设计和施工都是极重要的基本参数，需要予以测定。这项工作是岩体声波探测的一项重要内容，无论在室内或现场均可进行。

在实际工作时，先用声波仪测出待测的围岩纵波速度 V_P 及横波速度 V_S，然后可计算出动弹性模量。用声波仪确定弹性模量诸参数，简便易行，省时省力，并能够便于现场大量布置测点，为有限单元法的计算创造必要条件。

2. 岩体的工程地质分类

为了评价岩体质量，了解洞室及巷道围岩的稳定性，合理选择地下洞室或巷道的开挖方案，设计合理的支衬方案，都必须对岩体进行工程地质分类。

目前对岩体进行工程地质分类的声学参数，主要是纵波波速 V_P 和由此计算得到的裂隙系数 L_S、完整性系数 K_v 和风化系数 F_n 等参数。在此基础上，根据多种判据综合形成岩

体的工程地质分类方法。

3. 围岩应力松弛带的测定

洞室开挖前，岩体中应力处于平衡状态。开挖后，原始的应力平衡被破坏，引起了应力的重新分布，导致应力的释放与集中。为此引起岩体完整性的破坏和强度的下降，而出现了应力松弛带。为了在现场确定松动圈的范围，可用声波仪来测定。其原理是在洞壁应力下降区，岩体裂隙破碎，以致波速减小及振幅衰减较快；反之，在应力增高区，应力集中，波速增大，振幅衰减较慢。因此，利用声波速度随孔深的变化曲线，可以确定松弛带的范围。

4. 混凝土强度检测

不少工程结构框架是由混凝土构成，因而混凝土浇灌质量的检测是现代工程施工质量检测的关键问题之一。影响混凝土质量的因素主要有混凝土龄期、水灰比、水泥型号等，而这些因素又与声波速度有关。

此外，在混凝土构件中，可以用声波探测技术进行无损探伤。若出现波速异常或波幅异常，则根据异常情况可得出混凝土构件中是否存在裂纹或空洞的结论。

5. 水声探测技术

水声探测又称为浇地层剖面测量，是一种利用声波传播原理探测水下地形地貌地层结构和岩性分布的一门新技术。由于该方法能准确、高效、快速地完成水域工程建设，江河湖海、港口及滩涂等各项测量，故在水电、交通、海洋和地质各部门得到了广泛的应用。

水声探测工作时发射机人工发射声脉冲（声波），波向下传播，遇到具有不同波阻抗的分界面时，就会产生反射，接收机接收反射回来的微弱信号，经声电转换放大后记录下来。

众所周知，水库建成蓄水运用后，随之而来的是地泥、砂等的淤积问题。水库淤积增长的速率直接关系到水库的寿命，因而掌握库区的淤积变化情况，是水库管理工作中至关重要的问题。

（三）桩基勘测

随着工程建设中桩基的大量应用，桩基完整性检测技术越来越受到重视。桩基完整性检测方法主要有射线法、穿透法、取芯法和振动及应力波动态检测法。其中，振动及应力波方法中的反射波法和稳态与瞬态导纳法，在国内外桩基完整性检测中得到了广泛的应用，这些方法不仅适用于预制打入桩，也适用于灌注桩。桩基完整性检测主要内容有桩基截面积变化（缩颈、扩颈），夹层断裂，混凝土质量及强度和桩长等。同时，这些动测方法也为打桩应力分析，土阻力和静、动承载力分析提供了必要的检测分析基础和预处理数据。

近几年来，我国在桩基完整性检测方法的研究和检测仪器的研制方面也取得了一定的成绩。一方面吸收和引进了国外先进的检测技术与检测设备（如 PDA、TNO 等），另一方面结合我国的具体情况，发展了动测方法和研制了桩基完整性动态检测仪器，并在实际工程中积累了大量的经验和数据。

从动态试验和分析的角度来看，桩基完整性检测具有很大的难度。由于桩基绝大部分深埋地下，它是个复杂的非均质系统，它复杂的桩土参数、模糊的边界条件、严重的非线性特性、严酷的检测环境和较高的定量要求都对测试及分析技术提出了许多严格的要求。由于现今各种动测方法都是以线性振动理论为基础，所以，目前动测方法的测试结果还是一个逼近值。

1. 基本理论

埋于地层中的桩基，当其长度远大于桩径时，可简化为一维杆件的振动模型。设杆的单位体积的质量为 ρ，杆长为 l，截面积为 A，材料的弹性模量为 E，任一截面 x 上的纵向张力为 $P(x)$，纵向振动位移为 $u(x, t)$。根据弹性力学理论，可得到一维杆件纵向振动的微分方程为

$$\frac{\partial^2 u}{\partial x^2} = \frac{1}{V^2} \frac{\partial^2 u}{\partial t^2} \qquad (9-1)$$

式中：$V^2 = E/\rho$ 为压缩波沿着杆的纵向传播速度。

式（9-1）是桩基动测的理论基础，下面分别介绍机械阻抗法和反射波法。

2. 机械阻抗法（稳态振动法）

机械阻抗法是从电学中引导出来的概念，其基础和机电相似，即由 m（桩身质量）–k（刚度）–c（阻尼）构成的简谐机械振动系统。根据达朗贝尔原理列出的描述系统动态特性的微分方程与相应的电感、电容和电阻组成的电学系统和根据基尔霍夫定律建立的微分方程完全相似。

古典的机械阻抗定义为：在简谐激振下，频域内响应量与激振量之比。而广义的机械阻抗，是以响应量和激振量的傅里叶变换之比来定义的。不论激振量和响应量是周期的还是瞬态的，所得的机械阻抗都是一样的，也就是说机械阻抗仪与系统的固有特性有关。

对于实际的桩系统，当桩嵌入土中时，相当于一根有约束的细长杆，桩头在力的激励下，振动并产生位移、速度和加速度。用振动方法获得的桩的机械导纳（桩系统频率响应与激振力的幅值比和相位差）反映了与系统固有属性有关的许多信息。仔细提取和辨别这些信息，可以研究桩基的动态特性，分析桩身缺陷，估测单桩垂直承载力，这就是机械阻抗法检测桩基质量的基本原理。

机械阻抗法测桩具有鲜明的特色，即测试理论比较成熟，测试仪器比较成熟，能量便于控制，测试重复性好，由导纳曲线可直接求得桩的波速、特征导纳和动抗压刚度等参数，为判断桩的质量、断桩、缩径或扩径位置，以及估测单桩承载力提供了明确、有效的参数。这些特点使机械阻抗法在桩基动测方面具有很大的生命力。

3. 反射波法（瞬态动测法）

当桩体的长度远大于其直径时，桩体视为一维杆体。在一维杆件中，当桩顶受激发、

离震源足够远时，波沿射线传播，可视为平面波。

弹性波在传播过程中，当遇到两种不同波阻抗介质时，就会产生波的反射、透射等现象。反射系数 R 公式为

$$R = \frac{\rho_2 V_2 A_2 - \rho_1 V_1 A_1}{\rho_2 V_2 A_2 + \rho_1 V_1 A_1} \tag{9-2}$$

式中：ρ、V 和 A 分别为两种不同介质的密度、纵波速度和截面积。桩顶设置传感器和记录器后，可记录因应力波的到达而引起的桩顶质点的振动情况，就能得到一条时域曲线，称为振动图，实际中它是用来确定桩体完整性的依据。

另外，可用弹性波传播时间 Δt 来确定波速和反射界面的位置，其公式为

$$V = \frac{2L}{\Delta t} \tag{9-3}$$

以上勘测方法，由于使用仪器等的因素不同在判断桩基完整性时，可应用不同的判据。

桩基动测是一门发展中的应用科学，许多问题尚未解决或尚未很好解决，还有待于今后进一步提高和完善。

二、隧道超前预报

隧道属于地下建筑工程，能够极大地缩短公路的长度，连接一般公路工程无法到达的区域，有着不可替代的重要性。随着国家经济的发展，公路隧道工程的数量越来越多，长度越来越长，埋深越来越大，施工的速度要求也越来越快。然而其地质情况往往令人意想不到，随时会出现各种形状和不同规模的地质体，引发各种地质问题。尤其是在地质条件复杂的山区建设隧道，隧道周围及工作面前方的工程地质和水文地质情况对于隧道施工的质量和安全关系重大。地下地质条件复杂，潜在无法预知的地质因素，如多变的地质条件、地层破碎带、断层、岩溶、富水岩层等。没有预报系统，不良地质条件极容易引起隧道塌方冒顶、沉陷、突泥涌水、支护结构变形，不仅在技术上给隧道施工带来极大的困难，也常常因突发事故导致人身伤亡、设备损失、工期延误，从而造成巨大的经济损失，影响进度和形象。

通过隧道地质超前预报，并辅以其他地质调查方法，结合设计文件和提供的地质资料，对隧道工作面前方围岩，尤其是隧道掌子面前方围岩的工程地质和水文地质情况的性质、位置和规模进行比较准确、全面、系统的探测和判断，确定不良地质体的空间位置和危害程度，然后综合考虑围岩和主动支护因素，及时地调整支护参数，提出措施和建议，并指导隧道施工，可有效控制地质灾害的发生，确保支撑隧道的岩石牢固可靠和施工质量，从而改善工地的安全，赢得施工时间，降低成本，提高隧道掘进的进度，将风险降低到最小。

隧道超前预报的内容如下：

第一，对照设计文件提供的地质资料，预报隧道掌子面前方围岩软硬变化对施工的影

响程度。

第二，预报可能出现的破碎带，引起塌方，滑动的部位、形式、规模及发展趋势。

第三，预报可能出现突然涌水的地点、涌水量大小、地下水泥沙含量及对施工的影响。

第四，对隧道穿过不稳定岩层、较大断层作出预报。

第五，对隧道附近出现的溶洞大小、位置作出预报。

第六，能较准确地判定围岩类别并提供岩石力学参数，为确保隧道安全施工、确定隧道施工工艺，及时合理地调整支护参数，为对前方软弱岩层予以提前支护、加固提供可靠的依据。

目前，隧道超前预报方法有很多种，应该依据勘探目标、周期和经济成本等选择合适的方法。具体隧洞超前预报方法分类如下：

（1）工程地质分析。通过对隧洞工程区的地质调绘和对隧洞开挖洞段的地质编录，运用各种地质手段宏观预测隧洞施工掌子面前方的不良地质体性质、位置、规模以及水文地质条件。主要方法有地质体投射法、断层参数预测法和地质编录预报法等。

（2）超前钻探法。利用钻机在隧洞掌子面进行超前水平钻探，探明隧洞前方的地质及地下水情况。超前水平钻探法主要用于探测断层、溶腔、突水、涌泥、瓦斯等不良地质，具有直观、准确的特点。

（3）地球物理探测法。在隧洞内采用地球物理勘探方法，对隧洞施工掌子面及周围邻近区域进行探测，根据围岩与不良地质体的物理特性差异，查明不良地质体的性质、位置及规模。目前，应用于隧洞超前预报的地球物理勘探方法主要有地震负视速度法、TSP（tunnel seismic prediction）隧洞超前预报技术、TRT（true reflection tomography）层析扫描超前预报技术、TGP（tunnel geologic prediction）超前预报技术、探地雷达法、红外探测法和 BEAM（bore-tunneling electrical ahead monitoring）法等。

这里仅介绍地球物理探测法中的 TSP 隧洞超前预报技术。

（一）TSP 超前地质预报方法

TSP 是由国外开发研制的一种快速、有效、无损的反射地震探测技术，它是专为隧道超前地质预报设计的。其目的在于迅速、超前地提供在开挖周围及前方的三维空间的工程地质预报。

TSP 和其他反射地震波方法一样，采用了回声测量原理。地震波在指定震源点用小药量激发产生，震源点通常布置在隧道的左边墙或者右边墙，一般 24 个炮点布成一条直线，接收点和炮点在同一水平面。地震波以球面波的形式在岩石中传播，当遇到岩石物性界面，如断层与岩层的接触面、岩石破碎带与完整岩石接触面、不同岩性接触面等波阻抗差异界面时，一部分地震信号将反射回来，一部分折射进入前方介质。反射地震信号将被高灵敏度的检波器接收，反射信号的传播时间和反射界面的距离成反比，因此可确定界面的位置。

（二）TSP环境下地震时距曲线特征

在隧道、井巷中激发地震波后，随隧道、井巷周围介质结构的不同，地震波传播的特点也是不同的。隧道、井巷波场（全空间）相对于常规（地面）地震波场（半空间）更加复杂，研究TSP时距曲线传播规律，有助于对实际复杂波场的认识，可用它来指导TSP查明隧道、井巷掌子面前方及周围地质体的构造特点，有效地解决实际工程地质问题。TSP时距曲线与常规地震波时距曲线一致。

1. 水平及倾斜界面时距曲线

设在O点激发，在测线上离开O点距离为x的某点S接收。水平波阻抗界面R的反射波到达S的时间t与x之间的函数关系$t=f(x)$就是构造面反射波的时距曲线方程。

根据反射定律和虚震源原理，得到水平界面反射波时距曲线方程（与常规地面地震完全一样），即

$$t = \frac{O^*S}{V} = \frac{\sqrt{(2h)^2 + x^2}}{V} \tag{9-4}$$

对于倾斜界面，设界面倾角为α，激发点O到界面的法线深度为h，界面上下的介质是均匀的，上部介质波速为V，坐标系的原点在激发点O，x轴正方向与界面的上倾方向一致。即

$$\frac{t^2}{a^2} - \frac{(x-x_m)^2}{b^2} = 1 \tag{9-5}$$

和

$$a = 2h\cos\alpha / V, \quad b = 2h\cos\alpha, \quad x_M = 2h\sin\alpha$$

这就是常规地面地震倾斜界面反射波的时距曲线方程。上式是一条双曲线，表明水平界面、上覆介质均匀情况下TSP的反射波时距曲线是一条双曲线。根据双曲线特性可知，极小点是时距曲线极小点的横坐标。极小点总是相对激发点偏向界面上倾一侧。

2. 时距曲线规律

通过研究分析TSP反射波传播规律，其时距曲线规律总结如下：

第一，当$\alpha=0°$，即构造面与隧道、井巷中轴线平行时，时距曲线为极小值过$x=0$的双曲线，它以直达波时距曲线为渐进线，与常规地震反射波时距曲线相似。

第二，当$\alpha=90°$，即构造面与掌子面平行，且位于掌子面前方时，时距曲线为一条直线其斜率为$-1/V$，截距为$2h/V$，与x轴交点于虚震源处，与常规地震折射波时距曲线相似。此时时距曲线可表示为

$$t = \frac{\sqrt{x^2 + 4h^2 - 4xh\sin\alpha}}{V} = -\frac{x}{V} + \frac{2h}{V} \tag{9-6}$$

式中：t为旅行时间；x为源距；h为分界面的厚度；V为介质传播纵波速度。

第三，当 $0° < \alpha < 90°$ 时，反射波时距曲线为双曲线。界面倾角不同，出露点相同时，极小点相对激发点偏向界面上倾一侧，其极小点将随界面视倾角的增大而不断地往界面的上倾方向偏移；界面倾角不同，界面到激发点距离相同时，极小点相对激发点偏向界面上倾一侧，其位置随倾角的增大而不断地往界面的上倾方向偏移，极小值不断减小。两者都是极小点的左半支相对震源 O 而言（仪器接收范围），具有负向时距曲线（负视速度）特征。

第四，当 $\alpha=-90°$，即构造面与掌子面平行，且位于掌子面后方时，式（9-5）演变成式（9-6），时距曲线为一条直线，其斜率为 $1/V$，截距为 $2h/V$，与 x 轴交于虚震源处，是主要干扰信号之一。即

$$t = \frac{\sqrt{x^2 + 4h^2 - 4xh}}{V} = \frac{x}{V} + \frac{2h}{V} \tag{9-7}$$

第五，当 $-90° < \alpha < 0°$ 时，反射波时距曲线为双曲线。界面倾角不同，出露点相同时，极小点相对激发点偏向界面上倾一侧（掌子面后方一侧），其极小点将随界面视倾角的增大而不断地往界面的上倾方向偏移；界面倾角不同，界面到激发点距离相同时，极小点相对激发点偏向界面上倾一侧，其位置随倾角的增大而不断地往界面的上倾方向偏移，极小值不断增大。两者都是极小点的右半支相对震源口而言（仪器接收范围），具有正向时距曲线（正视速度）特征，是主要干扰信号之一。

第六，反射界面不管是倾斜还是直立，有效信号（掌子面前方及周围反射信号）均具有负视速度特征（其余干扰信号呈正视速度特征），能充分反映掌子面前方的地质构造特征。通过视速度滤波，可提取这些有效信号，从而达到超前地质预报的目的。

（三）TSP 探测方法

1.TSP 探测区域划分

TSP 地质超前预报将隧洞的施工掌子面前方划分为 4 个区域，根据隧洞的轴向和主要结构面的产状，确定布置爆破孔的隧洞侧壁。如探测的主要结构面在掌子面的左侧首先揭露，选择 1A 或 1B 作为主要研究区，将爆破孔布置在隧洞的左侧壁；反之，若探测的主要结构面在掌子面的右侧首先揭露，选择 2A 或 2B 为主要的研究区，将爆破孔布置在隧洞的右侧壁。

2. 激发孔与接收孔布置

在隧洞同一桩号的左、右侧壁对称布置 1 个接收孔，在依据探测区域划分确定的隧洞侧壁布置 21 ~ 24 个激发孔。接收孔与各激发孔布置在同一高程上，孔口距洞底板高约 1.0 m。第一个激发孔与接收孔的间距宜为 15 ~ 20 m，最后一个激发孔尽可能靠近施工掌子面。激发孔直径宜为 42 ~ 50 mm，孔深为 1.5 m，钻孔垂直隧洞轴向，向下倾斜 10° ~ 20°；激发孔间距为 1.5 ~ 2.0 m，一般为 1.5 m，目标预报距离较大时取大值。

接收孔距施工掌子面 50 ~ 80 m，接收孔直径宜为 48 ~ 50 mm，孔深为 2.0 m，钻孔

向洞口向上倾斜 5° ~ 10°。

3. 传感器安装及炸药埋置

在接收孔内注入环氧树脂或锚固剂，然后将 TSP 特制套筒插入接收孔，用风枪转动套筒使其缓慢贯入，当套筒露出约 10 cm，套筒内两卡槽处于垂线位置时结束。环氧树脂或锚固剂自然养护 12 h，使套筒与围岩牢固黏结。将接收传感器插入套筒，使传感器底部黑色磁铁（另一个为白色）对准施工掌子面方向，保证连接后的传感器端头箭头指向施工掌子面。

根据围岩硬度和完整程度确定每个激发孔炸药用量，应使用 1 号或 2 号岩石乳化炸药，一般为 20 ~ 50 g，硬岩、岩体完整时取小值，软岩、岩体破碎时取大值。炸药与雷管的领用、运输、使用与保管必须符合相关规定。根据炸药用量分割制作药包，将瞬发电雷管插入药包内，然后将药包送入激发孔底部，雷管引爆线引至孔口短接。

4. 炮孔激发与数据采集

选择安全位置放置仪器，仪器操作员能够通视各激发孔。仪器准备妥当后，连接电雷管引线与起爆线，激发孔注水，逐一引爆各激发孔，确认接收传感器信号正常有效后存盘，直到最后一炮记录结束，有效激发孔数不宜少于 20 个。在采集信号时，应暂停周围 300 m 范围内一切施工干扰及人员活动，保证仪器显示噪声小于 64 dB。

第二节 井间弹性波勘探与水域弹性波勘探

一、井间弹性波勘探

（一）井间弹性波 CT 的基本原理

弹性波层析成像技术（弹性波 CT）借鉴了医学上 X 射线断面扫描的基本原理，利用大量的弹性波速度信息来获取岩土体分布规律。随着电子及计算机技术的不断发展，弹性波层析成像技术也在不断成熟和完善，作为一门新颖物探勘查技术，与常规波速测定相比，具有较高的分辨率，更有利于全面细致地对岩体进行质量评价，为波速成像及岩性划分开拓了新的路径，在岩溶勘查、采空区探测等工程物探中发挥着越来越重要的作用，并取得了显著的勘探效果。

弹性波层析成像研究按照所依据的理论基础一般分为基于射线方程的层析成像和基于波动方程的层析成像。前者按照射线追踪时所用的地震资料的不同又可分为反射波、折射波和面波层析成像；按照反演的物性参数区分，可分为地震走时反演地震波速度的波速层析成像以及利用地震振幅衰减反演地震衰减系数的层析成像。基于射线理论，地震走时层析成像由于走时具有较高的信噪比、无论是柱面波还是球面波走时的规律都相同等优点，相对来说发展较早，技术方法比较成熟，是目前弹性波层析成像的主要方法。但是射线理论只适用于波速在一个波长范围内变化很小的场合，是波动方程的高频近似，因此它有一定的局限性。而基于波动方程的层析成像方法由于需要超大规模的数值计算，目前还有许多问题没有解决，但波动方程包含了地震场的全部信息，比仅利用走时资料的射线追踪层析成像更能客观地反映地下结构的信息，因此是地震层成像的主要发展方向。

弹性波层析成像就是用弹性波数据来反演地下结构的物质属性，并逐层剖析绘制其图像的技术。其主要目的是确定地球内部的精细结构和局部不均匀性。相对来说，弹性波层析成像 CT 较电磁波层析成像 CT 和电阻率层析成像 CT 两种方法应用更加广泛，这是因为弹性波的速度与岩石性质有比较稳定的相关性，弹性波衰减速度比电磁波小，且电磁波速度快，不易测量。

目前，弹性波层析成像技术主要包括两大类：地震波层析成像和声波层析成像。在实际工作中，影响井间 CT 成像的要素如下：

1. 观测系统

观测系统直接影响到层析成像分辨率问题。结合前人和自己试验模型得出如下结论：在保证工作量的最小的情况下尽量使剖分网格内射线覆盖均匀，密度大，交叉角度大。

2. 井中震源

井中震源的质量不仅直接与所获得的井间地震记录的质量有关，还与施工效率和成本有关；能量越大传播距离越大，频率越高层析成像分辨率越高。

3. 井中检波器

一般采用灵敏度高、抗噪能力强、频带宽的压电陶瓷检波器（水听器）。

（二）井间弹性波 CT 的观测系统

弹性波层析成像技术基本原理为根据目标体的大概分布规律合理布设钻孔和观测系统，采用一发多收的扇形透射，经过诸点激发将在被测区域形成致密的射线交叉网络。按照激发与接收时间互换原理，每条射线弹性波旅行时间将被唯一确定，当射线通过异常体时，将产生时间旅行差。当多条致密交叉射线通过异常体时，就会对异常体的空间位置进行唯一确定，然后根据射线的疏密程度及成像精度的要求，在施测范围内划分若干规则的成像单元，实现透视空间离散化。可认为每个成像单元的介质是均匀的，波速是单一的，通过对诸多成像单元波速的数学物理反演计算，可获得异常体波速的展布形态。

（三）井间弹性波 CT 的资料处理

井间弹性波层析成像资料的处理分为两部分：射线追踪和反演成像。

1. 理论基础

井间弹性波层析成像中，弹性波射线走时可以表示为慢度（速度的倒数）沿射线的积分，即

$$T_{(s,r)} = \int_{l[W(x),t,r]} W(x)\mathrm{d}l + \delta T_{(s,r)} \qquad (9-8)$$

式中：W 为慢度；x 为目标区点的坐标；s、r 分别为震源和接收点；l 为射线路径；δT 为噪声。

令 $\lim\limits_{k \to \infty} W_k(x) = W(x)$，得

$$W_k(x) = W_{k-1}(x) + \mu \Delta W_k(x), \quad k = 1, 2 \cdots$$
$$\Delta W_k(x) << W_{k-1}(x) \qquad (9-9)$$

式中：ΔW_k 为慢度扰动量；μ 为松弛因子；k 为迭代次数。

则

$$T - T_{k-1} \approx \int_{lk-1} \Delta W_k(x)dl + \delta T_{(s, r)} \qquad (9-10)$$

式（9-10）也可表示为

$$\Delta T_k = A_{k-1} \Delta W_k + e_k \qquad (9-11)$$

式中：A_{k-1} 为射线段长度组成的系数矩阵；ΔT_k 为走时差，e_k 为观测值差。

在已知初始慢度 W_0 的情况下，通过射线追踪求出 A_{k-1} 和 ΔT_k。以此为基础，由迭代计算可以获得慢度 $W(x)$ 的解。

在研究区进行 CT 成像之前，需要对成像区和式（9-8）离散化，即

$$T_i = \sum_{j=1}^{m} W_j l_{ij} \qquad (9-12)$$

式中：T_i 为记录的走时数据；W_j 为第 j 个离散单元内的平均慢度；l_{ij} 为第 i 条射线经过第 j 个离散单元内的射线长度；m 为离散单元个数。

式（9-12）可以写成线性代数方程：

$$AX = b \qquad (9-13)$$

式中，A 为 $n \times m$ 阶矩阵，其元素 a_{ij}（$i = 1, 2, \cdots n$；$j = 1, 2, \cdots m$）是第 j 个单元慢度 S_j 对第 i 个走时 t_i（观测值）的贡献量，$a_{ij} = l_{ij}$，n 为射线路径（或接收点）个数；X 为待求的离散单元慢度值的向量，$X = (X_1, X_2, \cdots, X_m)^{\mathrm{T}}$；$b$ 为各射线走时，$b_i = t_i$。

需要说明的是，当介质速度变化不大时，弹性波射线可被近似认为是从激发点到接收点的直射线。对于复杂模型介质，其速度变化大，弹性波射线轨迹通常为弯曲的。这时，弯曲射线追踪比较困难，采用的主要方法有打靶法、最小走时法、线性走时插值法、平方慢度法、有限差分法等。此外，通过各接收点记录的走时重构井间模型参数（慢度）的反演方法也有很多，如最小二乘法（LSQR）、共轭梯度法（CG）、代数重构法（ART）、联合迭代算法（SIRT）和奇异值分解法（SVD）等。

2. 资料处理流程

第一，在成像计算时必须知道首波（初至波）从激发点到接收所走路径，当所测剖面

比较均匀时可近似为两点间连线（直射线）。当异常体变化很大时，根据费马原理首波将沿走时最小的路径传播，要实现弯曲射线 CT 首先必须能够快速计算出首波走时和路径。同时通过限定射线弯曲程度减少查找结点数可以进一步提高成像速度。

第二，在首先使用直射线方法对剖面成像后，剖面速度图像由许多正方形单元组成，每个单元内波速可近似认为均匀不变。据弹性波传播原理射线只能在单元边界上发生反射、折射或散射。因此，在进行射线追踪时，首先要对单元边界进行离散，选择快速计算方法是只用边界交点作为计算结点；精细计算方法是在单元边界中间内插一个结点，这样精度有所提高，但计算时间加长。由于弯曲射线是在直射线附近弯曲，如果用剖面内所有结点来追踪射线，计算量很大且没有必要。因此，规定在进行射线追踪，以其激发点和接收点作为焦点所作椭圆内进行时，则结点数可减少很多，提高计算速度。当椭圆参数 $b/c=1/10$ 时称为小弯曲成像方法，适用于异常体较小的情况；当椭圆参数 $b/c=1/5$ 时称为大弯曲成像方法，适用于异常较大的情况。

第三，在成像时首先用直射线方法计算各单元平均慢度值 [初值 $S^{(0)}$]。设某一单元内有 n 条射线通过，l_m 是其中第 m 条通过单元的射线长度，且其射线总长为 L_m，走时为 T_m，则通过单元所用的时间分配 $t_m=T_ml_m/L_m$，n 条射线通过单元的总时间分配为 $t_n=\sum\limits_{m=1}^{n}t_m$，总长度分配为 $l_n=\sum\limits_{m=1}^{n}l_m$，则该单元的平均慢度 $S=t_n/l_n$。

第四，用 SIRT 联合迭代算法（simultaneous iterative reconstruction technique）进行 CT 成像，即校正各单元慢度值 S。设某一单元内共有 n 条射线通过，T_m'、T_m 分别是通过该单元的第 m 条射线的计算走时和实测走时，l_m（可用直射线或者弯曲射线追踪算法求出）是射线通过该单元内的长度。则分配给该单元的走时误差为 $\varepsilon_m=(T_m-T_m')l_m/L_m$，$n$ 条射线通过单元内总走时误差为 $\sum\limits_{m=1}^{n}\varepsilon_m$，总射线长度为 $\sum\limits_{m=1}^{n}l_m$，单元慢度 S 用下式校正：$S^{(k+1)}=S^k+\sum\limits_{m=1}^{n}\varepsilon_m/\sum\limits_{m=1}^{n}l_m$。如果已知介质波速变化范围，可使用约束条件（$1/V_{max}$）$<S^{(k+i)}$ $<$（$1/V_{min}$）提高计算精度。

第五，重复执行软件成像反演功能，用平均相对误差 $\sigma=\left[\sum\limits_{m=1}^{n}\left|T_m-T_m'\right|/T_m\right]/n\times100\%$ 来判断其收敛程度，当 σ 很小或不再减小时即可停止计算，这时所得图像即为剖面 CT 成像结果。

二、水域弹性波勘探

随着桥梁、码头、大坝等大型建筑的建设，曾在陆地勘查中发挥过重要作用的工程地震勘探方法已经延伸到水域勘查中，其应用范围较广，主要应用于查明河床覆盖层厚度、水深、基岩面的起伏形态以及断裂构造发育特征等方面。此外，我国是一个海洋大国，从渤海、黄海经东海到南海，横跨 22 个纬度带，全国海岸线总长达 3.2 万 km；根据相关规定，可划归我国管辖的海域面积近 300 万 km^2，既有开阔的陆架浅海，又有倾斜的陆坡和深邃的海盆。海底蕴藏着丰富的石油天然气、天然气水合物、铁锰结核及金属等矿产资源，是一个巨大的资源宝库。为了认识海陆变迁和海岸带的发展演化规律，以保证海底、海岸和港口工程建设，满足航海交通、渔捞、海底通信、潜水作业与军事上的需要；为了弄清与人们生产活动密切相关的海底地震发生的原因和规律，以便及时作出破坏性地震和海啸的预报；为了保护海洋环境、防止底质污染等一系列的需要，海洋地质地球物理学研究正越来越受到人们的重视。

水上地震勘探与陆地地震勘探相比具有优势，主要体现在：①在水中没有面波及剪切波干扰；②水上噪声虽然也比较严重，但由于这些干扰大多属于规则干扰，相对容易压制。同时，水上地震勘探也有其困难的一面，主要体现在：①水上位置难以准确定位；②多次反射问题比较严重，尤其是水浅和水下土层较硬的时候尤为明显。

目前，水域弹性波勘探仪器主要有单频回声测深仪、双频回声测深仪、多波束测深仪、侧扫声声呐仪、浅地层剖面仪、水上地震勘探仪等。其中浅地层剖面仪和水上地震勘探仪是用于水下工程及地质勘探的主要装备。无论是声波还是地震波，其原理相同，这里仅介绍水声勘探的基本原理。

（一）水域弹性波勘探的基本原理

声波在水中传播时，根据牛顿第二定律有

$$-\nabla P = \rho \frac{\partial V}{\partial t} \tag{9-14}$$

式中：P 为声压；ρ 为密度；V 为速度；∇ 为微分算子。

利用连续性方程和运动方程，可以得到

$$\rho \nabla \left(\frac{\nabla P}{\rho} \right) - \frac{1}{V^2} \frac{\partial^2 P}{\partial t^2} = 0 \tag{9-15}$$

式（9-15）为声波在水域中传播的波动方程。

水声勘探时，以固定偏移距人工激发宽频带的声波脉冲，当声波脉冲遇到具有不同波阻抗的分界面时，产生反射波和透射波，接收检波器接收来自水底面和水下地层分界面的反射波。水中勘探仅仅考虑纵波的传播特点。随着测量船只的航行，可以获得沿航线的连续波形记录剖面。根据记录的波形剖面可以解释水下反射界面，从而探测水底地形并进行水下地层分层等。

浅地层剖面仪主要由发射系统和接收系统两大部分组成。发射系统包括发射和发射换能器，接收系统由接收机、接收换能器和用于记录和处理用的计算机组成，此外还有电源、电缆、接线盒等其他配套设备。声波的发射换能器主要有：压电陶瓷式、电磁脉冲式、声参量阵式、电火花震源以及其他（机械振动、气枪、蒸气枪、水枪、组合枪、炸药等）。压电陶瓷式的震源传播距离短，电火花震源和炸药传播距离长，有利于获得水下地层分布特征信息，在浅水的河道中也可以使用一些机械振动装置。声波的接收换能器也称作水听器，是由密封在电缆中的多个按照一定顺序排列起来的检波器组成，其性质与检波器的本身指标、排列间隔和数量有关。此外，为了配合野外勘探，还需要测深仪和定位测量系统同步开展工作。

（二）水域弹性波勘探的数据处理

在进行资料解释与应用之前，需要对野外原始数据进行处理。根据野外记录的坐标高程点绘制航迹图，并在航迹图中绘出测线，依据测线起始位置截取航迹中的测线数据，显示测线段的探测剖面，以此追踪探测目标体。具体处理流程中各种校正主要包括水位、风浪、海水声速、拖鱼吃水深度和速度等校正，具体作用如下。

1. 水位校正

将不同时期观测的水位高程绘制成水位线，据此进行水位校正。

2. 风浪校正

海上作业风浪较大，应使用专业软件进行风浪校正。

3. 海水声速校正

海洋中的声速与温度、压力（深度）和盐度有关，可以使用一些经验公式对其进行校正。

4. 拖鱼吃水深度校正

通常拖鱼安装在水下有一个吃水深度：在河流、湖泊及水库中作业时风浪较小，设置吃水深度浅；在海上作业时风浪大，设置吃水深度深。在数据处理时，探测深度要加上拖鱼吃水深度才是水下目标的真实深度。

5. 速度校正

利用钻孔或以往资料进行速度校正。对于多层松散介质，由于难以获得各层的准确波速资料，校正是很困难的。

第三节　瑞雷面波勘探与常时微动

一、瑞雷面波勘探

瑞雷面波勘探是近年发展起来的勘探浅层地震的新方法。传统的地震勘探方法以激发、测量纵波为主，面波则属于干扰波。事实上，面波传播的运动学、动力学特征同样也包含着地下介质特性的丰富信息。近年来，随着仪器设备和数据处理技术的发展，把人工激发并记录的瑞雷面波用于解决地下浅部工程和环境地质问题的面波勘探方法逐渐兴起，成为值得推广应用的物探新技术。

在地球介质中，震源处的振动（扰动）以地震波的形式传播并引起介质质点在其平衡位置附近运动。按照介质质点运动的特点和波的传播规律，地震波常可分为两类，即体波和面波。纵波（P波，压缩波）和横波（S波，剪切波）统称为体波，它们在地球介质内独立传播，遇到界面时会发生反射和透射。当介质中存在分界面时，在一定的条件下体波（P波或S波，或二者兼有）会形成相长干涉并叠加产生出一类频率较低、能量较强的次生波。这类地震波与界面有关，且主要沿着介质的分界面传播，其能量随着与界面距离的增加迅速衰减，因而被称为面波。在岩土工程中，分界面常指岩土介质各层之间的界面，地面是一较特殊的分界面，其上的介质为空气（密度很小的流体），有时又把它称为自由表面，我们把自由表面上形成的面波称作表面波。这里介绍的瑞雷面波就是这种表面波。

（一）瑞雷面波的形成及特征

面波的形成可以用一个简单的例子来说明，图9-1是一个地表下厚度为H的覆盖层的简单模型。如果一个平面体波的简谐波在图中覆盖层内的传播满足全反射条件，其传播的射线路径为$ABCDEF$，则根据波前面与射线垂直的性质，虚线CF可以代表波由C、D、E和F经过两次反射后到达F的波前面，也可以表示由A传播到C的后续振动的波阵面。当波前面与波正面的时程差$CDEF$正好等于波长的整数倍，则两者完全同相位，其合成或叠加属于相长干涉，并且形成一种沿着层间行进的次生表面波，这种波的能量更强且能量主要集中在地表附近。瑞雷面波的形成可以用波动理论推导。

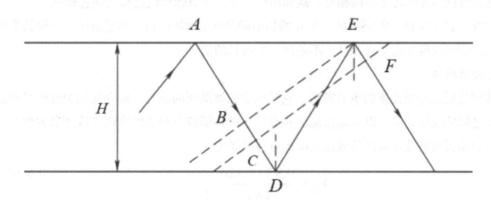

图9-1　面波的形成

瑞雷面波的传播特征可以分为以下四个方面。

1.位移特征

波动方程中的P波和S波可以用函数φ和ψ表示。对于简谐波φ和ψ具有$e^{i\omega t}$的形式。如果存在由P波和S波叠加形成的瑞雷面波，则φ和ψ满足波动方程的解可以表示为

$$\left.\begin{array}{l}\varphi = A\mathrm{e}^{-\frac{\omega}{V_{\mathrm{P}}}\sqrt{\left(\frac{V_{\mathrm{P}}}{V_{\mathrm{R}}}\right)^{2-1\cdot z}}}\mathrm{e}^{\mathrm{i}\omega\left(t-\frac{x}{V_{\mathrm{R}}}\right)} \\ \\ \psi = B\mathrm{e}^{-\frac{\omega}{V_{\mathrm{S}}}\sqrt{\left(\frac{V_{\mathrm{S}}}{V_{\mathrm{R}}}\right)^{2-1\cdot z}}}\mathrm{e}^{\mathrm{i}\omega\left(t-\frac{x}{V_{\mathrm{R}}}\right)}\end{array}\right\}\qquad(9\text{-}16)$$

式中：V_{P}、V_{S} 和 V_{R} 分别为纵波、横波和面波波速；ω 为简谐波的角频率；x 为地表距离；z 为深度；t 为波的传播时间；A、B 为系数，可以通过引入边界条件获得。

把式（9-16）中的位函数代入位移分量中，求偏导数后令 $z=0$，即可得到地表处质点在 x 和 z 方向上的位移分量：

$$\left.\begin{array}{l}u_x / z = 0 = 0.42c\mathrm{e}^{\mathrm{i}\left[\omega\left(t-\frac{x}{V_{\mathrm{R}}}\right)-\frac{\pi}{2}\right]} \\ \\ u_z / z = 0 = 0.62c\mathrm{e}^{\mathrm{i}\omega\left(t-\frac{x}{V_{\mathrm{R}}}\right)}\end{array}\right\}\qquad(9\text{-}17)$$

式中：c 为任意常数，与震源强度和介质吸收特性有关。

从式（9-17）可以看出，地表处质点位移的水平分量与垂直分量的幅值之比为 2：3，且水平分量的相位滞后 $\pi/2$，因而质点位移呈绕其平衡位置的椭圆，在平衡位置正上方时质点运动方向与波的传播方向相反，故而可以将面波质点运动轨迹称为逆进椭圆。

此外，式（9-16）中位函数 φ 和 ψ 的幅值随深度 z 增加按指数迅速衰减，一般认为瑞雷面波的影响深度（或穿透深度）不超过一个波长的值。

2. 波速特征

波速是反映介质性质的重要参数，它是瑞雷面波勘探的基础，由介质的弹性模量和泊松比 ν 之间的换算关系，以及瑞雷面波在介质中的传播特点和条件方程（或频散方程），可以得到瑞雷面波波速与横波波速之间的近似关系为

$$V_{\mathrm{R}} = \frac{0.87 + 1.12\nu}{1+\nu}V_{\mathrm{S}}\qquad(9\text{-}18)$$

工程勘查中，一般土层的泊松比 $\nu = 0.45 \sim 0.49$，于是 $V_{\mathrm{R}} \approx 0.95V_{\mathrm{S}}$。为此，在难以获得介质横波波速的地区，可以通过测量瑞雷面波波速，估算有关介质的横波波速以及相对应的岩土力学参数。

在自由表面的瑞雷面波形成的讨论中，地下介质被认为是一个均匀、无限大的半空间。实际上，由于瑞雷面波的穿透深度大约为一个波长，在地表测得的瑞雷面波速度被认为反映了小于一个波长的某一深度范围内介质的平均弹性性质。为此，实际测量时可以激发不同频率的瑞雷面波（其波长也随之变化），可以获得反映不同深度范围内介质的平均速度，这是面波勘探资料处理解释的依据之一。

3. 衰减特征

P 波和 S 波的波前在均匀介质中为球面，其能量按 $1/r^2$ 的规律衰减（r 为震源与接收点之间的距离），也就是说波的振幅以 $1/r$ 的方式减小。瑞雷面波的波前在介质内是高度约为一个波长的圆柱面，为此，波的能量按源距 r 的倒数形式衰减，即瑞雷面波的振幅按 $1/r$ 的规律减小。这表明，瑞雷面波比体波的衰减慢得多，这也是面波勘探的优势之一。

4. 频散特征

实际介质中传播的波动很少为单频波，往往是由许多不同频率的单频波叠加而成的复合波。其中，每个单频波的传播速度称为相速度 V，复合波的传播速度称为群速度 U，二者之间的关系为

$$U = V - \lambda \frac{\mathrm{d}V}{\mathrm{d}\lambda}$$

（9-19）

式中：λ 为单频波的波长。

当波动的相速度随着频率而发生变化时，则该波动有频散现象。在弹性介质中，体波的各相速度与频率无关，$U=V$，即没有频散现象，实际中体波可以表现为弱频散现象。然而，面波在传播中有频散现象，这将给资料分析带来困难。当相速度随频率的降低而增大时属于正频散（$U<V$）；反之为反频散（$U>V$）。

自由表面的瑞雷面波是面波中的一个特例，它的频散方程中不包含频率参数，表明其相速度与频率无关，即无频散现象。

（二）瑞雷面波勘探的资料采集

1. 稳态激振法

在稳态法中，将稳态激振力作为震源，其形成的稳态面波以圆柱面式的波阵面向远处传播，为了准确地测量面波传播的时差或相位差，震源和检波器在测线上应按直线布置。测试场地上选择较平整的部位安置底板，在其上安装激振器，用水准仪检查激振器并调整底座，以保证激振器沿垂直方向振动。

系统调试完毕即可按设计的频点逐个测试，一般按频点的频率由高至低或由低至高的顺序进行激发与接收。具体步骤为：①记录点位、检波器排列的参数（偏移距、道间距、检波器编号等）；②调节信号源和功率放大器，选择频点的工作频率；③改变频率值进行下一个频点的测量。

由于面波速度反映大约半个波长深度以上介质的平均速度，由此可以估计出当频率 f 为 100 Hz、60 Hz、20 Hz 和 5 Hz 时，频率波长可选择为 27 Hz、10 Hz、1 Hz 和 0.06 Hz。

2. 瞬态激振法

在瞬态法中，为了保证每次激振时各频率成分的信号有足够大的相位差和考虑到地层可能的非水平条件，需逐次改变检波器的间距和采用激振点对称布置的方式。

瞬态法对震源的要求比较简单，多用锤击或落重法激振。为了获得对应于不同深度的

波速，要求震源能产生各种频率成分的波。测试浅层时用小锤或较轻的铁块锤击地面获得高频信号并采用小间距；测试深度大时则相反。地震波主频 f_0 与落重法的重块质量 M 和重块底面积的半径 r_0 的关系为

$$f_0 = \frac{1}{2\pi}\sqrt{\frac{4\mu r_0}{M(1-\nu)}} \tag{9-20}$$

式中：μ 为切变模量；ν 为泊松比。

瞬态法的有效波和干扰波不易区别，应该在同一震源位置重复测试数次进行叠加，以便达到增强有效信号、压制干扰的目的。目前，面波勘探可以采用多道接收。

（三）瑞雷面波勘探的资料处理

目前，瑞雷面波测试仪器都具有现场处理资料的能力，但是为了提高测试工作的效率和资料处理效果，往往把测试数据带回基地，在室内完成后续的测试资料精细处理和解释。资料处理工作主要包括：原始记录的整理和质量评价；提高信号质量的处理；面波速度的计算和结果输出。

野外实际测试工作量大，采集点多，尤其是要求分辨率较高的勘探。因而规范、有序的整理、评价工作是资料处理、解释的重要基础。在面波速度的计算过程中，需要准确判读振动记录图上的相位。为此，在判读前应采用适当的滤波方法消除某些干扰而产生的畸变。瑞雷面波勘探的核心问题是要准确地获得不同频率面波的相速度，同一频率面波的相速度在水平方向的变化反映出地质条件的横向不均匀性，不同频率面波的相速度的变化则反映出介质在深度方向的不均匀性。

1. 时间差法

在最简单的情况下，面波以单频 f 的简谐波形式传播，距震源为 x 处的垂向位移可以表示为

$$u_x = A_0\sin(\omega t - \varphi) = A_0\sin\omega\left(t - \frac{x}{V_R}\right) \tag{9-21}$$

式中：φ 为相位。

2. 相位差法

如果在同一时刻 t 观测到单频波在两个检波器处的相位差 $\Delta\varphi$，则根据位移表达式：

$$\Delta\varphi = \omega\left(t - \frac{x}{V_R}\right) - \omega\left(t - \frac{x + \Delta x}{V_R}\right) \tag{9-22}$$

则

$$\Delta\varphi = \frac{\omega\Delta x}{V_R} \tag{9-23}$$

因而

$$V_{\mathrm{R}} = \frac{\omega \Delta x}{\Delta \varphi} = \frac{2\pi f \Delta x}{\Delta \varphi} \tag{9-24}$$

式（9-24）表明，可以用距离 Δx 的两个检波器记录波形的相位差 $\Delta \varphi$，从而获得介质的面波速度的变化特征。

（四）瑞雷面波勘探的资料解释与应用

瑞雷波速度资料中包含着地下介质的结构与特性信息，其在工程中的应用分为两个方面：对岩土体地质特性的研究和对工程与环境的检测与监测。

1. 瑞雷面波的速度跃变与介质分层

在频点很密的瑞雷面波勘探中，尽管速度曲线与层速度不同，但速度曲线突变处的深度往往对应于介质的界面深度。理论研究和实践均表明，曲线上"之"字形（锯齿状）异常反映了地下弹性介质的分界面。

在两层覆盖层的介质模型中，当层厚改变时面波频散曲线的计算结果给出了速度跃变与界面对应关系的解释。

2. 强夯地基的评价

强夯地基的评价工作对工程的后期施工至关重要。例如，研究区地处某市西部，四面高山环抱，境内丘陵起伏，地貌以丘陵兼低山为主。场地覆盖层为第四系全新统人工素填土和粉质黏土，基岩为侏罗系中统沙溪庙组泥岩、砂岩。

3. 软土地基加固效果的评价

软土、淤泥等软弱地基需要进行加固处理，夯实、挤密、土石置换、复合地基或桩基建造等加固处理后必然导致地基的物理力学性质的变化，导致波速值改变。因此，在加固前、后的地基上进行面波探测，对比测量结果，可对加固效果作出评价。

二、常时微动

常时微动与其他物探方法相比，有场源频谱丰富、观测简便易行、不受场地限制和随时随地都可获取大量信息的特点。随着计算机和信息处理技术的高度发展，常时微动及其在工程中的应用研究越来越受到人们的重视，并在工程地震领域已经取得了明显的社会经济效益。

（一）微动分类及常时微动的成因

在一般情况下，任何时刻在地球表面的任何地点都可以用高灵敏度的仪器观测到一种振幅很小的微弱振动，其位移一般只有几微米到几十微米，我们把这种人体难以察觉的微小振动称为微动。

从地震观测的角度可以把微动分为两类：一类是短周期微动，另一类是长周期微动。

前者主要是由人类活动、交通运输和机械振动等人工振动源所引起，而后者主要是由风雨、气压、雷电、火山活动等自然现象的变化所引起。通常，我们把周期小于 1 s 的微动称为常时微动，把周期大于 1 s 的微动称作地脉动。

地基（地表和地下）的微动可反映出场地的状况，这是因为由各种振动源所产生的波具有不同频率，其波动传播特征包含了地基的固有特性。现已查明，微动波是由面波和体波组成的，周期为 1 s 以下的常时微动，主要反映了场地结构的动力学特性，与震源关系不大，可以把它看成由地下垂直入射的 SH 波，这种假设可以解释许多实际观测到的现象。周期为 1 s 以上的中长周期微动，多数情况可用面波理论来说明，由于振幅、传播路径的不同，也有用体波说明的。

（二）常时微动的性质

1. 常时微动的波形特征

第一，微动源是平稳的。常时微动的稳定性关系到最终的分析结果是否可靠，目前认为常时微动是一种平稳的随机过程。若将波形看作随机函数，它的各种概率特征参数（均值、自相关函数等）均不随时间而变化，可以用多次观测波形的总体平均值来确定随机过程的特征。

第二，具有各态历经性质。即在某观测点上某次波形的某段观测曲线的概率特征值就能代表其总体平均值。

第三，任何特定时间所观测的一簇波点呈高斯正态分布，微动过程的期望值为零。

第四，微动源为白噪声。即波形 $x(t)$ 由无数多个频率分量但强度相等的正弦波叠加而成。

由于微动的复杂性，一些学者认为这一随机过程不一定具有各态历经性质，即在某测点上某次波形的某段观测曲线概率特征值不能代表其总体平均性质。当振源密度函数（振源数 / 面积）随时间变化而变化时，必将引起增益特性和周期特性的差异。为了使常时微动资料能反映出某观测点真实的地基振动特性，只有采用多次重复观测的办法。有人统计发现，用 20 次以上观测结果的平均频谱所得到的卓越周期才是稳定的。

2. 常时微动的时间特性

在不同的时期测量常时微动的卓越周期变化不大，是比较稳定的，振幅则随时间有较大变化。在一天里，白天振幅较大，功率谱的形状亦较复杂。夜间，特别是午夜，功率谱的形状几乎没有什么变化，比较稳定。

另外，常时微动与气象变化也有一定关系，如风速超过 5 m/s 时，长周期波将占优势；降水量超过 30 ~ 40 mm 时，中长周期波占优势；地表冻结时，短周期波占优势。因此，为了得到地基振动的可靠信息，常时微动的测量应选择在夜间及风力较弱时进行，在观测地点上应注意避开特定的振动源，并选择平坦的地方安置拾震器。

（三）测量方法

一般可在地表、地下和建筑物中进行长时微动测量。

在地表或建筑物中测量时，应保证观测环境在一定范围内无特定振动源（如交通和工程振动等）的影响。测点处地形平坦，以便于安置和调整（调平和对准方向）拾震器。在建筑物中测量时，测点应选在主轴上。地下测量可以和地表测量结合起来进行。当在钻孔中进行时，拾震器可放在基岩面上或建筑物的持力层上。

拾震器一般采用固有周期为 1 s 的速度型电磁式拾震器。由于一台拾震器只能测量一个方向的分量，如果在一个点要测两个水平分量（南北、东西）和垂直分量，就需三台拾震器。井中拾震器采用圆筒式，且带有双分量（水平）或三分量（水平、垂直）换能器。在高层建筑物中测量时，需采用长周期拾震器。从拾震器输出的信号，通过放大器放大后输入记录器，这期间还有将速度波形转换为位移波形的积分电路以及转换为加速度波形的微分电路，可根据不同的目的选用。在数据记录器中，通过磁带记录微动的波形。另外，在交通振动等短周期干扰较大的场合，可通过滤波器减少或消除上述干扰。

在测量时，用波形显示器监视记录的好坏，选择干扰小的波形输入磁带机加以记录。如在测量前后通过校准器来记录校准信号，再根据拾震器的灵敏度来进行换算，这样便可计算出波形的绝对振幅。

（四）资料处理及解释

常时微动的资料处理方法主要有两种，一种是周期频度分析法，另一种是频谱分析法。目前常时微动观测资料处理普遍采用频谱分析法。

周期频度分析法是通过计算各种周期成分的波所出现的次数，从而得出波形和周期特性。具体做法是在观测记录中选取质量较好的记录段，按波形正反向变化大致对称画一条零线，波形与零线形成一系列的交点，取相邻两点时差的两倍作为相应波的周期。依次读取并进行统计，以周期为横坐标，以不同周期波形出现的次数为纵坐标，即得到各种周期的频度曲线。频度最高的周期称作优势周期，记录中周期最大的称作最大周期，用出现于记录波形上的波数除记录长度（时间）所求出的周期称作平均周期。该方法早期多以手工进行，后来用频度分析仪进行，其分析结果可近似代替频谱分析，还可消除一些高频干扰。对于周期小于 1s 的常时微动，两种方法的处理结果在实际应用中效果相同。

设常时微动为时间的函数，用 $x(t)$ 表示，则将它变换到频率域的傅氏积分为

$$X(\omega) = \frac{1}{2\pi} \int_{-\infty}^{\infty} x(t) \mathrm{e}^{-\mathrm{i}wt} \mathrm{d}t \tag{9-25}$$

此外，利用 $X(\omega)$ 及其共轭复数 $X^*(\omega)$ 还可以求得功率谱 $P(\omega)$，即

$$P(\omega) = \frac{1}{T} X(\omega) X^*(\omega) \tag{9-26}$$

在实际解释中，将明显混入噪声的时间段剔除不用，用各时间段波形功率谱的算术均值即可求得平均功率谱，即

$$P(\omega) = \sum_{n=1}^{N} P_n(\omega) / N \qquad (9\text{--}27)$$

一般取 10 s 为一个时间段，这样大约做 20 次左右的叠加，就能得到其观测点的比较稳定的功率谱。功率谱与傅氏谱并无本质区别，二者大体上存在平方关系，可理解为功率谱强调结构物对某些频率成分的波的影响。如果对功率谱进行傅氏变换，就可得到自相关函数：

$$R(t) = \int_{-\infty}^{\infty} P(\omega) e^{iwt} dt \qquad (9\text{--}28)$$

自相关函数是表示将波形函错位移动时间 t 时与原波形相关程度。该值越大，则表示相关程度越好，且相关相邻峰值的时间差，即该波形的周期。

第十章　地球物理测井

第一节　电测井

以岩（矿）石的电学性质及电化学性质为基础的一类地球物理测井方法称为电测井。这里我们将分别讲述电阻率测井、自然电位测井、电磁波测井。

一、电阻率测井

通过测量沿井孔的视电阻率的变化，来研究某些井孔地质问题的测井方法称为电阻率测井。电阻率测井是基本的，也是常用的地球物理测井方法之一。它主要包括有视电阻率测井、侧向测井及单极测井等。它们都是以岩（矿）石电阻率的差异作为方法的物质基础，以点电源场的理论为方法的理论基础。

（一）视电阻率测井原理

视电阻率测井原理如图 10-1 所示。

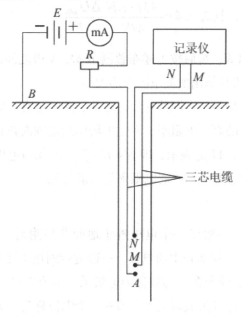

图 10-1　视电阻率测井原理线路

假设地下充满电阻率为 ρ 的均匀介质沿井轴放入供电电极 A 及测量电极 M、N。暂不考虑井孔、井液的影响。由于电极本身尺寸远远小于电极之间的距离，可以将电极看成是置于均匀各向同性介质中的点电极。对于一个全空间、均匀各向同性介质中的点电流源的电场，则有

$$\vec{J} = \frac{1}{4\pi r^2}\frac{\vec{r}}{r} \tag{10-1}$$

$$\vec{E} = \frac{I\rho}{4\pi r^2}\frac{\vec{r}}{r} \tag{10-2}$$

$$U = \frac{I\rho}{4\pi r^2} \tag{10-3}$$

式中：$\vec{r}$ 为场源指向观测点的向量；r 为场源到观测点的距离。

由于 B 极置于地面，可以认为是在无穷远处，故它在 M、N 极之间形成的电位差为零。因此由供电电极 A 和 B 在 MN 之间形成的电位差，就是 A、B 极供电时，A 极在 M、N 极之间形成的电位差。即

$$\Delta U_{MN} = \frac{I\rho}{4\pi}\frac{MN}{AM \cdot AN} \tag{10-4}$$

由此有

$$\rho = 4\pi\frac{AM \cdot AN}{MN}\frac{\Delta U_{MN}}{I} = K\frac{\Delta U_{MN}}{I} \tag{10-5}$$

式中：K 为电极系系数，且 $K = 4\pi\dfrac{AM \cdot AN}{MN}\dfrac{\Delta U_{MN}}{I}$。

这样，只要预先测算出 K，然后按上述布置测出 M、N 极之间的电位差 ΔU_{MN} 和供电电流 I，代入式（10-5）便可计算出所测电阻率的大小。

然而，实际上地下并非均匀各向同性介质，井孔、井液也有一定影响等。这样测算出来的电阻率值并不是某岩层的真实电阻率，而是电场作用范围内各种岩（矿）石电阻率的综合影响值，称为视电阻率，以 ρ_s 表示，即 $\rho_s = K\dfrac{\Delta U}{I}$。$\rho_s$ 除与电极系类型、周围岩层电阻率有关外，还与地层厚度、井径、井液电阻率等因素有关。

（二）电极系

进行视电阻率测井时，一般将一个电极置于地面井口附近，另外三个电极放入井中，让其沿着井轴移动，一边移动井中的电极，一边进行测量（测量供电电流 I 及电位差 ΔU_{MN}）。放入井中的三个电极合在一起被称为电极系。组成电极系的三个电极中，有两个是串联在同一回路中的，称其为成对电极；另外一个电极称为不成对电极，它与地面的电极串联在同一回路中。根据成对电极与不成对电极之间的距离，把电极系分为梯度电极

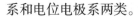

系和电位电极系两类。

1. 梯度电极系

成对电极之间的距离远小于中间电极到不成对电极之间距离的电极系，叫梯度电极系。其视电阻率表达式为

$$\rho_s = \frac{4\pi \cdot AM \cdot AN}{MN} \frac{\Delta U_{MN}}{I} \tag{10-6}$$

成对电极之间的距离为无限小（$MN \to 0$）的梯度电极系，其视电阻率可写成

$$\rho_s = 4\pi L^2 \frac{E}{I} \tag{10-7}$$

式中：$L = AO$，为梯度电极系的电极距（O 为成对电极的中点）；E 为 O 点的电场强度。由式（10-6）和式（10-7）可知，如测量过程中保持供电电流大小不变，用梯度电极系所测得的视电阻率与成对电极中点的电位梯度（或电场强度）成正比。这便是梯度电极系名称的由来。

梯度电极系中，成对电极在单个电极上方时，所测的视电阻率曲线以极大值反映出高阻岩层顶面的位置，故称为顶部梯度电极系；反之，若成对电极在不成对电极下方时，所测视电阻率曲线以极大值反映高阻岩层底面位置，则称为底部梯度电极系。

2. 电位电极系

成对电极之间的距离远大于中间电极到不成对电极间的距离的电极系，叫作电位电极系。成对电极之间的距离无限大（MN 或 $AB \to \infty$）的电位电极系，叫作理想电位电极系。对于理想电位电极系，其视电阻率表达式为

$$\rho_s = 4\pi L \frac{U_M}{I} \tag{10-8}$$

式中：$L = AM$，为电位电极系的电报距；U_M 为 M 点的电位。记录点取在相近的两个电极间的中点。

由式（10-8）可知，如在测量过程中保持供电电流大小不变，则采用电位电极系测得的视电阻率与 M 点的电位成正比。这便是电位电极系名称的由来。

3. 微电极系

微电极系是在普通电极系电阻率法测井基础上发展起来的微电极系电阻率测井中所使用的电极系。它是一种电极和电极距都很小的电极系。目前我国使用的一组微电极系是电极距为 0.05 m 微电位电极系和电极距为 0.0375 m 的微梯度电极系（AM1=0.025 m，M1M2=0.025 m）。

4. 电极系的符号表示

通常用文字符号表示所使用的电极系。其表示方法是：按照电极系中各个电极在井孔

中由上而下的排列顺序，从左至右写出各个电极名称的字母，在字母之间写上相应电极之间以米为单位的距离。例如：A2.0M0.2N，表示一个电极距 L=2.1 m 的底部梯度电极系；B2.5A0.1M，表示一个电极距 L=0.1 m 的电位电极系；A0.025M10.025M2，表示一个电极距 L=0.0375 m 的微梯度电极系；A0.05M，表示一个电极距 L=0.05 m 的微电位电极系。

（三）视电阻率测井理论曲线

图 10-2 给出了顶部梯度电极系和电位电极系对不同厚度的高阻岩层所对应的视电阻率曲线。

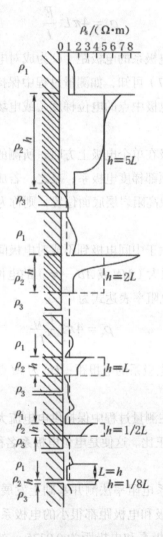

图 10-2 顶部梯度电极系视电阻率曲线

1.梯度电极系视电阻率曲线特点

由图 10-2 可以看出：

第一，对单一的高阻水平岩层，视电阻率曲线不对称。对应于高阻岩层处有 ρ_s 曲线凸起——高视电阻率值；对应低阻水平岩层有 ρ，曲线凹下——低视电阻率值。

第二，顶部梯度电极系测得的 ρ_s 曲线，在高阻水平岩层上界面处出现 ρ_s 极大值，在下界面处出现 ρ_s 极小值。采用底部梯度电极系测井时，其 ρ_s 曲线与顶部梯度电极系的 ρ_s 曲线成镜像，高阻层的顶界面为 ρ_s 极小值，底界面为 ρ_s 极大值。

第三，当岩层很厚时（$h \geq L$），对应于岩层中部测得的 ρ_s 接近岩层自身的真实电阻率值 ρ 岩。

第四，当岩层厚度小于极距时，由于高阻层的屏蔽作用，当三个电极在界面同一侧，且单个电极在界面处时，ρ_s 曲线出现一个次（假）极值。

2. 电位电极系视电阻率曲线特点

电位电极系视电阻率曲线如图 10-3 所示。

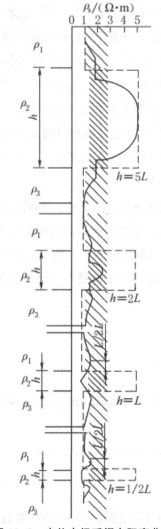

图 10-3 电位电极系视电阻率曲线

由图 10-3 可以看出：

第一，对应于上、下围岩电阻率相同的岩层，电位电极系测得的 ρ_s 曲线是对称的。

第二，当岩层很厚时，对应岩层中部测得的 ρ_s 接近岩层本身的真电阻率值 ρ 岩。

第三，对应于岩层上、下界面，ρ_s 曲线各有一段长度等于电极距 L 的 ρ_s 等值段，该直线段的中点对应于岩层的界面。

第四，当岩层较薄（$h<L$）时，对应于高阻岩层的 ρ_s 曲线出现凹下（低值）；对应于低阻岩层反而出现 ρ_s 曲线凸起（高值）。可见电位电极系不宜用来划分薄地层。

（四）影响视电阻率测井曲线的主要因素

1. 井孔、井液的影响

上述理论曲线是指理想电极系垂直穿过地层，处于地下全空间时的视电阻率曲线。实际上井孔穿过地层，地下不是完整的全空间。井孔中充满了井液，井液电阻率与井孔周围岩层电阻率值一般不等。由于井孔、井液的影响，视电阻率测井所测得的 ρ_s 曲线突变点消失，曲线变得光滑了，且一般 ρ_s 值有所下降。但 ρ_s 曲线的基本特征保持不变。

一般电极距越小，井孔、井液影响越大。井孔对 ρ_s 曲线的影响，随着岩层电阻率和井液电阻率差异增大、井径增大以及电极距变小而增加。相比较而言，井液对梯度电极系所测 ρ_s 曲线的影响，大于井液对电位电极系测得的 ρ_s 曲线的影响。因此，在反映岩层电阻率变化和计算岩层电阻率方面，使用电位电极系，一般比使用梯度电极系的效果要好。

2. MN 大小的影响

实际工作中梯度电极系的 $MN \neq 0$，因而使 ρ_s 的极大值减小。同时，使记录点从电极系最外边向 A 电极移动 $MN/2$，所以记录的曲线也向 A 极移动了 $MN/2$，反映高阻层界面的 ρ_s 极大值点的位置，相对界面处向 A 极一侧（A 为不成对电极）移动 $MN/2$；同样，ρ_s 极小点位置也相对界面处向 A 极（单个电极）一侧移动 $MN/2$，如图 10-4 所示。

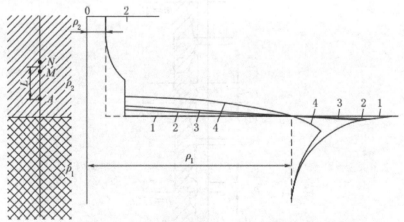

图 10-4 MN 大小不同的顶部梯度电极系所测得的 ρ 曲线（$\rho_1 = 10\rho_2$）

$$1 - \frac{MN}{AO} = 0; \quad 2 - \frac{MN}{AO} = 0.2; \quad 3 - \frac{MN}{AO} = 0.5; \quad 4 - \frac{MN}{AO} = 1 \tag{10-9}$$

实际工作中通常选用电极距为中等长度的电极系作为最佳电极系。一般要求电极距 L 大于 3 ~ 5 倍井径，才能消除井孔的影响；同时电极距又要小于目的层厚度，以便划分层面。

3. 相邻地层的影响 ρ_s

当岩层厚度比较薄、在电极系的探测范围内有几个薄层存在时，对应于任何一个岩层处所测得的 ρ_s 值，都会受到邻近岩层的影响。特别是当有不同电阻率的岩层交互成层时，邻层的影响尤其显著。图 10-5 是两个电阻率相同、厚度相同的相邻高阻薄层，采用不同电极距的梯度电极系 ρ_s 曲线。由图 10-5（a）可以看出，对于底部梯度电极系，当相邻岩层间距离大于电极距时，由于上部高阻薄层对电流的排斥作用，对应于下部高阻层处测得的 ρ_s 值明显增大。而当两岩层间的距离小于电极距时，由于上部高阻层对电流的屏蔽作用，对应于下部高阻薄层处测得的 ρ_s 值明显减小。对于顶部梯度电极系，同样有相邻层的影响问题，只是受影响的是上面一层而不是位于下面的岩层，如图 10-5（b）所示，可运用与图 10-5（a）相同的方法进行分析。

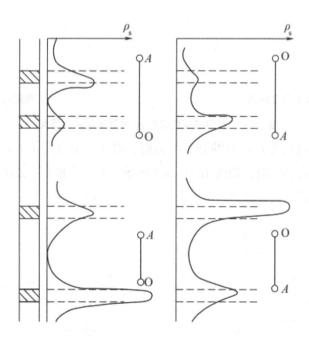

（a）底部梯度电极系 ρ_s 测井曲线 （b）顶部梯度电极系 ρ_s 测井曲线

图 10-5 两相邻薄层附近的 ρ_s 曲线

不难理解，当相近岩层电阻率大小不同、厚度不同、岩层间距离不同以及电极距大小改变时，它们所带来的影响是复杂的，以致难以应用 ρ_s 曲线来确定岩层界面位置、岩层电阻率，甚至难以用 ρ_s 曲线区分岩层电阻率的相对大小。为了正确划分岩层界面，在进行视电阻率测井时，应配合进行其他测井方法，如微电极系测井、侧向测井等测井工作。

（五）视电阻率测井的应用

视电阻率测井可以用来划分井孔剖面，以及确定岩层真实电阻率、确定含水层位等。

1. 划分井孔剖面

从对视电阻率测井理论曲线特点的分析我们可以看出，视电阻率测井曲线对高阻厚层有明显的反应。

通常当应用梯度电极系 ρ_s 测井曲线划分高阻厚层上界面时，从 ρ_s 曲线极值点处向着由单个电极指向成对电极的方向移动 $MN/2$，以此确定界面位置；划分底界面时，亦是由 ρ_s 曲线极值点处向着由单个电极指向成对电极的方向移动 $MN/2$ 来确定界面位置，如图 10–6（a）所示。对于岩层厚度小于极距的薄层，可利用 ρ_s 曲线 2/3 极大值点的位置确定高阻岩层界面，如图 10–6（b）所示。

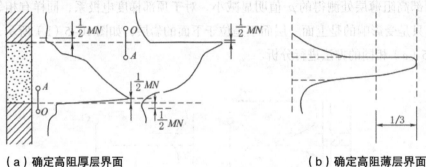

（a）确定高阻厚层界面　　　　　　　　（b）确定高阻薄层界面

图 10–6　利用梯度电极系 ρ_s 曲线确定岩层界面

当使用电位电极系测井 ρ_s 曲线划分界面时，对于高阻厚层（$h > 5AM$），可根据 ρ_s 曲线拐点位置确定岩层界面，如图 10–7（a）所示。对于中厚层（$AM < h < 5AM$），可以利用 ρ_s 曲线半极值点位置确定岩层界面，如图 10–7（b）所示。

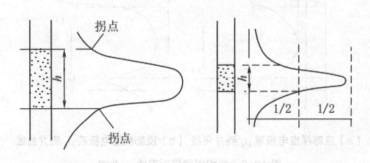

（a）确定厚层（$h > 5AM$）界面　　（b）确定中厚层（$AM < h < 5AM$）界面

图 10–7　利用电位电极系 ρ_s 曲线确定岩层界面

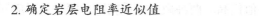

2. 确定岩层电阻率近似值

我们知道视电阻率测井所测得的视电阻率值大小受诸多因素影响。但是，当岩层厚度比电极距大很多时，围岩影响可以忽略不计；当电极距比起井径来大很多时，井孔影响可以忽略不计。所以当岩层厚度相当大时，可将电位电极系测得的 ρ_{s} 极大值作为岩层电阻率的近似值；亦可利用梯度电极系测得对着岩层的 ρ_{s} 曲线的平均值，并作为该岩的电阻率似近值。

3. 确定含水层及咸淡水分界面

在一定条件下视电阻率测井所测得的 ρ_{s} 值主要取决于岩层电阻率大小，而岩层电阻率的大小又主要取决于岩性、孔隙率、含水程度和水的矿化度。这样同一地区视电阻率的变化反映了地层岩性（如黏土或是砂层等），而对同一类岩层（如砂层）视电阻率的变化则反映了该层含水的矿化度变化。由此可以利用视电阻率测井 ρ_{s} 曲线并配合其他测井方法（如自然电位测井）确定含水层位及咸淡水分界面。

（六）微电极系电阻率测井

微电极系电阻率测井是在普通视电阻率测井基础上发展起来的。普通视电阻率测井难以分辨薄层，为此设计了微电极系。它是电极间距离很小的电极系，可以用来划分几厘米厚的薄层、夹层。但是由于极距很小，探测范围也就很小，只能探测井壁附近的情况，其深度不超过 10 cm。主要用来划分薄层、夹层，划分渗透性岩层以及测量岩层的电阻率。

工作时装在绝缘板上的电极系被弹簧紧压在井壁上。观测过程中微电极系要始终贴着井壁进行测量，以减小井液的影响。

微梯度电极系测量范围约为极距的 1 ~ 2 倍，微电位电极系的测量范围是电极距的 2 ~ 3 倍。其测量结果仍以视电阻率 ρ_{s} 表示为

$$\rho_{s} = K \frac{\Delta U}{I} \tag{10-10}$$

式中：K 为电极系系数，它与电极尺寸，极板形状、大小等有关，可通过实验方法求出。由于微电极系极距很小，且测量过程中电极系紧贴井壁，所以遇到不同电阻率岩层时，尽管岩层厚度不大，也会引起视电阻率的变化，由此可根据视电阻率的变化划分薄层、夹层。同时使所测视电阻率接近岩层电阻率。特别是对非渗透岩层或泥岩，黏土层两种微电极系所测得的视电阻率值均接近其岩层真电阻率值。

此外，可利用微梯度电极系和微电位电极系探测范围不同划分出渗透性岩层。前已述及非渗透性岩层，两种微电极系测得的视电阻率值均接近岩层真电阻率值。而对于渗透性岩层，由于泥浆的浸入，以及在井壁处形成泥饼，井壁附近不同深度处的电阻率大小不同。一般泥饼电阻率高于泥浆电阻率 1.5 ~ 2 倍，但比浸入带电阻率低很多。进行测井时，微梯度电极系探测范围小，受泥饼影响大，测得的视电阻率值偏低。而微电位电极系探测范

围大，受浸入带影响大，所测得的视电阻率值偏高。两种微电极系在同一深度处对应同一（渗透性）岩层所测得的视电阻值不等。ρ_s曲线不重合，而有一差值。我们称微电位电极系测得的视电阻率值高出微梯度电极系所测得的视电阻率值那部分为正幅度差。岩层渗透性越好，正幅度差越大。所以，根据微电极系所测ρ_s曲线出现正幅度差，从微电极系视电阻率测井ρ_s曲线中能划分出渗透性岩层。

（七）其他电阻率测井

1. 侧向测井

普通视电阻率测井，由于受井孔、井液等因素的影响，当岩层较薄、电阻率较高、井液电阻率却较低时，大部分电流将沿井液流过，只有小部分电流流进地层，这样就无法求出准确的地层电阻率。使得普通视电阻率测井区分不同岩层效果变差。为解决这一问题，人们提出了侧向测井方法。侧向测井也叫聚焦电阻率测井或聚流电阻率测井。这种方法能较准确地划分出高阻薄层，从而测出岩层电阻率大小。

（1）方法原理

侧向测井与普通视电阻率测井方法上的主要区别在于使用的电极系、六电极侧向测井（简称六侧向）、七电极侧向测井（简称七侧向）等。

我们通过对三电极侧向测井电极系工作原理的分析来说明侧向测井的方法原理和实质。图10-8是三电极侧向测井电极系的结构和电流分布图。其电极系由三个被绝缘物隔离开来的、直径相同的金属圆柱体组成。中间的电极叫主电极，以A_0表示，上、下两个电极叫屏蔽电极，分别以A_1和A_2表示。三个电极通以相同极性的电流，并保持它们电位相等。由于主电极和屏蔽电极的相互影响，致使主电极流出的电流不能像普通电极系供电电极流出的电流那样向各个方向流去，而是近似水平地呈圆盘状流入岩层，从而大大地减小了井液和相邻岩层对观测结果的影响，提高了视电阻率测井的分层能力。

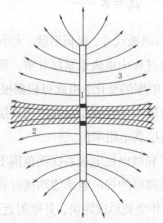

1—绝缘层；2—主电极流出电流；3—电流线

图10-8 三侧向电极系及电流分布

与普通视电阻率测井一样，三电极侧向测井仍可测量供电电流、电位差，计算视电阻率，其单位仍是 $\Omega \cdot m$，按下式计算视电阻率：

$$\rho_s = K \frac{U_{A_0}}{I_0} \qquad (10\text{--}11)$$

式中：U_{A_0} 为主电极的表面电位（A_0 极与无穷远处的电位差）；I_0 为 A_0 极的供电电流在工作过程中保持不变；K 为三侧向测井的电极系系数。

K 是与电极尺寸、结构有关的常数。可以通过试验的方法或理论计算求出。试验方法是：将电极系放入电阻率为已知的介质中，测出主电极的表面电位 U_{A0} 和主电极的供电电流 I_0，将其代入式（10--11），反算出 K。理论计算的方法是将电极参数代入下式求出

$$K = \frac{2.72876 L_0}{\lg \dfrac{2L}{d_s}} \qquad (10\text{--}12)$$

式中：$L_0 = 2b + \dfrac{2}{3} m$，为主电极长度，$m$ 为绝缘层厚度；$L = 2C$，为电极系总长度；$d_s = 2a$，为电极系的直径。

式（10--11）中，$\dfrac{U_{A_0}}{I_0}$ 是主电极表面与无穷远处之间的电位差与主电极供电电流强度之比，它是电流自主电极表面流到无穷远处所遇到的总电阻，即主电极 A_0 的径向接地电阻，以 R_0 表示，于是可将式（10--11）写为

$$\rho_s = K R_0 \qquad (10\text{--}13)$$

也就是说，三电极侧向测井测得的 ρ_s 与主电极 A_0 的径向接地电阻成正比，它直接反映了径向接地电阻的大小变化。这电阻大小与电流通过的空间直接有关。为使其更好地反映单一岩层的电性，应尽量减小井液和围岩的影响，合理地选择电极系参数。通常电极系长度越大，主电流的聚焦效果越好，围岩影响越小，探测深度（指垂直井壁的横向尺寸）越大，一般选 $L_0 \geq (10\sim15) d_0$；主电极长度大小影响分层能力，L_0 越小，分层能力越强，且 L_0 / d_0 越小，ρ_s 极值越趋近于岩层的真电阻率值。一般选用 $L_0 = (1\sim1.2) d_0$；为减小井孔、井液影响，要适当加大 d_s，一般选取 $d_s = (0.5\sim0.75) d_0$；绝缘层厚度一般选为 10 ～ 20 mm。

（2）三电极侧向测井曲线特点及应用

图 10--9 给出了有上、下两个高阻层，其间相距 4 倍井径（$4d_0$），下层介质电阻率由 10ρm（ρm 为围岩电阻率）变至 100ρm 时，对应上、下两层三电极侧向测井法测出的 ρ_s 曲线。

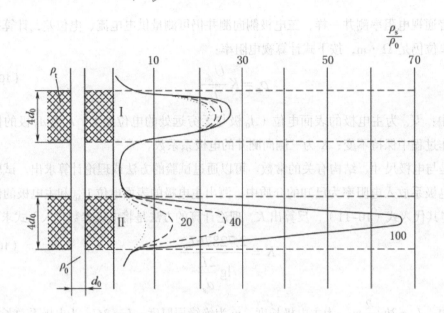

图 10-9 三侧向测井 ρ_s 曲线

图 10-10 给出了不同电阻率、不同厚度岩层组所对应的三电极侧向测井和普通视电阻率测井所测得的视电阻率曲线。

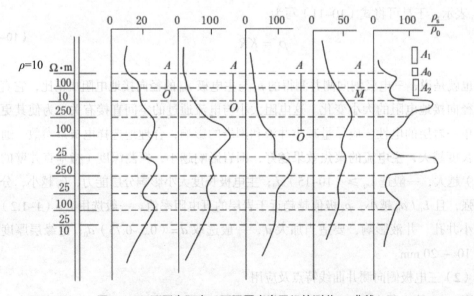

图 10-10 不同电阻率、不同厚度岩层组的测井 ρ_s 曲线

由图 10-9 和图 10-10 我们可以看出：三电极侧向测井所测得的视电阻率值比普通视电阻率测井所测得的视电阻率值更接近于岩层真实的电阻率值。而且其分辨薄层、消除层间互相影响的能力均高于普通视电阻率测井。利用三侧向测井测得的视电阻率曲线，可以更方便地求出岩层真实电阻率，也可以更精确地划分井孔剖面。

2. 井液电阻率测井

（1）工作原理

井液电阻率测井采用与普通视电阻率视测井相同的测量线路。它们的基本工作原理是相同的，只是井液电阻率测井使用专门的井液电阻率计代替普通的电极系。井液电阻率计与普通的电极系结构不同。井液电阻率计内部由三个间距很小的电极（电极为环形或圆柱形）组成一个电极系，外部有一个上、下开口的圆筒形金属罩做成的外壳。

这样做成的井液电阻率计可以防止井壁及其周围岩层对观测结果的影响。井液电阻率计测井工作时，测量供电电流和 MN 极之间的电位差，然后将其代入公式：$\rho = K \dfrac{\Delta U_{MN}}{I}$，求出 ρ。电极系数 K 通过试验方法求出。

（2）井液电阻率测井的应用

①确定含水层位置

已知井液电阻率值大小和井液中盐的浓度大小有关，盐浓度越大，井液电阻率越小。向清洗过的井孔中注入与地下水盐浓度不同的水（或泥浆），也就是与地下水电阻率值有明显不同的水（或泥浆）。然后每隔一定时间间隔测量一条沿井轴的井液电阻率曲线，直到能够明显地反映出电阻率异常为止。由于岩层中地下水盐浓度和注入井孔中的水的盐浓度不同而发生扩散作用，同时因地下水流动，含水层附近井液盐浓度不断变小，从而使该井段所测得的电阻率值不断变大。由此根据不同时刻测得的井液电阻率曲线的变化确定出含水层位置。

为明显地测出电阻率异常，对流入量较小的井孔可采用提捞法，即井孔中充满与地下水电阻率不同的井液后，立即进行首次井液电阻率测量——控制测量。之后用水泵从井孔中抽水，降低井孔液面，进行第二次测量，并于 1 ~ 2 h 后再进行测量。然后再抽水，重复前述做法，直至在电阻率曲线上明显地反映出水层位置为止。当出水量大时，亦可采用注入法，即改抽水为周期性的注水，并进行测量。直至井液电阻率变化停在某一深度上，不随注水而变化，这个深度即是出水层下界面。当地下水为淡水或弱矿化水时，可选用静止水位法（自然扩散法）。观测人工盐化了的井液被运动的地下水冲淡的情况，以确定含水层位置。

②判断各含水层之间补给关系

当井孔穿过不同含水层时，将井液局部盐化，形成盐水柱。测量不同时刻井液电阻率变化。根据沿井轴井液电阻率值的低值段位移情况，判断盐水柱的升降以及升降速度，从而判断地下水沿井孔的运动情况。由此确定不同含水层的补给关系。

井液电阻率测井还可用来检查套管止水效果。

二、自然电位测井

利用如图 10-11 所示原理线路，沿井身移动 M 极，测量移动电极——M 极与设在地面的固定电极——N 极之间的电位差，便可得到沿井轴变化的自然电位曲线。根据所测得的沿井轴变化的自然电位曲线，研究井孔地质问题的方法叫作自然电位测井。自然电位测井，可以用来划分井孔地质剖面，判断含水层位置，估计地层泥质含量等。

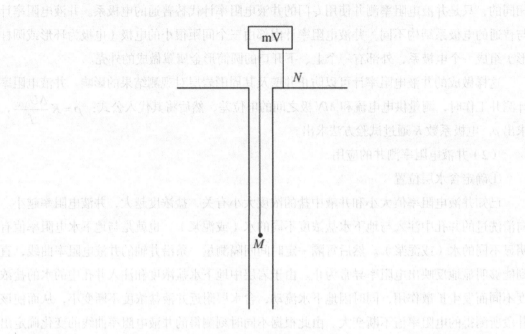

图 10-11 自然电位测井原理

（一）井内自然电位成因

井孔中形成自然电场的成因是相当复杂的。通常在沉积岩地区和金属矿区，形成自然电场的主要成因是：扩散电动势、吸附电动势、氧化还原电动势。这里我们仅讨论与水文地质、工程地质关系密切的扩散作用及吸附作用形成的自然电场。

1. 扩散成因

根据物理化学知识我们知道，当两种浓度不同的盐溶液相接触时，浓度大的溶液中的离子要向浓度小的溶液中扩散。在离子扩散时，溶液中的正、负离子的迁移速度是不同的。例如，NaCl 溶液中的氯离子的迁移速度就大于钠离子的迁移速度。当两种浓度不同的 NaCl 溶液相接触后，由于正、负离子迁移速度不同，在低浓度的溶液中迁移速度大的 Cl^- 的数量将多于迁移速度小的 Na^+ 的数量，而在高浓度的溶液中迁移速度大的 Cl^- 的数量将少于迁移速度小的 Na^+ 的数量，从而使得浓度不同的两种溶液显示不同的电性，形成一个电动势。这样形成的电动势又反转来影响正、负离子的迁移速度，使得 Cl^- 向浓度低的溶液中的迁移速度减慢，而使 Na^+ 向浓度低的溶液中迁移速度加大，直至两种离子迁移速度一致，使溶液中正、负离子数量上的差额达到一定值。这时在两种浓度的溶液间形成一个稳定的扩散电动势。

在井孔中，如井液浓度小于纯净砂岩层中水（溶液）的离子浓度，其情况类似于两种不同浓度的溶液被纯砂岩板所隔开，对应于纯净砂岩处则可测得负电位。这时所形成的自然电场即扩散作用形成的自然电场。

2. 吸附成因

将上述试验中隔开两种不同浓度溶液的纯砂岩隔板拿掉，换上一个泥岩隔板，其他条件不变。这时，在两种溶液间可测得一个更大的电位差，且这时低浓度的溶液为高电位，而高浓度的溶液为低电位，它不同于离子扩散通过不同隔板时形成的电动势。之所以出现这种变化，是由于：泥岩颗粒有吸附负离子的作用。当离子由浓度高的溶液向浓度低的溶液中扩散经过泥岩板孔隙时，负离子被泥质颗粒吸附，附着于孔壁上，而正离子通过孔隙进入了浓度低的溶液中。所以低浓度溶液中正离子增多，而高浓度溶液中负离子相对增多。因此在两种溶液间形成了一个与离子扩散通过不同隔板时形成电动势相反的电位差。这样形成的自然电场为吸附作用自然电场。

自然界井孔中井液离子浓度与岩层水离子浓度不同，离子通过岩土孔隙时，会有吸附作用发生，形成吸附作用成因的自然电场。不仅如此，当地下水或井液与地下水之间由于存在压力差而发生流动时，同样也有吸附作用发生，同样也会形成吸附电场，一般称这时形成的电场为过滤电场。自然界中上述几种作用有时会同时发生，形成的自然电场叠加在一起，构成井中总的自然电场。但一般过滤电场较弱，井内测得的自然电场主要是由扩散和吸附成因所形成的自然电场。

（二）自然电位测井曲线

通常黏土岩具有稳定的自然电位，常以此作为自然电位曲线的基线。在泥、砂岩钻孔中，当地下水与井液的接触面（井壁）上发生扩散过程时，若 $C_2 > C_c$，则离子扩散方向是由含水砂层指向井液，使井液带负电，在砂岩和井液的接触面上产生扩散电动势 E_d。而由砂岩通过黏土岩向井液的扩散过程中，由于泥质颗粒吸附负离子而形成扩散——吸附电动势 E_{dn}，使井液带正电，二者恰如两个串联的电池，通过井液、地层构成自然电流闭合回路，总电动势应是 E_d 和 E_{dn} 之和。由于扩散吸附作用的结果，砂岩层的自然电位显示负异常；相反，若 $C_2 < C_c$，则砂岩层的自然电位为正异常。

在自然界中，不仅岩层厚度变化会影响自然电位测井曲线，而且岩层、井液电阻率、岩层产状及相邻层的参数等都会影响自然电位。一般岩层及围岩的电阻率大于井液电阻率时，自然电位曲线幅值减小，尤其对于薄的高阻岩层，岩层电阻率对自然电位曲线的影响更为明显。若砂层不是纯砂层，而是其中含有泥质颗粒时，泥质颗粒将影响负离子扩散速度，形成扩散吸附电动势，从而影响井孔自然电位曲线。当岩层上、下不对称或产状发生变化时，都将使井中自然电位曲线发生变化。

（三）自然电位测井法的应用

在水文、工程地质工作中，自然电位测井主要用来划分钻孔地质剖面，确定咸、淡水界面，确定地下水矿化度等。

在砂泥质岩层井孔中，自然电位大小主要和地下水与井液之间的扩散吸附作用有关，而扩散吸附作用又与岩性密切相关。因此，可以利用自然电位测井曲线变化划分出钻孔地质剖面。

通常在自然电位测井曲线解释中，取厚层泥岩（黏土）层处自然电位曲线为基线。在地下水矿化度大于井液矿化度的情况下，渗透性好的岩层（颗粒粗，分选好，含泥少）自然电位显示为较大负异常；而反之，为正异常。因此，可利用自然电位测井曲线划分出渗透性好的地层，划分钻孔剖面。在岩层比较厚时，一般可按曲线的半幅值点来确定岩层的界面。

当地下有不同的咸淡水时，还可利用自然电位测井曲线划分咸淡水的分界面。当井孔中咸水层地下水矿化度高于井液矿化度时，自然电位测井曲线为负异常；对应于井孔中淡水层地下水矿化度低于井液矿化度时，则自然电位测井曲线为正异常。

井孔剖面由砂层、黏土层、黏质砂土和矿质黏土层组成。井孔上部地下水矿化度较高，使得含水层电阻率较小。梯度电极系视电阻率测井曲线上对含水层与黏土层的反映相近。电位电极系视电阻率测井曲线对砂层、黏土层两者的反映亦无明显区别。而自然电位测井曲线对含水砂层有负异常，有别于黏土层。在 62 m 以下，砂层水的矿化度比较低，为淡水，对应地段测得自然电位正异常。由此用自然电位测井曲线划分出了砂层位置，并划分出咸、淡水界面。

三、电磁波测井

电磁波测井是以岩矿石的导磁性及导电性差异为主要物质基础、以电磁感应原理为理论基础的一类测井方法。它通过井下仪器向周围发射电磁波，在井下或邻近钻孔中接收电磁波。根据所接收的电磁波研究井孔剖面、井孔周围以及井孔之间的情况。所以这类方法可以在干孔或油基泥浆中进行工作。

电磁波测井中，一类方法为发射几十千赫到几万千赫电磁波的低频电磁波测井。低频电磁波测井由井下仪器向周围发射一定频率的交流信号，建立起交变电磁场（称为一次场）。在这交变场的作用下，地层中产生感应交变场（称为二次场）。置于井下的接收器接收感应交变场（二次场）。感应交变场的强弱与岩矿石的物理性质有关。其中利用岩矿石磁化率参数的电磁波测井为磁化率测井，利用岩矿石电导率参数的电磁波测井为感应测井。

电磁波测井中还有一类方法是通过井下仪器向周围发射频率为 0.5 ~ 10 MHz，甚至更高频率的电磁波，并在另外的井孔中接收发射器所发射的电磁波。这类方法在早期被称为阴影法，后又被称为无线电波透视法，在我国被称为地下电磁波法（钻孔电磁波法、坑道电磁波法）。由发射器所发射的电磁波向周围介质传播时，因周围介质性质不同，被吸收程度有所不同。通过分析所接收的电磁波的强弱变化来研究井孔周围的情况。

下面分别讨论感应测井和钻孔电磁波法。

（一）感应测井

1. 感应测井的原理

感应测井仪器包括井上部分和井下部分。

（1）井下仪器

井下仪器由线圈和电子线路两部分组成。其线圈有发射线圈和接受线圈两种不同的线圈，分别相当于直流电阻率测井中的供电电极和测量电极。电阻率测井中有多种形式的电极系，感应测井也可采用单极线圈系、双线圈及聚焦多线圈等多种形式的线圈。

发射线圈发射出的交变信号在其周围所形成的交变电磁场，在周围介质中引起涡流。涡流产生的磁场在接收线圈中感应出电动势，感应电动势的大小与岩矿石的电导率大小有关。这种感应电动势称为有用信号。在无限均匀各向同性介质中，通过测量这种有用信号，可以求出岩（矿）石的电导率。在井孔、井液及周围介质影响下，即非均匀各向同性介质情况下，通过测量有用信号求出的是地下介质的视电导率，而不是某一种介质的真实电导率。另外，在接收线圈中，还能接收到发射线圈和接收线圈直接耦合产生的电动势，这部分电动势称为无用信号，无用信号的大小与仪器结构、发射电流强度以及发射频率有关。可以通过多线圈系及相敏检波器消除无用信号。同时，多线圈系还可以补偿井液、围岩对有用信号的影响。

井下仪器除发射线圈和接收线圈外，还有振荡器、放大器、检波器。振荡器产生频率稳定、幅度不变的交变信号，并通过发射线圈将其发射出去；放大器将接收线圈所接收到的信号加以放大；相敏检波器将无用信号过滤掉，使有用信号通过。

（2）地面仪器

地面仪器包括记录面板和记录仪。通过记录面板的电子线路对井下送上来的信号进行处理，并将处理过的信号送至记录仪。记录仪将有用信号记录成视电导率曲线或视电阻率曲线。

2. 感应视电导率曲线

（1）上、下围岩相同的单一电导率岩层

图 10-12 给出了不同厚度的低电导率岩层所对应的视电导率曲线。低电导率岩层 σ =0.1 Ω/m，围岩电导率 σ_w=0.5 Ω/m，H_1=0.6 m，H_2=1.5 m，H_3=2.5 m。

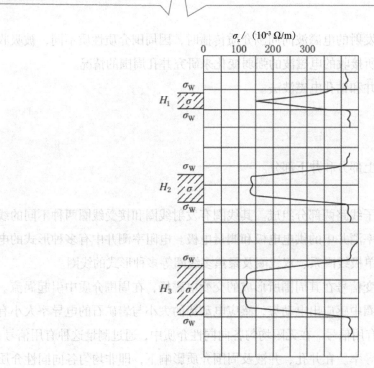

图 10-12 低电导率岩层视电导率曲线

图 10-13 给出了不同厚度的高电导率岩层所对应的视电导率曲线。其高电导率岩层电导率 $\sigma = 0.5$ Ω/m，围岩电导率 $\sigma_w = 0.1$ Ω/m，$H_1=0.6$ m，$H_2=1.5$ m，$H_3=2.5$ m。

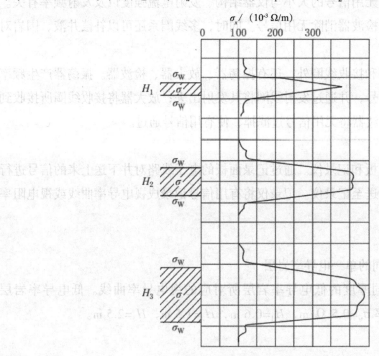

图 10-13 高电导率岩层视电导率曲线

　　两组曲线均对应于岩层中线对称分布，且对应岩层中部有极值。总的来说对应低电导率岩层 σ_s 数值小，对应高电导率岩层 σ_s 数值大。对于厚度（H）大于 2 m 的岩层，可用视电导率曲线半幅值点确定岩层界面。

　　（2）上、下围岩不同的单一电导率岩层

　　图 10-14 给出了上、下围岩不同时，不同厚度的低电导率岩层所对应的感应测井视电导率测井曲线。低电导率岩层的电导率 $\sigma = 0.1$ Ω/m，围岩电导率 $\sigma_{w_1} = 0.5$ Ω/m，$\sigma_{w_2} = 1$ Ω/m，岩层厚度 H 分别为 0.6 m、1.5 m、2.5 m。

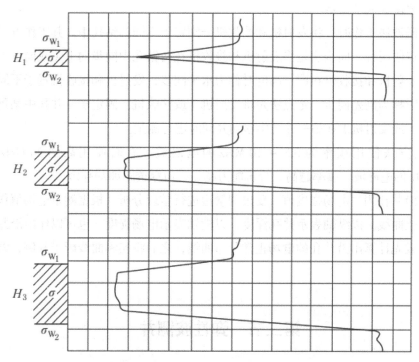

图 10-14　上、下围岩不同时低电导率岩层的视电导率曲线

　　因上、下围岩不同，所以视电导率曲线不对称，对应于低电导率地层 σ_s 有极小值。极小值点与岩层中点位置不对应，而是偏向于岩层电导率相对较小的围岩一侧。

　　感应测井可用来划分岩层和确定岩层的电导率。为从视电导率曲线求得岩层的电导率，需要进行井液校正、围岩校正等。

（二）钻孔电磁波法

　　钻孔电磁波法是地下电磁法的一个分支。我国于 20 世纪 50 年代引进了这种方法。近几年来该方法在我国得到较快发展。钻孔无线电波透视法主要用于工程勘查和金属矿勘查。

1. 方法原理

　　工作时，在一井孔中，由发射天线向周围发射一定幅度的、固定频率的高频电磁波，然后在另一井孔中用一接收天线接收经地下传来的电磁波。由发射天线所发射的电磁波在周围介质中传播时逐步被吸收。岩（矿）石吸收电磁波能量的大小主要取决于它们的介电常数 ε、磁导率 μ 以及电导率 σ。当前，在该方法所使用的频率范围内，岩（矿）石吸收电磁波能量的大小主要取决于介质的电导率 σ。空气和高阻岩石对电磁波吸收作用不大，而低阻金属矿和其他低阻介质对电磁波的吸收能力强。所以，在电磁波传播过程中，如遇到高电导率的岩（矿）石或为高电导率的水或黏土所充填的溶洞时，其能量会被大量吸收。在这种情况下，这些介质另一侧接收到的电磁波明显减弱，出现所谓阴影带。地下电磁波法就是根据这些阴影带的出现，来发现低阻矿体或溶洞并确定其位置的。

2. 工作方法和成果图示

钻孔电磁波法工作时，将发射机和接收机分别置于不同的钻孔中。其工作方式可分为同步法及定点法两种。同步法是将发射机和接收机在两钻孔中同步向上（或向下）移动并进行测量。发射机和接收机在同一高度时称为水平同步，发射机和接收机置于不同高度进行同步测量时称为高差同步。定点法是将发射机（或接收机）固定于一井孔中某预定位置上，接收机（或发射机）在另一井孔中移动并同时进行测量。

通常该方法使用频率为 0.5 ~ 10 MHz 的电磁波，有时使用高达 20 MHz，甚至 40 ~ 50 MHz 的电磁波。频率越高，分辨能力越强，但穿透距离却越短。

工作时沿井孔测量电场强度值，要边测量边进行整理分析。根据测量电场值作出场强沿井孔的变化曲线。以纵轴表示井孔深度，以横轴表示电场强度。也可以作出沿井孔的屏蔽系数图，或先计算出沿井孔的电场正常分布曲线，之后将实测曲线画于其侧，画出阴影位置图。

第二节　弹性波测井

弹性波测井是以岩（矿）石的弹性差异为物质基础，通过在钻孔中测定弹性波传播速度及其传播过程中幅度变化来研究井孔剖面和井孔周围情况的一类测井方法。弹性波测井分地震测井和声波测井。前者以炸药、雷管爆炸、重锤捶击等方式产生地震波，观测通过井壁或井孔周围介质的弹性波；后者以声电转换方式在地下产生声波或超声波，并在井中进行观测。声波测井又可分为声波速度测井、声波幅度测井等。

弹性波测井在工程地质工作中，可以用来确定岩层厚度、断层破碎带位置、检查水库坝基质量、施工质量以及进行原位测速，通过测定纵波波速、横波波速计算岩石物理力学参数，为工程设计提供资料，并与浅层地震相结合，提高其解释精度及增强地质效果。

一、地震测井工作方式

地震测井主要用来进行原位纵波、横波波速测定。通过波速测定划分出井孔剖面，研究井孔周围情况，提供物理力学参数。地震测井按其工作方式可分为井地激发接收（单孔法）及异孔激发接收（跨孔法）两种方法。

（一）井地激发接收方式

井地激发接收地震测井也叫单孔法。

井中激发地面接收的方式可以采用雷管或少量炸药做井中震源。通常在通过井口的测线上，布置 3～4 个检波器，接收由震源通过井壁地层传来的弹性波。

地面激发井中接收方式：震源位于井口附近，可以用雷管、炸药做震源，也可以用重锤撞击的方法做震源。为了产生横波，需将一木板紧密地与地面耦合，之后用重锤撞击木板侧面，这样便可产生 S（横）波。井中要使用带有能使其紧贴井壁装置的三分量井中检波器。先将检波器放入井底，之后由深到浅逐点测量。为提高效率，有时也采用地面一次激发、井内多点接收的方式。井内同时布置多个检波器（那时井中要有井液，检波器吊挂在井液中接收）。

（二）异孔激发接收方式

这种工作方式是从一口井中激发，在其他井中接收。当井孔距离较小（仅数米时），可以利用直达波测定波速，称为直达波法。当井孔间距离较大时，接收的初至波可能是直达波，也可能是折射波。当初至波是折射波时，由传播时间和传播距离求得的速度是钻孔间岩层的平均速度，所以也称为平均速度法。其井中震源可以是雷管、炸药，也可以是紧贴井壁的载荷板。载荷板受由地面控制的重荷撞击而在井壁产生横波。检波器为紧贴井壁的三分量井中检波器。

地震测井工作中一般可用浅层地震仪进行放大、记录，而无须专门另备放大、记录仪器。另外，为了向井中检波所附带的胶囊里充气（或充液）以使其紧贴井壁而设置有控制泵。

根据地震测井记录计算出速度资料，或得出沿井孔的速度曲线。

二、声波测井

声波测井是弹性波测井的一个分支。它以声电转换装置在地下发射频率为几千赫至几十千赫的声波或超声波（频率超过 20 kHz 的属超声波，所以也称其为超声波测井），同时在井下接收经井壁或井孔间传播的声波，并根据其传播速度或幅度研究井孔和井孔周围的地质情况。声波测井又可分为声波速度测井（简称声速测井）和声波幅度测井、声波全波测井、声波电视测井等。

（一）声波速度测井

1. 声速测井原理

声速测井的井下仪器中装有发射器和接收器。发射器以脉冲形式发出一系列声波。声波自发射器发出后向各个方向传播，一部分由发射器经井液直接传至接收器，称为直达波；

另一部分以临界角经井液传至井壁，于是产生了沿井壁传播的滑行波（也称侧面波）。由于井液和井壁紧密相接，在井液中形成了相应的波（在地震勘探中称为折射波），并传至接收器。

波在井液中以 V_1 速度传播，在岩石中以 V_2 速度传播，且 $V_2 > V_1$。因各种波所走过的路径不同，在所走的不同地段上的波速不同，所以它们自声源到达接收器的时间不同。选择合适的发射器和接收器之间的距离（称为源距，以 L 表示），首先可以使经井壁滑行的波最早到达接收器，其次是直达波到达接收器，最后反射波才到达接收器。最早到达接收器的波称为首波或初至波。

从声源发出声波到接收器接收到声波所用的时间为 Δt，则一般可写为

$$\Delta t = t - t_0 = \frac{a}{V_1} + \frac{b}{V_2} \tag{10-14}$$

式中：a 为声波在井液中传播的路径；b 为声波沿井壁传播的路径；t_0 为声源发出声波的时刻；t 为接收器接收到声波的时刻。

井下仪器沿井孔边移动边进行测量。当遇到地下速度不同的岩层时，由于其传播速度 V_2 不同，则测得的 Δt 发生变化，从而根据 Δt 的变化推断出岩层发生了变化。这便是声速测井的基本原理。

2. 单发双收声波测井

按照上述原理，根据测得 Δt 的变化，可以研究岩层的变化。但尚不能由其求出岩层中声波速度。而且当井孔情况有所变化时，也会引起 Δt 的变化。为此设计了单发双收声速测井的井下仪器。另外，有两个接收器分别为 R_1、R_2。

这种井下仪器的发射器 T 于 t_0 时刻发射的声波，以 V_1 速度向各个方向传播。其中 A、B、C、D、E 和 F 分别为声波在传播路径中的不同时间的波长，AB 以临界角自井液传至井壁，产生沿井壁滑行的侧面波 BC。这侧面波引起的纵波 CE 传至接收器孔。传至 D 点的滑行波引起的纵波 DF 传至接收器 R_2。

两接收器所接收到的同一时刻发射器发射的声波的时差为 Δt，则

$$\Delta t = t_2 - t_1 = \left(\frac{AB}{V_1} + \frac{BC + CD}{V_2} + \frac{DF}{V_1} \right) - \left(\frac{AB}{V_1} + \frac{BC}{V_2} + \frac{CE}{V_1} \right) \tag{10-15}$$

$$= \frac{CD}{V_2} = \frac{l}{V_2}$$

式中：t_2 为第二个接收器 R_2 收到声波的时刻；t_1 为第一个接收器 R_1 收到声波的时刻；AB、BC、CD、CE 和 DF 为声波在传播路径中的距离，$CE = DF$，$CD = L$，为 R_1 至 R_2 的距离。

在井孔中移动井下仪器，并进行测量。测得井下不同深度上的时差 Δt 值（μs），记

录点在 R_1 与 R_2 之间的中点。由 Δt 值可根据式（10-15）求出不同深度上的岩层的声波速度（m/s），或者给出测井声波时差曲线图。

3. 井眼补偿声速测井原理

利用单发双收声速测井装置，根据式（10-15）计算出岩层速度 V_2，并按 V_2 变化推断岩层变化时，是假定了井孔直径沿井轴没有变化，且井下仪器纵轴平行井轴。如果井孔直径有所变化，或井下仪器纵轴不平行井轴时，$CE \neq DF$，则 Δt 的变化不单是由于岩层波速变化引起的，而且有井径变化的影响和井下仪器倾斜的影响在内。为此设计了双发双收井下仪器，这种仪器在接收器的下部与上部发射器相对称的位置上又装了一个发射器。这种双发双收仪器也叫井眼补偿装置。采用这种装置的声速测井，叫作井眼补偿声波测井。

4. 声波速度测井的应用

第一，划分岩性和岩石风化带。各类岩石或同类岩石风化程度不同时，声波在其中传播速度不同。通常火成岩波速大，而沉积岩波速较小。在沉积岩中不同类型沉积岩的波速也不相同。岩石风化程度不同，波速也不同，随着风化程度加深，声波传播速度降低。

第二，确定孔隙率。根据实验结果，声波传播速度与岩石孔隙率、孔隙中液体的波速有如下关系：

$$\frac{1}{V} = \frac{\phi}{V_f} + \frac{1-\phi}{V_m} \tag{10-16}$$

式中：ϕ 为孔隙率；V、V_f、V_m 分别为声波在岩石、孔隙液体岩石固体颗粒（统称为岩石骨架）中的速度。

将波速改变为传播时间，有

$$\begin{aligned}\Delta t &= \phi \Delta t_f + (1-\phi) \Delta t_m \\ &= (\Delta t_f - \Delta t_m) \phi + \Delta t_m\end{aligned} \tag{10-17}$$

由此可得到孔隙率 ϕ 的表达式为

$$\phi = \frac{\Delta t - \Delta t_m}{\Delta t_f - \Delta t_m} \tag{10-18}$$

式中：Δt、Δt_f、Δt_m 分别为 $\frac{1}{V}$、$\frac{1}{V_f}$、$\frac{1}{V_m}$，表示声波在相应物质中传播 1m 所需要的时间。

当岩石骨架成分（岩性）及孔隙中液体性质已知时，可以确定出 Δt_f 及 Δt_m，于是有

$$\Delta t = (\Delta t_f - \Delta t_m) \phi + \Delta t_m = a\phi + b \tag{10-19}$$

式（10-19）为一直线方程。当然使用这一公式确定孔隙率时，必须在岩性相同及孔隙中溶液相同的条件下才有可能得出正确的结论。实际工作中，一般以相同条件岩性的 Δt 测量值和岩心孔隙率分析值得出的统计分析为依据，获得经验的直线方程。

第三，根据声速测井资料为工程地质设计提供参数资料，如岩体完整性系数、弹性模量等。

第四，为地震勘探解释工作提供速度资料。根据声波速度测井资料可以计算出不同岩

层中纵波速度及各岩层的平均速度等，为地震勘探资料解释提供速度资料。

（二）声波幅度测井

声波幅度测井是沿井孔测量声波在其中传播时信号幅度的大小、变化，以研究井孔剖面井孔情况的测井方法。该方法在裸眼井中用以研究井孔剖面、井壁附近岩层的变化；而在有套管的井孔中，其可以用来检查套管外水泥的胶结质量。

1. 反射声幅测井

这是一种用一个换能器兼做声辐射和声接收的一种声波幅度测井。由换能器向井壁垂直发射声波，随后接收垂直反射回来的声波。声波垂直入射时，反射波的强弱决定于反射系数的大小。两种相接触的介质，其波阻抗（$Z = \rho V$）差别越大时，反射系数就越大，声波通过界面所传递的能量越小，反射波越强。例如，井壁为石灰岩，且其密度、声速都大，反射波就强；井壁为页岩时，其密度、声速都较小，反射就弱；砂岩密度、速度介于石灰岩和页岩之间，反射波强度居中。另外，岩石风化、破碎程度不同，以及孔隙中液体性质不同，反射波强弱也不同。因此，可以根据声幅曲线的强弱变化来划分岩性，确定含水裂隙带、破碎带以及解决某些其他工程地质问题。

2. 固井声波变密度测井

目前，在固井水泥胶结质量检测中使用声波变密度测井（CBL / VDL）替代声幅测井（CBL）。该测井仪器采用单发双收的井下仪器，从发射器发出的声波向各个方向传播。接收器最先接收到由滑行波在井液中引起的纵波。当套管外水泥胶结得很好时，能量大部分传到水泥胶结物上，接收器接收到的能量（幅度）很小；如套管外胶结得不好，或没有水泥胶结，沿套管传播的声波衰减很小，接收器接收到的声波幅度较大。于是可以通过所测声波幅度大小来确定套管胶结好坏。

第三节　放射性测井

放射性测井是以物质的原子核物理性质为基础的一类测井方法的总称，也称为核测井。放射性测井包括自然放射性测井和人工放射性测井。由于物质的核物理性质不受温度、压力、化学状态等因素的影响，所以有可能利用放射性测井的某些方法直接确定矿物物质成分和品位。另外，放射性测井中所利用的 γ 射线和中子流具有较强的穿透力，故它不仅可以在裸眼井孔中使用，而且可以在下套管的井孔中及各种性质的井液中使用。

一、自然 γ 测井

沿井孔测量天然 γ 射线强度，并根据所测量的 γ 射线曲线研究井孔剖面的方法称为自然 γ 测井。它是放射性测井中一种最简单的方法，该方法不需要人工放射源。

元素在自然衰变过程中所放射出 γ 射线。通常将测量天然 γ 射线总强度的方法称

为 γ 测井，而将按能量测量天然 γ 射线强度的方法称为 γ 能谱测井。由于不同放射性元素放射的 γ 射线的数量和能量不同，所以可以根据所测得的 γ 射线的数量和能量来确定岩（矿）石中所含放射性元素的种类和含量，进而找出放射性矿床和研究岩层性质。γ 测井的有效探测半径为 30 ~ 50 cm。

放射性 γ 测井的井下探测器将接收到的自然 γ 射线转换为电脉冲。电脉冲经过处理进入记录仪器的计数电路，得到与输入脉冲成正比的输出信号。

（一）自然 γ 测井曲线的特征及影响因素

1. 自然 γ 测井曲线特征

根据计算，对点状和有限长的探测器，假定围岩及泥浆均无放射性时，一个水平的放射性岩层在井轴处产生的 γ 射线强度。其曲线特征如下：

第一，曲线对称于岩层中点，并在该处有极大值。

第二，岩层厚度大于三倍井径时，异常幅度与岩层厚度无关，γ 强度曲线在岩层中部成平行井轴的直线段。岩层厚度小于三倍井径时，异常幅度随岩层厚度加大而增大。

第三，当岩层厚度大于井径三倍时，可根据 γ 强度曲线半极值点划分岩层界面，而岩层厚度不足三倍井径时，半极值点间距离大于岩层厚度。这时可用 $\frac{4}{5}I_{max}$ 点判定岩层界面及厚度。

2. 影响自然 γ 测井曲线的因素

第一，测井速度和仪器常数的影响。由于元素的放射性衰变是一个符合统计规律的过程，所以在选择不同的测井速度和仪器时间常数时，所测得的结果将有所不同。

第二，钻井参数（井液、井径、套管、水泥环等）的影响。一方面是它们对 γ 射线的吸收，另一方面是它们自身的放射性如何影响到测量结果。通常它们不含或含有极微量的放射性物质，对 γ 测井的影响以吸收作用为主。在有套管、水泥环地段或井径扩大地段，自然 γ 测井值有所下降。

第三，测量结果的统计涨落引起曲线产生微小的锯齿状变化。

（二）自然 γ 测井的应用

1. 确定地层泥质含量

对于沉积岩地层，除一些特殊的含放射性矿物（如海绿石等）的地层以外，其放射性和泥质含量有关。不同地区和不同层系地层，岩层放射性强弱和泥质含量关系不完全相同，但可以根据工区的测井资料和大量岩芯分析结果，按照统计的方法制作出适用于本地区的相关关系曲线。

通常按照下式做出泥质系数 α 和泥质含量 V_{sh} 的关系曲线

$$\alpha = \frac{J_\gamma - J_{\gamma min}}{J_{\gamma max} - J_{\gamma min}} = f(V_{sh}) \qquad (10-20)$$

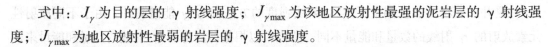

式中：J_γ 为目的层的 γ 射线强度；$J_{\gamma max}$ 为该地区放射性最强的泥岩层的 γ 射线强度；$J_{\gamma max}$ 为地区放射性最弱的岩层的 γ 射线强度。

2. 判断岩性，划分岩层

岩层中放射性物质含量因沉积环境不同而有所不同。特定的沉积环境和条件使放射性物质量有规律地分布和聚集。自然 γ 测井曲线一般与岩石孔隙中流体性质无关，与泥浆性质也无关，它以不同幅值和形态反映出岩层的沉积条件和环境，由此可以利用天然 γ 测井曲线进行岩层对比。

在砂泥质剖面中，砂岩天然 γ 射线强度较弱，黏土层中 γ 射线强度最高，砂质泥岩、泥质砂岩 γ 射线强度居中。在碳酸盐岩剖面中，石灰岩、白云岩天然 γ 射线强度最弱，黏土岩 γ 射线最强，而泥质灰岩、泥质白云岩 γ 射线居中。人们可以利用这些不同的天然 γ 射线强度划分岩层。

例如，在井孔中进行了自然电位测井和天然 γ 测井工作。由于岩盐大量溶解，泥浆矿化度和地下水矿化度相近，自然电位测井曲线近于一条直线，无法用来区分不同岩性。而天然 γ 测井不受泥浆矿化度影响，测得的自然 γ 测井曲线对不同岩层有不同反应：泥岩自然 γ 幅值比较高，尤其是海相泥岩；砂岩、石灰岩、岩盐、方解石的 γ 值都比较低；花岗岩的 γ 值更高，其放射性很强。人们根据所测得的自然 γ 测井曲线的变化区分了不同岩层，划分了井孔剖面。

二、γ-γ 测井

γ-γ 测井是以岩层对 γ 射线的散射和吸收性质不同为基础的一种测井方法。γ-γ 测井的井下仪器中放有 γ 源。从放射源射出的 γ 射线与岩石中的电子发生碰撞，经碰撞散射后的部分 γ 射线传到井下探测器中。地面仪器测量并记录经散射的 γ 射线强度。井下仪器下端安置有 γ 源，上部安有探测器。为防止 γ 射线由放射源直接进入探测器，在放射源和探测器之间设有铅屏。同时为了消除泥浆影响，要使井下仪器中 γ 源的铅屏开口对着岩层，并用弹簧片使井下仪器紧贴井壁移动，在移动过程中进行测量。

γ-γ 测井按选用 γ 源能量工作方式的不同可分为密度测井、选择 γ-γ 测井、岩性密度测井。

（一）γ-γ 测井方法原理

γ-γ 测井所测量记录的散射 γ 射线的强度，主要取决于岩石对 γ 射线的吸收程度。前面已经讲过，γ 射线对物质有光电效应、康普顿—吴有训效应及电子对形成三种作用。岩石对 γ-γ 射线的吸收是三种效应吸收的总和。各种效应的强弱既与 γ 射线的能量有关，又与元素的原子序数有关。对不同能量的 γ 射线和一定元素而言，其中有一个效应是主要的，因此，不同条件下的 γ-γ 测井反映了岩石的不同方面的性质。

1. 密度测井

密度测井中常用的 γ 源有 ^{60}Co 和 ^{137}Cs。^{60}Co 的 γ 射线能量为 1.33 MeV 和 1.17 MeV，^{137}Cs 的 γ 射线能量为 0.66 MeV。对于构成沉积岩的大多数元素，原子序为 1 ~ 20，上述 γ 射线与这些轻元素之间的作用以康普顿散射为主。此时康普顿吸收系数与岩石密度成正比。$\gamma-\gamma$ 测井曲线变化反映了岩石密度的变化。所以这种 $\gamma-\gamma$ 测井又称为密度测井。

2. 选择 $\gamma-\gamma$ 测井

当选用能量较低的 γ 源，且有选择地测量低能量的 γ 射线时，这些 γ 射线穿过岩石以光电效应为主。光电效应吸收系数与 γ 射线能量的三次方成反比，与原子序数的 3 ~ 5 次方成反比。所以采用低能量的 γ 源的 $\gamma-\gamma$ 测井，其测井曲线变化反映了岩石的有效原子序数的变化（有效原子序数 $Z_{有效}=\sqrt[3]{\sum Z_i^3 P_i}$；$Z_i$ 为组成岩石的第 i 种元素的原子序，P_i 为第 i 种元素在岩石中所占的重量百分比）。当岩石中有少量金属矿物时，有效原子序明显增大，所以这种 $\gamma-\gamma$ 测井能探测金属含量很低的金属矿，称为选择 $\gamma-\gamma$ 测井。

3. 岩性—密度测井

这是近年来国外开展的一种新测井方法。它采用长、短源距，按能量不同分区记录散射 γ 射线的强度，称为岩性密度测井。它综合利用康普顿效应和光电效应，测量与康普顿效应有关的、能量高于 200 keV 的散射 γ 射线，以反映岩层密度；而能量低于 200 keV 的散射 γ 射线，由以康普顿散射为主逐步过渡到以光电效应为主；测量 40 ~ 80 keV 的低能区以反映岩层中元素的原子序数，用以判断岩性。测量多种能量散射 γ 射线，互相配合可以准确地确定岩性，对研究矿物成分，确定某些高原子序数的元素、判断裂隙等都有明显优势。

（二）影响 γ 测井的因素

$\gamma-\gamma$ 测井通过测量散射 γ 射线的强度来研究井孔剖面。而 γ 射线由 γ 源发出后，通过井液，再经过岩石散射才到达探测器，这样仪器周围的井液以及井径大小的变化必将影响探测结果。通常泥浆密度加大，$\gamma-\gamma$ 测量数值减小；泥浆密度减小，$\gamma-\gamma$ 测量数值加大。同时泥浆密度比岩石密度小得多，井径变大时，探测范围内介质平均密度变小，影响 $\gamma-\gamma$ 测井观测结果。此外，γ 放射源放出的 γ 射线强度及能量的大小不同，井下仪器所选用的源距大小，井下仪器外壳所用的材料的不同以及探测器放射源之间铅屏位置、厚度等也都影响 $\gamma-\gamma$ 测井的测量结果。为了减少这些因素的影响，一般 $\gamma-\gamma$ 测井工作中，要保持整个井孔中泥浆均匀，井下仪器紧贴井壁，还要选择一定能量、强度的 γ 源，并根据工作要求选择一定源距，同时进行井径测量，测量沿井孔的井径变化曲线。

$\gamma-\gamma$ 测井曲线和 γ 测井曲线一样，也有受测井速度、时间常数以及统计涨落误差影响所带来的曲线畸变。

三、中子测井

中子测井是利用中子和物质的相互作用产生的各种效应来研究井孔剖面的一组测井方法的总称。进行中子测井时，将装有中子源和探测器的仪器放入井孔中。中子源发射出的高能中子射入井中和井孔周围的岩层中。探测器探测记录与周围物质发生了作用的中子或中子与周围物质作用后所发射出的 γ 射线。如探测记录的是与周围介质作用后形成的热中子，称为中子测井。如探测记录的是中子被周围介质俘获后，其所放出的 γ 射线则称为中子 γ 测井。中子测井通常是利用放射性同位素核衰变时产生的 α 粒子去轰击 Be 时所放射出的中子作为中子源。常用的有：Am-Be 源，半衰期为 458 年；Po-Be 源，半衰期为 138 d。

中子测井的探测范围指从中子源发出，且返回探测器的中子在岩层中所能渗入的平均深度。它不是一个固定值。其大小和岩石孔隙率、含氢量等有关。在致密岩石中平均渗入深度约为 60 cm；在孔隙大的岩层中，中子渗入深度不大于 20 cm。一般认为在 15 cm 的孔径时，小孔隙地层的探测范围为 60 cm 左右，大孔隙地层中探测范围是 20 cm 左右。

（一）中子与物质原子核的作用

根据原子结构的理论，我们知道中子是中性粒子，其质量为 1.6747×10^{-24} g。中子处于自由状态时是不稳定的。它会变成一个质子、一个电子和一个中微子，并放出能量。中子半衰期是 12.8 min，中子对物质的穿透能力强。按中子所具有的能量可把它分为：快中子（能量大于 100 keV）；中能中子（能量为 100 eV ~ 100 keV）；慢中子（能量小于 100 eV）。慢中子还可再分为超热中子（0.1 ~ 100 eV）和热中子（平均能量处于 0.025 eV）。

中子测井中使用的中子源释放出来的中子的能量不是单一的，而是连续变化的。目前测井工作使用的中子源放射出的中子能量在几兆至十几兆电子伏特，属于快中子。这类中子进入岩层与其原子核的作用如下：

1. 中子的散射

中子与原子核发生碰撞时，有弹性散射和非弹性散射。当中子与原子核发生弹性碰撞时，遵循动量守恒和能量守恒定律，中子被碰撞后改变其能量和运动方向。而非弹性散射引起核的激发，原子核除增加了动能外，还从基态跃升到高能级，当其由高能级回迁到基态时，放出 γ 射线。只有中子的能量足够大时，才能发生非弹性散射。所以从中子源发出的中子只在最初一两次碰撞时才可能有非弹性碰撞，其后都是弹性散射。

中子与原子核发生碰撞后，能量逐渐损失，最后减速为热中子，直至被吸收。

2. 中子的核反应

中子不带电，可以较容易地进入其他物质的原子核。中子进入原子核被其俘获时，使原子核处于激发状态，发生核反应。

最常见的核反应是（n，γ）反应，即原子核俘获中子放出 γ 射线的反应。大部分同位素都发生这一反应。当中子能量很大时，发生（n，P）反应，即原子核俘获中子后，放出质子和 γ 射线。在使用快中子时，也发生（n，α）反应，即原子核俘获中子后，放出 α 射线。此外，还可以发生（n，2α）反应。

3. 中子活化

一些稳定的原子核在中子作用下发生核反应，结果变成新的放射性核。这种现象称为活化。活化后的放射性同位素以其自身的半衰期进行衰变，同时放出放射性射线。我们把活化核衰变时放射出的 γ 射线叫作次生活化 γ 射线。活化物放出的 γ 射线是缓发的，并按指数规律衰减，而中子与核发生反应时所放出的 γ 射线是瞬发的，随着核反应的发生而发生，随着核反应的结束而终止。

（二）岩石的中子性质和中子测井与岩石所含元素的关系

中子源所释放的中子与岩石中的原子核发生上述反应，其过程可分为两个阶段：减速阶段——中子减速为热中子，这一阶段主要是中子与原子核发生弹性碰撞；扩散阶段——从形成热中子到中子被俘获，这一阶段里中子继续与原子碰撞，直至被俘获为止。

经研究发现：快中子从中子源发出，与原子核发生碰撞而减速为热中子的平均碰撞次数和与其碰撞的原子核的原子量有关。原子核的原子量越大，所需碰撞次数越多，反之越少。氢核原子量最小，所以中子与氢核碰撞减速为热中子所需碰撞次数最少。因此氢核是最强的减速剂。用减速长度 L_f 表示由介质减速作用造成的中子空间分布概念。减速长度与中子从初始能量减到热中子时所走过的直线平均距离成正比。岩石中含氢量越大，L_f 就越小。

中子和岩石中原子核作用使热中子被俘获时，不同原子核俘获中子的概率不同。B、Hg、Mn、Cd 和 Cl 等有很强的俘获能力。Cl 是岩层中常见的元素，其含量与岩层水中盐含量有关。从热中子形成的位置到它与原子核碰撞被俘获的位置之间的平均直线距离叫作扩散长度 L_d。物质对热中子的吸收能力越强，L_d 就越短。

对于中子中子测井，观测值是热中子密度。前已述及，热中子密度与岩石中所含氢的多少密切相关。同时仪器读数还与井下仪器的中子源至探测器之间的距离，即源距有关。实际测井工作中，源距在 35 ~ 40 cm 时，热中子密度与介质含量无关。通常测井时，采用大源距（选用源距大于零源距）测得的热中子密度随岩层含氢量的增大而减小。根据实验结果得知：热中子密度读数大致和岩层含氢量的对数呈比例。

对于中子 γ 测井，所测得的俘获 γ 射线强度与源距及岩层含氢量的关系基本上和测量热中子密度情况相似。但由于 Cl 原子核俘获中子时，放射出多个高能量的 γ 量子，岩层含 Cl 多时，中子中子测井读数降低，而中子 γ 测井读数却增大。

（三）中子测井的应用

1. 判断岩性、划分钻孔地质剖面

各类岩石因其结构不同，含氢量也就有所不同，因此可以根据中子测井曲线划分岩性，尤其是配合自然 γ 测井能取得更好效果。

几种常见岩石的中子测井反应如下：

（1）泥岩

由于泥岩总孔隙率大，含有大量吸着水，所以在中子中子测井及中子测井曲线上均表现为低数值，特别是泥岩段井径经常扩大，就更降低了其强度值。然而它在自然 γ 测井曲线上为高值，把两者结合起来，即可划分出泥岩。

（2）致密砂岩、致密灰岩、白云岩和硬石膏

由于它们的孔隙率小，中子中子测井及中子 γ 测井曲线上均对应着高值，而在自然 γ 测井曲线上为低值。

（3）渗透性砂岩、裂隙发育的石灰岩

当其含低矿化度水时，中子中子测井和中子 γ 测井曲线上的反应为中等数值（自然 γ 测井曲线上为低值）。当含高矿化度水时，中子中子测井曲线对应为低数值，而中子 γ 测井曲线上对应段为高数值（自然 γ 测井曲线上为低值）。当其中充满天然气时，中子中子测井曲线和中子 γ 井曲线上均反映出比含油层、含水层的幅值高（自然 γ 测井曲线上仍为低值）。

（4）岩盐层

由于其中含有大量的 Cl 元素，中子中子测井曲线上反应为低数值，中子 γ 测井曲线上反应为高数值。

2. 按照含烃量划分岩性

个同含量的烃类和不同的岩层，中子孔隙度和密度孔隙度曲线有明显不同的反应。在砂岩中，中子孔隙度值大于密度孔隙度值；在页岩和白云岩中，中子孔隙度值明显小于密度孔隙度值，且白云岩的孔隙度值整体高于页岩的；在灰岩中，同样是 20% 的含量，含水灰岩的两种孔隙度值相等，含油灰岩的中子孔隙度值略高于密度孔隙度值，含气灰岩的中子孔隙度值明显高于密度孔隙度值；同样是含水灰岩，10% 含量的孔隙度值整体高于 20% 含量的。

3. 确定岩层孔隙率

当岩层中不含带结晶水的矿物和泥质且孔隙中充满了水或油时，孔隙率大小决定了地层含氢量的多少。通过中子测井可以研究岩层孔隙率。实际工作中为了根据中子 γ 测井曲线确定岩层孔隙率，要先在标准井中（一般是在不同孔隙率的饱含水的石灰岩中）进行测井仪器的刻度。做出中子 γ 测井强度值和孔隙度的关系曲线，而后可以由仪器测得的读数换算为岩石的孔隙率。现代测井技术中，由中子测井读数向孔隙率的换算是通过仪器中的计算器直接进行的。

四、放射性同位素测井

（一）概述

放射性同位素测井也叫放射性示踪测井。在井孔中利用放射性同位素作为指示剂，以探测渗透性岩层和研究地下水运动特性，检查钻孔技术情况（如出水位置、套管破裂位置等）的测井方法称为放射性同位素测井。

进行放射性同位素测井时，将含有放射性同位素的活化液体注入井孔，大部分放射性同位素将与液体一起进入渗透性岩层或岩体裂隙、洞穴，然后在投放井或邻近井孔中（检查井），测量指示剂浓度或 γ 射线强度。

放射性同位素测井所使用的同位素一般是由核反应形成的人工放射性同位素。于同位素测井的放射性同位素，应考虑以下要求：

第一，为了工作方便，应选择能溶于水的同位素化合物。

第二，选用的同位素能放出较强的 γ 射线，以利于穿透井内套管等，便于测量。

第三，选用半衰期适中的放射性同位素。半衰期太短的放射性同位素不利于保管、运输、观测；半衰期太长的放射性同位素会造成污染，且对以后的放射性测量工作不利。

第四，选用易于制作、使用安全、价格便宜的放射性同位素。另外，在研究地下水运动特点时，应选用流经岩层时不易被液体吸附的放射性同位素。

（二）群井工作方式

选择中心孔作为指示剂投放孔，在其周围其他钻孔用自然 γ 测井仪观测示踪的到达时间 t，则根据孔间距离 R 可计算地下水的渗透速度为

$$v_t = \frac{R}{t} \tag{10-21}$$

（三）放射性同位素测井应用

由于指示剂随水流一起流动，因此只能在下游方向才能观测到明显的示踪异常。

利用一孔投源、多孔接收分析示踪剂浓度的变化也可求出含水层的弥散系数，进行地下水污染的预测和调查，还可借助该方法进行地下水的连通试验，了解坝基或其他水工建筑物的渗漏情况。

1.确定地下水流向、流速、流量及渗透系数

为确定地下水流向、流速、流量等水文参数而进行放射性同位素测井时，一般是先将溶有放射性同位素的泥浆或水溶液注入井孔中，待其随地下水流动后，在附近井孔中测量其 γ 射线强度。根据附近井孔中所测得的 γ 曲线，可以确定地下水流向、流速。

2. 确定井内出水位置或套管破裂处

可以先在投放井中注满含有放射性同位素盐类的溶液，例如含131I的盐溶液之后立即进行测量。这时 γ 射线测井曲线近似于一条直线。而后，每隔半小时或一小时进行一次测量。在地下水出水处，γ 射线强度有所减弱。为加快实验，可定期向上提捞井液，以减小井内水压，加大出水量，这样所测得的 γ 射线强度曲线的变化将更加明显。

另外，也可采用向井内注入硼酸溶液，之后进行中子 γ 测井，以判断出水位置的方法。具体做法是，首先在井孔中进行中子 γ 测井，之后向井孔中注入一定量的硼酸，使整个井孔中的硼酸浓度近于相等（为 2 ~ 3 g/L）；注入硼酸后进行第二次中子 γ 测井，测量被激发的 γ 射线的强度，这时测得的 γ 值将明显降低，而且曲线变得平直了；此后每隔半小时测量一次 γ 射线强度；在出水位置处溶液中的硼离子被冲走，出水位置处的 γ 射线强度值逐渐增大；γ 射线强度值趋于同一点第一次所测得的 γ 射线强度；由此确定出水位置，同理亦可用来测定套管破裂处。

此外，吸水剖面的测量对于了解含水层的渗透性、压水试验中各个地层的吸水性能都是非常重要的。

第四节 流量测井

水是不可压缩的流体，它在地下的分布和流动状态取决于所处的水文地质环境及外界物理条件和地质构造特征等许多因素。当含水层被钻孔揭穿后，水将过钻孔各层之间发生一定的水力联系，从而引起井内复杂的流动过程，而这些过程又往往与地层性质有密切联系。因此对含水层进行动态分析可以了解地层的含水性、渗透性，并可进一步确定含水层的水文地质参数，估计产水量。当地下水被污染时可以调查污染情况。

流量测井是以分析井内流体在不同深度上流量的变化为基础，从而了解井内流体流动状态的一种重要测井方法。单位时间流经某一流通截面的流体体积称为体积流量，通常简称为流量 Q。根据定义，它与流体的流动速度 v_f 和流通截面 A 成正比，即

$$Q = v_f A \tag{10-22}$$

因此我们可以通过测量井内流体的流速 v_f 间接测得流量 Q。目前使用的各种流量计就是根据这一原理设计而成的。

根据测量原理不同，流量计可分为涡轮流量计、激光流量计、超声流量计、核流量计等。这里只重点讨论最常用的涡轮流量计的测量方法及有关资料的解释。

一、涡轮流量计

涡轮流量计主要由涡轮变送器（传感器）以及相应的电子线路和地面仪器所组成，按

照工作条件和测量特点不同，可分为两大类：一类是封隔器流量计（又称为集流式流量计），另一类是连续流量计（又称为非集流式流量计）。封隔器流量计是由涡轮变送器及集流器组成。集流器总成的作用是封隔仪器与井壁之间的环形空间内流体上下流动，迫使井内流体100%通过进液口而流入流量计主管内部以冲击涡轮叶片，然后从流量计上部出液口流出回到井中。因此这种流量计灵敏度高，适于在低流量井中使用，但由于装有封隔仪器，只能逐点测量。

连续流量计是非集流型流量计，它可连续测量。测量时需用弹簧扶正器将仪器主体居中，使仪器轴与井轴一致，故所测的流速为井的中心流速。当仪器以某一恒定测速连续测量时，井内流体一部分从仪器管外的环形空间流过，另一部分流体则通过进液口从仪器管内部流过，并冲击涡轮叶片使之旋转。当井径不变，测速恒定、井内流体黏度不变时，涡轮的转速 N 与井内中心流速呈线性正比关系。即

$$N = k(v - v_x)$$

或

$$N = kv - b \quad (10-23)$$

式中：k 为 N–v 关系直线的斜率，为仪器之常数，它与涡轮材料、结构与电磁特性有关；v_x 为涡轮的启动流量，与流体性质、涡轮摩擦特性有关；v 为流体的相对速度，$v = v_t \pm v_f$，当流体流速 v_f 与仪器移动速度 v_t 同向时，$v = v_t - v_f$；当流体的流速 v_f 与仪器移动速度 v_t 反向时，$v = v_t + v_f$。

涡轮变送器是流量计的核心部件，当涡轮受水流冲击而旋转时带动磁钢旋转，从而在线圈中产生感应电动势，感应电动势的频率与涡轮叶片旋转的频率成正比。测井时通过检测线圈测量感应信号的频率，最后可将频率转换成流量。

根据动量矩守恒原理可以导出涡轮流量计的转速 N 与流体的体积流量 Q 的理论关系式为

$$N = k(Q - q) \quad (10-24)$$

或

$$N = kQ - a \quad (10-25)$$

式中：k 为 N 与 Q 关系直线的斜率，它是与变送器结构、材料和电磁特性有关的常数；q 为理论启动流量，它意味着涡轮具有惰性，只有在流量大于 q 时涡轮才能启动，这是由于涡轮本身存在一定的摩擦力。

为了有效辨别水流的方向，通常在涡轮流量计中还设有流向判别装置。

二、流量测井曲线特征

根据流体的连续性方程和质量守恒原理，井内流体的流动状态可作如下描述：

第一，在同一直径的管道中，流体的流速与流量成正比，与管道横截面成反比。

第二，在某一时刻，管道内两个截面之间任何流量的变化（包括流向的改变）均表明

有出水（漏水）或吸水的存在，且流量的变化量等于该层段的出水量或吸水量。因此，流量曲线上无变化的井段相当于隔水层段，随深度倾斜的井段为出水层或吸水层段。

三、流量测井曲线的解释

在采集和解释流量测井资料之前，需要用流量计进行刻度，以确定涡轮转速 N 与流量 Q 的对应关系。有两种刻度方法：一种是室内模拟井刻度方法，是在室内预先设计好的模拟井中进行的，刻度时把流量计放入井内，按照实际操作过程即可作出每支仪器的标定曲线，利用这种曲线作为图版即可将实测数据转换成流量；另一种是现场刻度方法，是在现场实际井中进行的，主要用于对连续流量计的刻度。

（一）确定含水层的层位以及各含水层之间的水力联系

利用流量曲线分析井内水流状态不仅可以确定出水层或吸水层的层位，而且可以了解各层之间的水力联系，综合评价坝基渗漏等问题。当钻孔穿过多个含水层时，井内水流将从水头较高的层位流向较低层位，而当向井内注水或抽水时，则根据混合水位与各层静止水位的关系而使水流发生变化，这种变化包括水流方向的改变，以及原来渗出的变为渗入或原来渗入的变为渗出的。

图 10-15 为某一井段的实测流量曲线。

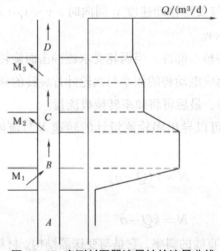

图 10-15 实测封隔器流量计的流量曲线

由图 10-15 可见，该井段有三个含水层段，最下一层为出水层，且水量较大，上面两层为吸水层，其特征为随水流方向（由下向上）流速逐渐减小，根据流量曲线特征可以判断由 M_1 层流出的水一部分流入 M_2、M_3 层，还有一部分流向地面或其他地层。如果流量计已被刻度，则根据流量曲线可直接读出各层的涌水量和吸水量。

M_1 层的涌水量：$q_1 = Q_B - Q_A$；

M_2 层的涌水量：$q_2 = Q_B - Q_C$；

M_3 层的涌水量：$q_3 = Q_C - Q_D$；

总出水量：$q = q_1 - (q_2 + q_3)$。

Q_A、Q_B、Q_C、Q_D 为各个相应隔水层段的流量值，如果 D 以上没有其他含水层或漏水层，则所计算的 q 值为该井的地面产水量 q_{SC}。如果两者不一样，则就说明在 D 以上井段有漏水或渗水部位。各含水层的顶、底板可由流量曲线倾斜增大或下降的突变点来确定。

（二）求解含水层的渗透系数

长期以来主要依靠水文地质抽水试验来求渗透系数，这一方法要求事先确定含水层位厚度、抽水时水位降深以及相应的流量等一系列数据。如果钻孔揭露多个含水层则还需要分层止水、分层抽水才能求解。显然，这很费时、费力，而且往往由于分层止水不够准确而导致求解结果误差很大。采用流量测井不仅可以避免这些缺点，而且效果更好。

利用流量测井确定渗透系数仍然以 Dupuit 公式为依据，但需要通过二次混合抽水（或注水）、二次降深过程。当条件有利时（如天然涌水量较大的含水层）也可只一次降深就解出。

第十一章 地质勘探技术的应用途径与安全管理

第一节 地质勘查高新技术发展路径

一、指导思想与基本原则

（一）指导思想

以科学发展观为指导，围绕自然资源部"尽职尽责保护国土资源，节约集约利用国土资源，尽心尽力维护群众权益"的工作定位，实施"全面跟踪基础上的自主创新"战略，深化资源节约利用、地质找矿、土地资源管理、地质灾害防治等重点领域的关键性高新技术创新，并加快高新技术在国土资源工作中的应用，提高国土资源工作效率，支撑国土资源工作现代化的实现。

（二）基本原则

坚持科技发展与服务目标相结合。科技发展与国家目标紧锁，是国际科技发展的大趋势。因此，我国将在保障资源、促进经济社会可持续发展、国土资源管理、保障资源、改善生态环境、预防地质灾害、促进科学决策和现代管理等方面面临科学技术挑战，旨在按照引进、模仿和创新的规律发展土地和资源科学技术。

从我国实际出发，深化自主创新。我国国土资源科技工作不断取得新成果，但与实际需要相比仍存在差距，主要表现在：自主创新能力不够，装备制造能力大而不强。我国需要结合国土资源工作新形势，立足现状与需求，吸收成功经验，充分挖掘国内技术潜力，加大自主研发力度，为保障资源供给能力提供技术支撑。

重视高科技的推广应用，成熟技术及时标准化，突出科技成果的转化与应用。许多高新技术成果尚未形成生产力，因此，对于重点领域、大型项目，要组织力量，加强勘查技术的推广，推进高新技术和先进适用技术的应用程度和范围，加快地质工作现代化步伐。

（三）总体发展目标

随着世界科学技术的发展以及迫切利用国力建设富裕社会的需要，我们需要把握科学技术发展的战略重点。一是重视遥感应用技术的基础性研究，以实用化为导向，以应用技术研究为突破口，拓宽遥感对地观测技术在地质工作中的应用，逐步缩小与世界先进水平之间的差距。二是加强勘查地球物理仪器、数据处理与解释技术的自主创新。三是研究地球化学填图与矿产勘查一体化，同时将地球化学勘查技术应用向环境监控与调控等领域拓展。四是开展钻探方法技术与仪器的创新研究，使我国的钻探技术达到国际先进或领先水平。五是融合大数据等高新技术，结合传统地质信息技术，组成新的地质信息技术体系，全面提升我国地质信息化水平。

二、遥感技术的发展目标与路径

（一）目标与框架

缓解能源压力，确保地质环境的安全，促进地球科学的发展，实施新的地质勘探机制，采取自主开发和引进相结合的方式，把重点放在实用和定向的遥感突破性技术上，以拓宽应用技术研究的服务范围，使之具有开创性，并扩大资源开发的范围，以与世界一流的地面和矿物勘测和监测技术相结合，弥补这一差距。我国尝试逐渐缩小范围，为全面提高我国地质研究水平、地质环境评价、重大工程建设和地球科学发展提供基础支持。

1. 总目标

加强自主创新，提高遥感数据的分辨率和精度，使遥感技术在发现矿产资源、应对地质灾害、开展土地调查等方面得到规模化应用，解决我国社会发展新阶段所面临的资源短缺瓶颈、生态退化、重大地质灾害防治等问题，同时，逐步缩小与世界先进水平之间的差距。

2. 发展框架

根据遥感技术发展趋势、国内外技术发展现状以及地质工作需求，我国发展遥感技术要着眼以下三个主要方向：

第一，发展具有自主知识产权的卫星系统，实现数据获取精准化、规范化。

第二，建立数据处理自动化技术流程与标准体系，实现空间信息处理和信息提取的定量化、自动化和实时化。

第三，构建国土资源遥感应用系统。

（二）关键技术

1. 遥感装备系统建设

（1）国产卫星遥感信息源

随着国土资源调查的深入与持续，资源卫星应用领域快速拓展，应用水平大幅提高，尤其是面对"双保"工程，实施找矿战略突破行动，将导致对资源卫星数据需求量的急速增长，加剧对高质量资源卫星数据的供需矛盾；同时，地质资源调查和地质灾害环境监测等属于持久性工作，对资源卫星数据不仅有数量上和质量上的要求，而且需要保证数据信息获取的多样性、连续性、稳定性和可靠性，因此单纯依靠国际资源卫星获取的数据不能完全满足当前及未来国土资源调查对高质量、连续、稳定和可靠的基础信息数据的巨量需求。

目前，我国在航天领域可应用于地质勘查的遥感装备还比较有限，尽管有发射成功的中巴 02 星、02B 星搭载的中低分辨率多光谱仪，环境减灾小卫星 HJ-1 搭载的宽幅多光谱仪、成像光谱仪以及北京一号搭载的宽幅多光谱仪等，但在有效荷载的技术指标、空间分辨率、幅宽以及信噪比、影响质量等参数设置以及地面配套的应用系统等方面还难以满足地质找矿、灾害监测工作的需要。客观上，地质勘查遥感数据的获取如果长期依赖国外资源卫星，不仅国外高精度遥感数据价格昂贵，而且不易获得或者获得不及时，势必严重影响应用。因此，需要针对某些专业的特殊需求，如在地质找矿、土地调查、灾害监测与预警等领域开展机载、星载传感器的系统化开发，按照需要的精度等参数设计具有自主知识产权的小卫星。

（2）卫星研制的前期论证

在进行卫星研究与开发项目之前，必须进行系统的试点工作以及有效的技术创新和适用性分析，最重要的是要进行大量地面模拟，以确保卫星的各种技术指标进入轨道。

加强对影响图像质量及其应用的卫星技术指标的论证，并提高国内遥感卫星数据的质量和性能。对卫星平台稳定性对于图像质量的影响进行分析研究，从图像质量出发，满足土地质量调查和监测应用的需求，并显示合理的卫星平台稳定性指标。从区域数据覆盖特征开始，该研究提出了一种灵活的在轨成像操作模式。分析空间分辨率、光谱分辨率、辐射分辨率、带间配准误差、内部几何失真、图像压缩算法和压缩率以及卫星负载的其他技术指标；并提出其他应用效果，研究合理的卫星负荷技术指标。

通过设计分析和仿真研究，实现卫星平台的最优化设计；基于优化的指标参数和卫星平台，进行卫星和航空高光谱成像仪的方案设计论证，针对其关键核心技术进行攻关，并进一步开展载荷研制工作。

（3）星上数据实时处理技术

机载数据的实时处理是智能卫星的显著特征之一。信息产品数据处理量大大减少。在减轻数据传输压力的同时，最终用户还可以直接接收遥感信息。星上数据实时处理可以实现从现有遥感卫星"给什么—要什么"的模式向"要什么—给什么"的模式转变，提高遥感成像效率和数据利用效率。

（4）数据的时效性

目前的资源探测卫星一般都是单星应用，探测的时效性比较差，满足不了现代资源探测，特别是灾害监测的实时性要求。将单星模式工作的卫星按照一定的相位要求布放，形成多星工作模式的卫星星座，可以有效地提高时间分辨率。卫星星座主要分为两类，一类是同一轨道面内卫星以等间隔相位布放的星座，另一类是不同轨道面内卫星以等间隔相位布放的星座。

（5）数据定标精度

现有的国产卫星提供的遥感数据定标精度往往不够，数据或信息产品的业务化、流程化生产程度不完善，使得很多用户在获取适用、稳定的国产遥感数据方面存在一定困难。数据质量通常是指数据的可靠性和精度。数据质量的优劣是一个相对概念，并具有一定的针对性。数据质量分析不仅应在技术程序中进行度量，而且应在数据使用方面进行度量。数据质量通常包括位置准确性、属性准确性、时间准确性、逻辑一致性、数据完整性等。

（6）星—空—地联合作业仪器的研制

我国需要全面系统地发展具有快速、灵活、机动性强的高、中、低空飞行平台技术，特别是要注重 POS 和惯性导航技术的集成，以及发展自动传输技术等。主要目的是进一步增强满足地质灾害监测和矿山环境监测等遥感应急数据快速获取的能力，保障大面积、高分辨率和高质量航空遥感数据快速获取的能力。

开展 CCD 数字相机、三维成像仪、航空合成孔径雷达及轻型数码航空遥感系统研制。加大引进国际上先进的成像光谱仪的力度，重点开展国产成像光谱仪的研制，同时开展国内岩心编录系统研制，发展机载高光谱新型传感器和航空热红外测量系统；利用已有国产无人机平台，开发低空无人机遥感对地观测系统。

2. 遥感信息处理

（1）用于建立岩石和矿石多维数据库的超光谱遥感技术

传统的关系数据库（关系数据库，RDB）由于其扎实的理论基础和出色的应用而被称为主流数据库。在此关系数据库中，数据库表遵循严格的二维结构。换句话说，元组是表中最小的不可分单元，并且表中不再有表。这种结构极大地促进了关系数据库的开发和应用。但是，随着面向对象技术的发展和成熟，人们越来越需要数据库来有效地实现对象的存储管理，并且关系数据库的严格的二维结构限制了对象的存储管理要求。因此，强烈要求开发面向对象的存储技术，以通过现有的二维关系数据库结构模式来实现多维数据库结构模式。

多维数据库仅是将数据存储在一个维度数组中，而不是以与关系数据库相同的记录格式存储数据。因此，矩阵稀疏，人们可以通过多维视图从不同角度观察数据。多维数据库中超立方体结构的性能直接影响多维分析中大量数据的处理。建立岩矿多维数据库，并通过多维数据库分析查询功能，可以满足人们对不同空间分辨率、不同光谱分辨率光谱信息的有效利用，从而推动高光谱遥感技术在地矿领域的跨越式发展和应用。

（2）光谱及辐射量的定量化和归一化技术

我国遥感数据处理技术和应用的基础科研力量薄弱，在观测器的设计、定标、检验及观测数据的可信性和定量化应用方面存在较大差距，难以实现从数据到信息的有效转换，尚未能形成针对自主信息源应用的创新平台和业务化运行的定量化支撑体系，导致我国自主研发的卫星空间数据资料不能有效应用。作为遥感定量研究的基础，必须执行传感器的绝对轨道跟踪，并且同步测量需要相应的地面校准场。目前国内虽然有青海定标场和敦煌定标场用于辐射定标，但由于天气等因素，无法满足全天候定标。同时，从科学实验角度而言，也有必要采取多场测试、多方法测试，便于相互验证，获取最佳定标精度。

（3）海量遥感数据自动化并行处理

遥感带来的信息和数据的浩瀚和复杂是前所未有的，由于地质应用的不断扩展和计算机技术的飞速发展，数字图像处理面临着复杂和高速的问题。并行计算机的并行处理可以提供解决此问题所需的技术手段。研究海量遥感数据的并行处理机制，改造串行算法并进行并行化处理开发，可直接提高海量遥感数据处理的效率和自动化程度。多用户、多任务、多线程、高稳定性、高可靠性是设计算法和模型重点需要考虑的特性。

（4）高光谱地质三维填图技术

高光谱遥感技术已经发展很多年，在油气探测、资源普查与固体矿床探测中发挥了重要作用。世界各国非常重视高光谱遥感技术在找矿、精细采矿与矿产综合利用中的应用价值，高光谱矿物填图技术目前已经大范围推广应用。矿物制图不仅可以直接识别与矿化密切相关的改变的矿物，而且可以清楚地描述目标区域，在空间上分隔矿物，组成典型的矿物或标志性矿物以及新生儿的体温结构或推断压力和压力条件、成矿过程、热力学过程、热液运移、磁差的时空演化、新的和成矿历史的恢复以及其他沉积物的成矿和投影模型。

目前，钻探是各种固体矿床探测和能源探测的直接手段，通过钻探岩心的采样分析，可以对矿床的种类、品位和储量进行精确估计。

目前国内地质、石油等各企业每年钻探的岩心数据，主要是利用人工进行编录，还没有采用先进的高光谱技术进行自动编录。一些发达国家已经采用先进的高光谱岩心扫描技术进行岩心矿物含量测定，并形成数字编录库，指导深部找矿作业，不仅大大提高了作业效率，而且节省了大量资金。利用地表、地下岩心数据，结合其他地球物理、地球化学数据，可以构建地下立体三维模型，进行立体矿物填图。

（5）多源遥感数据与地学数据融合技术

随着地质勘查技术的发展，信息的来源和种类越来越多，在信息的实际应用中，单一的信息源所提供的信息往往是片面的。对多个源数据进行融合处理可以有效地去除数据中的不确定性元素，减少多种解释，显著提高对象识别的准确性。多源数据融合是获取目标信息的高度集成且有效的手段。可以使用适当的数据融合技术来优化多源数据，以减少冗余信息，合成补充信息并捕获协作信息。

遥感数据和地质数据的多源融合是基于它们之间的相关性。不同类型的空间数据之间存在两种关联：嵌套和耦合。所谓的嵌套是指表示两者之间的空间相关性，但是因果关系并不明显，组合表示空间和因果关系。建立多源数据的综合分析模型时要考虑到数据是嵌套的还是基于数据之间的内部关系进行组合的。数据融合处理是多源遥感数据和地学数据综合处理、分析和应用的重要手段。

（6）遥感地质深空探测技术

开展以月球探测为主的遥感深空探测技术研究，重点开展月球影像制图研究、遥感月球地质填图与资源评价预研究。月球探测是人类对太阳系进行空间探索的开端，它极大地增进了人们对月球、地球和太阳系的了解，在基础科学领域进行了一系列创新，并促进了应用科学领域的一系列新发展。

另外，月球的主要岩石类型是玄武岩、（超级）基本岩石、布雷西亚和冰晶石，并且在月球岩石和与地球矿物相关的土壤中发现了100多种矿物。成分、结构和性质几乎相同，但是月球的矿物质不含水，而是在强烈的还原环境中形成的。随着月球的开发和利用，需要对矿产资源进行研究，为了人类社会的可持续发展，还需要进行经济和技术评估。

3. 国土资源遥感应用业务系统

第一，建立规模化、业务化运行的星—空—地联合遥感地质勘查系统。由于地质调查的多层次性与多要素性，需要不同的遥感数据和遥感技术手段的综合。在目前多源数据并行和多技术研发的情况下，择机开展地质调查遥感技术方法综合研究，可以充分发挥地质调查遥感的综合效益。为了促进遥感技术的商业应用，应加强遥感高级工作指南以及对技术过程和应用系统的综合研究。地质勘测遥感技术，将航空航天、航空、地面和地下遥感数据的收集、处理和应用集成在一起，形成空间、空中技术系统和空中地球物理技术系统与地面和地下地球物理技术系统以及地球化学立体构建系统。

第二，系统性开展地物波谱的研究，深度挖掘利用遥感数据的地质信息。地质遥感是遥感信息获取、矿石信息提取、矿石矿物分析和应用的过程。遥感技术在地质勘探中的应用主要表现在遥感光刻识别、矿化变化信息提取、脂质结构信息提取和植被光谱特征方面。光刻识别主要使用图像增强、图像变换和图像分析方法来增强图像的色调、颜色和纹理上的差异，从而最大限度地区分不同的光刻、不同类型的岩石或光刻组合。矿化变化信息的提取主要基于特定光谱带中某些岩石形成的光谱异常，可用于描绘矿化变化的异常区域并确定矿石勘探的目标区域。现场地质观察表明，矿化蚀变带总是沿特定的地质结构分布，其结构是矿化特别是内生沉积的重要控制因素。地质结构信息的提取主要是对线性和圆形图像的解释。根据不同的金属结构环境条件，可以提取不同的金属结构信息。遥感生物地球化学已经出现，以解决植被带地区隐藏的矿石勘探问题。通过使用遥感生物地球化学并选择远景在植物检测区中发现隐藏的矿石，可以获得更好的结果。植物在遥感图像中对金属元素的吸收和积累显示出异常植物和正常植物之间灰度值和颜色的明显差异。为此，需要寻求成熟的多光谱和高光谱岩性信息提取方法。

　　加强遥感信息的提取研究，如高光谱与岩石光谱的对应关系与内在联系的研究。遥感蚀变信息的准确度、识别的可靠性、定量化程度有待提高。遥感蚀变信息的异常分级与成矿地质意义上的异常关系问题等，还有待深入研究与探讨，需要根据遥感信息对沉积岩和变质岩的岩性识别进行研究。

　　第三，将遥感技术与地学理论有机衔接，提升遥感地质找矿的理论水平、理论基础和应用基础研究不足或滞后已成为遥感技术进步和应用向纵深发展的障碍。遥感矿石勘探应着眼于遥感地质，认真总结各种矿床沉积物的遥感地质特征，建立矿藏勘探模型。只有矿带和地质环境背景才能为遥感地质勘探打下坚实的理论基础。当前的研究仍处于起步阶段，理论水平低是遥感地质勘探的主要障碍，需要突破。

　　第四，发展多源遥感地质信息反演技术，研究遥感找矿机理及其与成矿机理的有机协同模式。为了满足地下矿产资源的发现、土地资源的查明对遥感技术的需求，需要加大遥感应用的深度和广度。目前可用的遥感数据有 20 多种类型，涉及不同空间分辨率、光谱分辨率以及成像雷达数据、地面和钻孔等实测光谱数据等。海量数据提供了丰富的蚀变异常信息、岩石矿物以及组成成分信息、地质构造信息等，如何有效地进行这些地质找矿遥感信息的反演以及这些信息的综合应用，需要结合成矿机理，大力发展遥感协同分析技术及应用模式，并从异常信息的提取迈向异常信息与成矿机理相结合的高度。

　　第五，拓展遥感技术在地质灾害调查中的应用范围。当前地质灾害研究的主要遥感技术包括光学遥感（聚合分辨率遥感和高空间分辨率遥感）和微波遥感技术。在灾害预警阶段，主要结合了高分辨率遥感分析与工程地质学和多光谱遥感地面特征识别技术的结合。当发生地质灾害时，要进行实时调查，以查明灾害造成的破坏，并为救援和防灾工作提供参考资料。收集和应用的兴趣日益浓厚。最后，灾害评估和灾后恢复重建评估两个阶段非常重要，要利用未受灾和成灾后的影像数据，准确地查明灾区受损情况，主要用的是遥感影像变化区域监测技术。

　　拓展和深化遥感技术的应用领域，例如在丘陵、平原、海岸带、干旱区开展高水平的遥感调查，提高我国突发性地质灾害应急监测的技术水平，增强应急响应能力。充分利用空间遥感、差分干涉仪雷达、全球定位系统和地质灾害监测等综合技术，并建立实用的国家重大自然灾害实时监测与评估技术系统。

　　第六，加强雷达遥感应用研究。陆地资源研究和监视涉及许多领域，其中一种类型的资源卫星数据难以满足大规模应用的需求，并且难以全面利用来自各种资源卫星系列和其他传感器类型的遥感数据。技术应用中的长期策略和政策可以有效地利用各种遥感技术的优势，并弥补因缺乏实际应用中的单一数据信息而造成的困难。雷达遥感对天气不敏感，具有全天候的观测能力，可以用在中国西南部多云、多雨和多雾等难以获得光学图像的有效数据源的地区。

第七，建立标准体系，推动遥感技术的自动化、工程化水平。因为遥感技术的商业应用迫切需要土地资源管理，应提高遥感技术的自动化和工程水平。而多年来遥感地质技术标准数量偏少，也在一定程度上影响了遥感地质技术应用的广度和深度，从而不能完全适应国家地质工作对遥感技术的迫切需求。

首先，整合中国现有应用卫星的现有标准、软件和平台接口，以解决困难的集成问题。为了实现遥感数据的共享及信息化批量处理，保障不同部门、不同应用领域中数据的连续性和一致性，必须对遥感数据产品进行规范化和标准化，包括数据格式、数码转换、质量控制、数据分类等。其次，随着遥感地质数据库、干涉雷达遥感监测、干涉雷达与热红外遥感、高光谱数据处理技术、数字遥感等新技术方法的日趋成熟，上述技术领域应该成为标准化发展的方向。最后，遥感应用标准的研制始终是一项制约我国遥感技术发展的薄弱环节，需要加强基础地质调查、油气调查、地质灾害调查、城市地质调查等应用领域遥感技术标准的研制。

第八，从顶层设计角度推动遥感应用的综合化、产业化、业务化。面对遥感技术的不断发展，我国的遥感应用和产业化在发展规模、技术水平、运作方式等方面存在许多问题，与世界发达国家相比仍有较大差距。遥感调查与监测研究部门分散，技术集成度较差，缺乏遥感应用基础能力建设的统筹，没有形成从数据接收到信息集成的业务化流程与应用系统，调查结果相对分散，制约了国土资源调查与监测的规模化应用，不仅难以集成宏观有重大影响的成果，也难以解决遥感技术应用领域不断扩展与遥感技术工程化能力不足的矛盾；遥感技术的自动化、工程化程度亟待提高，没有形成以遥感地质勘查技术为核心的标准体系，严重影响到调查与监测水平及效率的提升，也无法保障国土资源遥感调查与监测制度化、监管日益程序化以及调查法治化的实现。

在顶层设计上，应建立有效的空间数据公共数据应用模型，整合国内空间数据资源，建立合理灵活的数据知识共享机制。完善数据接收、数据处理、建设遥感基础库、野外调查系统、建设专题产品库、服务系统和系统集成这几大业务流程，实现遥感业务流程信息化；建设矿产资源开发调查监测系统；开发一个遥感服务与管理平台；建立起一个星—空—地协同发展的集遥感数据获取、数据处理、信息提取和成果服务于一体的国土资源遥感业务体系。

三、物探技术的发展目标与路径

（一）目标与框架

针对国家对矿产资源、油气勘查、工程勘查及地质灾害评价等的战略需求和物探学科发展的形势，应开展物探方法技术与仪器创新研究，使我国的物探理论与技术达到国际先进或领先水平；应通过多学科联合攻关与示范，集成、发展一批急需的区域地球物理调查与评价关键技术体系，引领、推动地球物理立体地质填图、油气及天然气水合物勘查、深部地质结构探测项目的实施，促进地质找矿与环境建设重大突破的实现。

1. 总目标

加强自主创新，逐步实现国内航空、地面物探仪器特别是高精尖仪器设备（航空重力梯度仪、航空张量测量系统、海洋重力和海洋磁测仪器、多功能大功率电法仪器等）的国产化，同时，实现软件处理技术的自主化，使我国物探技术达到国际先进水平。另外，提升物探高新技术在矿产资源勘查、油气勘查、工程勘查及地质灾害评价等领域的应用水平。

2. 发展框架

根据对勘查地球物理技术发展趋势、需求等方面的分析，目前至 2030 年，我国发展勘查地球物理技术的主要方向有以下三个：①开展硬件设备的研制，包括重力仪、重力梯度仪、电磁仪器、伽马能谱仪等。②开展软件系统的自主创新，包括海量数据处理软件、多参联合反演、三维地质建模、数据异常识别及提取等的研发。③加大高新技术在国土资源调查、监测领域的推广应用力度，针对具体业务形成高新技术的成熟性应用体系。

3. 重点领域

（1）重力勘查技术

第一，加强我国重力仪的自主研发，提高重力仪，尤其是重力梯度仪的研发水平，缩小与国际研发水平的差距。

第二，加强重力数据处理与资料解释软件的开发，尽早研发出一套完善的实用化的重力数据处理与解释软件。

第三，我国航空重力测量的主要任务是确定地面重力难以测量的区域、陆海交界处和近海区域的重力测量，并迅速填补我国重力测量的空白区域。

第四，为了发展我国的航空重力测量事业，必须引进、消化、吸收国外先进技术与仪器，同时加大先进仪器的自主开发力度，研发具有我国自主知识产权的重力测量系统，从根本上解决我国重力仪器受制于人的困局。

（2）磁法勘查技术

第一，自主研究和开发地球物理卫星，深入开展卫星重、磁测量技术研究。

第二，研制无人机化磁法勘查系统。

第三，发展我国的全张量梯度测量技术，打破国外的技术垄断。

第四，通过开发全面的数据分析软件，开发简单快速的自动逆转方法以及增强集成的卫星，航空（海洋）和地面重力数据的功能来研究地球的结构。

第五，探索新的应用程序并充分发挥污染环境的作用。

（3）电法勘查技术

第一，加快我国电磁法仪器研究的步伐，提高电磁法仪器的探测精度与效果，缩小与国际电磁法仪器研发水平的差距。

第二，设计完善的电磁法处理与资料解释系统，并且增加专门针对时间域航空电磁法数据预处理技术的研究。

第三，航磁检测系统可以设计为实现特定目标，并且适用于小型或轻型飞机专用的航空电磁系统，如矿物勘探、浅海声音、海冰厚度检测、环境监测、土地管理、水资源评估等。

（4）地震勘查技术

第一，加大我国地震仪器自主研发的力度，提高地震勘探仪器的研发水平，缩小与国际研发水平的差距。

第二，加强地震反演方法的研究，加强地震数据处理与资料解释软件的开发，研制开发完善的实用化的地震数据处理与解释软件。

第三，完善多参数采集的层析成像方法与技术。

第四，开展深部地震探测工作，加大地震台站地建设，扩大地震台站对全国的覆盖。

第五，加大对我国领海海域的海洋深部地震勘查。

（二）关键技术

根据物探技术国内外发展现状，以及我国技术发展过程中存在的问题，确定我国物探勘查技术发展的关键技术在技术研发、仪器设备研制、数据解释与软件研发、综合技术研究与应用几个方面。

1. 技术研发

（1）无人机航磁测量技术

目前，轻型化、小型化、智能化无人机航空磁力测量系统是国际研究热点。由于无人机航空磁力测量系统具有灵活机动、高效快速、精细准确、作业成本低等特点，可广泛应用于地形地质复杂地区和地面作业困难地区的矿产勘查，对国家资源保障具有极其重要的意义。此外，具有更高精度的航空全张量磁力测量系统，在军事上也有着极其重要的应用。因此，国外这种先进技术对我国一直进行技术封锁。为此，大力发展我国的无人机航空磁力测量系统，尤其是航空全张量磁力测量系统，不仅对我国西部地区、青藏高原等自然环境恶劣地区的矿产勘查具有现实意义，同时对我国国防建设也具有重要的意义。

（2）重力测量技术

借鉴国外高精度重力仪、重力梯度仪研发的先进经验，通过技术引进或技术合作，提升我国的高精度重力仪研发水平。通过与俄罗斯 GT 公司合作，研究开展对现有 GT-1A 航空重力仪的升级改造工作，升级成性能更优异的 GT-2A 型航空重力仪，集成实用的 GT-2A 航空重力测量系统；通过飞行测试，检验 GT-2A 航空重力仪的性能指标，利用新系统进行示范生产，研究 GT-2A 航空重力测量方法和数据处理方法，形成 GT-2A 航空重力测量技术要求。

（3）直升机吊舱式时间域航空电磁勘查系统

主要开展低噪声稳流发射技术研究、二次场高灵敏度接收技术研究、直升机时间域航空电磁数据处理解释实用化软件研制和直升机时间域航空电磁系统集成与应用示范研究，在适当时机开展时间域航空电磁测量技术规范的研究与编制。

（4）航磁三分量矢量勘查系统与航磁全张量技术

主要开展航磁三分量（矢量）测量和航磁全张量测量关键技术研究，航磁三分量测量仪研制和高精度姿态测量方法研究，航磁三分量（矢量）测量系统集成和性能飞行测试，航空超导全张量磁梯度测量系统样机研制和航磁三分量与航磁全张量梯度测量数据处理解释软件系统研发。

（5）无人值守航空物探检测技术

研究在无人值守情况下航空物探仪器工作状态自动检测技术，故障自动报警技术和"一键恢复"正常工作状态技术，并在飞行驾驶舱控制面板上增加显示设备，直观显示仪器工作状态，以便飞行员随时了解和掌握航空物探仪器的工作状态。

（6）航空地球物理勘查辅助测量技术

重点发展基于国产北斗卫星定位系统的导航定位技术，智能化高速扫描航空物探数据收录技术、数据实时传输技术和安全防控技术，研制出智能化收录系统、航空物探飞行实时监控系统。

2. 仪器装备研制

（1）基于我国核心技术的高精度重力仪器设备

我国航空重力探测系统尤其是重力梯度探测系统的核心部件主要依赖进口，国外技术处于垄断地位，个别发达国家甚至对我国进行技术封锁。因此，当前最紧迫和最有效的方法就是集中资金和力量自主研发，尽快掌握这门急需技术。主要研究高精度捷联式航空重力传感器技术、高精度稳定平台航空重力技术、微弱重力异常信号的提取技术，并研制出航空重力测量仪样机和开展航空重力测量勘查系统集成与示范生产。

（2）固定翼时域航空电磁测量系统

基于 Y12 IV 飞机的时域电磁测量系统的飞机改装，飞机基本原理、性能测试飞行和灵敏度测试飞行、大磁矩发射技术、宽带低噪声三分量接收技术以及飞机实时数据采集 / 预处理的修改我们主要进行优化方面的研究。机翼时域航电电磁勘测系统 3000 km 试验生产加工技术的优化与改进，数据预处理 / 质量监控技术的研究与演示。

（3）智能重载涵道无人机探测搭载平台

主要开展大直径涵道推进器设计、多涵道联合控制技术研究、可调式搭载机构研制和重载涵道无人机时间域航空电磁系统集成与应用示范研究。

（4）飞行平台技术研究

重点发展适合于航空地球物理勘查的无人机、直升机、飞艇、滑翔机等飞行平台的研制、改装、集成技术，为开展航空地球物理勘查提供性能优良的、形式多样的飞行器，以满足不同地形条件和不同勘查目的的需求。

（5）航空物探仪器校准基地与试验场建设

包括航空物探仪器野外试验基地、航空磁力标准试验场、航空电磁法标准试验场和航空重力标准试验场。在已选定的航空物探试验场进行空—地多方法航空物探测量和立体地质填图等技术方法研究，研发试验场航空地球物理综合解释模型，建立试验场高精度磁、重、电、遥及综合解释成果等立体探测数据库，形成航空物探仪器和方法技术试验、鉴定和效果验证的标准场。

（6）大功率、多功能电法仪器装备

我国应在未来一段时间内，加紧研制和发展具有自主知识产权的大功率、多功能化电法仪器，为我国深部金属矿勘查，地下水、能源等资源勘查提供有力支撑。

（7）具有自主知识产权的长周期大地电磁仪器装备

长周期大地电磁仪目前我国尚未自己研制，然而长周期大地电磁仪对我国的深部探测工程"地壳探测工程"的实施极为重要。因此，大力发展和研制长周期大地电磁仪器装备，对我国具有非常重要的理论意义和实用价值。

3. 数据解释、软件攻关

研发海量数据处理软件、多参数联合反演软件、三维地质建模及立体定量预测软件、航空物探异常识别及提取软件。

（1）航磁全轴梯度地质找矿解释方法技术

针对"863计划"研制出的航磁全轴梯度测量系统，开展梯度数据处理和解释方法技术研究，航磁多参量方法技术实用化应用研究。在通过研究测量面起伏条件，大数据量航磁及梯度多参量数据处理和反演方法的实用化等关键技术下，努力提升航空物探数据处理能力和反演解释方法技术水平，研发和集成一套实用的航磁及梯度多参量处理解释软件系统，并开展系统的示范性应用。开展航空物探高精度姿态测量平台集成与校正方法研究；同时为了提高航空物探数据处理解释精度，需要开展差分GPS数据解算技术研究、新型GPS导航器研制、不同区域地理坐标系的转换方法研究。

（2）航空地球物理解释处理技术

重点发展航空地球物理数据和海量数据处理技术、定量解释技术、三维反演技术、立体填图技术等，研发出功能强大的软件平台。开展航磁多参量方法技术实用化应用研究，航空电磁法带地形二维正反演方法技术与应用，航空物探高精度姿态测量平台集成与校正方法研究，重、磁、电联合解释方法研究，复杂地形航空伽马能谱测量数据校正方法研究以及对复杂地形起伏飞行条件下的航空物探数据、以钻孔或其他地质地球物理资料作为约束条件，进行三维约束反演，获得地形面以下的三维物性分布，提取物性边界面，建立不同成矿地质条件地球物理解释模型，开展航空物探动态试验场立体填图等工作。

（3）重、磁、电、震数据处理与解释软件

重力、磁法、电法、地震数据处理与解释软件的开发，国外发达国家占据垄断地位，尤其是在油气资源开发领域。目前，我国的深部勘探项目已经开发出了以三维地质目标模型为重点的综合研究分析平台，整合了多种类型的勘探方法、大规模数据、多处理和分析技术，并建立了高效率、深度数据融合和共享管理的工作流程。应大力发展和推广我国自主开发的多类勘探方法数据处理与解释软件，提升我国深部勘查能力。针对整装勘查区研制集成磁、重、电、放不同方法组合的高分辨直升机综合勘查系统，研究完善高分辨率航空物探资料解释技术，开展高分辨率航空物探数据干扰信息消除、弱缓异常提取、剩余异常提取、2.5维/3维精细反演解释技术研究。在此基础上，研究整装勘查区三维立体预测技术，圈定重点成矿区段深部及外围勘查方向，并综合提出一套适合高分辨率航空物探深部矿产勘查解释方法技术。

（4）油气资源航空重磁解释方法技术

开展塔里木盆地及周缘地区、准噶尔盆地及周缘地区、四川盆地及周缘地区等油气资源重要勘探区块的航空重力资料和航磁资料综合研究，确定含油气二级构造带及与油气有关的局部构造，预测含油气远景区（带）。开展中国南方碳酸盐岩地区油气资源战略选区重磁技术评价。

4. 针对重大需求的综合物探技术研究与应用

针对我国的需求，重点发展地球物理用于固体矿产勘查应用技术、油气勘查应用技术、地质环境调查评价技术等，研发出地球物理应用于固体矿产勘查、油气勘查、环境监测等领域的技术体系，并通过制定相应的技术标准，显著提高航空地球物理的应用能力与效果。

（1）冻土地带天然气水合物地球物理探测技术

研究永久冻土地理景观条件下高分辨率地震数据采集技术，高分辨率、高信噪比、高保真（三高）地震波处理技术，复杂地震波场分离、精细速度分析技术；研究冻土地区天然气水合物地震属性特征等，建立冻土地带天然气水合物地震学识别标志；研究冻土地区天然气水合物电磁波测井响应特征、随钻测井装置。

（2）深部金属矿抗干扰地震方法技术

选取金属矿区，继续深入开展抗干扰深部金属矿地震方法技术研究，形成一套比较适合于深部金属矿勘查中的抗干扰地震方法技术，以有效探测试验区内中、深部精细结构，确定主要控矿构造的空间形态，圈定深部隐伏岩体，为我国矿区和外围及新区深部找矿提供技术支撑。

（3）海洋天然气水合物资源综合勘探技术系统

重点开展高精度立体地球物理勘探、地球化学勘探、测井解释技术研究，初步形成针对天然气水合物目标靶区进行高精度勘探的技术体系，并通过对天然气水合物勘探平台支撑技术的研发，搭建工程化应用平台，实现研发技术的工程化应用。

（4）海相碳酸盐岩油气综合地球物理勘探技术

包括开发针对浅水区气枪震源子波特征模拟技术，研究基于复杂构造、高速屏蔽层条件下的拖缆地震和海底地震（OBC）资料采集技术，基于复杂构造、低信噪比地震资料的精确成像处理技术，海底地震仪（OBS）的折射与广角反射信息成像技术，海洋可控源大地电磁数据采集与处理技术，三维重力、磁力、地震联合反演技术。实现地震资料采集与处理技术的创新和突破，通过开展海底地震仪（OBS）探测与成像技术开发与应用、大地电磁等非震技术方法的进步与应用，增强海洋综合地球物理探测技术的应用效果，为完成我国海域海相碳酸盐岩油气普查目标任务提供技术保障。

（5）重点地区干热岩地球物理勘查及潜力评价技术

筛选已知干热岩地区，进行可控源音频大地电磁法（CSAMT）和大地电磁法（MT）方法试验。CSAMT 法研究地表以下 1500m 的地质结构和干热岩的顶界面；MT 法研究地下 500～4000 m 的地质结构和干热岩的顶界面。通过试验，研究出适用于不同深度的地球物理勘查方法技术，正确划分隐伏干热岩体的地质构造及其含水性。在研究干热岩的物性参数的基础上，结合地质资料，综合地质解释多种物探成果，推断断裂位置、产状和热储构造，指导靶区干热岩钻孔布设。

（6）火山岩覆盖区综合地球物理探测技术

开展火山岩分布区找矿关键地球物理方法技术应用研究。试验研究探测火山岩厚度、盆地结构及基底填图的地球物理方法技术，研究火山岩盆地及其基底含矿信息的获取与矿床定位技术。提出火山岩覆盖区深部找矿方法技术组合及技术方案。

（7）隐伏矿综合地球物理探测技术集成

通过已知矿区试验，研究 2～3 种主要类型隐伏矿典型矿区有效的地球物理方法技术组合及有效技术指标，结合新区示范验证和完善，集成重要类型隐伏矿空间定位及资源量预测的综合地球物理探测技术体系。

（8）复杂地形地质条件下深部地球物理电磁探测技术

在地形深切割、地形起伏较大等复杂地质地形条件下，开展大深度、高分辨率地面及地下电磁勘探技术研究，重点研究超大功率时频双域电磁测深技术系统、超导磁偶极 TEM 技术系统、磁激发极化技术与超导磁偶极 TEM 技术组合等。

（9）复杂地形地质条件下地面高精度重磁探测技术

在地形起伏较大等复杂地质地形条件下，开展重力近区地形改正方法技术研究，提高地形改正精度。研究重力近、中区地形改正方法技术系统；研究探测目标叠加场重磁提取、分离方法技术，提高重磁勘探垂向分辨率和探测目标物精细定位水平。

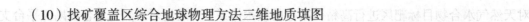

（10）找矿覆盖区综合地球物理方法三维地质填图

面向深部找矿，开展重点找矿覆盖区综合地球物理三维地质填图试验与示范，构建试验区 1500 m 以内的主要地质控矿因素及地质体的空间分布结构，圈定试验区深部找矿有利部位，研究综合地球物理解释技术、三维地质建模技术及三维可视化技术，提出三维地质填图的有效地球物理方法技术组合方案，为我国开展三维地质填图工作提供技术支撑。

四、化探技术的发展目标与路径

（一）目标与框架

1. 总目标

创新化探技术的理论基础和方法技术，形成了具有中国特色的地球化学勘查基础理论和方法技术体系，提高对重要成矿区（带）和整装勘查区的矿产勘查地球化学方法技术水平，推广应用一批地球化学勘查新理论和新方法，全面提升地质找矿、地球化学填图、矿产勘查一体化、环境监控与环境调控中地球化学科技应用水平。

2. 发展框架

根据对化探技术发展趋势、需求的分析，目前至 2030 年，我国化探技术的主要发展方向在以下三个方面：

第一，根据我国紧缺和优势矿产资源特征和地球化学勘查方法技术特点，加强化探基础理论研究。

第二，系统开展化探技术方法创新研究，以成熟的技术制定相应的标准，创新和推广一批化探方法技术。

第三，全面提升高新技术在地质矿产调查、环境监测领域的推广应用程度，针对具体业务，形成化探高新技术的成熟性应用体系。

（二）关键技术

提高我国勘查地球化学技术水平的关键性技术主要在于基础理论研究和化探技术方法突破两个方面。

1. 基础理论研究

（1）加强表生作用、内生作用地球化学应用基础理论研究

针对化探领域面临的理论难题，应首先开展不同地球化学景观中地表疏松盖层元素迁移规律研究和实验室模拟研究，探索和建立元素表生迁移模型，为土壤活动态、地电化学、地气等新方法、新技术研究提供基础理论支持。

（2）建立重要成矿类型典型矿床（田）地球化学勘查模型

以紧缺矿种主要成矿类型典型矿床（田）为研究对象，研究热液作用成矿过程中与成

矿作用有关元素在三维空间迁移、演化规律，建立三维空间元素分带模型，为矿床资源潜力定量评价和预测技术研究提供理论支撑。

（3）开展地壳地球化学特征研究

开展全国尺度的地壳中76种元素地球化学分布特征研究，建立我国大陆表层地壳地球化学基准网。依托万米科学超深钻探工程，研究我国不同深度地壳的物质组成。开发多层地壳物质成分检测和实验研究技术，并在早期建立中国大陆地壳的三维地球化学模型。数字地壳和数据研究平台的建设，数字地壳系统地球化学数据库的建设，大型地壳勘探地球化学数据的公共共享，用于实现地壳勘探地球化学的资源、环境和灾难场所的超级地球模拟器平台的建设数据集成，解释大规模地球化学动力学数值模拟和三维可视化。编制与更新我国大陆三维地球化学基础图件，实现新一代国家基础地球化学产品的三维可视化表达与共享服务，为政府的国土资源社会化管理和社会公众提供服务。

（4）建立国家和全球地球化学标准网络

在国家和全球范围内，我们不仅要建立国家和全球地球化学基准，还要建立国家地球化学基准网络，了解定量评估标准，以了解过去的全球化学演化并预测未来的全球化学变化。我们正在努力发展。

（5）研制具有我国特色的地球化学标准物质

迫切需要为各种岩石和疏松沉积物的地球化学参考材料建立国家地球化学参考值，以严格监控分析的质量。过去，岩石、土壤和水沉积物的地球化学参考材料无法完全满足设定国家地质参考值（根据介质类型和组分类型的选择来监测元素分析质量）的要求，因此需要补充9个岩石地球化学标准物质（GSR1～GSR6，GSR10～GSR12），16个土壤地球化学标准物质（GSS-1～GSS-16），14个水系沉积物地球化学标准物质（GSD-1～GSD-14）未定值元素的定值。

（6）重建中国热液矿床原生晕分带序列

研究热液矿床中元素分布分配规律，筛选构成热液矿床原生分带序列的指标；以矿体空间分布状态为核心，探讨矿床周围元素浓度及组分分带规律；总结不同成因、不同矿种的矿床原生晕分带规律，构建我国热液矿床原生晕分带序列；探讨利用原生晕分带序列预测评价深部矿化的地球化学勘查方法；开展方法技术示范应用研究。

（7）研究稀土元素（REE）在地球化学异常评价中的作用

在地质背景复杂区，开展岩石、土壤和水系沉积物中稀土元素组成特征研究，确定不同采样介质中稀土元素的继承性；研究已知矿致异常和非矿异常与源区基岩中稀土元素组成的区别，确定矿致异常稀土元素的评价指标；开展稀土元素评价地球化学异常含矿性示范研究，为矿产勘查提供新的地球化学方法技术支撑。

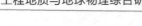

（8）加大力度研制与构建具有我国特色的数字化"化学地球"

加强对我国大陆化学元素时空演化的综合研究，编制反映不同时代地层和侵入岩的参考地球化学图，并分析不同构造单元中元素的时空分布和演化历史。研究并更改主要脂质事件中执行的化学成分的特征。表观遗传和主要介质中化学元素分布特征的重要性，它们之间的遗传和转化关系以及资源评估的重要性。整合并全面研究"地壳全元素勘探技术和实验示范"项目的五个主题，以研究中国各个知觉单元中元素的时空分布和演化历史，大型矿物的物质背景以及元素的二次分布与主分布的关系以数字和图形格式在地球上显示此信息，并构建数字"化学地球"。

（9）研制具有我国自主知识产权的"谷歌地球化学"平台与地图技术

从各种感知单元和关键矿化带（带）中选择地球化学走廊，以进行全面的实验和论证，准确检测走廊中的元素含量和变化，建立感知地球化学模型，揭示矿团的形成。物质背景和地球化学符号。为了实现所有刚性元素勘探技术和实验示范项目的表示，着力于大规模、多尺度地球化学数据空间快速搜索和图形显示技术的研究与开发，并开发相应的可代表所有元素勘探结果的化学地球软件及技术支持。建立类似于 Google Earth 的数字地球软件平台的集成地球化学信息平台，以实现海量的地球化学数据和图形管理，提供数据库和图形工具，并对整个数据库执行多种方法。查询统计信息，例如交互式查询显示、图形和数据以及查询样本信息，使各种用户可以轻松获得所需的信息。

根据各种庞大地球化学特征数据的存储和图形管理技术，利用互联网实现对海量地球化学数据和图形管理，需要解决以下技术问题：地球化学数据的管理和共享（输入、输出、保存、组织、共享、查询等）技术，地球化学科学数据库二维和三维的高级空间可视化、空间—属性组合查询、空间和属性统计、空间和属性分析、专业分析等技术。

庞大的地球化学数据成图技术和化学地球软件平台建设，其主要目标是利用关系型数据库的数据管理功能和 GIS 技术的空间可视化功能、空间分析功能，合理、高效地管理各类地球化学数据，将地球化学研究和工作中所涉及的海量地球化学数据统一存储于一个关系型数据库中，研发通过 Web 浏览器进行数据查询并根据用户需求进行不同图件的可视化技术。

各种规模的地球化学数据和图形的大规模快速搜索和显示技术是一系列开发基于 GIS 的大规模地球化学数据以及图形显示和查询系统的系列，用于管理不同级别的地球化学数据和图像库的搜索软件是必需的。能够快速搜索并以图形方式显示地球上不同规模的地球上的化学成分信息（图像、大量数据、空间坐标等）的分布。

2. 化探技术方法

（1）隐伏矿地球化学勘查方法技术

以岩浆热液作用元素地球化学分带理论为指导，开展重要成矿类型典型矿床岩石、土壤、水系沉积物测量以及深穿透、磁性组分、综合气体测量方法技术研究。测试不同形式元素分量，研究紧缺资源主要类型矿床中元素分布形式、组合特征、矿床剥蚀程度与资源量的关系，建立紧缺矿种主要类型隐伏矿床地球化学勘查方法技术和资源潜力预测方法。

（2）特殊矿种地球化学勘查方法技术

选择稀有矿床、稀散矿床、稀土矿床、铂钯矿床、钴矿床和铬铁矿床，开展地球化学勘查方法技术研究。以元素表生地球化学基础理论为指导，针对表生环境下稀有、稀土和稀散元素在不同介质中的存在形式及迁移途径，研究不同介质中稀有、稀土和稀散元素的地球化学背景与元素空间分布的耦合关系，建立稀有、稀土和稀散元素矿质异常识别的地球化学指标，研究从区域到矿区稀有、稀土和稀散元素地球化学异常筛选评价方法技术，开展示范测量。完善铂钯矿床地球化学勘查方法技术，研究确定岩石、土壤、水系沉积物中铬铁矿床地球化学特征指示元素或元素对比值，研究制定铬铁矿床地球化学勘查方法技术规范，填补"三稀"矿床、钴矿床和铬铁矿床的地球化学勘查技术研究空白，初步确定这些矿床的地球化学勘查方法。

（3）开展页岩气资源调查和化探方法技术研究

开展中国主要页岩气田地球化学异常形成机理、典型异常模式等页岩气地球化学勘查基础理论研究，建立我国不同类型页岩气地球化学异常模式和页岩气资源调查及选区评价地球化学技术体系，确定不同页岩气资源评价的地球化学方法技术，为页岩气资源调查和勘查提供地球化学勘查理论和方法技术支撑。

（4）发展"第二找矿空间"的立体地球化学探测体系

开发一系列渗透性地球化学勘探技术，以检测流域中的矿产资源，并确保勘探深度达到 500～1000 m（第二个勘探空间）。通过将地表采样与钻井采样相结合，建立了盆地的三维地球化学扩散模型和检测技术体系，为盆地和周边地区的地球化学调查与评价提供了一种有效的方法。进一步将物理分离和化学提取技术相结合，对流域的深层渗透地球化学局部调查技术进行研究，设计分离和提取技术以获取有关各种矿物，采矿的深入矿化信息发展地球化学勘探技能，以满足该地区的详细调查要求。它将地球化学勘探技术与快速射孔地球化学采样技术相结合，为盆地中的各种矿物建立了地球化学三维扩散模型。进一步将地表地球化学探测技术、异常源识别技术与异常查证技术、区域地质研究相结合，发展适用于盆地及周边的立体地球化学探测体系。

（5）植物地球化学测量技术

在浅覆盖地区的矿石勘探中，要加强对不同勘探方法和植物地球化学测量方法的比较和评估，以确定最有效的适用条件，并研究植物地球化学测量的主要方法。加强并逐步形成植物地球化学测量方法和技术规格；加强植物脂质化学异常的解释和评价，加强矿物勘探中异常形成的机理，提高预测预报的准确性，加强遥感生物地球化学技术的应用研究，从地方角度衡量植物脂质化学充当结合相关领域的最新研究成果，深化和扩大植物地球化学研究领域。

（6）开展重点地区干热岩地球化学勘查方法研究

收集全国主要沉积盆地、近代火山和高热流花岗岩地区的基础地质、地热地质等资料和国外相关研究成果，以我国重要干热岩分布区为研究对象，开展干热岩资源地球化学评价方法技术研究，研究确定干热岩地球化学勘查的有效方法技术，建立不同类型干热岩地球化学勘查模型。

（7）陆上天然气水合物地球化学勘查方法技术研究

以我国现有的青海木里已知天然气水合物矿床为研究对象，系统通过研究木里天然气水合物矿区岩石、土壤、壤中气等天然介质的地球化学特征，确定天然气水合物地球化学指示指标，揭示天然气水合物地球化学异常分布规律，以此确定我国陆上天然气水合物特征地球化学指标。

（8）海域重要成矿区天然气水合物地球化学探测评价技术研究

以东海钓鱼岛、南沙北康或中建南等几个敏感海区为研究对象，开展海域天然气水合物和冷泉资源地球化学探测评价研究，重点进行天然气水合物原态微生物地球化学探测评价技术研究。

（9）海洋油气地球化学勘查方法技术研究

以已知的南黄海、渤海湾、东海和南海含油气盆地为试验研究区，研制适合我国海洋及其沉积物和海水特点的地球化学采样装置以及样品封装保真装置；建立专业的海洋油气地球化学勘查实验室，研究制定适合海洋沉积物和海水特点的快速有效地球化学指标分析测试方法技术；进行地球化学指标有效性和适用性研究，建立海洋油气地球化学勘查指标体系；分析海底沉积物、海水油气地球化学异常特征及其与海上油气田的成因联系，建立海洋油气地球化学异常综合评价方法技术。

（10）隐伏矿产资源地球化学探测与定量评价技术研究

以我国紧缺矿种已知主要热液型多金属及金隐伏矿床为研究对象，开展地表土壤金属活动态测量、磁性组分测量、地电化学测量等提取深部找矿信息的地球化学勘查方法技术研究和示范工作。以矿床原生分带理论为指导，开展区域化探数据中隐伏矿信息提取方法技术研究，探索区域化探异常定量评价和隐伏矿预测方法技术研究。

（11）近海区域地球化学调查方法技术研究

系统开展我国近海不同海域地球化学调查的方法技术研究，开展样品分析与质量监控系统研究，建立我国近海不同海域1：25万区域地球化学调查的方法技术体系，制定近海地球化学调查规范，为全面开展我国近海海域的地球化学调查提供技术支持。

第二节　地勘单位危险作业安全技术

一、机械安全技术

机器是现代生产和运营中必不可少的。机器安全技术代表了人们的安全需求，并被用来在整个使用机器的过程中使人们在身心上处于各种状态、外部因素的存在和保修条款。

（一）机械的组成

机器是一种设备，可以根据某些规则将其组装成多个相互连接的部分以完成某些功能。一般机械装置由原动机、传动部分、控制操纵系统和辅助系统、执行部分等组成。

1. *原动机*

原动机是驱动整部机器完成预定功能的动力源。通常一台机器只用一个原动机，复杂的机器也可能有几个动力源。现代机器中使用的原动机大都是以电动机和热力机等为主。

2. *传动部分*

机器中的传动部分是指用以将原动机和工作机联系起来，传递运动和动力或改变运动形式的部分。例如，把旋转运动变为直线运动、高转速变为低转速、小转矩变为大转矩等。

3. *控制操纵系统和辅助系统*

控制操纵系统是指用以控制机器的运动和状态的系统，如机器的启动、制动、换向、调速、压力、温度等。它包括各种操纵器和显示器。

4. *执行部分*

执行部分是指用以完成机器预定功能的组成部分。它是通过利用机械（如刀具或其他器具与物料的相对运动或直接作用）来改变物料的形状、尺寸、状态或位置的机构。

（二）机械设备的危险

第一，绞伤——裸露的齿轮、皮带轮绞伤手指或整只手。

第二，物体打击——旋转部分不够坚固或没有拧紧，会在旋转运动中被抛掷而伤人。如车床的卡盘如果不用保险螺丝固定或者固定不牢，在打反车时就会飞出伤人。

第三，压伤——冲床造成的冲压伤、锻锤造成的压伤、切板机造成的剪切等。

第四，砸伤——高处的零部件掉下砸伤人、吊运的物体掉下来砸伤人等。

第五，挤伤——零部件在做直线运动时将人身某部分挤住而造成伤害。

第六，烫伤——在金属加工中刚切削下来的铁屑具有较高的温度，当受热铁屑飞溅到手、脚、脸部等皮肤就会造成烫伤。

第七，剃割伤——金属切屑都有锋利的边缘、像刀刃一样，接触到皮肤常会造成剃割伤或割伤。

（三）机械伤害的原因

安全隐患存在于机器的设计、制造、运输、安装、使用、维护等整个生产的各个环节。用安全系统的分析观点看，机械伤害的主要原因是物的不安全状态、人的不安全行为和安全管理上的缺陷等原因。

1. 物的不安全状态

物的安全状态是保证机械安全的重要前提和物质基础。在机械安全方面，物的不安全状态主要表现在以下方面：

第一，设计不合理、计算错误、安全系数取值小、对使用条件估计不足等。

第二，在使用过程中缺乏必要的安全防护，如润滑保养不良、零部件超过其使用寿命而未及时更换。

第三，不符合卫生标准的不良作业环境等，都可能造成机械伤害事故。

2. 人的不安全行为

引发机械伤害的主要原因是缺乏安全意识和安全操作技能差，人的不安全行为主要表现在以下方面：①不了解机器性能和存在的危险，不按操作规程操作；②缺乏自我保护意识和处理意外情况的能力；③工具随手乱放、清理机器或测量工件不停机等；④指挥失误、操作失误、监护失误等是人的不安全行为的常见表现形式。

3. 安全管理缺陷

安全管理缺陷是造成机械伤害的间接原因，但在一定程度上又是主要原因。它反映一个单位的安全管理水平，包括领导的安全意识、安全管理干部的监管水平、维护机械的安全技能、安全生产规章制度的建立、对员工的教育培训等。

（四）典型机械设备的危险因素和防护措施

1. 典型机械设备的危险因素

（1）压力机械的危险因素

第一，误操作——工序单一、操作频繁，容易引起人的精神紧张和身体疲劳。如果是手工下料，特别是在采用脚踏开关的情况下，极易引发误动作而造成事故，如冲床操作极易造成轧手事故或设备受到损坏。

第二，动作失调——速度快、生产率高，在手工上下料的情况下体力消耗大，容易产生动作失调而发生事故。

第三，设备故障——压力机械本身的一些故障，如离合器失灵、调整模具时滑块下滑、脚踏开关失控等，都会造成人身伤害。

（2）剪板机械的危险因素

剪切机是根据生产需要将金属板切割成不同规格的机器。剪刀刀片是非常锋利且危险的"虎口"。在工作中工作的手指通常靠近刀片。如果未正确执行工作，则可能会发生严重事故，如割伤手指。

（3）车削加工的危险因素

第一，车削中最不安全的元素是切削飞溅物和碎屑飞溅物，尤其是当切削过程中形成的切屑卷曲或尖锐且呈螺旋状连续时，容易造成手或身体受伤。

第二，车削时暴露的旋转零件可能被工人的衣服抓住或缠绕在旋转零件上而受伤，长条形工件和成形零件更容易伸出而造成工人受伤。

第三，去除切屑损伤车床运行时，用手去除切屑、测量工件或用砂布抛光工件的毛刺，很容易因手和移动部件之间的摩擦而受伤。

（4）铣削加工的危险因素

高速旋转的铣刀和铣削中产生的振动及飞屑，是铣削加工操作中的主要危险因素。

（5）钻削加工的危险因素

第一，旋转的主轴和钻头受伤——在钻床上加工工件时，最大的危险因素是将旋转的主轴、钻头和随钻头旋转的长螺旋屑放在工人的衣服、手和长发上。

第二，工件夹紧力不足——如果工件夹紧力不足或根本没有紧固件，并且用手握住进行钻孔，则由于切削力的作用，工件可能会松动并扭曲，并且可能因钻头旋转而伤人。

第三，用手清除屑伤害——切削中用手清除切屑、用手制动钻头、主轴而造成伤害事故。

（6）刨削加工的危险因素

对线性往复零件（如牛头刨头、龙门刨床等）施加速度，或者将操作员挤压到固定的物体（如墙壁、立柱等）上，并使工件"行走"或飞走飞屑和其他主要危险因素。

2. 机械设备加工作业的安全防护措施

机械加工作业，包括车削、铣削、钻削、刨削、磨削等加工作业，其安全防护措施在许多方面是有共性的。

第一，在开始驾驶之前，需要仔细检查保护装置是否完好无损，以及离合器和制动装置是否灵活、安全可靠。

第二，各种机械的传动部分必须有防护罩和防护套。在切屑飞出的方向要安装合适的防护网或防护板。使用套丝机、立式钻床、木工平刨作业等，操作人员严禁戴手套。使用砂轮机、切割机，操作人员必须戴防护眼镜。

第三，随时使用刷子卸下切屑，并使用环卸下条形切屑和螺旋切屑，不要用手拉。

第四，加工工料时不得直接用手送料，应该用专用工具，最好安装自动送料装置。机械设备在运转时严禁用手调整，不得用手测量零部件或进行润滑、清扫杂物等。当两人以上协同操作时，必须确定一个人统一指挥。

第五，根据《用电安全技术规范》的要求，执行良好的接地或零保护措施，以防止各种类型的电机和便携式电动工具泄漏。现场上固定的加工机械的电源线必须加塑料套管理的保护，以防止被加工件压破发生触电。

第六，在运行过程中，不得维修、保养、拧紧或调整机器。在机器操作期间，工人不应离开工作岗位或将机器留给他人。作业时思想要集中，严禁酒后作业。

二、电气安全技术

电能已成为现代人生产和生活的重要依赖。如果不了解电气安全和安全保护措施的常识，或者缺乏安全管理以及不正确的操作和维护的常识，则可能会因电受伤。随着地勘单位经济快速发展和施工项目增多，钻机的功率越来越大，电气设备和器材亦大量增加并更加现代化和数控化，由于缺少熟练电工，管理工作跟不上，近几年触电事故逐渐增多。

（一）触电事故的基本知识

电击是由于电流和转换能量引起的事故。

1. 电击

电击是最危险的伤害类型，这是因为电流流入人体内部的组织，而电击死亡的大部分是由电击引起的。根据发生触电时电气设备的状态，将触电分为直接接触电击（设备和线路正常运行时触及充电对象的触电）和间接接触电击（电气设备不充电时的正常状态，在发生故障的情况下由意外充电使身体引起的电击）。

2. 电伤

电伤是人们遭受电流的热，化学和机械作用而遭受的损害。电击伤可分为电弧灼伤、脉冲灼伤、皮肤金属化、电灼伤、机械伤和电光眼。电弧灼伤是由电弧放电引起的最危险的灼伤。电弧的温度很高，大约为 8000℃，这可能导致大量面积灼伤以及灼伤和燃烧人的四肢和其他部位。

3. 单相触电

当人体直接接触被充电设备的电源时，电流会通过人体流到地面，这种电击现象称为单相电击。在高压车身的情况下，人体没有直接接触，但是由于超过安全距离而对人体的高压放电导致的或者由于单相接地而导致的电击就是单相电击。

4. 两相触电

当人体同时接触电流流经的设备或线路中的两相导体时，或者在高压系统中，人体同时接近不同相位的两相带电导体时，就会发生电弧放电。闭合电路中的这种电击称为两相电击。当发生两相电击时，人体上的电压与线路电压相同，因此这种电击是最危险的。

5. 跨步电压触电

如果电气设备发生接地故障，则接地电流会通过接地体流到地面，并在地面上形成电势分布。如果有人穿过地面短路点，则两脚之间的电位差就是步进电压。由步进电压引起的电击称为步进电压电击。

（二）触电事故规律的分析

为防止电击，则需要了解电击规则。在电击事故统计数据中，我们可以总结以下电击事故规则：

1. 触电事故的季节性明显

统计数据显示，第二季度和第三季度发生了许多事故，特别是在 6 月和 9 月之间。主要原因是：①此时天气炎热，衣服出汗，触电的可能性很高。②雨季期间接地导电性得到改善，冲击电流电路易于形成，电气设备的绝缘电阻低且容易漏电。

2. 电气连接部位触电事故多

统计数据表明，接线盒、缠结接头、焊接接头、电缆头、灯座、插头、插座、控制开关、接触器以及其他分支线路和接线中会发生许多电击。这主要是由于这些连接部件的机械刚度、较大的接触电阻、较低的绝缘强度以及可能发生的化学反应。

3. 错误操作和违章作业造成的触电事故多

统计数据表明，超过 85% 的电击事故是由不正确和非法操作引起的。主要原因是缺乏安全培训，不适当的安全系统和不适当的安全措施，工人技能和质量不佳。

4. 矿业和建筑行业触电事故多

触电事故通常发生在采矿业（冶金、煤炭等）、建筑和机械行业。由于该行业的大多数生产现场都在现场，因此运输困难，潮湿和高温环境下的操作环境困难，现场管理令人困惑并且移动和便携式设备很多。这些人员经常接触电气设备但又比较缺乏电气安全知识、经验不足，以致触电事故多发。

（三）防触电的安全技术

1. 绝缘

绝缘是指关闭装有绝缘子的物体。电气设备的绝缘必须符合其电压水平、环境条件和使用条件。电气设备的绝缘不应受潮，表面光泽不应降低。不得有裂纹或放电痕迹，灰尘、纤维或其他灰尘。绝缘电阻不得低于每伏工作电压 1000 Ω，并应符合专业标准规定。

2. 双重绝缘和加强绝缘

第一，双重绝缘是指工作绝缘（基本绝缘）和保护绝缘（附加绝缘）。前者是带电体与不可及导体之间的绝缘，是确保设备正常运行并防止触电的基本绝缘。补充绝缘是指不可及和可及导体之间的绝缘，用于防止工作绝缘受损时电击。

第二，加强绝缘是与上述双重绝缘相同水平的单一绝缘。双重绝缘电气设备属于 II 类设备。在其明显部位应有"回"形标志。

3. 屏护

屏幕保护是指使用屏障、屏蔽、盖、箱门等将带电物体与外界隔离。屏幕保护膜应足够大，并与带电物体保持足够的安全距离。屏蔽层与低压裸露导体之间的距离应至少为 0.8

m，网状屏蔽层与裸露导体之间的距离应至少为 0.15 m，而 10 kV 设备应至少为 0.35 m。屏幕保护程序必须牢固安装。由金属材料制成的屏幕必须牢固接地（或连接到零）。砌块和围栏应根据需要贴上标签。如有必要，应在门上安装阻塞门的信号和联锁装置。

4. 间距

间距是指将带电体放置在可达到的范围之外。安全功能基本上与屏幕保护膜相同。被充电体与地面之间、被充电体与树木之间、被充电体与其他设备之间以及被充电体与被充电体之间必须保持恒定的安全距离。安全距离的大小取决于电压水平、设备类型、环境条件和安装方法等因素。

5. 安全电压

安全电压表示在某些条件下和特定时间不会危害生命和安全的电压。具有安全电压的设备是 ID 设备。我国的工频有效值的额定值为 42 V、36 V、24 V、12 V、6 V 等。

第一，在特别危险的环境中使用的所有便携式电动工具均应使用 42 V 安全电压。

第二，在危险的电击环境中使用的所有便携式照明灯和局部照明灯均应使用 36 V 或 24 V 安全电压。

第三，在周围的金属容器、隧道、水井和宽阔的接地导体中，工作环境狭窄且环境难以移动，因此应使用 12 V 安全电压。

第四，在水等特殊场所应使用 6 V 安全电压。

6. 漏电保护（剩余电流保护）

漏电保护装置主要用于防止间接接触电击和直接接触电击。漏电保护装置还用于防止漏电火灾和监视单相接地故障。漏电保护装置的工作电流为 15 级——0.006 A, 0.01 A, 0.015 A, 0.03 A, 0.05 A, 0.075 A, 0.1 A, 0.2 A, 0.3 A, 0.5 A, 1 A, 3 A, 5 A, 10 A, 20 A。30 mA 和小于 30 mA 是高灵敏度，可防止触电事故；30 mA ~ 1000 mA 是中等灵敏度，可防止触电和火灾泄漏；大于 1000 mA 则低，可用于预防漏电火灾和单相接地故障灵敏度。

7. 保护接地（IT 系统）

保护性接地是危险电压的金属零件的牢固连接，如果接地发生故障，则电气设备中的这些危险电压可能会通过接地线和地面牢固连接。安全原则是将故障、电压限制在安全范围内，以使电气设备（包括变压器、电动机和配电装置）不会再运行，维护和维修期间由于设备绝缘损坏而造成人身事故。保护性地带也称为 IT 系统。字母 I 表示配电网络未通过高阻抗接地，字母 T 表示电气设备外壳已接地。所谓接地是指设备的一部分通过接地装置与大地的连接。在 380 V 非接地低压系统中，保护性接地电阻 R 通常应小于 4。如果配电变压器或发电机的容量不超过 100 kV·A，则 R 应小于 10。

8. 保护接零（TN 系统）

针对 TN 系统（零系统）的保护。零保护系统中的 PE 为零线保护，RS 称为重复接地。

在 TN 系统中，字母 N 代表电气设备的金属部分和正常情况下配电网络的中性点。保护性零连接的安全原理是，当充电部分接触设备外壳时，会形成相对零线的单相短路。短路电流是指线路上的短路保护元件快速工作，断开故障设备的电源，从而消除了触电的危险。TN 系统分为三种类型：TN-S、TN-C-S、TN-C。TN-S 系统提供最佳的安全性能。TN-S 系统应用于存在爆炸危险的环境、高风险环境以及其他对安全性有较高要求的地方。TN-C-S 系统应在低压配电场所和工厂土木工程中使用。

（四）安全用电和事故预防

第一，请勿干扰工作场所的电气设备。如果使用的设备和工具的电气部件有故障，则应由电工修理。未经允许请勿修理。

第二，经常接触和使用的配电盘、开关、按钮开关、插座、插头和电线应完整无损地存放，并且不得有损坏或裸露的零件。

第三，电气设备的外壳应按有关安全规程进行防护性接地和接零。对接地和接零的设施要经常检查，保证连接牢固、接地和接零的导线没有任何断开的地方。

第四，移动非固定安装的电气设备（例如风扇、灯、焊接机等）时，请务必先切断电源。请勿将电线从地面拖动以免磨损，因为必须将电线包好。为避免损坏电线，当电线被物体缠绕时，请勿用力拉扯。

第五，使用电钻、电轮等电动工具时，必须安装防漏装置，同时，工具的金属外壳必须进行保护性接地或接地为零。

第六，所使用的驾驶灯必须具有绝缘的手柄和金属罩。灯泡的金属插座不得裸露。导线应使用带护套的双芯软线，并装有"T"形插头，以防止其插入高压插座。通常，行车灯的电压不应超过 36 V。特别是在危险场所，例如锅炉、金属容器和潮湿的沟渠中，电压不应超过 12 V。

第七，通常禁止临时使用电缆，并且必须获得技术安全部门的批准。根据相关的安全规定，必须安装临时线路，不得在指定时间内随意拉扯和拆除临时线路。

第八，为了在进行静电或爆炸性工作（使用汽油清洁零件、擦拭金属板等）时立即消除积聚的静电，必须确保接地装置良好。

第九，雷雨期间请勿在高压电线杆和高压塔附近行走，以免雷雨天气踩踏电压。

第十，如果发生电气火灾，请立即关闭电源，并使用沙子、二氧化碳、四氯化碳和其他灭火设备灭火。请勿使用水或泡沫灭火器进行灭火，因为存在危险。灭火时，应注意避免身体和灭火设备与电线和电气设备接触，以免发生危险。

第十一，清洁设备时，严禁用水冲洗或用湿布擦拭电气设备，以防止短路和触电。

第十二，行业用电，必须按国家行业标准《施工现场临时用电安全技术规范》（JGJ 46—2005）执行。

三、特种设备安全技术

（一）特种设备的使用安全管理

1.特种设备

专用设备是指具有生命安全和较大风险的锅炉、压力容器（包括气瓶）、压力管道、电梯、卷扬机、专用车、客运索道和大型娱乐设施。随着国民经济等设施的持续、健康、快速发展，人民生活水平的不断提高，专用设备数量迅速增加，使用领域逐渐扩大。由于特种设备具有潜在危险性，如果设计、制造、安装、使用或管理不当，一旦发生事故不仅会造成严重的人身伤亡和财产损失，也会给正常的社会秩序带来重大影响。因此，加强特种设备技术保障成为搞好特种设备安全的基础。

地勘单位使用较多的特种设备主要有供暖锅炉；乙炔瓶、氧气瓶、液化气罐等压力容器；电梯；大中型吊车（包括行吊）。南方部分山区施工项目常利用索道运送设备等。

2.特种设备的安全管理要求

第一，特种设备的安装、操作、维修、保养等操作人员，应接受专业培训和考核。

第二，用户必须严格执行特种设备维护制度，明确维护人员的责任，并需要定期进行特种设备维护。特殊设备的维护员工应有《特种设备作业人员资格证》进行，并应根据工作量调整人员数量。该设备无法维护，若要进行维护，必须保留合格的设备。

第三，委托的特种设备维修单位必须与用户设备签订维修合同，并对维修的质量和安全技术性能负责。如果用户设备负责特殊设备的维护，则用户应对维护质量和安全技术性能负责。

第四，用户设备以及售后服务系统的核心，必须形成并严格执行特殊设备使用和操作的安全管理体系。安全管理系统至少包括各种人员，安全操作程序，定期检查系统，维护系统，定期报告和检查系统，针对工人和相关操作服务人员的培训和评估系统以及事故和事故的紧急救援，应该是措施与应急救援培训系统，技术档案管理系统。

（二）锅炉

锅炉将化学能转化为热能，并将热能传递给工作流体，例如水、蒸汽和导热油，以产生热量或通过传递热量的工作流体传递一定的压力。锅炉是封闭的设备。锅炉的种类很多，锅炉具有使用广泛性、连续运行性、易于损坏性、爆炸危害性等工作特性。

1.锅炉的分类

第一，按结构形式的分类。锅炉可分为锅壳式锅炉（火管锅炉）、水管锅炉、混合结构式锅炉和电热锅炉等。

第二，按用途的分类。锅炉可分为生活锅炉、工业锅炉、发电锅炉、机车锅炉和船舶锅炉等。

第三，按工作性质的分类。锅炉可分为蒸汽锅炉、热水锅炉和有机载体锅炉等。

第四，按热能来源的分类。锅炉可分为燃煤锅炉、燃油锅炉、燃气锅炉和废热锅炉等。

2. 锅炉的基本结构

锅炉是一种利用燃料燃烧释放的热能加热给水或其他介质的设备。锅炉的类型和结构各不相同，但都由三个部分组成："锅"和"炉"以及确保锅炉正常运行所必需的附件、仪表和辅助设备。锅炉的附件和仪表很多，如安全阀、压力表、水位表和高低水位报警器、排污装置、汽水管道和阀门、燃烧自动调节装置、测温仪表等。

锅炉的附属设备也很多，一般包括给水系统设备（如水处理装置、给水泵）、燃料供给和制备系统设备（如给煤、磨粉、供油、供气等装置）、通风系统设备（如鼓风机、引风机）和除灰排渣系统设备（如除尘器、出渣机、出灰机）。

3. 锅炉的主要安全附件和装置

第一，安全阀。安全阀是锅炉的重要安全附件之一，在控制锅炉内部压力极限、保护锅炉安全中起着重要作用，分为弹簧式安全阀和杠杆式安全阀两种。

安全阀必须灵敏可靠，必须每年检查，加压和密封一次，并每周手动测试一次，每月自动一次。

第二，压力表。使用压力表来准确测量锅炉所需的压力，弹簧管压力表被广泛使用。锅炉应配备压力表，该压力表直接连接到汽包的蒸汽空间，压力表的范围应为工作压力的 1.5 ～ 3 倍，压力表的刻度盘尺寸应使锅炉操作员能够清楚地看到压力读数。压力计应安装在便于观察和清洁的位置，并应防止冰冻和震动过大。压力表的安装、校验和维护应符合国家计量部门的规定。装用后一般每半年校验一次并铅封完好，并要注明下次校验的日期。

第三，水位计。水位计（也叫作水位表）是用来显示锅炉内水位高低的仪器，每台锅炉必须按规定装两只独立的灵敏可靠的水位计。水位计应该装在便于观察的地方并接至安全地点，并要有良好的照明，易于检查和冲洗。没有水位计或水位计失灵的蒸汽锅炉是不允许投入运行的。水位计应定期检查，且每班必须对水位计至少冲洗一次。

第四，温度测量装置。需要测量和监视锅炉给水、蒸汽、烟气和其他介质，以确定锅炉的运行状态。锅炉中使用的温度测量设备大多是接触式温度测量设备。

第五，高液位报警和低液位联锁保护装置。额定蒸发量为 t/h 的锅炉应配备高液位报警和低液位联锁保护装置。如果锅炉内的水位高于或低于最大安全水位，水位报警器会自动发出报警信号，使锅炉人员可以注意锅炉内的水位，采取有效措施，确保锅炉安全运行。

第六，防爆门。通常用于将防爆门安装在炉子或烟囱易爆的地方，以防止炉子或尾烟道发生爆炸或二次燃烧。防爆门的功能是通过在炉子或烟道稍微爆炸时打开压力释放口来保护锅炉运行的安全。

第七，超压报警和连锁保护装置。额定蒸发量 t/h 的锅炉应装设超压报警和连锁保护装置。当压力超过设置值时，超压报警和连锁保护装置将起到自动报警和对系统卸压从而达到锅炉安全燃眉之急的作用。

第八，过热报警和联锁保护装置。额定流出温度高于 120℃且额定热功率为 4.2 MW 或更高的热水锅炉应具有过热报警和联锁保护装置。热水锅炉的出口处装有超温报警器，当锅炉水温超过规定的水温时会自动报警。声音和灯光警报（警报钟或灯光）的组合通常用于提醒锅炉人员采取减少燃烧的措施。联锁过热报警和联锁保护装置后，过热报警会自动关闭燃油供应，并关闭汽包和导向风，从而防止锅炉因锅炉过热而损坏或爆炸。

第九，排污阀或排污口。排污阀或排污口通过饮用水的蒸发排出残留的水垢、泥浆和其他有害物质，使饮用水质量保持在允许范围内，保持受热面清洁，并确保锅炉安全经济运行。

燃油锅炉自动控制单元通过自动仪器测量温度、压力、流量、物料水平和配置等参数，达到监视和调整的目的，从而使锅炉可以在安全、经济的条件下运行并调整。

4. 锅炉常见的爆炸事故原因分析

锅炉爆炸常常包括蒸汽爆炸、超压爆炸、故障爆炸和严重的水短缺。此类锅炉爆炸的主要危险因素是：

第一，安全阀和压力表不完整、损坏或安装不正确，操作员离开岗位或放弃监视责任。其主要的预防措施是加强运营管理。

第二，由于锅炉主压力部分破裂，严重变形和腐蚀，承压能力会丧失并爆炸。其主要的预防措施是防止锅炉主要压力部分的误操作。

第三，向严重缺水的锅炉加水可能引起爆炸。在这种情况下，严禁加水，以免锅炉内严重缺水，必须立即停止熔炉。

5. 锅炉常见的重大事故及其预防

（1）缺水事故的原因分析

锅炉缺水是锅炉运行中最常见的事故之一，通常会带来严重后果，处理不当往往会导致锅炉爆炸。锅炉缺水的处理必须首先确定是否存在缺水或严重缺水，然后对它们进行不同的处理。如果出现轻微缺水的情况，可以立即向锅炉加水以使水位恢复正常。在严重缺水的情况下，必须紧急停止熔炉，并严格禁止在锅炉中加水，以免发生锅炉爆炸事故。常见的锅炉缺水主要是由于：

第一，工人不小心，不严格监控水位，操作员未经许可离开工作岗位，放弃对水位和其他设备的监控。

第二，如果水位不正确，则工人无法及时找到。

第三，供水上的水位警报或自动调节器发生故障，但无法及时找到。

第四，供水单元或供水管道有故障，供水不足。

第五，在关闭或放空排气阀后，操作员忘记了排气阀的泄漏。

（2）满水事故的原因分析

锅炉满水事故的主要危害是降低蒸汽品质，损坏以致破坏过热器。因此，在检查锅炉中是否充满水之后，请首先清洁水位并检查水位是否有缺陷。如果确认水已满，应立即关闭供水阀以停止向锅炉供水，同时削弱省煤器的循环管道。若要燃烧，应打开过热器和蒸气管的排水阀和疏水阀，在水位恢复正常后关闭排水阀和疏水阀。锅炉满水的常见原因类似于锅炉缺水的原因。这是由于操作人员的疏忽，水位监控不当，操作人员未经许可离开或水位计故障而导致的错误水位。

（3）其他的锅炉重大事故

其他的重大锅炉事故有：①汽水共腾；②锅炉爆管；③省煤器损坏；④过热器损坏；⑤水击事故等。

（三）压力容器

压力容器是指包含气体或液体并施加恒定压力的密闭装置。

1.压力容器的分类

压力容器有几种类型，操作条件各不相同且很复杂。根据不同的要求，压力容器的分类方法很多。为了方便对压力容器的全面管理，通常可以将压力容器分类如下。

（1）普通固定式压力容器

普通固定压力容器的工作压力小于中压和高压（通常小于 100 mPa），使用环境是固定的，不能移动。工作介质的类型很多，其中大多数有毒、易燃、易爆和有腐蚀性的化学危害。这些压力容器包括球形储罐、各种热交换器、复合塔、反应器、干燥机、分离器、管壳式废热锅炉等。

（2）超高压压力容器

超高压容器主要用于有特殊工艺要求的地方，通常是固定的、不可移动的。工作介质处于高温高压下，工作压力超过 100 mPa，存储大量能量，如果发生爆炸可能致命。这种压力容器的代表是人造水晶水壶。

（3）移动式压力容器

移动式压力容器一般为中、低压力容器，其工作介质多为易燃、易爆或有毒物质。移动式压力容器主要有各种气体汽车槽车、铁路罐车等。

（4）气瓶类压力容器

气瓶压力容器的工作压力范围既是高压气瓶（如氢气、氧气、氮气瓶）又是低压气瓶（如民用 LPG 钢瓶），许多工作介质也是易燃的、爆炸性或有毒物质。气瓶类压力容器主要有液化气石油气钢瓶、氧气瓶、氢气瓶、液氯气瓶、氨气瓶、乙醇气瓶等。

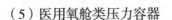

（5）医用氧舱类压力容器

医用氧气罐是特殊的载人压力容器，通常由多个罐组成，配备压力容器，供气和排气系统、电源和氧气排放系统、电气系统、空调系统、消防系统和相关设备、控制台等。

2.压力容器的主要附件和装置

用于压力容器的材料通常是特殊材料，例如压力容器材料和气瓶材料。压力容器的主体结构比较简单，因为它的主要作用就是盛装有压力的气体或液化气体，或者是为这些介质的传热、传质或化学反应提供一个密闭的空间。其主要结构一般由简体、封头、法兰、密封元件、开孔和接管、安全附件和支座等部分组成。

压力容器的主要安全附件和装置有安全阀、爆破片、爆破帽、易熔塞、压力表、温度计、液位计、紧急切断装置和快开门式压力容器的安全连锁装置等。

第一，安全阀——控制压力容器的工作压力。如果压力超过规定要求，安全阀应能够自动打开和释放多余压力，以便压力容器可以恢复到正常工作压力。当工作压力正常时，安全阀自动关闭。

第二，爆破片——功能与安全阀相同。爆破片是压力容器的最薄弱点，当压力容器上施加压力时，爆破片破裂，压力降低。破裂片和安全阀的区别在于它不能自动关闭，只能在压力或介质耗尽后才能更换。

第三，爆破帽——一壁厚的短管，一端封闭，中间有一薄层。喷砂帽的喷砂压力误差小，出水面积小，主要用于超高压容器。

第四，易熔塞——一种"融化型"（温度型）安全装置。它作用于容器壁的温度，主要用于中、低压容器，并广泛用于装有液化气的气瓶。

第五，压力表——监视压力容器的工作压力，当压力超过时，将提示操作员采取适当的措施。

第六，温度计——压力容器的工作压力和工作温度相互关联，如果温度过高，则会产生超压，且压力容器的材料强度会降低。温度计的主要功能是监视压力容器的工作温度。如果温度太高，将提示操作员采取相应的措施，同时可以记录压力容器的温度运行状态。

第七，液体流量计——监视装有液体介质的压力容器的介质液位，即介质的存量。为了确保压力容器的安全运行，不可能过多地填充介质，而要将其填充并留出一定的空间来容纳介质的饱和蒸汽。

第八，紧急停车装置——通常安装在液化罐车和铁路罐车的蒸汽和液体出口的管道上。主要功能是当加油机附近的管道和配件破裂，误用或着火，可迅速关闭气源，防止事故升级。

第九，快开门式压力容器的安全连锁装置——快速打开压力容器的安全互锁。其是防止快速打开压力容器爆炸的有效措施。这种安全互锁装置在任何情况下都不允许蒸汽流入压力容器，除非安装了快开门，并且当压力容器中有压力时，快开门也不会打开。

3. 压力容器爆炸的危害

（1）冲击波及其破坏作用

冲击波超压通常会导致人员伤亡和建筑物损坏。如果冲击波超压超过 0.10 mPa，大多数人会死于直接影响。如果超压在 0.05~0.10 mPa，则可能严重损坏人体的内部器官或导致死亡；0.03~0.05 mPa 的超压会损坏人体听觉器官；0.02~0.03 mPa 或更高的超压会造成人体轻伤。

（2）爆破碎片的破坏作用

当压力容器破裂并爆炸时，它可以通过高速空气注入将壳体推回，一些壳体会破碎成碎片或飞走。具有更快质量或更大质量的这些碎片在飞出过程中将具有更大的动能，并且会造成更大的伤害。

碎片对人的损害程度取决于动能，该动能与质量和速度的平方成正比。离开外壳时，碎片的初始速度为 80~120 m/s，而从爆炸中心飞出时，碎片的初始速度通常为 20 ~ 30 m/s，以这种速度，质量为 1 kg 的零件的动能可以达到 200~450 J，这可能导致严重的伤害或死亡。

（3）介质伤害

主要指被有毒介质和热蒸汽灼伤中毒。压力容器中包含的许多液化气体都是有毒介质，如液氨、液氯、二氧化硫、二氧化氮和氢氟酸。当装有这种介质的容器破裂时，大量液体立即蒸发并扩散到周围的大气中，从而引起大范围的中毒，严重破坏生态环境以及造成人类中毒、死亡和疾病，并导致成瘾区域的动植物中毒。它可能使人类处于危险之中。

从容器中排出并蒸发后，有毒介质的量可以增加 100~250 倍。形成的有毒区域的大小和范围取决于容器中有毒介质的质量、容器破裂前的温度、介质的压力和毒性。

（4）二次爆炸和燃烧危害

如果容器中包含的介质是易燃的液化气体，则容器会燃烧并爆炸，从而在现场形成大量可燃气体，迅速与空气混合形成爆炸性气体混合物，并且在扩散过程中产生火花时，会发生二次爆炸。

易燃液化气罐的燃烧和爆炸会燃烧现场周围的区域并造成严重后果。

4. 压力容器事故的预防

为防止压力容器爆炸，应采取以下措施：

第一，在设计时，应采用合理的结构，例如，采用全焊接结构和自由膨胀，以避免应力集中和突然变化，根据设备的使用条件选择具有良好塑性和韧性的材料。强度计算和安全阀排量计算必须符合相关技术标准。

第二，在制造、维修、安装和变形中，要加强焊接管理，提高焊接质量，按照热处理和探伤规范进行处理，加强材料管理，严禁使用有缺陷的材料或使用错误的钢材或焊接材料。

第三，加强压力容器使用过程中的管理，避免操作失误、过热、超压、过载操作、检查不良、维修不良以及安全装置故障。

第四，加强检查工作，一旦发现缺陷，应及时采取有效措施进行处理。

（四）电梯

电梯是一种机电设备，通过使用沿刚性导轨运行的盒子或沿固定线运行的台阶进行平行或举升运送人员或运送货物。电梯是自动人行道。

1. 电梯的分类

电梯可按其用途、拖动方式、提升速度和控制方式的不同进行分类。

第一，根据用途可选择乘客电梯、客货（双）电梯、货物电梯、床式电梯、住宅电梯、普通货物电梯、旅游电梯、船用电梯、其他用途的电梯（防爆电梯、矿用电梯）、冷藏电梯等。

第二，按拖动方式分为曳引式电梯、液压式电梯和齿轮条式电梯三类。

第三，按提升速度快慢分为低速电梯、快速电梯、高速（超高速）电梯三类。

第四，按控制方式分为手柄操纵控制电梯、按钮控制电梯、信号控制电梯、集选控制电梯、下集选控制电梯、并联控制电梯、梯群控制电梯等类型。

2. 电梯的基本构成

不同规格的电梯具有不同的组件。让我们以一个典型的乘客牵引电梯为例。电梯由牵引系统、悬架补偿系统、电气系统和安全装置组成。乘客电梯的额定载重量常用乘客人数（一般按重 75 kg/ 人）表示。

第一，牵引系统包括牵引电动机、牵引绳轮、减速器、制动器、牵引机座、手轮等。曳引轮安装在支承梁上。电梯曳引机是电梯运行的驱动机构，它利用负荷梁通过曳引轮承受所有往复式提升部件的全部负荷。负荷梁通常由工字钢结构制成。

第二，悬架校正系统由牵引绳、轿厢及配重的所有结构件、校正绳、张紧器等组成。轿厢和配重是电梯垂直运行的主要组成部分，而轿厢是运载乘客和货物的集装箱。

第三，引导系统包括导轨和导靴。导轨和导靴用于引导车辆和配重进行垂直提升运动，也是用于指导汽车和配重进行举重锻炼的组件。

第四，电气系统是一种电梯拖动和控制系统，具有各种接触器、继电器、控制器和显示器。

3. 电梯的安全保护装置

电梯的安全保护装置，是指限定电梯机械部分、电气部分运动和性能在规定范围内的装置。电梯正常运行时它们不起作用，只有当相关部件动作超出规定值时才起作用。按照功能电梯的安全保护装置可分为机械式、电气式和机电综合式多种。

（1）防超速和断绳保护装置

防超速和断绳保护装置，是一种防止电梯轿厢下降速度超出允许值和坠落的安全装置。超速保护和断绳保护是一种安全装置（限速器系统）。安全钳是防止电梯轿厢（或配重）下降的机构，并且是停止轿厢最终运动的主要机构。具有钢丝绳或链条悬挂装置的电梯轿厢必须配备安全钳。限速器是限制电梯速度的设备，如果车速太高，则可以通过电触点停止电梯。

（2）防越程保护装置

防越程保护装置，是一种防止电梯超越上下站、防止轿厢冲顶撞底的保护装置。它由强迫换速开关、限位开关和极限开关组成。强迫换速开关，是防止电梯超越上下端站的第一道防护；限位开关，是防止冲顶撞底的第二道防护；极限开关，是防止电梯在强迫换速、限位开关失灵的情况下防止电梯冲顶撞底的第三道防护，也是电梯电气控制的最后一道防护。

（3）缓冲装置

缓冲装置意味着当轿厢或配重由于控制故障、牵引力不足或制动故障而蹲下时，缓冲器吸收轿厢或配重的动能并提供最后的拐杖保护，是确保人员和电梯结构安全的装置其分为蓄能型缓冲器和耗能型缓冲器两种。

（4）轿厅门保护装置

轿厅门保护装置，是指轿门、厅门在开关过程中防止人员夹伤、剪切、坠落的安全装置，包括轿门安全保护装置和厅门保护装置。乘客电梯一般装设轿门安全保护装置。常用的轿门安全装置有机械式（安全触板）、光电式和电子式三种。厅门上固定有锁，开门刀固定在轿门上随轿厢移动，轿厢到达所需楼层时主动轿门通过开门刀拨动厅门钩子锁，使厅门同步开启和关闭。

（5）超载保护装置

超载保护装置，是指当轿厢超过额定载荷时能发出警告信号并使轿厢不关门不运行的安全装置。按照超载装置的位置可分为轿底、轿顶和机房等多种形式。

（6）报警、救援装置

此设备的目的是当电梯被困在轿厢中时，通过警报或通信设备及时通知管理人员，并通过救援设备将人员安全地从轿厢中救出。电梯困人的救援主要采用盘车方法。

（7）消防功能

为了乘客的安全，在发生火灾时，所有电梯都必须停止响应呼叫信号，并直接返回疏散区，疏散区自动返回基站功能。

（8）其他安全保护装置

机械安全防护，主要有轿厢顶部的安全窗、轿顶护栏、底坑对重侧安全防护栅栏、安全防护罩等机械安全防护装置。电气安全保护主要包括安全保护装置，如直接接触电气保护、间接接触电气保护、电击穿保护和安全装置。

4. 电梯的主要危险因素

电梯可能的危险因素包括：受到挤压、剪切、撞击和跌落的车辆撞击的人，触电和极限行程，因超速或绳索故障引起的碰撞、由于强度下降等造成的损坏。

在电梯事故中，人被割伤或掉入滑道的事故比例很高，这些事故的后果非常严重。因此，保护措施对于防止人员割伤或跌倒非常重要。

5. 电梯的安全管理

第一，电梯管理员必须经过安全技术知识培训，具备应有的安全操作知识，经考试合格持证上岗。

第二，电梯轿厢内应张贴电梯管理员（司机）职责和乘员守则及应急处理措施。电梯的照明设备、通风设备必须保持良好，轿厢内照明必须有足够的亮度，电梯在运行中必须将照明设备开亮。

第三，应经常检查电梯重要安全装置，如主机、油位和各个部位的润滑状况，如有异常，应及时处理。如果发生电梯故障或异常情况，必须及时进行全面检查，以消除事故的隐患。

第四，维护人员应记录日常维护工作，并在每次故障修理后保留维修记录。每年进行一次电梯检查，每两年进行一次负载测试。

第五，电梯的紧急处理，即无法按急停按钮和制动器，如果电梯因故障而无法控制，乘客应保持镇定。轿厢应通过各种安全装置自动停车，如果电梯在运行过程中停止，则电梯乘坐人员将首先通过铃铛或电话等通知维护人员，等待维护人员处理。

（五）起重机械

升降机是指用于垂直搬运或水平搬运重物的机电设备。起重机械的工作能力主要技术参数有——额定的起重量、起升高度、跨度和轨距、幅度、工作速度等。

1. 起重机械的分类

按功能和构造特点起重机械可分为以下三类。

（1）轻小型起重设备

其特点是轻巧、结构紧凑、动作简单，包括千斤顶、铲球、葫芦、卷扬机、绞车等，其工作范围的投影主要基于点和线。

（2）起重机

起重机是起重机械的主要部分，有很多种类。它的特点是可以在吊钩或其他拣选设备上称重，以在空间中实现垂直提升和水平移动。

第一，按运输方式分，有固定式起重机、运行式起重机、自行式起重机、拖引式起重机、爬升式起重机、便携式起重机；

第二，按取物装置和用途分，有吊钩起重机、抓斗起重机、电磁起重机、冶金起重机、集装箱起重机和救援起重机等；

第三，按结构形式分，有桥式起重机、门式起重机、半门式起重机、门座式起重机、塔式起重机、流动式起重机、铁路起重机、甲板起重机、浮式起重机等。

（3）升降机

包括电梯、建筑电梯和简易电梯，其特点是可以沿导轨提起重物或其他拣选设备。

2. 起重机的安全装置

起重机的安全装置主要有：①上升极限位置限制器和下降极限位置限制器；②运行极限位置限制器；③缓冲器；④夹轨器和锚定装置；⑤超载限制器；⑥力矩限制器；⑦防碰撞装置；⑧防偏斜和偏斜指示器。

3. 起重作业的主要伤害形式

（1）重物坠落

重物可能由于以下原因而掉落：起重容器损坏，不当捆扎的物体，不适当的吊钩，电磁卡盘突然断电，举升机构组件发生故障（尤其是刹车断裂、钢丝绳断裂）等。

（2）碰撞

工人看不清周围的环境，通常起重物会与悬挂的物体或人员发生碰撞。突然制动或过早启动以使悬浮空气不流通，可能导致设备、沉积物或人员跌落。

（3）安全装置失灵

起重机械的安全装置如制动器、限制器、限位器、防护罩失灵或欠缺又不及时检修时，常会引起事故。

（4）起重机失稳倾翻

两种类型的起重机不稳定：①由于操作不当（例如过载、动臂摆动或快速转弯等），倾角未对准或地面沉降而导致倾翻扭矩增加而使起重机倾斜。②起重机由于倾斜或风力影响而沿着道路或轨道滑动，从而导致脱轨和侧翻。

（5）触电

如果移动式起重机在电源线附近操作，则某些起重机或起吊物体会太靠近高压充电物体。

（6）挤压

起重机轨道两侧缺少安全通道或与建筑结构的安全距离不足，可能会由于金属结构的运行或旋转而导致人员受伤。由于操作错误或操作机构的制动故障、挤压、受伤等引起的手推车。

（7）其他损害

表示由于人与运动部件接触而造成的伤害，例如扭力、凹痕和打伤、高压液体飞溅、飞溅伤害和飞行物体伤害。高温液态金属的装卸产品等造成的损坏。

4.起重作业安全操作的技术要求

（1）起重作业的安全管理要点

第一，持证上岗——司机必须经过专门考核合格并取得上岗证后方可独立操作并上岗。吊车维修人员必须接受安全培训。

第二，操作人员培训起重操作人员不仅必须了解基本的文化和自然条件，还必须了解相关的法规和标准，学习起重技术的理论和知识，并掌握实际的操作和安全结构技能。指挥官和驾驶员必须接受专业和安全技能培训，能够了解他们执行的工作的危险，并保护自己和他人。

第三，应定期对起重机进行一次自检、日常检查、每月检查和年度检查。

（2）起重作业的通用安全准备工作要求

第一，穿戴防护装备——正确穿戴个人防护装备，包括安全帽、工作服、工作鞋和手套。此外，在高空工作时，需要系上安全带和工具套件，检查并清除作业现场。

第二，在操作前准备已确定行驶路线并清除所有障碍物。在户外工作时，请注意天气预报。对于移动式起重机，必须平整支撑架的地面以防止工作表面下沉。

第三，现场调查——对起重机和升降机上使用过的工具和配件进行安全检查，以消除隐患。如果熟悉要举升的物品的类型、数量、包装状态和周围环境，可根据相关技术数据（如重量、几何尺寸、精度和变形要求）计算最大力、悬挂点的位置和约束力决定如何。

第四，制订工作计划——为了起吊大型和重要物品或举起多台起重机，应制订工作计划，并在有关人员、指挥官、起重机操作员和架线工的参与下进行讨论，在必要时进行汇报，并得到有关部门审批。预测可能发生的事故，应采取有效的预防措施，选择安全的通道，并采取紧急措施。

（3）起重指挥的安全作业要求

第一，技术准备掌握起重、吊运任务的技术要求，向参加吊运的人员进行安全和技术交底，认真交代指挥信号的运用。选择和确定吊点及吊运器具，并组织司机进行起重机检查、注油、空转和必要时的试吊，检查索具的完好程度。

第二，现场勘测检查现场，抬起障碍物，检查工作区域的高压和触电危险，重新定位地平面和耐压性。

第三，在作业过程中正确引导升降指令必须认真执行升降计划和技术要求，正确使用手势、声音、信号量等信号，并严格执行禁止在升降区空转的规定，并做好监管。

第四，禁止的物品在户外工作时，如果遇到恶劣天气，如风、大雾、雨或雪，请停止工作。夜间工作必须具有足够的照明条件，并且必须获得有关部门的批准。要出于任何原因停止操作，需要采取安全可靠的措施，请勿长时间悬挂悬浮的物体。严禁超负荷使用起重机和工具、索具。

（4）起重机司机的安全操作要求

第一，操作前检查有关人员应认真进行班次工作，认真检查吊钩、钢丝绳和安全保护装置的可靠性，并报告异常情况。

第二，确保起重机附近有高压电源线，并且与现场检查起重机附近的高压线有安全距离，以检查工作场所外是否有任何工人以及工人是否已疏散到安全区域，然后再开始工作。保持场地水平，脚要牢固稳定。

第三，按照规定进行操作——在开始操作之前必须鸣响或警告，在操作过程中与人接触时要间歇性响起或警告。严格遵守指令信号。起重机的所有零件，起重载荷以及辅助设备和输电线路之间的最小距离必须符合安全要求。

第四，禁止物品在正常操作过程中，驾驶员不得使用限制位置限制器停车，也不得使用倒车制动。由于制动器或粗加工机构的负载，工作范围扩大了。悬挂的物体不得越过人的头，并且任何人都不得在悬挂的物体之下或吊杆之下。

（5）行吊的操作安全技术要求

第一，提起之前，请确保已牢固地固定起吊物的钩子和绳索，否则将无法抬起。

第二，使用起重机时，请勿超过负荷，也不要斜着抬起物体，悬挂的物体必须绑紧，否则不能举起。

第三，在操作过程中，吊物的高度通常不能超过1 m，在特殊情况下（越过障碍物），吊物周围不能有任何人，否则不能吊起。

第四，禁止在吊车运行时将悬吊在人头上的物体通过，不能站在吊车下方，也不允许举起要加工的工件。

第五，严禁在起重机停止前倒车。当起重机移至导轨的两端时，勿过分用力，以避免碰撞和损坏起重机。

四、焊接和切割作业的安全知识

焊接是通过加热或压缩带有或不带有填充材料的金属工件来连接金属工件的方法。切割是通过加热切割金属的方法。焊接和切割是两种相对的金属加工方法。焊接和切割由于其生产周期短、成本低、结构设计灵活、材料合理以及使用小零件的能力而被广泛应用，并用于造船、汽车、采矿机械、地质勘测和其他行业。焊接和切割已成为必不可少的加工方法。

（一）焊接方法和切割方法的分类

1.焊接方法的分类

按照焊接过程中金属所处的状态和工艺特点，可以将焊接方法分为熔化焊、压力焊和钎焊三大类。

（1）熔化焊

熔化焊是通过使用局部加热方法将接合部的金属加热至熔融状态而完成的焊接方法。常见的熔焊方法主要有——气焊、电弧焊、电渣焊、气体保护焊、等离子弧焊等。

（2）压力焊

压力焊接是在焊接过程中施加压力以完成焊接的一种方法。第一种方法首先是将要焊接金属的接触部分加热到熔融或部分熔融状态，然后施加一定的压力将金属原子连接在一起以形成牢固的焊接接头，如锻造焊接、接触焊接、摩擦焊接和气动焊接。第二种方法是仅对要焊接的金属的接触区域施加足够的压力，而不施加热量。压力引起的塑性变形使原子彼此靠近并形成牢固的压接接头，如冷焊、鼓风焊接等。

（3）钎焊

钎焊是一种以液态加热和熔化熔点比焊接金属低的焊料金属，然后渗透到焊接金属的间隙中以实现黏结的方法。钎焊是一种古老的永久性金属黏结工艺。常见的钎焊有烙铁钎焊、火焰钎焊、感应钎焊等方法。

2. 切割方法的分类

（1）火焰切割

第一，气体切割（氧气和乙炔切割）是基于以下原理：使用氧气和乙炔对火焰进行预热，从而使金属在纯氧气流中剧烈燃烧而产生炉渣并释放大量热量。

第二，LPG 切割的原理与气体切割相同，但由于 LPG 的燃烧特性不同于气体切割的气体供应，并且所使用的割炬也不同，因此低压氧气喷嘴会扩展。燃料混合喷嘴的孔径和横截面也增大了吸管的圆柱形部分的孔径。

第三，氢源切割采用直流电，通过水龙头氢氧发生器将水电解成氢和氧，气体比例精确完成，温度可达到 2800℃ ~ 3000℃，可用于火焰加热。

第四，氧气通量切割的原理是：在切割的氧气流中添加纯铁粉或其他助焊剂，并利用燃烧热和废渣实现气体切割。

（2）电弧切割

根据不同的电弧，电弧切割可以分为两种类型：

第一，等离子弧切割是一种利用高温、高速和强大的等离子流熔化要切割的金属，然后飞走以形成狭窄切口以完成切割的方法。

第二，碳弧气割是利用碳罐碳棒与工件之间产生的电弧熔化金属并用压缩空气吹气来实现切割的方法。

3. 冷切割

有两种切削方法，切削后工件的相对变形较小：

第一，激光切割是一种使用激光束穿透材料并使用激光束切割的方法。

第二，水刀切割是一种利用高压水泵的水束功能通过产生 200 ～ 400 mPa 的高压水来实现材料切割的方法。

（二）焊接和切割作业的通用安全要求

1. 气焊和气割的基本安全操作要求

第一，高工作压力——依环最大工作压力不能超过表压的 147 kPa。禁止使用铜含量超过 70% 的铜、银或铜合金制造仪表、管道和其他与衣服接触的零件。

第二，防冻措施——为防止冻结，应采取乙烷发生器、回火避雷器、氧气和液化气瓶、减压器等措施解冻。

第三，如何发现泄漏——瓶子、容器、管道、仪表等连接件必须用肥皂水检测泄漏，严禁通过火焰进行泄漏检测。在完成工作并移动工作间隔和工作点之前，应关闭瓶阀并关闭盖子。

第四，放置要求必须将气瓶、迫击炮瓶等垂直安装或安装在带有特殊橡胶轮的车辆上。此外，应避免阳光直射或在有热源和电击危险的地方直接辐射。禁止使用电磁卡盘、钢丝绳、链条等吊起各种焊接和切割气瓶。

第五，不应排空残留气体，例如氧气和溶解的乙炔气体，但应将残留气体留在钢瓶内。例如，氧气瓶中的残留气体应至少为 0.1 mPa。表压在 0.05~0.1 mPa 存在残留气体。剩余气体的气瓶需要重新加注，应使用阀门将其关闭，拧紧盖子并用空瓶标记。

第六，汽缸油漆颜色代码必须符合国家发布的《气瓶安全监察规程》规定，禁止进行更改，并且严禁填充不符合汽缸油漆颜色代码的气体。

2. 焊条电弧焊的操作安全要求

电极电弧焊必须满足防火要求，可燃材料与可燃材料之间的距离以及焊接操作的点火源应至少为 10 m。焊接现场应设有通风和除尘设施，以使焊接烟雾和有害气体不会损害焊工。焊接工人必须选择符合操作条件的个人防护设备以及遮光镜片和面罩。同时，诸如电焊机、焊接电缆和焊钳之类的主要设备也需要满足以下安全要求：

第一，工作环境要求——电焊机的工作环境必须符合电焊机技术规范的规格，以防止电焊机受到冲击或剧烈振动（特别是换向焊机）。需要保护室外焊工免受雨雪的侵害。

第二，专用电源开关——电焊机必须配备独立的专用电源开关，容量必须符合要求，禁止在多台焊机中共用一个电源开关。如果焊机过载，则应能够自动切断电源。

第三，保护（绝缘）装置——电焊机的裸露部分必须配备完整的保护（绝缘）装置，电焊机的裸露端子必须具有保护盖，并且必须通过插头和插座进行连接。两端必须用绝缘板绝缘，并安装在绝缘板的平面内。

第四，设备接地要求——必须按照相关要求将各种交流或直流焊机、电阻焊机和其他设备或外壳、电气控制箱、焊接设备等接地。禁止连接建筑物的金属结构和设备。请等待焊接电源电路，以免发生触电事故。

第五，其他要求——为了保护设备的安全并在一定程度上保护人身安全，必须安装保险丝、断路器（过载保护开关）和电击保护装置。

3. 对焊接电缆的安全要求

第一，焊接机的软电缆应为多股细铜电缆，应根据焊接所需的载流量选择横截面，要求其长度不应超过 30 m。

第二，整个软电缆应用于连接焊机和焊接夹，外壳完整，绝缘良好柔软。确保焊接电缆不与油脂等可燃材料接触。

第三，禁止在工厂建筑物内用焊接电线和电缆与金属结构、轨道、管道、供暖设施或其他金属物体重叠。

第四，如果电缆横穿道路或过道，则必须采取保护套等保护措施，并且不要将其放置在气瓶、乙炔发生器或其他易燃容器中。

4. 电弧切割的操作安全要求

除了遵守有关电弧焊的相关要求外，还需要注意以下几点：

第一，电弧切割时电流较大，以防止焊机过载和发热。

第二，电弧切割过程中会积聚大量灰尘，因此操作员应佩戴通风口罩。

第三，在电弧切割过程中，许多热的液态金属和氧化物会飞出电弧，应注意安全性。

第四，电弧切割过程中产生的高噪声工人应佩戴耳塞，并使电极更换安全，方便并小心防止灼伤和火灾。

5. 埋弧焊的操作安全要求

第一，水下弧焊机的小轮应具有良好的绝缘性，导线应具有良好的绝缘性，工作时应将导线拉直以防止因扭曲和熔渣而烧伤。

第二，控制箱和焊机壳体必须牢固接地，防止泄漏，并盖上端子板盖。半自动埋弧焊手柄必须处于固定位置，以防止短路。

第三，在焊接过程中，由于强烈的电弧暴露，必须注意不要突然灼伤眼睛。因此，焊接时必须佩戴防护眼镜。

第四，埋入的助焊剂成分含有的氧化物和其他人体有害物质，因此应采取有效的预防措施。

6. 等离子弧焊接和切割的操作安全要求

第一，耐冲击的等离子弧切割电源具有很高的空载电压，因此必须可靠地将焊枪本体或切割枪本体与手绝缘。

第二，放电束的工人在焊接或切割时应戴口罩和手套，最好添加紫外线吸收镜。在自动操作过程中，可以在操作员和操作区域之间设置一个保护屏。等离子弧切割可以使用水切割方法，该方法使用水吸收射线。

第三，防尘防烟等离子弧焊和切割涉及大量的汽化金属蒸气、臭氧和氮化物。切割时，可以将出气口放在格栅台下面，也可以采用水切割方法。

第四，噪声保护等离子弧会产生高强度和高频噪声，尤其是在使用大功率等离子弧切割时，噪声要大得多。视情况而定，应尽可能使用自动切割，也可以使用水切割来通过水切割吸收噪声，以便操作员可以在隔音手术室中工作。

第五，高频等离子弧焊接和切割使用高频振荡器开始电弧，因此隔离频率应在 20 ~ 60 kHz 选择。点燃发射电弧后，立即可靠地切断高频振荡器的电源。

7. 电阻焊的操作安全要求

电阻焊的操作安全要求主要有预防触电、压伤（撞伤）、灼伤和防止空气污染等。

第一，电击保护器必须牢固接地，并且在放电焊接机上使用高压电容器，必要时应安装门开关以自动切断电源。

第二，脚踏开关必须配备安全保护功能，以防止因不当配合和事故而导致多人操作。多点焊机周围应有围栏。

第三，工人应穿着防护服和佩戴防护眼镜，以防烫伤。为减少外部火花，应在闪光产生区域周围用黄铜保护罩盖住它们。

第四，污染预防，当使用电阻焊时，应采取某些通风措施以防止中毒污染。

8. 置换动火作业的安全要求

使用电弧或火花焊接或切割化学和燃料容器及管线被称为替代热加工。着火是一种相对安全和适当的方法，它被广泛用于容器和管道的生产和维护。

进行消防替换作业的主要安全措施是指定一个固定火区，实行稳定隔离，实施完全替换，正确清洁容器，分析和监测空气并采取安全组织措施。

此外，比下降高度的参考高度高 2 m（包括 2 m）的焊接和切割操作更有可能掉落，这被称为高级（或上升）焊接和切割操作。

高空作业时的主要危险正在下降。高空焊接和切割工作：高空工作的风险与焊接和切割工作重叠，从而增加了风险。因此，除了严格的焊接和切割操作以及焊接和切割的一般安全要求外，还必须遵守在高海拔作业的安全措施。

（三）焊接和切割的动火管理

焊接时容易引起火灾和爆炸事故。消防管理是指旨在预防火灾和爆炸事故并确保人民生命和财产安全的各种法规，可以实施消防安全管理。

1. 建立防火岗位责任制

企业各级领导必须在各自职责范围内严格执行和实施消防管理制度，并按照负责人和负责人的管理原则，为各级管理人员制定消防责任制。尽职调查，认真做到"预防为主，预防与清除相结合"，认真执行和监督消防管理制度的实施情况。

2. 划定禁火区域

为了加强防火管理，根据生产特性、原材料、产品危害以及仓库和车间的布局，所有单位都可以划分为无火区。如果需要在防火区内灭火，则需要执行消防程序，采取有效的预防措施，并在获得批准后才能着火。

3. 严格实行动火审批制度

（1）一级动火审批

第一阶段的火灾范围包括无火区和大型油箱、燃料箱、油罐车、易燃液体及相关辅助设备，高压容器、密封件、地下室以及许多可燃和可燃物品。

需要进行焊接和切割的车间或部门的代表必须完成第一阶段的火灾，并将其提交给负责防火的工厂的安全部门（或安全部门）批准。万一发生火灾，尤其是在危险场所，工厂经理必须召集负责安全工作的工厂经理与安全生产、安全、技术、设备等部门的负责人讨论和制订火灾计划和安全措施；发生火灾之前，负责消防工作的安全部门负责人必须签名。

（2）二级动火审批

二级火灾是在非火灾区域或小型油箱、铁桶、小型容器中以及在有某些危险的高海拔地区进行的焊接和切割作业。

对于二级火灾，要求焊接和切割的部门必须填写消防申请书，负责消防部门的现场检查，并在确认满足消防条件并签署消防条件后，消防员将执行消防工作。

（3）三级动火审批

当需要临时焊接时，所有没有固定动态火区且无明显危害的场所均属于三级动态火区。

为消防部门官员申请《动火申请表》。消防部门经理已由部门负责人签署并批准，并已在消防部门的安全部门注册。

第十二章　水文地质工程地质物探技术应用

第一节　水文地质勘查工作概述

一、水文地质勘查的目的与任务

水文地质调查是研究水文地质的主要方法：①提供合理开发、利用和管理地下水资源，土地开发和改善计划，环境保护和生态建设，经济建设和社会发展计划，水文地质数据和决策标准；②为矿山、水利、港口、铁路、石油和天然气管道等大型工程项目的城市建设和规划提供区域水文地质数据；③为大型水文调查，城市、工业和矿山水调查，农业和生态水调查，环境地质调查等各种专业水文地质研究提供设计依据；④为水文地质、工程地质、环境地质等领域研究提供区域水文基础数据。

水文地质调查的任务是使用各种调查方法（调查、测试、观察等）来确定研究领域的基本水文地质条件，并使用特定的调查程序来解决专门的水文地质问题。例如，水文地质调查的基本挑战是：①基本确定区域水文条件，包括含水层系统或蓄水结构的空间结构和边界条件、地下水补给、出排水条件及其变化，地下水位与水质和数量；②该地区的水生化学特征和形成条件，具有再生和再生地下水的能力；③确定基本的地下水动力学及其影响；④地下水开采历史和开采状况的基本识别，以及地下水自然电荷计算资源，地下水利用资源和地下水资源可利用性的评估；⑤与地下水开发利用有关的环境地质问题的类型、分布、规模和风险，形成条件查明原因并预测发展趋势；对地下水的环境和生态功能进行初步评估和采取措施；⑥收集水文地质数据库，建立区域水文数据库；⑦建立或完善地下水动态区监测网，优化水量监测网。

二、水文地质类型区的划分

赋存于复杂地貌地质体中的地下水，既具有水资源的一般特征，又具有系统性、整体性、流动性、可调节性和循环再生性。通过对赋存环境的分析研究，可划分出不同的单元系统，这些单元系统相互联系、相互影响。因此在开发利用地下水资源时，必须从含水系统整体上考虑取水方案，寻求整体开发利用地下水资源的最优方案，水文地质类型区的划分就是将赋存环境类似的地下水地貌地质体进行分类，从而进行系统性和整体性的管理。

（一）定义

水文地质类型区是指按照地下水含水层岩石的结构条件及地貌形态和成因相似性划分的独立或相对独立的区域。

（二）特征

水文地质类型区的特征是地下水按一定的地下水流域分布、运移，在一定的地质、水文地质条件制约下，在一定的空间范围内存储、运动，完成补给、径流、排泄的过程。

第一，具有一定的边界类型和构造组合。

第二，具有一定的容积和内部组合。

第三，在空间范围内有势能的转换机能。

第四，具有相对独立的补给、径流、排泄系统即同一地下水类型区中，一定的排泄量等于一定的补给量或包含部分储存量的变化量。

第五，与相邻的水文地质类型区存在一定的联系。

第六，具有一定的水质类型和组合关系。

第七，具有自身的发展变化历史。

（三）划分原理

1. 划分原则

第一，水文地质类型区勘查和地下水资源评价相结合。

第二，水文地质类型与地质成因相结合。

第三，主要含水层的介质类型与地形地貌、埋藏条件、岩性、透水性能和地下水化学类型相结合。

第四，舍小就大原则。

第五，水文地质类型区的划分要以分类命名简单、便于操作和水政管理为目的。

2. 划分标准

根据上述分类原则，水文地质类型区划分采用自然条件、地貌条件、地质条件、埋藏条件、边界条件和含水层的储存条件来综合考虑，侧重考虑水文地质类型区勘查方法和评价方法。划分标准选用地貌类型和不同的含水介质相结合作为划分标准。

三、水文地质勘查阶段的划分

水文地质勘查通常是按普查、详查两个阶段进行，但由于我国很多地区的供水水源地在开采之前从未进行过专门的水文地质普查与详查工作，在开采中出现许多需要研究和解决的具体问题，形成了开采阶段的水文地质勘查。故而，我国的水文地质勘查就分为普查、详查和开采三个阶段。

（一）普查阶段

人口普查阶段是按地区进行的小型调查。在普查阶段，通常没有必要解决特定的水文地质问题，而是找到当地的水文条件和变化的法律，并为建设各种国民经济提供规划数据。在普查阶段，需要找出该地区各种含水层的发生和分布规律、地下水补给、径流和排水以及地下水的质量和数量的条件。

（二）详查阶段

详细的调查步骤通常应基于水文地质调查。在这个工作阶段，有必要为国家经济建设部门提供必要的水文地质基础。例如，为城市和工业以及采矿公司、农田灌溉水和采矿提供了水和地质调查。除农田灌溉和供水外，检查区域通常很小。

除了确定基本的水文地质条件外，还应提供含水层的水文地质参数、地下水动力学规律、各种供水的水质标准、采矿后的井数和布置，预测未来采矿之后可能发生的未来水文问题（例如海水入侵或水质恶化）和工程地质问题（例如地面沉降或喀斯特地区的地面沉降等）。

（三）开采阶段

采矿阶段的水文地质调查根据采矿过程中出现的水文和工程地质问题确定特定任务。这些问题中的一些会不可避免地出现，因为在开采之前从未进行过水文地质调查，而其他研究又不够准确，并且以前的数据也不可靠，无法作出准确的预测。例如，在详细的调查阶段，规模太小而无法满足基坑的排水设计需求，这需要对场地的水文条件有更准确的了解，并需要进一步的调查和试验。在另一个例子中，在供水和水文地质工作中，由于井眼间距不合理，滴水漏斗的不断膨胀，地下沉积，水耗和水质退化而引起的井间严重干扰，都是在开采阶段必须解决的水文地质问题。

四、水文地质勘察设计书的编写

（一）设计书的编写

1.设计书编制的原则要求

第一，创建设计文档的要求。任务说明的要求是对调查区的相关数据进行全面收集和调查，了解地质、水文概况，调查区以前的研究水平，分析关键问题，阐明和解决调查任务和需求。确保进行必要的现场调查以集中精力。

第二，设计书的内容要求。它必须是系统的、完整的、密集的、书面的、预算合理的，附有图纸和进度表。

第三，跨项目应准备整个设计和年度工作计划。设计文件一经批准，必须严格执行。在实施过程中，实施单位可以根据实际情况及时修改和调整设计文件，但必须报原批准单位批准。对于特殊研究和特殊工作，应单独准备一份工作设计书，并附在完整的设计书或年度工作计划中。

第四，设计书写作的基础。①项目任务；②地质、水文条件，重大问题和以前的研究程度；③相关技术标准和预算标准。

第五，设计文件的设计应遵循接受工作，收集相关数据，进行现场勘测和组织的程序。

第六，制定各个地区的关键技术配额法规。

第七，在设计手册中建立区域水文地质数据库的依据是诸如《空间数据库工作指南》和《数字化地质图层及属性文件格式》之类的标准。

2. 设计书的内容

设计书可以参考下面给出的大纲。

序言

任务的来源，任务书的编号和项目编号，项目的目的、任务和意义，任务的开始和结束时间，地质和水文条件的复杂性以及调查和研究的范围；水文地质学，环境地质学；本研究要解决的主要问题。

第1章 自然地理和社会经济

（1）自然地理。包括地理位置、坐标范围、工作区域（包括工作区域交通位置图）、行政区域、分水岭、地图和编号、地形、气象学、水文学。

（2）社会经济发展和水资源需求。包括当前水资源的开发利用、工作场所的交通状况、产业结构、主要产业的发展前景、农业和第三产业的前景以及对水资源的需求。

第2章 地质与水文地质学概述

（1）地质概况。包括分层光刻和脂质结构。

（2）水文地质概况。包括地下水类型、埋藏条件和历史变化，地下水化学性质、力学定律，地下水补给、径流、排水条件和现有的环境地质问题。必须首先创建地下水系统的结构模型和流体动力学模型。

第3章 部署研究工作

任务布置原则、任务优先级、技术途径、调查内容和要求、任务计划、时间表以及要解决的问题的实际工作量。

第4章 工作方式和关键技术要求

简要介绍重点操作方法、精度要求和水文地质问题。具体技术，包括额外的数据收集和进一步开发、水文地质图、遥感分析、环境同位素、水文地质钻探、地球物理勘探、现场测试、动态监测、水资源计算和环境影响评估、数据库配置和综合研究。

第5章 资金预算

编译为《中国地质调查局地质调查项目设计预算编制暂行办法》和相关要求。

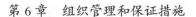

第6章　组织管理和保证措施

包括项目团队、劳动力管理协调系统（或组织）、技术设备、定期保修措施、项目质量保证措施、安全和劳动保护措施的人员配备。

第7章　预期结果

包括文本报告，地图，区域水文地质调查的空间数据库、摘要和地图，预期的地下水可采资源以及针对当地地下水动态监测网络的优化方案。

（二）附图与附件

第一，地质和水文地质研究的学位图。

第二，区域水文地质图。

第三，作业布局。

第四，典型水文勘探孔的设计图。

第五，其他附件（包括单项任务设计书）。

（三）设计书的审批

设计文件的审查由我国地质调查局组织审查，并可能由有关部门或部门委托进行审查。仅在配置和实施审核后。

五、工程地质勘查中水文地质问题的评价内容

对工程有影响的水文地质因素有：地下水的类型，地下水位及变动幅度，含水层和隔水层的厚度和分布及组合关系，土层或岩层渗透性的强弱及渗透系数，承压含水层的特征及水头等。为提高工程地质勘查质量，应在工程地质勘查中加强对水文地质问题的研究，不仅要求查明与岩土工程有关的水文地质问题，评价地下水对岩土体和建筑工程可能产生的作用及其影响，而且要提出预防及治理措施的建议，为设计和施工提供必要的水文地质资料，以消除或减少地下水对工程建设的危害。但在工程地质勘查报告中，通常缺少结合基础设计和施工的需要而评价地下水对岩土工程的作用和危害。今后在工程地质勘查中应从以下几个方面对水文地质问题进行评价。

第一，应重点评价地下水对岩土体和建筑的作用和影响，预测可能产生的岩土工程危害，提出防治措施。

第二，工程地质勘查中还应密切结合建筑物地基基础类型，查明与该地基基础类型有关的水文地质问题，提供选型所需的水文地质资料。

第三，不仅仅要查明地下水的天然赋存状态和天然条件下的变化规律，更重要的是要分析和预测今后在人为工程活动影响下地下水的变化情况，及其对岩土体和建筑物的不良作用。

第四，地下水位的高低对各种建筑物都很重要，在分析工程地质问题时，地下水位以上和以下要分别对待。

第二节　水文地质测绘

一、水文地质测绘的主要工作内容和成果

（一）水文地质测绘主要调查内容

第一，地形、地层类型、地形单位的边界以及用于确定与地形的关系的相互关系，包括地层、结构、含水层分布、地下水富集等。

第二，地层岩性、成因类型、时代、层序及接触关系，查明地层岩性与地下水富集的关系。

第三，确定脂质结构的形态、基因类型、发生和规模，例如褶皱、缺陷和裂缝，折叠结构的富水部分，以及地下水和短路结构可形成地下水的地质条件。确定致密裂缝带的保水性，水的传导性，富水带的位置及其与地下水活动的关系，新结构的发展特征以及旧结构的产生与水的丰度之间的关系。

第四，含水层属性，基本地下水类型，含水层（组）或埋葬和分布含水层的一般规则。

第五，当地地下水补给、径流、排水和其他水文状况。

第六，泉的出露条件、成因类型和补给来源，测定泉水流量、物理性质和化学成分，搜集或访问泉水的动态资料，确定主要泉的泉域范围。

第七，具有代表性的钻井选择以及钻井类型、深度、结构和阶梯截面，井位，水量，水的物理性质和化学成分，简单的抽水测试。

第八，初步查明区内地下水化学特征及其形成条件。

第九，初步查明地下水的污染范围、程度与污染途径。

第Ｉ，测量地表水水位流量、速度、水质和温度，并检查地表水和地下水排水之间的关系。

第十一，调查地下水、地表水开采利用状况；搜集水文气象资料，综合分析区域水文地质条件，对地下水资源及其开采条件（包括将开采所引起的环境地质问题）进行评价。

（二）水文地质测绘的主要成果

主要成果是水文地质图（包括代表部分中的水文地质剖面图）、地下水陆点和地表水调查数据以及水文地质调查工作报告。

水文地质图是水文地质图的重要成就之一，包括物理材料图、地质图、综合水文地质图、地下水化学图、地形图、第四纪地质图、地下水位和埋藏深度。前四张图（包括地图，地下水开发和利用计划）是基本的必需图，其他图的准备可根据任务目的和实际需要进行选择。

二、测绘精度的要求

测绘的准确性在很大程度上取决于地图的比例和图纸的准确性。在不同的尺度上，制图的准确性不仅取决于详细层次结构的等级分类和地质边界制图的准确性，还取决于对工作区域的地质和水文地质现象的研究和理解的准确性，以及要弄清楚的细节程度。

第一，测绘时要拆分的单元的最小尺寸通常为 2 mm，即比例尺大于 2 mm 的封闭地质体或宽度大于 1 mm 且长度大于 4 mm 或大于 5 mm 的结构线被指定。它们必须显示在地图上。

第二，层单位。为了确保准确性，构造单位不应太大。例如，考虑到 1.33 亿的规模，折叠岩层的厚度应不超过 500 m，平滑倾斜岩层的厚度应不超过 100 m。当光刻是单层光刻时，可以适当地放松。

第三，根据不同比例尺的要求，规定在单位面积内必须有一定数量的观察点和观察路径。观察点的安排应充分利用自然露头。如果自然暴露不足，则可以放置更少的探索点并减少实验样本。

观测线的位置是：①从含水层的回填区到排水区，即在水文状况变化最大的方向上；②暴露点和地表水沿天然和人工地下水的方向排列，可见更多的井、泉水和井筒；③观测线上的地质暴露应更多。

水文地质点应放置在泉水、水井、井眼和地表水体，主要含水层或含水层断层带的露头，地表水渗漏段以及其他重要的水文边界和反射位置上。地下水存在和活动的各种物理地质和物理地质标志。还应该对现有的取水和排水工程进行研究。

第四，为了满足所需的精度要求，将比例尺大于在野外映射时提交的结果图的地形图用作该映射的基础图。

三、地质调查

地下水的形成、类型、埋藏条件和丰富度受到当地地质条件的严格限制，因此地质调查是水文地质调查和制图的基本条件，而地质图是创建水文地质图的基础。但是，水文地质调查中的地质研究与地质调查和制图中的地质研究不同。在水文地质测绘中进行地质研究的目的是要从地质条件（控制地下水的形成和分布的水文）的角度研究地质现象。因此，在水文地质测绘中进行地质测绘时，我们不仅要遵循分层划分的一般原则，而且要确定含水条件以及不同年龄层合并或分离同一年龄层的板块，也有必要考虑其特殊性。

（一）岩性调查

岩性特征往往决定了地下水的含水类型，影响地下水的水质和水量。如第四纪松散地层往往分布着丰富的孔隙水；火成岩、碎屑岩地区往往分布着裂隙水，而碳酸岩地区主要分布着岩溶水。对于岩石而言，影响地下水水量的关键在于岩石的空隙性，而岩石的化学成分和矿物成分则在一定程度上影响着地下水的水质。因此，在水文地质测绘中要求对岩石岩性观察的内容如下。

第一，观测研究岩石对地下水的形成、赋存条件、水量、水质等诸多影响因素。

第二，对松散地层，要着重观察地（土）层的粒径大小、排列方式、颗粒级配、组成矿物及其化学成分、包含物等。

第三，对于不溶性硬质岩石，对地下水产生条件的重要影响是由于岩石中出现了裂缝，因此应着重研究裂缝的成因、分布、开裂和填充。

第四，对于可溶性硬岩，对地下水生成条件的最重要影响是岩溶发育的程度，因此应集中研究化学、矿物组成、岩溶发育以及影响岩溶发育的因素。

（二）地层调查

地层是地质和水文地质图的最基本要素，也是识别地质结构的基础。水文地质勘测中的地层研究方法有：

第一，如果在调查区域内有地质图，则在进行水文地质调查时，首先要前往现场检查并加强标准剖面，然后根据平板和含水量（地层）来补充分层。

第二，如果调查区没有地质图，则需要综合的地质—水文地质图。在进行测量和制图时，必须首先准备测量区域的标准配置文件。

第三，根据标准地层的勘测和准备工作，确定用于水文地质勘测和制图的分层制图单位，即应测绘的地层边界。

第四，填写并解释现场勘测确定的地层边界。

第五，确定水文条件，例如地质分布和以光刻为基础的调查区域中地下水的形成和产生。

（三）地质构造调查

地质构造不仅对地层的分布产生影响，而且对地下水的赋存、运移等起很大作用。在基岩地区、构造裂隙和断层带是最主要的贮水空间，一些断层还能起到阻隔或富集地下水的作用。在水文地质测绘中，对地质构造的调查和研究的重点如下。

1. 对于断裂构造

要仔细地观察断层本身（断层面、构造岩）及其影响带的特征和两盘错动的方向，并据此判断断层的性质（正断层、逆断层、平移断层），分析断裂的力学性质。调查各种断层在平面上的展布及其彼此之间的接触关系，以确定构造体系及其彼此之间的交接关系。对其中规模较大的断裂，要详细地调查其成因、规模、产状、断裂的张开程度、构造岩的岩性结构、厚度、断裂的填充情况及断裂后期的活动特征；查明各个部位的含水性以及断层带两侧地下水的水力联系程度；研究各种结构和组合对地下水产生、补给、迁移和富集的影响。不仅要研究区内存在地下热水，还要研究断裂构造与地下热水的成因关系。

2. 对于褶皱构造

应查明其形态、规模及其在平面和剖面上的展布特征与地形之间的关系，尤其注意两翼的对称性和倾角大小及其变化特点，主要含水层在褶皱构造中的部位和在轴部中的埋藏深度；研究张应力集中部位裂隙的发育程度；研究褶皱构造和断裂、岩脉、岩体之间的关系及其对地下水运动和富集的影响。

四、地貌调查

地貌与地下水的形成和分布有着密切的联系，通常是地形的起伏控制着地下水的流向。在野外进行地貌调查时，要着重研究地貌的成因类型、形成的地质年代地貌景观与新地质构造运动的关系、地貌分区等。同时，还要对各种地貌的各个形态进行详细、定性的描述和定量测量，并把野外所调查到的资料编制成地貌图。

（一）基本调查方法

1. 形态分析法

形态分析是从地貌的形态特征去判识地貌单元，从各个地貌单元之间的联系和依存关系，揭露地貌的形成、发展规律。具体的做法是：观察描述各个地貌单元的形态，并尽可能直接测量其形态要素（长度、宽度、相对高度、坡度等），用文字和图表予以记录。摄像和素描是形态调查中经常使用的辅助记录手段。

2. 沉积物相关分析法

根据相关沉积物的特征，可以确定地貌发育的古地理环境和地质作用，从沉积物中保存下来的化石、同位素以及古地磁资料，还可以确定地貌发育的年龄。比如，冲积物一般颗粒的磨圆度和分选性比较好，具有清楚的层理构造，它预示着该处的地貌为河流堆积地貌；而坡积物往往呈棱角状或次棱角状，分选性较差，含有这种大量坡积物的地貌应是山麓斜坡地貌；红黏土一般为残积成因，一般由碳酸岩盐风化而成，其出现预示着该处的地貌类型为岩溶地貌。

3. 遥感技术的应用

在水文地质测绘中应尽量采用遥感技术，以提高工作效率、缩短工期、减少野外工作。

解释任务使用图像图中不同波长反射的不同颜色，并根据视觉区分原理对它们进行视觉解释。基于解释的标记，基于"宏观，微观，完整，局部，首先已知、未知、容易，然后困难"的指导思想，先前的地质和水文地质数据彼此紧密耦合使功能有所不同。反复比较相似的脂质特征以建立不同脂质现象的图像特征。

遥感图像的解释受到图像条件、分辨率和许多人为因素的限制，某些地质物体的解释具有难以确定的局限性，例如局部层次边界和局部结构特征。无法确定诸如光刻性能、发射、水位埋深和缺陷距离等定量指标。现场调查应验证分析的可靠性和准确性。考虑到这一点，整个分析任务应分为以下两个阶段。

（1）初步分析

主要使用室内视觉分析，使用 1 ： 20 万区域地质数据，并进行一些野外验证。此步

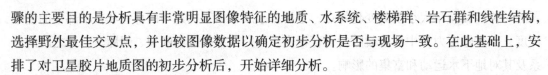

骤的主要目的是分析具有非常明显图像特征的地质、水系统、楼梯群、岩石群和线性结构，选择野外最佳交叉点，并比较图像数据以确定初步分析是否与现场一致。在此基础上，安排了对卫星胶片地质图的初步分析后，开始详细分析。

（2）详细分析

通过使用图像和地形图的双重定点映射方法，并结合特定距离和地质勘测以及映射线相交点，提高了视点的定位精度。进行现场图像分析，将点和线的离散信息扩展到图像链接信息，并提高地质和水文地质边界的准确性。对于每个地形、水系、结构和地质图单元，应收集并设置局部地质和水文地质的详细解释标记，以便可以在初步分析的基础上进行详细解释。

在某地的水文地质测绘中，我国煤田水文地质局的遥感影像分析被分解为四个主题：水系分析、地形分析、地层分析和构建分析，并确定每个分析标记和图像特征。在解释工作期间，总共准备了 4 个分析图（水系统、地形、地层、结构图）。现场调查更充分地反映出分析结果已基本确认了工作区水系统的发育特征、程度和规律性，地形和第四纪地层的形成类型，该地区的分层和分布特征以及地质结构的分布。遥感判断的速度已经达到95% 以上，并且还发现了四个新的故障结构。同时，通过野外调查，描述了水源丰富的地区和主要水质重要的水供应源。在随后的水勘探中，在两个水源丰富的地区开发了 1000 t/d 和 800 t/d 的高质量岩溶地下水，为西北地区的水发现创造了突破口。

（二）地貌的成因类型

所谓地貌的成因，就是形成地形的地质因素，包括内动力地质作用和外动力地质作用。内动力地质作用主要是指地质构造运动的作用；外动力地质作用主要是指重力作用、流水作用、湖泊作用、冰川作用、风成作用、岩溶作用等。

（三）野外调查中应注意的问题

第一，地貌观测路线大多是地质观测线，观测地点应布置在地貌变化显著的地点，如阶地最发育的地段，冲沟、洪积扇、山前三角面以及岩溶发育点等。

第二，划分地貌成因类型时，必须考虑新构造运动这个重要因素。新构造运动是控制地形形态的重要因素，我国是一个多山的新构造运动强烈的国家，从第三纪末期至今的新构造运动对于我国各地地貌的形成起重要的作用。对新构造运动强度的判别，在很大程度上还依赖于对地形（河流曲切割深度、古代剥蚀面隆起所达到的高度、水文网分布情况、阶地的变形、沉积厚度等）的分析。如果新技术运动急剧上升，就会形成高山，新技术运动将减少，山谷宽阔，沉积平原就会形成。地质结构的影响有时可以反映在地形特征中。例如，短路结构通常表现为地形上的断面山脉，缺陷结构通常表现为陡峭的斜坡。

第三，注意岩性对地形形成的影响。岩石对地形形成的影响也非常明显。这是因为不同的光刻通常可以形成具有不同起源和形式的地形。

第四，应编制地貌剖面图。编制地貌剖面图是地貌观测工作中的一种极其重要的调查方法，它能很明显地、准确地和真实地反映出当地的地貌结构、地层间的接触关系、厚度及成因类型。地貌剖面法是沿着一定方向（尽可能直线）来详细研究当地地形的成因与变化的一种方法。剖面线应布置在像这样的一些地方，在该地可以很好地断定最重要的地形要素的性质和相互关系，并获得关于整个地形成因和发展史的资料。

五、水文地质调查

水文地质调查的任务是在研究区域自然地理、地质特点的基础上，查明区域水文地质条件，确定含水层和隔水层；调查含水层的岩性、构造、埋藏条件、分布规律及其富水性；地下水补给、径流和排水条件，大气降水，地表水和地下水之间的关系；评价地下水资源及其开发远景。因此，在水文地质调查过程中，必须详细观测和记录测区的地下水点，包括天然露头、人工露头与地表水体，并绘制地形和地质剖面图或示意图；对地下水的天然露头（如泉、沼泽和湿地），地下水的人工露头（如井、钻孔、矿井、坎儿井以及揭露地下水的试坑和坑道、截潜流等），均应进行统一编号，并以相应的符号准确地标在图上。

（一）地表水调查

对于没有水文站的较小河流、湖泊等，应在野外测定地表水的水位、流量、水质、水温和含沙量，并通过走访水利工作者和当地群众了解地表水的动态变化。对于设有水文站的地表水体则应搜集有关资料进行分析整理。

此外，还应重点调查和研究地表水的开发利用现状及其与地下水的水力联系。

（二）地下水调查

1. 地下水的天然露头的调查

对地下水露头进行全面调查是水文地质地理指导中的关键任务。在进行测绘时，有必要通过准确地连接地形图和地质图上的各种地下水露头并连接水体来分析被测区的水文地质条件。此外还应选择典型部位，通过地下水露头点绘制出水文地质剖面图。

泉是地下水直接流出地表的天然露头，也是基本的水文地质点，通过对大量的泉水（包括地下水暗河）的调查研究，我们就可以认识工作区地下水的形成、分布与运动规律，也为开发利用地下水的前景提供了直接可靠的依据。对于一些大泉，由于其水量丰富、水质良好和动态稳定，供水意义大，应成为重点研究对象。对泉水的调查如下：

第一，春季露头的位置和地形。

第二，弹簧的高度。

第三，春季暴露的地质条件包括春季暴露的地质年龄、地层和光刻特征、底部是否有不透水层、结构部分是否在单个临床层中、皱纹结构、破裂断裂、所在区域等。如果是岩溶发育区，则应仔细观察并记录泉水附近地质露头的裂隙发育和岩溶发育程度；还应记录泉水是呈点滴渗出还是呈股流涌出，有多少泉眼等。

第四，判断泉域的边界条件。包括隔水边界、透水边界、排水边界、各类岩层分布面积等。

第五，泉水的补给排泄条件。包括大气降水渗入、地表水体漏失、岩溶水运动特征、泉水的排泄特点等。

第六，泉水的出露条件。目的是区分出断层泉、侵蚀泉及接触泉等类型。根据补给的弹簧的含水层水位、地下水的类型、补给的含水层所在的结构类型和位置以及出水口的结构特征来分析弹出条件。泉水的暴露特性可用于确定某些结构的存在，特别是被松散层覆盖的基岩中的缺陷。

第七，调查泉水的动态特征。测量弹簧喷射水的温度和湿度，并根据弹簧不稳定性因素分类确定弹簧的补给量。对于温泉，有必要重点分析暴露条件、特殊化学成分及其与其他类型地下水的关系。研究它们之间的关系并研究热能的使用。

第八，取水样进行水质分析和研究。

第九，如果弹簧的流量减弱或枯萎，则必须分析原因并提出恢复措施。

第十，研究喷泉和水转化项目的使用。拜访当地人进行研究并做详细记录。对于矿物弹簧，需要集中精力观察裸露的结构条件，观察附近是否存在严重缺陷或磁侵入，并采取水样进行全面分析和特殊分析，以分析特殊的化学成分并形成光刻工艺。调查其他类型地下水的处理效果。

2. 地下水的人工露头的调查

在没有春季的工作场所中，重点应放在观察现有的水井（井眼）上，如果两者都缺乏（包括供水和排水工程），则应计划大型公共项目。如当含水层的埋藏较浅时，可采用麻花钻、洛阳铲等工具揭露；当含水层埋藏较深时，可用钻机揭露。

地下水的人工露头主要是指民用的机井、浅井以及个别地区少数的钻孔、试坑、矿坑、老窑等。在老井灌区内，机井、浅井一般都呈大量分布，为我们查明工作区在现有的开采深度内含水层的分布、埋藏规律和地下水的开采动态提供了珍贵的资料。

人工地下水露头调查包括：

第一，研究井或井的地理位置、地形单位、井深、结构、形状、孔径、井高、井寿命和健康保护。

第二，检查井或钻孔暴露的地层剖面，以确定含水层的位置和厚度。

第三，测量井的水位和温度，并选择代表性的井进行水采样分析。调查和访问收集水位和井喷出量的变化。

第四，调查井水的使用情况和提水设备的状况。对于地下水已被开发利用的地区，要采取访问与调查相结合进行机井和民井的调查，并根据精度要求，选择有代表性的机井、民井标在图上。搜集机井、民井的卡片资料，其中包括井内所揭露的地层和井的结构，机、泵、管、电等的配套资料，进行必要的整理和编录。测量时要预先选好井位，在同一时间内观测（一般在2~3天）。井口标高可在地形图上用内插法取得或用水准仪测定。在机井资料较多的平原地区，应对机井资料进行充分的对比分析，对枯水期和丰水期分别进行地下水水位统一测量，并运用数理统计或图表方法进行整理，尽量发挥资料的潜力，从中找出规律。

第五，对于地下水井，应研究地下水流出流量的深度和位置，不渗透屋顶的分布和光刻以及含水层的厚度、扬程高度和流量的变化。含水层排水和含水层流量可补充地下水。

第六，执行简单的抽气测试。利用井口安装的提水工具（如提桶、辘铲、水车、水泵等）进行。抽水试验的数量及其在测绘区的布置，应取决于测绘比例尺的大小和测绘精度的要求，以及区域水文地质条件的复杂程度。试验井一般在复杂地区应多布置，在简单地区少布置。试验井的选择要有代表性。

（三）地下水与地表水的联系性调查

地下水和地表水之间的水力联系主要取决于两者之间的水头差和两者之间的介质渗透率。例如，如果河流和地下水之间存在渗透性介质，如果河流水位高于地下水位，则河流会补充地下水；而如果地下水位高于河流，则地下水会补充河流。野外调查时，一般选择河流平直而无支流的地段进行流量测量，测量其上游和下游两个断面之间的流量差，如果上游断面流量大于下游断面流量，说明河流补给地下水；反之，则地下水补给地表水。

有下降泉出露的地段，说明是地下水补给地表水。泉水出露点高出地表水面的高度，即为该处地下水位与地表水位的水位差。

应注意的是，有时虽然存在着水位差，但是由于不透水层的阻隔，使地表水与地下水不发生水力联系。

野外调查时，还需查明地下水与地表水的化学成分的差异性。可通过采取地下水与地表水的水样分析，来对比它们的物理性质、化学成分以及利用气体成分来判断它们之间有无水力联系。

（四）地植物的调查

植物生长离不开水，某些植物的分布、种类可以指示该地区有无地下水及其水文地质特征，因而在某些地区，特别是在干旱、半干旱和盐渍化区进行水文地质测绘时，应注意对地植物的调查。例如，在干旱、半干旱区，某些喜水植物的生长，常指示出该处地下有水，生长茂盛说明该地段地下水埋藏较浅；在盐碱化地区，可依据植物的分带现象来判断土壤的盐碱化程度；在松散层覆盖区，如植物呈线状分布则指示下面可能有含水断裂带存在等。

在野外对地植物描述一般包括下列内容：

第一，地植物分布区周围的环境。包括地理位置、地形、土壤、地貌特点、地表水情况等。

第二，地植物的群落及生态特征。包括地植物群落种类名称（学名、俗名）、地植物的高度、分层、覆盖密度和匀度及其与地下水的关系（耐旱性、喜水性、喜盐性）等。

第三，地植物的种属分布与地下水的关系。包括各种地植物所处的地层岩性，地下水水位、水质以及不同季节植物的生长变化情况。

第四，采集地植物标本。选择典型地段做植物生态系列分布剖面图，即水文地质指示植物图。该图首先表示大的植被单位，然后划出对水文地质工作有特殊指示意义的较小的植被单位；一些特别有意义的种属，可以用特殊符号表示。

（五）水体与水体污染的调查

1. 世界水资源状况概述

（1）水资源

从广义讲，水资源是指地球水体的不同部分和形式，即地球的所有水体（包括海洋、河流、湖泊、沼泽、冰川、地下水和大气水）。但目前人类重点调查、评价、开发利用和保护的水资源多指狭义的水资源，通常指参与自然界水循环、通过陆海间水分交换、陆地上逐年可得到更新的淡水资源。

（2）世界水资源概况

地球上水储存总量为 1.386×10^{15} m³。自然界中水的分布情况为：97.4% 的水是咸水，淡水仅占 2.6%。淡水中绝大部分为极地冰雪冰川和地下水，比较容易开发利用。与人类生活生产关系最为密切的湖泊、河流和浅层地下淡水资源，只占淡水总储量的 0.34%，还不到全球水资源总量的万分之一。因此地球上的淡水资源并不丰富。

淡水补给依赖于海洋表面的蒸发。每年海洋要蒸发掉 5050 亿 m³ 的海水，即 1.4 m 厚的水层。此外，陆地表面还要蒸发 720 亿 m³。所有降水中有 80%（4580 亿 m³/年）降落到海洋中，其余 1190 亿 m³ 降落于陆地。地表降水量与蒸发量之差（每年 1190 亿~720亿）就形成了地表径流和地下水的补给——大约 470 亿 m³/年。全年流经河流的淡水总量约 68% 为地表径流，其余为稳定的地下水流。所有径流中，半数以上发生在亚洲和南美洲，很大一部分发生在亚马孙河，这条河每年要带走 60 亿 m³ 的水。另外，世界各地的降水差别也很大。

（3）人类活动对水循环的干预

自人类诞生以来，对水循环的干预作用越来越大，尤其是工业革命以来，包括农业灌溉、工业用水和居民生活用水三个系统。这些系统通过取水系统和排水系统相互连接组成一个复杂的网络系统。在该系统中大量的水被应用，同时大量的含有高浓度有机物和无机物的水被排放到自然水体，大大超过了水体自然循环中太阳能和生物能所能带走的负荷，造成大量物质在水体中积累，也增加了人类的利用成本。导致水循环系统原有的平衡被打破。

多年来的人类活动结果表明，人类的有组织活动违背了水自主活动的基本规律，这就是水危机产生的根源，也是生态环境恶化的根源。

2. 世界水危机

（1）水资源紧缺

随着经济的发展和人口的增加，世界用水量也在逐年增加。

（2）水质污染严重

随着社会的发展，世界人口迅速增长。一方面，人类对水资源的需求正在以惊人的速度增长；另一方面，水污染的增加则消耗了大量的水用于消费。

水污染不仅对于淡水，而且对于海洋污染都是惊人的。海洋的广阔及其自动净化的能力使人类有可能将海洋视为最大的自然废物处置场所。各国，特别是工业国家，每年都会将大量废物（例如污泥、工业废物、疏通污泥和放射性废物）丢弃到海中。在各种废物中，放射性废物倾倒尤为严重。这与在无法控制核废料的核弹中一个接一个的部署相同。但是，在某些国家，海上投机活动仍很活跃。海洋石油污染也是海洋污染的杀手。石油污染形成的表面油膜会影响海水的消化和海洋生物的生存，并且其中所含的有毒成分会通过食物链传播给人类，由此造成的损害不容忽视。由于水质的污染，污水已成为人类健康的隐形杀手。因水引起的疾病，世界卫生组织（WHO）调查显示：全世界 80% 的疾病是由饮用被污染的水引起的；全世界 50% 的儿童死亡是由饮用被污染的水造成的；全世界有 12 亿人在饮用被污染的水时患有各种疾病。

全世界有 2500 万儿童死于因饮用受污染的水而引起的疾病；全世界因水污染而患上霍乱、痢疾和疟疾等传染病的人数超过 500 万。

3. 我国水资源概况

（1）我国水资源总量

我国是一个干旱、缺水严重的国家。由于我国人口众多，人均水资源占有量是 2240 m^3，但人均淡水资源仅为世界人均量的 1/4，按国际标准，属于轻度缺水和中度缺水之间的水平。

（2）我国水资源特点

①水资源总量多，人均占有量少

我国的水资源总量在世界上排名第六，人均水资源仅占世界平均水平的 1/4。按国际上现行标准，人均年拥有水资源量在 1000 ~ 2000 m^3 时，会出现缺水现象；少于 1000 m^3 时，会出现严重缺水的局面。我国黄河、淮河、海河流域（片）人均水资源占有量为 350 ~ 750 m^3，这些地区的用水紧张情况将长期存在。

②时空分布不均

空间分布方面：水资源的空间分布主要受降水量的影响，我国的空间分布特点是南方多、北方少，东部多、西部少。这种分布是由南丰北缺、东多西少的总体规律决定的。

时间分布方面：水资源的季节性变化主要由降水量的季节性变化引起，我国夏秋季节降水多，因此夏秋季节水资源丰富；而冬春季节降水少，导致冬春季节水资源相对缺乏。

③水资源与人口、耕地分布不匹配

我国北方的人口占总人口的 2/5，但水量还不到总人口的 1/5。在人均用水少于 1000 m^3 的 10 个州和自治区中，有 8 个位于北部地区。我国北部的耕地面积占全国的 3/5，耕地面积约为 1913 m^3；南部占 2/5，耕地面积约为 1913 m^3。

④水环境形势严峻，地下水严重超采

目前，我国的水污染状况非常严重，大约 1/3 的工业废水和 80% 的家庭污水未经处理就排入江河和湖泊，导致城市水质的 90% 越来越差。水环境问题加剧了可用水资源的缺乏。

4. 我国水资源的危机

（1）水资源告急

我国水资源的问题突出。在未来，随着我国人口逐渐增加，人均水资源量逐渐下降，我国将成为用水紧张的国家。

（2）水体污染日趋严重

我国水资源当前面临的主要问题是资源性缺水与水质性缺水并存，水资源的紧缺与用水的浪费并存。

由于水污染加剧了一些地区的缺水程度，许多地方出现了用水告急。由于工业废水、生活污水等对水体的污染，至少还要损失 3000 亿 m^3，剩下的淡水仅为人均 600 m^3。由于水污染，长江三角洲和珠江三角洲已成为典型的污染（水）缺水地区。

目前，我国的水污染正在从城市向农村蔓延，由东向西发展，从支流向主要河流、从区域向流域、从地表向地面、从陆路向海洋发展。全国有 1/4 以上的人口正在饮用不符合卫生标准的水。水体总体污染形势严峻，有逐年加重的趋势。

①我国河流水质污染的特点：江河流域普遍遭到污染，且污染严重

我国各大流域污染均主要集中在城市河段。沿海河、辽河等沿海地表，城市地表水水质不佳，直接排放到未经处理的河流、湖泊和水库，这是中国的主要水污染源。一些大河沿河形成河岸，许多支流成为排污口。

②我国湖泊（水库）污染的特点：水体富营养化

由于氮和磷等营养物质过多而造成的水污染称为水富营养化，是一种地表水体，通常水流缓慢，再生时间长，并且可以容纳大量的氮、磷、有机碳和其他植物营养素。藻类和其他浮游生物的迅速传播造成水污染。自然界湖泊也存在富营养化现象，即由贫营养湖到

富营养湖沼泽的变化，但速度很慢。人为污染所致的富营养化，速度很快。因占优势的浮游藻类颜色不同，水面往往呈现蓝、红、棕、乳白等颜色，在海水中出现叫"赤潮"，在淡水中称"水华"。在地下水中发生富营养化现象，则称该地下水为"肥水"。

中国湖泊普遍受到污染，尤其是重金属污染和富营养化。

水体富营养化能带来一系列严重后果，主要表现为以下三点。

第一，藻类中水占据的空间越来越大，鱼类活动的空间也越来越小，死藻会积聚在池塘底部。

第二，藻类种类逐渐减少，从硅藻和绿藻变为蓝藻，许多蓝藻具有不适合鱼饵的胶质膜，其中有些是有毒的。

第三，藻类的过度生长和繁殖会导致溶解氧的快速变化，并且呼吸和降解藻类会消耗大量的氧气。这会导致一段时间内水中的严重缺氧，严重影响鱼的生存。

③我国地下水污染的特点：超量开采和污染加剧

中国城市地下水污染日益严重。过多的开采和地下水污染相互影响，形成恶性循环。由于水污染造成水质缺乏，地下水发展恶化，地下水漏斗面积持续扩大，地下水急剧下降，地下水减少量改变了原有的地下水动力学条件，地下水已转化为污水。它流入地层，地下水污染发展到更深层，并且地下水污染的程度继续增加。

④我国海洋污染的特点

污染的来源很多，污染物的种类很多，影响范围很广，破坏也很大。造成海洋环境破坏的原因有两个方面：一是海洋污染，即污染物质进入海洋，超过海洋的自净能力；二是海洋生态破坏，即在各种人为因素和自然因素的影响下，海洋生态环境遭到破坏。

海洋污染。大多数海洋污染物来自陆上生产过程。从类型上说，目前危害较大的海洋污染物质主要有石油、重金属、农药、有机物质、放射性物质、固体废物和废热水中的热能等。如海水中的赤潮与海洋环境污染有着直接和密切的关系。

除赤潮外，渤海、东海、南海都有近海污染状况，东海海区污染最严重。辽东湾和胶州湾水质较差，一、二类海水比重不足60%，四类海水比重不足30%。其中，杭州湾的水质最差，四级海水所占百分比高出100%。

海洋生态破坏。除海洋污染物外，人类生产和自然环境的变化还将破坏和改变海洋生态环境。随着人类向海洋前进，人类对海洋环境的影响越来越大。人类的生产建设措施已经和自然因素一起，成为影响和改变海洋生态环境的一个因素，如围海造田、港口建设、过度捕捞等，必然导致区域海洋生态系统发生改变。

（3）水生态环境破坏严重

由于水土资源过度开发，水生态环境恶化和水质污染迅速发展已到了极为严重的程度，造成水土流失严重，河、湖、库泥沙淤积问题突出。

水土流失增加了泥沙含量，尤其北部河流在许多河流中更加突出。每年，全国河流中引入 350 万吨悬浮沉积物，其中 20 亿吨沉积在水库、湖泊、中下游河流和下游地区的灌溉区中。黄河是中国沉积最多的河流，也是世界上最稀有的沙河。

由于水库上游的植被或土地被清理，沉积物很严重，水库容量逐渐减少。从而河道的功能减少，湖泊面积减少。

我国的地下水位持续下降。地下水是北部地区最重要的水源。在大量用水的地区，明渠的开采量超过了补给量，导致地下水位持续下降。在使用地下水作为水源的城市中，过量使用地下水也会引起一系列的问题。

5. 水体污染

天然水的化学成分极为复杂，在不同地区、不同条件下，水体的化学成分和含量差别很大。水污染意味着释放到水中的污染物将超过水的自净作用，从而使水质恶化并破坏水的原始使用。

水的污染源有两个——自然污染和人为污染，而后者是主要的。污染物的种类也有很多，可分为无机污染物和有机污染物两大类，也可分为不溶性污染物和可溶性污染物等。

（1）酸、碱、盐等无机污染物

污染水体的酸主要来自矿山排水及许多工业废水，如酸洗废水、人造纤维工业废水、酸法造纸工业废水，以及雨水淋洗含 CO_2 的空气后汇入等。碱法造纸、制碱、制革、石油炼制等工业废水则是水体碱污染的主要来源。

水体经酸碱污染后，会改变水的 pH。当 pH 小于 6.5 或大于 8.5 时，可腐蚀水下设备及船舶；抑制水中微生物生长，妨碍水体的自净能力；增加水的无机盐含量，也会增大水的硬度；导致对生态系统的破坏，还会使水生生物种群变化、鱼类减产等。

（2）氰化物污染和重金属污染

水体中的氰化物污染主要来自工业排放的电镀废水，焦炉和高炉的煤气洗涤冷却水，化工厂的含氰废水及选矿废水等。含氰废水对鱼类和水生生物都具有很大的毒性，但大多数氰化物在水中极不稳定，能较快分解。水对氰化物有较强的自净能力。

污染水体的重金属主要有汞、镉、铬、钒、钴、铜、镍、铅等。其中以汞毒性最大，镉次之，铅、铬也有一定的毒性。此外，砷虽不是重金属，但其毒性与重金属相似。重金属不能被微生物降解，当重金属流入水体后，具有化学性质稳定和能在生物体内积累的特点。重金属主要通过食物和饮水进入人体，且人体代谢不易排出，致使在人体的一定部位积累，会使人慢性中毒。

铬虽是人体必需的微量元素，但来自电镀、金属酸洗、化工、皮革等工业的含铬废水将对人体产生严重的危害，毒性较大。而 Cr（Ⅳ）化合物如 K_2CrO_4、Na_2CrO_4、$Na_2Cr_2O_7$、$K_2Cr_2O_7$ 等都能溶于水，毒性更大。铬盐进入人体后，积蓄于肝、肺及红细胞内，可造成肺泡充血或坏死。铬进入血液后，可夺取血中的部分氧形成氧化铬，使血缺氧，导致内窒息、脑缺氧、脑出血等。低浓度的 Cr（M）也有致敏、致癌作用。

（3）有机污染物

①耗氧有机物的污染

市政家庭污水，食品和造纸工业废水中含有大量有机化合物，如碳氢化合物、蛋白质，脂肪、纤维素等，它们在通过微生物和化学反应分解的过程中会消耗大量的氧气，所以这些叫作有机物，是消耗氧气的有机物。污染度可用溶解氧（DO）、生化需氧量（BOD），化学需氧量（COD）、总有机碳（TOC）和总需氧量（TOD）等指标表示。溶解氧反映了水中存在的氧气量，其他四个指标反映了水中有机物消耗的氧气量。当水中的溶解氧耗尽时，厌氧性微生物会分解有机物，产生甲烷、硫化氢、氨等气味的物质，从而使水破碎。

②含氮有机物的污染

含氮有机物污染主要与生物的生命活动有关，故也称为生物生成物。一些有机氮化合物在微生物作用下，转变成无机态的硝酸盐，在这个过程中，也可能伴随水体大量耗氧而出现脱氧过程和氨态氮、硝态氮的累积。硝态氮生成的亚硝酸盐和硝酸盐对人类毒害更大。通常可以用氨氮、亚硝酸盐氮、硝酸盐氮含量的多少来评价水质是否受到污染及污染变化的趋势。

③植物的营养物

在流入水体的城市生活污水和食品工业废水中，常含有磷、氮等水生植物生长、繁殖所必需的营养元素。若排入过多，水体中的营养物质会促使藻类大量繁殖，耗去水中大量的溶解氧，从而影响鱼类的生存。甚至还可能出现由几种高度繁殖密集在一起的藻类，使水体出现粉红色或红褐色的"赤潮"现象。严重时，湖泊可被某些繁殖植物及其残骸淤塞，成为沼泽甚至淤地。这类污染称为水体营养污染或水体富营养化。

④难降解有机物的污染

有机氯农药如 DDT、六六六、多氯联苯（PCB），有机磷农药如甲拌磷、马拉硫磷，合成洗涤剂、多环芳烃等，这些物质难以被微生物分解，甚至可以通过食物链逐步浓缩至水中含量的几十倍至数百万倍，对人类及动物造成危害。DDT、六六六等农药早已被禁用。

（4）热的污染

发电厂及其他工厂中排出的冷却水是主要的热污染源。大量且有一定热量的冷却水排入水体，会引起水体水温增高，使水中的溶解氧含量降低，从而使鱼类和水生生物的生存条件变坏。

6.水体污染的类型及其来源

（1）地下水污染的含义

在人类活动的影响下出现地下水质量问题的所有现象统称为地下水污染。不管这种现象是否使水质恶化到影响其使用的程度，只要这种现象发生，就应视为污染。在自然水文地质环境中，不充分的水现象不应被视为污染，它们被称为自然异常。

在实际工作中，污染判断通常需要使用背景或控制值。

背景值：地下水各个组成部分的自然含量范围。间隔值，而不是单个值。

控制值：过去与地下水有关的成分的含量范围或在具有较高表面污染的区域中与地下水有关的成分的含量范围。

（2）地下水污染物类型

地下水污染物可分为化学污染物、放射性污染物、生物污染物三类。

第一，化学污染物。化学污染物是三种污染物中污染最严重、最常见的污染物，可以细分为无机和有机污染物。

无机污染物：无机污染物包括各种无机盐的污染以及痕量金属和非金属的污染。它们的特点是城市污染大、局部污染小，这在城市地下水中很普遍。痕量金属污染和非金属污染相对较低，在金属和非金属沉积物的开采、冶炼和加工中更为常见。

第二，放射性污染物。

第三，生物污染物。地下水中的生物污染物通常包括细菌、病毒等。主要由人类和牲畜的粪便和尸体引起，最常见于农村卫生条件差的地区。

（3）地下水污染来源

第一，按成因可分为人为污染源、天然污染源。

人为污染源是指在生产和生活过程中各种人类产生的污染物，包括液体废物，如家庭污水、工业废水、地表径流、家庭废物；固体废物，如工业废物和农业生产，在此过程中使用的化肥和农药。

天然污染物是自然产生的，但仅在人类活动的影响下才引入地下水环境。例如，过度使用地下水会导致海水或海水从含水层侵入淡水含水层，污染地下水，采矿坑会氧化某些矿物质，形成更多的水溶性化合物，并成为地下水污染的源头。

第二，按分布形式可分为点污染源、面（分散）污染源。

7.地下水污染的途径与特点

（1）污染途径

①间歇穿透类型

这种类型的主要原因是地下水不断渗入农田、垃圾填埋场、矿山等。

②连续渗透类型

这种类型的水长时间渗透到被污染的地表水中，导致地下水污染，如下水道和污水出口。

③直接交换

溢出类型是指通过使渗透性较弱的层，溶酶洛奇"天光"和井管进入相邻的含水层，从而对相邻的含水层以及浅层含水层造成污染。

④泄漏类型

流出类型是指未受污染的地下水在地下水水力梯度的影响下从某个位置流出，例如海水入侵和通过岩溶管道的污水流出。

（2）污染特点

①隐藏性

低污染水平使其无色、无味且难以发现。某些不具有污染源特征的间接污染更难发现。

②长期性

地下水流动缓慢，污染物运动缓慢，有时只有几十公里。

③难以恢复性

由于含水层中的水交替缓慢，因此即使阻塞了污染物，也很难以其自身的容量更新或净化受污染的地下水。因此，地下水被深埋并且难以管理。

8. 水体污染的防治

工业废水种类繁杂，水量很大，应尽可能回收利用。对必须排放的污水，要进行适当处理，达到规定标准才能排放。污水处理的方法有以下几种。

（1）物理法

对水中的悬浮物质主要用物理的方法处理。最常用的有重力分离法、过滤法、吸附法、萃取法及反渗透法等。

（2）化学法

对水中所含有的溶解物质及胶体物质可用化学方法处理。

①中和法

利用石灰、电石渣等中和酸性废水；碱性废水可通入烟道气（含 CO_2、SO_2 等酸性氧化物的气体）进行中和，使之生成难溶的氢氧化物或难溶盐，从而达到中和酸碱性。

②氧化还原法

利用氧化还原反应使溶解于水的有毒物质转化为无毒或毒性小的物质。例如，用漂白粉处理含氰废水。

③沉淀法

利用生成难溶物沉淀的化学反应，降低水中有害物质的含量。

④化学凝聚法（混凝法）

工业废水中不易沉淀的细小悬浊物质，往往会形成胶体溶液，不能用一般的沉淀方法去除，可在废水中投入凝聚剂。常用的凝聚剂有硫酸铝、硫酸铁、聚氯化铝等无机凝聚剂或有机高分子凝聚剂。

⑤离子交换法

此法是利用离子交换树脂的离子交换作用，交换出有害离子，可用于给水处理及回收有价值的金属。

（3）生物法

生物方法利用微生物的生物化学作用将复杂的有机物质分解为简单物质，并将有毒物质转化为无毒物质。生物法可分为需氧处理和厌氧处理两大类。

需氧处理法又称为好气处理法，是在空气存在、充分供氧和适宜温度及营养条件下，使需氧微生物大量繁殖，并利用它特有的生命过程，将废水中的有机物氧化分解为二氧化碳、水、硝酸盐、磷酸盐、硫酸盐等，使废水净化。常用方法有活性污泥法、生物滤池法和氧化塘等。

厌氧处理法是在水中缺乏溶解氧的情况下，利用活动的厌氧生物，将污水中的有机物分解成为甲烷、二氧化碳、硫化氢、氨和水的方法，如甲烷发酵法。

六、遥感技术在水文地质勘查中的应用

（一）遥感技术概述

顾名思义，遥感（RS）是使用特殊的检测设备接收和记录由远处物体辐射或反射的电磁信号，经过处理后，肉眼可以直接识别出该信号。该图显示了被检测物体的特征和变化规律。遥感属于空间科学的范畴，是与物理学、计算数学、电子、光学、航空（天文学）和地球科学紧密结合的一个新领域，对工业和农业、国防和自然科学研究具有重要意义。

按国际上的习惯，可以把遥感遥测理解为摄影测量、电视测量、多光谱测量、红外测量、雷达测量、激光测量和全息摄影测量等，而不包括使用航空物探方法。陆地资源卫星照片属于多光谱测量的资料，又称遥感影像。

（二）遥感技术在水文地质勘查中的应用概述

遥感技术已应用于水文地质领域很久，遥感技术依靠传感器技术、图像处理技术和计算机技术的改进，并且在水、工程和环境应用方面取得了长足的进步。迄今为止，它已通过从定性评估到半定量和定量评估，显示元素分析到计算机模型仿真，单一分析到综合方法补充等多个步骤，充分展示了大量信息、宏指令、快速、节省的信息以及多阶段动态监控的资金和收益。

遥感水文地质已逐渐发展成为一门独立的学科。传统的遥感水文地质学着重于解释定性功能和识别水文地质测绘系统的特殊指标，并且最近的研究已扩展到使用热红外和多光谱图像进行地下水分析和地下水流系统管理。这项研究的重点是地下水补给模型、植被测量、污染评估中区域地图单位的参数以及空间地下水模型中地表树脂特性的监测。

过去，自然资源部在各种规模的水文地质调查中使用了遥感技术。遥感方法作为指导，与现有的测量方法紧密结合，有效减少了现场测量工作量，减轻了水文地质人员的劳动强度，从而加快了测量工作，提高了结果质量。尤其是在一些高山、茂密的森林、沼泽、滩涂、盐湖以及几乎无法接近的地区，遥感方法进一步证明了技术的进步和优越性。

在地下水勘探中使用遥感影像的图像特征（如色调、形态、质地和结构）以及使用遥感技术来解释和提取勘探区的各种地质元素，可以得出有关水文地质条件和地下水分布特征的系统和客观结论，以描述相对富水的地区，判断含水层水位和各种边界条件。结合多年来的水文参数分析，如沉积和渗透系数，可以估算出地下水的天然补给量，查找地下富含水的区域，以提供直观的证据。

热红外和雷达图像在水文地质调查中也发挥着特殊作用。热红外图像可以反映由于地下水露头或浅层地下水的存在而引起的地热异常，雷达图像对地表水和土壤湿度敏感，并且可以有效地检测浅层地下水和古水道。热红外遥感技术可以有效地检测干旱地区的地下水富集区信息。热红外遥感方法对于调查地下热水资源也更有效。

（三）不同水文地质单元区遥感技术的应用

遥感技术在水文地质勘查中应用的一般步骤为：确定数据源——选取合适的数据时相及光谱的波段——图像处理——提取地下水信息。由于我国地域辽阔，东西部地区气候差异较大，故在对不同水文地质区进行遥感解译时，要有针对性地选择遥感数据源。所获取的卫星图像可用于推断地层的岩石类型、结构、地层和岩石组成。总体来说，对航空相片或卫星图像的分析应在实地调查之前进行，这样可以排除含水较少的地层，确定需要进一步调查的区域。底层地下水遥感信息提取通常涉及图像处理、地下水提取方法、富水区描述和专题图。

可从遥感数据中获取的地下水信息量取决于诸如当地地质、气候条件和地表覆盖类型之类的因素。在干旱和半干旱地区，由于地表很小，可以很容易地解释遥感图像的地质特征。在植物覆盖的地区，航空和卫星图像的分析结果应与野外调查相结合。合成孔径雷达（SAR）数据在干旱、半干旱地区地下水的监测中有很大的潜力。由于长波雷达的穿透能力和雷达具有探测土壤含水量的能力，使得 SAR 在干旱地区地下水探测中成为重要工具。

1. 基岩山区遥感技术的应用

基岩山区地貌地质单元种类较多，既有山间盆地、河川谷地，又有构造盆地、熔岩台地。地下水类型较多，补、径、排关系复杂，应用水文地质遥感信息分析与环境遥感信息分析相结合，可以解译不同地貌、不同地质单元的分布范围，建立不同地下水类型的解译标志。

（1）选择数据源

基岩山区的地下水调查主要数据源应为 TM/ETM，搜索基岩裂缝和结构裂缝的方法主要是基于红外和微波图像。为了解释河谷中的地下水溢流区和春季露点，它是基于 TM6/ETM6 图像的。数据相位的选择应该是冬季和春季，不仅干扰较少，并且应该在早春和秋末选择温泉图像。

（2）图像处理和地下水信息提取

由于大部分的石质山区是裸露的或未被发现的，因此图像处理应区分其他地层的板块，并加强有关断层结构特征的信息，以提高图像的可读性并促进地下水信息的提取。多光谱

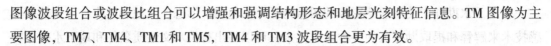

图像波段组合或波段比组合可以增强和强调结构形态和地层光刻特征信息。TM 图像为主要图像，TM7、TM4、TM1 和 TM5，TM4 和 TM3 波段组合更为有效。

（3）应用效果

例如，考虑某地的丘陵地区。将遥感技术应用于该丘陵山区地下水调查中，应根据遥感技术的特点和被调查地区的水文条件，找到基岩裂水和疏松孔隙数。建议从松散层中提取地下水遥感信息，应使用 ETM 图像进行提取，图像中基岩缺陷的特征明显，水信息异常较好地反映在主要缺陷层中，小缺陷为异常。

2. 红层地区遥感技术的应用

红层地区地形起伏不大，水文地质单元分区不明显，植被发育，基岩较少裸露，利用环境遥感信息分析技术建立地层岩性、微地貌解译标志，能达到勘查浅层风化裂隙水和构造裂隙水的目的。

（1）数据源选择方法

红层地区碎屑岩孔隙裂隙水量小而分布广泛，可作为居民分散供水水源，浅层孔隙裂隙水遥感数据源的选择应以春季 ETM 图像为主，勘查深部基岩裂隙水、构造裂隙水应选用 TM、ETM 及 SPOT 或 SAR 图像。

（2）图像处理与地下水信息的提取

由于某地气候湿润，植被发育，对该区遥感图像的处理主要采用 TM/ETM 可见光波段图像加色彩合成，或采用 TM/ETM 与 SAR 图像融合进行图像增强处理，在图像经过增强处理的基础上，采用主成分分析方法，提取与地下水信息有关的因子进行专题图分析解译。

（3）应用效果

以红层丘陵区为例。利用遥感技术寻找红层丘陵区浅层风化裂隙水，除解译地层岩性、地质构造外，微地貌条件的解译是圈定富水靶区的主要目的。实践表明，在红层地区，利用地下水遥感技术对调查浅层风化裂隙水效果较好；构造裂隙水也可通过遥感技术来解译出岩性和断层的位置，再与其他方面的信息进行综合分析即可确定出找水靶区。

（四）遥感在水文地质勘查中的应用前景

遥感是一种新兴的地球观测技术，它将信息的范围从可见光扩展到红外和微波，并且数据收集方法已经从单波段发展到多波段、多极化和多角度。空间维度已扩展到光谱维度，数据处理和应用方法已从定性演变为定量和局部化。多层次、多角度、全方位、三维、全天候的地面观测网络正在迅速形成。各种遥感技术的应用已经渗透到资源和环境领域。遥感技术的新发展将成为促进地质研究以及对包括地下水资源在内的地质和矿产资源进行研究的新手段。

1. 高空间分辨率的遥感资料广泛地应用于地下水资源勘查

随着水文地质勘测和勘测精度的不断提高，对遥感数据源的质量要求越来越高。其中，测量可识别表面地形规模的空间分辨率是最广泛相关的质量指标之一。因此，航空遥感方法仍广泛用于水文地质调查和地下水调查。

2. 热红外遥感技术在探测地下水中具有特殊作用

红外热遥感图像可以敏感地反映目标几何体和背景之间的热辐射能量差异，通常用于地下水勘测以确定地下水的排水点，如洪水区和泉水。寻找热水源和监测环境热污染可以发挥特殊作用。当前在轨的许多遥感卫星，都可以获取红外热数据，而航空成像光谱仪和多波段红外扫描仪则可以获取航空红外热图像，可使用热红外遥感技术提供必要的数据。

3. 微波遥感技术在探测浅层地下水方面有较好效果

电磁雷达技术是一种全天候的主动感知技术，可测量微波传播到地面后发生的反向散射强度，以研究地面和浅层的物理特性。除了广泛用于地形图绘制、地形识别、地质结构和特征外，由于其对水体的敏感性以及穿透沙子、冰和雪的能力，它还被用于地下水调查。在我国国土资源航空物理与遥感中心对塔克拉玛干沙漠进行科学调查期间，空中侧雷达图像反映了胡杨林地的分布。在穿越地下浅水沙漠的过程中，解决了骆驼饮水问题，顺利完成了检查工作。

微波遥感技术有望成为我国未来地下水勘探的最重要方法之一。

4. "3S" 技术的结合将进一步提高地下水资源调查的水平

"3S" 技术是现代高科技发展的结晶，为人类观察和研究地球提供了新的途径。它们的结合或融合是科学技术发展以及各个领域对技术应用需求的必然趋势。"3S" 技术在相互依存和相互促进之间有着密切的联系。一方面，RS 可以快速、准确地获取地面地形的属性数据，而 GPS 可以准确地提供地形的三维空间的位置数据，对以上数据进行管理分析提供了有效的工具。另一方面，在 GIS 支持下，RS 中的图像识别必须提高准确性，而GPS组合必须提高几何精度，并且GIS必须继续使用新的RS和GPS数据加固并更新数据库。实践证明，"3S" 技术的结合将进一步提高地下水资源调查水平，并产生可观的社会经济效益。

此外，将遥感技术与地球物理勘探和钻探技术相结合的新方法以及特定的方法正在稳步扩大遥感技术的应用范围。

七、水文地质测绘资料的整理

测绘数据的结合，通过综合测绘获得的实际数据，及时系统地发现和解决问题，对指导测绘顺利进行具有很大的帮助。测绘数据一般分为常规整理、分阶段整理和野外测绘工作后整理。

（一）经常性的资料整理

为了避免在现场工作期间积压和遗忘，需要收集当天的数据用以统计当天发生的错误，从而预防出错。一般信息的组织如下：

第一，检查、补充、修改和绘制现场记录和草图。检查地图上地质点的坐标位置，修改地质草图，并编辑各种综合地图和次要地质剖面，以及野外拍摄的照片或视频编号，并添加文字说明。

第二，根据规定组织测试结果，进行相关计算并绘制出相关图表。

第三，组织并注册收集样品。各种样本必须根据统一编号进行注册和标记，单独包装。

第四，将地图与周围区域连接起来，进行路线汇总，查找时间问题并找到解决方案。

第五，第二天航空照片的解释，确定和调查特定的工作路径和工作方法。

（二）阶段性的资料整理

在野外工作期间，应每隔 10 ~ 15 天进行一次阶段性的资料整理，其主要内容包括以下几点：

第一，对各种野生原始材料进行综合分类。

第二，准备各种草图，包括实际草图。

第三，检查现场日志和各种采样寄存器。

第四，清洁并选择样本和样品以进行鉴定和分析。

第五，讨论研究存在的各种问题，确定下一阶段的工作计划和工作重点。

第六，编写野外阶段性小结。

第三节　水文地质物探技术的应用

一、遥感技术

遥感技术是 20 世纪 60 年代开发的一种全面的地球观测技术，自 20 世纪 70 年代以来发展迅速。随着遥感技术的发展，遥感信息的存储、处理和应用技术也得到了不同程度的发展。目前，它被广泛用于矿产资源调查、土地资源调查、地质灾害监测、环境保护等国土资源领域，并发挥着越来越重要的作用。当今遥感技术的发展呈现出以下重要趋势。

（一）将保持对地观测数据的持续性和稳定性放在重要地位

SPOT 卫星的最高空间分辨率从初期的 10 m 提高到 2.5 m，其地面覆盖宽度也一直保持在 60 km。这种稳定性和持续性使得这两种卫星的数据占据了光学通信卫星数据市场之首。

（二）遥感数据分辨率不断提高

随着世界上最受欢迎的招聘机构的发展，人们对地球的首都和环境的理解不断加深，对高分辨率力感测数据的需求也在不断增长。这种高分辨率首先体现在两个方面：高时间分辨率以及高地面速度和过渡速度。

最近，卫星遥感技术发展的另一个趋势是光学分辨率的提高。高分辨率空间信息可满足许多用户的需求，并具有良好的商业前景。

（三）综合性和专业化成为卫星发展两个相辅相成的方向

尽管人们致力于大型集成平台的开发和全面的地球观测的实施，但高度专业化的目标小型卫星，甚至是微型和纳米卫星，也在悄然发展。在许多中小型国家中，这种"快速、友好、本地"的空间地球观测系统特别受欢迎。

（四）航空遥感对地观测起着不可替代的作用

在卫星对地观测高度发达的今天，航空遥感仍然受到世界各国的高度重视。许多发达国家都组建了国家级的大型、综合航空遥感系统。同时，由于军事需要，无人驾驶飞机有了很大的发展。作为对地观测的一个组成部分，这种在平流层的对地观测系统也在一些国家加快了研发的进度。

二、地面物探技术

（一）重力探测技术

重力测量仪器主要有机械式的石英弹簧重力仪、金属弹簧重力仪与超导重力仪，仪器精度由 10 pGal（微伽）提高到 1 μGal。现在正在研制和使用的重力仪已经超过了 60 种。CG-5 和 LCR-D/G 系列数字智能高精度重力仪代表了当今世界上最先进的重力仪，其读数分辨率为 1 μGal，重复观测精度小于 5 μGal。目前，韩国主要是进口的，数字重力仪的研究与开发已经开始。重力测量仪器研制的另一发展方向是重力梯度仪。

（二）磁力探测技术

磁力计产品发展趋势包括高精度、小型化、自动化和智能化。其与 GPS 集成，适用于各种输出方法，如数据输出、视频输出和音频输出，现场数据处理，模拟和解释，应用领域，多种探头配置，多种参数测量。

（三）地震探测技术

地震方法有多种类型，包括回波、折射、瑞利、地震成像和垂直地震方法，最广泛使用的方法是回波方法。地震探测技术主要用于能源和矿产（石油、天然气、煤炭）的勘探领域。通过地震、石油地震成像和 3D 金属矿物地震成像研究直接检测永久矿石的实验研究解决了沉积矿物勘探的地质问题和未沉积矿物勘探的地质问题。人类入侵和蚀变带以及大型硫化矿的分布等地质问题已显示出广泛的勘探成果，并取得了优异的勘探成果。

近年来，3D 地震勘探已成为地震研究的新热点。3D 地震检波器辅助勘探具有很高的信噪比和分辨率，获取的信息量很大，可以直接或间接反映地下地质结构以及解决地质问题的效果和能力，侦探无法比拟。3D 地震勘探技术在页岩气开发中发挥着重要作用，被认为是开发初期最常用的技术方法。

当今世界地震勘探技术研究中的另一个热门话题是多波勘探技术。近年来，由于油气勘探开发难度的增加，以及地震技术和设备的改进，人们对多波（大部分）地震勘探的兴趣日益增加，并逐步进入工业生产、油气资源勘探开发领域，是较活跃的和较有前途的地震方法之一。但是，多波地震勘探技术的应用还处于起步阶段，其采集、处理和解释等技术有待进一步发展。

（四）放射性地球

20 世纪 80 年代以来，国内外发展较快的放射性地球物理勘查技术主要有：中微子在地球科学中的应用、应用核技术探测纳米级微粒和气体、应用核技术原位测品位并计算线储量（包括射线费光辐射取样、中子活化辐射取样和伽马射线辐射取样）、地面伽马能谐测量、射线荧光测井、水底和海底天然放射性方法测量、水底和海底中子活化方法测量、水下射线荧光测量、核磁共振方法、在工程中应用核技术、反射宇宙中子法，以及在环境科学中应用核技术等。

三、井下物探技术

地下物探包括井中物探、坑道物探和物探测井。地下物探大大开拓了地下探满的空间，尤其针对深部找矿地下物探引起了国内外的重视。从世界范围看，地下物探技术均处于发展阶段。本部分重点介绍地球物理测井技术。

地球物理测井是勘探和开发油气田的重要手段。自 20 世纪 90 年代以来，井下仪器朝着排列、序列化和数字化的方向发展，并且针对帮派开发了地面测井系统。

钻井技术、成像测井技术、NMR 测井技术、井筒测井技术、多系列组合测井技术以及组合测井地震技术是目前测井技术的发展方向。视频测井技术是用于油气勘探以及油田开发的现代测井技术中的前沿技术。

第十三章　断裂浅层勘探技术的工程应用

第一节　基岩区断裂浅层勘探应用验证

一、相关仪器介绍

（一）SE2404EI 探测仪

SE2404EI 型综合工程探测仪是一款集数据采集和数据处理于一体的智能化地震数据采集系统，它具有 48 个宽频带信号输入通道，能够进行浅层地震波勘探（浅层反射波法、折射波法等）、波速测井、瞬态多点瑞雷波勘探、桩基小应变完整性检测、地表常时微动测试以及建构筑物的振动监测等工作，可广泛地应用于交通、能源、工业与民用建筑、地质环境调查等领域的工程探测工作，是新一代工程勘探仪器的最佳选择。

SE2404EI 型综合工程探测仪内置高档计算机，保留了计算机的全部端口和功能，同时作为测试仪器的重要控制部分，能够进行数据采集、存储、实时处理和后续处理，极大地方便了用户的使用。

1. 基本配置

第一，系统主机；

第二，交流电源适配器；

第三，交流电源线；

第四，直流电源线；

第五，系统软件备份光盘；

第六，数据采集软件；

第七，操作手册；

第八，数据传输电缆线；

第九，触发连接线。

2. 技术指标

（1）采集系统部分

第一，通道数：48；

第二，采样率：25 ~ 10 ms；

第三，频带：0.1 ~ 5000 Hz；

第四，程控模拟滤波器；

第五，低切滤波器频点：可以任意选；

第六，高切滤波器频点：可以任意选；

第七，陷波滤波器：50/60 Hz；

第八，A/D（IFP's）精度：$\triangle \sum$ 24 bit；

第九，运算精度：32 bit；

第十，折合噪声：$1 \mu V$，RFI（当采样率为 2.0 ms 时）；

第十一，道间抑制 > 80 dB；

第十二，谐波失真 0.05%（当采样率为 2.0 ms 时）。

（2）显示及记录部分

第一，主处理器：Intel Pentium Ⅲ；

第二，内存：256 MB；

第三，内置硬盘：30 GB；

第四，显示器：1024×76814 SVGA；

第五，键盘密封薄膜键和鼠标；

第六，接口标准：USB；

第七，记录格式：GeoPen 数据格式。

（3）系统自检内容

第一，仪器硬件自检静态噪声；

第二，道间一致性；

第三，道间隔离度；

第四，主机体积及重量：体积 390 mm×248 mm×100 mm；重量 10.5 kg。

（4）环境要求

第一，温度：①操作温度为 –20℃ ~ 50℃；②储藏温度为 –40℃ ~ 70℃。

第二，湿度：①操作湿度为 0% ~ 95%；②储藏湿度防水。

第三，电源及功耗：主机功耗为 12 VDC3.0 A 或者 240 VAC。

3. 操作环境

第一，操作方式：野外采用鼠标或者标准键盘操作。

第二，系统软件运行环境：WINDOWS XP 操作系统。

第三，主机面板介绍：SE2404EI 型综合工程探测仪。主机由以下几部分组成：

（1）交直流电源插座（POWER）

当连接交流电源供电时，可自动将 220 V50/60 Hz 交流电自动转换为 12 V 电源供电。在野外工作时可采用 12 V 直流电瓶直接供电。该端口内设置有电源保护装置，以防止由于电源极性接反而损坏仪器。

（2）触发插座（TRIGGER）

采集数据的计时信号输入端口。触发电平为 0.1 ~ 5 V 可调，触发方式可采用惯性开关、压电开关等。

（3）触发灵敏度调节旋钮（TRIG SENS）

利用该旋钮可以调节触发电平的高低，从而实现对灵敏度的调节。向 H 方向可将灵敏度调高，反方向则可将灵敏度逐渐调低。

（4）地震信号输入插座（PORT A，PORT B）

该插座分为 A 端口和 B 端口两部分，A 端口为 1 ~ 24 道，B 端口为 25 ~ 48 道。

（5）键盘接口（M/K）

该端口用于接鼠标和键盘。

（6）USB 端口（USB）

利用该端口可连接 USB 标准设备（键盘、鼠标、电子微盘、移动硬盘以及光盘驱动器等），便于充分利用仪器内置计算机资源实现数据的通信、备份等。

（二）E60M 高密度电法工作站

E60M 高密度电法工作站是一款新型的电法仪，仪器采用程控方式进行数据的采集和电极控制，采集的数据以图像的形式实时显示在屏幕上，以便随时可以监控资料的质量。

该型仪器可以进行各种高密度电阻率装置的测试。同时，具有双频高密度激发激化法、自然电位法、充电法及瞬变电磁法等勘探方法可扩展，由于仪器本身配置有高性能的计算机，再配合相应的处理软件系统，可对上述所采集的资料进行现场处理。

该型仪器可以广泛地应用于交通、能源、城建、工业与民用建筑、地质环境调查、环境灾害评价、堤防隐患探测等领域。

1. 仪器基本配置

第一，E60M 型高密度电法仪主机；

第二，交流电源适配器；

第三，直流电源线；

第四，电极；

第五，电极开关电缆；

第六，数据采集软件备份光盘；

第七，仪器操作说明书。

2. 技术性能指标

（1）发射部分

第一，最大输出开关功率：400 VPP/2 APP；

第二，内置电源功率：400 VPP/400 MAPP；

第三，脉冲类型：方波；

第四，脉冲长度：1 秒、2 秒、3 秒和 4 秒，程控可选。

（2）接收部分

第一，PS-2-10 开关电缆（极距 10 m，每串 8 个电极开关）。

第二，最大电极开关选址数：65535。

第三，电压通道。①通道数：1；②采样精度：16 位；③输入阻抗：20 MΩ；④滤波器：50 Hz/60 Hz 陷波；④ 10 ~ 1000 Hz 低通。

第四，电流通道。①通道数：1；②采样精度：16 位。

（3）显示及记录部分

第一，体积：380 mm × 230 mm × 100 mm；

第二，重量：6 kg；

第三，操作系统：Windows 2000；

第四，主处理器：Intel Pentium 500 MHz 处理器；

第五，内存：128 MB；

第六，内置硬盘：10 GB；

第七，显示器：1024 × 5128 SVGA；

第八，键盘密封薄膜键和鼠标触控杆；

第九，接口：标准 USB；

第十，输入电源：12 V DC；

第十一，记录格式：Txt 格式 /ABEM 格式；

第十二，电源容量：12V4AH（可供 10 串 PS-2 开关电缆连续工作 10 小时）；

第十三，充电时间：4 ~ 6 h；

第十四，体积：160 mm × 80 mm × 60 mm；

第十五，重量：0.7 kg；

第十六，PS-2P 型电缆中继电源站（选配）。

（4）环境要求

第一，操作温度：-20℃ ~ 50℃；

第二，储藏温度：-40℃ ~ 70℃；

第三，操作湿度：≤95%；

第四，PS-2-10 开关电缆（极距 10 m，每串 8 个电极开关）；

第五，供电开关功率：400 VPP/1 APP；

第六，供电线电阻 RAB：10 Ω；

第七，供电线电阻 RMN：24 Ω；

第八，静态功耗：12 V 30 mA；

第九，电缆直径：6 mm；

第十，电缆重量：5 kg/ 串；

第十一，开关直径：15 mm；

第十二，开关长度：150 mm；

第十三，开关电缆抗拉强度：200 N；

第十四，开关抗压强度：50 kg/cm²；

第十五，开关寿命：100000 次；

第十六，防水等级：IP54（防尘、防雨）；

第十七，操作温度：-20℃ ~ 60℃；

第十八，储藏温度：-40℃ ~ 70℃。

3. 仪器主要特点

第一，配置智能分布式电极开关电缆，通过串行方式加以控制；

第二，采集的数据进行实时成像，便于对结果进行初步分析；

第三，内置供电变换器，将主机的电源变换为测试需要的电源；

第四，采用奔腾处理器计算机，以便实现测试资料的实时显示，同时控制软件中参数设置项目，最大限度地满足不同用户的需要；

第五，完善的端口可有效地利用现有技术实现数据共享。

（三）SIR-2000 探地雷达

SIR-2000 型探地雷达是一款轻便、单道、普通用途的探地雷达系统。

1. 仪器主要特点

该雷达数据控制单元的主要外部部件有操作面板、显示器、接线口、指示灯。操作面板包括 10 个控制操作的键。VGA 液晶显示屏（LCD）提供数据的实时或回放观测。SIR-2000 有 5 个接线口。标有 BATTERY 的接线口连接到供电电源。

标有 ANTENNA 的接线口连接 GSSI 的天线。PARALLEL（并行）口用来连接热敏式打印机或将数据传输到计算机。SERIAL（串行）口用来升级软件或向未配备双向并行口的计算机传输数据。KEYBOARD（键盘）口用来连接标准 PC 键盘以重安装 SIR-2000 的操作系统。电源开关上边的红色和绿色指示灯用来指示提供给系统的电源。右上部的淡黄色灯指示硬盘的动作。

该系统有 12 V 直流电源，可作为固定设备，也可作为便携设备使用。用户可以通过控制单元上的操作面板设置、运行系统。数据存放在内部硬盘上，可以通过热敏打印机进行实时打印，也可通过串行口传输到计算机以便于后期处理和分析。

SIR–2000 可以配接 GSSI 公司的所有天线，频率范围为 16 ~ 2000 MHz。根据地下条件或建筑物设计结构，不同频率的天线可以提供几厘米到几十米的探测深度。

SIR–2000 控制单元需要 12 V、3A 的电源输入（指输入口，而不是电源。注意，供电电缆上会有些电压损耗）。如果购买了 GSSI 电瓶包来给 SIR–2000 系统供电，每只电瓶可持续的时间为以下几点：

40℃时：4.5+0.5 h；

20℃时：4.0+0.5 h；

0℃时：3.0+0.5 h。

以上的时间是假定电瓶充满和使用 GSSI 提供的电瓶电缆。系统也可以用汽车电瓶或海用深循环电瓶供电。

SIR–2000 可以在 0℃（32F）到 40℃（104 F）的温度下工作。此设备有密封设计，可以在灰尘和潮湿环境中使用。

2. 技术性能指标

数据采集：连续剖面，测量轮控制或叠加方式（点测）；

显示方式：用户选择，彩色 / 灰度线扫描，波形道或示波器显示；

增益控制：自动或用户选择；

数据传输：双向并行口，也可选择串行传输；

记录范围：6 ~ 3000 NS 范围内用户可选择使用，默认值有：8、15、25、35、50、70、100、150、200、250、300、400、500、750、1000；

脉冲频率：8 ~ 64 kHz 自动选择；

采样点数：自动或手动选择，每次扫描样点数为 128、256、512、1024 或 2048；

数据精度：8 位或 16 位。

二、基岩区断裂浅层勘探应用验证概述

对物探资料及其他成果进行验证的最佳方式是在已知露头上开展工作，然后用露头信息对物探资料及其成果进行对比。为此，可以选择两处遗址露头开展物探技术的验证工作，来验证浅层物探方法的有效性。由于待探测深度范围较小，主要是采用了探地雷达方法，只在第一处验证点做了高密度电法工作。这项实验工作不仅可以验证探地雷达方法的探测深度及分辨率，也可以验证高密度电法在探测断层方面的有效性。

第二节 浅层覆盖区断裂浅层勘探

为开展断裂浅层勘探的验证工作，以下根据断裂分布资料，选择我国著名的郯庐断裂带上的一条分支断裂带安丘—莒县断裂开展勘探。

郯庐断裂带位于中国东部，穿越鲁、苏、皖三省，是一条巨型断裂带，也是华北构造分区界线，中生代经历过巨大的左行平移和大陆裂谷发育阶段，第四系以右旋走滑兼逆冲活动为主要特征，对现代地震活动具有明显的控制作用，自新生代以来，断裂特征表现为右旋走滑兼逆冲活动。按照构造活动以及地震活动特征，郯庐断裂大致可分为四段：黑龙江鹤岗—铁岭段、下辽河—莱州湾段、鲁苏沂沭段和大别山—广济段。鲁苏沂沭段中位于山东及苏北的段落通常称为沂沭断裂带，主要由昌邑—大店断裂、白芬子—浮来山断裂、沂水—汤头断裂、鄌郚—葛沟断裂、安丘—莒县断裂 5 条近于平行的断裂所组成。

一、安丘—莒县断裂概况

安丘—莒县断裂在朱里以北隐伏于第四系之下，在朱里以南至安丘间（安丘—朱里段）断续出露于地表，在莒县盆地段呈隐伏状态，地理位置位于贡丹山—沂水隆起东北缘，属于沂沭断裂带的北段。地势西高东低，东部为丘陵盆地，海拔 100～300 m，莒县盆地分布于丘陵之中，与周边山体海拔相差约 150 m，地貌特征上表现为断陷盆地与断隆山地。安丘—莒县断裂在莒县盆地段北起峰岭，向南隐伏延伸进入盆地，长约 30 km，总体上呈 NNE 展布，倾向 SE，以该断裂为界，西侧第四系厚 5～10 m，东侧第四系达 18 m。在莒县东侧紧靠昌邑—大店断裂一侧发育有小型晚第四纪断凹，长 13 km，东西宽 5 km，呈菱形状态。断凹以 NNE 向的昌邑—大店断裂及史家庄子—姚家村断裂为东西界线，南北边界为 NNW 向莒县—中楼断裂及店子集—姚家村断裂；第四系厚 70～80 m，表明该构造单元第四纪以来断裂活动较强烈。根据郑传贝等研究成果发现，莒县盆地东边白垩系逆冲在上更新统之上，由此说明莒县盆地边界为逆冲挤压边界，据盆地底界自西向东由 10 m 逐渐降至 30 m，向东倾斜，造成盆地在横剖面上的不对称性分析，说明白芬子—浮来山断裂和昌邑—大店断裂活动强度有明显的差异，其断裂活动时期在更新世晚期。盆地底界西高东低，高差约 20 m；其活动时期为更新世晚期。

二、浅层地震方法及参数

莒县盆地地形起伏较小，极大方便了地球物理探测方法的开展，无论是电法、电磁法、人工地震都能顺利开展。然而，盆地内工业用电及居民用电频繁，对电法以及电磁法均造成较大干扰，因此，通过试验对比，最终选择了浅层人工地震进行隐伏断裂调查。莒线盆地内上覆地层由亚黏土、亚黏土夹砾石等第四系物质构成，第四系地层之间以及第四系与下伏基岩存在明显波阻抗差异。综合前人试验以及场地地质与地球物理条件，选取浅层地震反射进行莒县盆地隐伏断裂探测十分合适。

（一）浅层地震反射基本原理

波阻抗差异是浅层地震反射勘探的前提条件，不同的弹性分界面具有不同的波阻抗，反射波法是在靠近震源的不同位置上，观测地震波从震源到不同弹性分界面上返回地面的地震波动，然后通过分析反射波的波形、振幅、相位、走时等参数，就能推断出地下地层的分层情况、构造发育状态等相关信息。根据震源类型不同，一般单次激发可以得到浅至十几米，深至几千米以内的反射波。在断层存在的区域，由于断层两盘基岩顶面上覆地层的厚度、速度结构不同，因此能形成特定的波阻抗界面组合，从而产生明显的地震反射界面。

（二）采集参数与测线信息

选用 Geode 分布式地震仪进行数据采集，采用 120 kg 夯锤作为人工震源激发地震波。为保证信号的可靠性，在数据采集之前，进行了 72 道排列扩展实验，最终选定接收道数为 48 道，8～12 次覆盖，2 m 道间距的观测系统，采样间隔为 0.25 ms，记录长度为 350 ms，数据采集时，根据能量大小调整叠加次数。根据踏勘结果，在莒县盆地内布设了多条测线进行浅层地震反射勘探工作，文中选取其中存在异常的 3 条测线进行分析、论述，测线位置见图 13-1 所示。

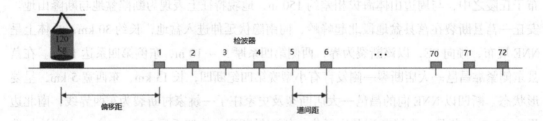

图 13-1　浅层地震反射波法外业工作示意

（三）数据处理

城市地球物理勘探中，干扰波成分较多，主要为面波和线性干扰波，以及一些随机噪声、高低频干扰和民用电干扰，针对不同的原始地震记录特征，合理选择地震数据处理方法和处理流程显得极其重要。在莒县盆地浅层地震反射勘探中，反射波具有能量弱、记录信噪比低、噪声类型复杂多变等特点，要获取高保真、高信噪比、高分辨率剖面显得尤为困难。在数据处理过程中，对不同的干扰波进行筛选、分析，整合原始单炮记录数据后，将组合去噪技术和频率域滤波相结合，滤掉不合适的高频成分，同时采用自适应去噪技术以及 FK 域滤波滤除能量较强的面波。此外，将地表一致性反褶积和多道预测反褶积相结合，既提高了地震资料的纵向分辨率，也保证了地震子波的稳定性和剖面特征的一致性。基于上述理论，结合原始数据特征，形成适合本区域的数据处理流程。

三、浅层地震剖面揭露断层特征初步探讨

通过原始数据采集、数据处理与解释，获取了盆地内典型的地球物理剖面，笔者选取了 3 条测线进行剖面特征探讨（图 13-2 ~ 图 13-4）。资料解释过程中重点考察反射波相位特征、同相轴深度及有无错断、交叉与合并。断层判断主要基于地震波组的 5 个特征：①反射波（同相轴）发生错断；②反射波同相轴数目突然增加、减少或消失；③反射波同相轴形状突变，反射零乱并出现空白反射；④反射波同相轴发生分叉、合并、扭曲和强相位与强振幅转换；⑤出现断面波、绕射波等异常波。

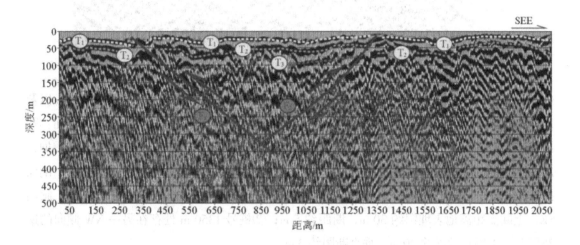

图 13-2　测线Ⅰ浅层地震深度解释剖面

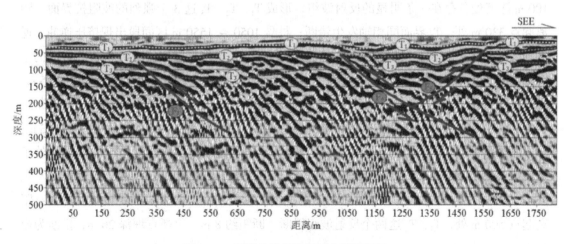

图 13-3　测线Ⅱ浅层地震深度解释剖面

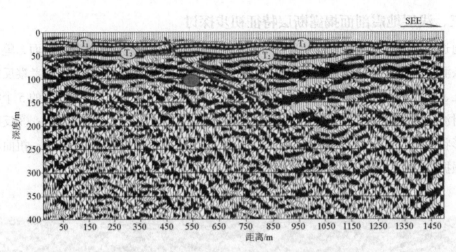

图 13-4　测线Ⅲ浅层地震深度解释剖面

图 13-2 为莒县盆地测线Ⅰ浅层地震反射深度解释剖面，剖面显示：25 m、50 m 以及 100 m 深度处各存在一条明显的反射波组，形成 T_1、T_2、T_3 这 3 个强烈的波阻抗界面：距离起点 400 m、1350 m 处，T_1、T_2 界面同相轴均发生错断；550 m 处，同相轴出现增加，出现 T_3 界面。结合整个剖面，横向距离在桩号 400 ~ 1350 m 范围内出现挤压逆冲，剖面揭露由 NNW 至 SEE 方向的主要断层有 2 条：①桩号 450 m 附近存在一逆断层 F_1，倾向 SE，上断点距离地表埋深约 30 m，断距约 5 m；②桩号 1350 m 处存在另一 NW 倾向的逆断层 F_2，上断点埋深约 20 m，垂直断距约 3 m。

图 13-3 为莒县盆地测线Ⅱ浅层地震反射深度解释剖面，剖面显示：35 m、50 m 以及 100 m 深度处各存在一条明显的反射波组，形成 T_1、T_2、T_3 这 3 个强烈的波阻抗界面：距离起点 330 m 处，T_3 界面同相轴发生错断；桩号 1050 ~ 1550 m 区间段出现挤压逆冲，逆冲断层错断 T_2、T_3 两个反射波组。结合整个剖面可知，剖面揭露由 NNW 至 SEE 方向的主要断层有 3 条：①桩号 330 m 附近存在一逆断层 F_3，倾向 SE，上断点距离地表埋深约 85 m，断距约 15 m；②桩号 1050 m 处存在 SE 倾向的逆断层 F_4，上断点埋深约 50 m，垂直断距约 4 m；③桩号 1550 m 处存在 NW 倾向的逆断层 F_5，上断点埋深约 50 m，垂直断距约 3 m。

图 13-4 为莒县盆地测线Ⅲ浅层地震反射深度解释剖面，剖面长度 1450 m，剖面处于居民密集区，噪声干扰较大，面波极其发育，通过数字滤波等处理手段，仍然可以发现 25 m、50 m 深度处各存在一条明显的反射波组，形成 T_1、T_2 两个强烈的波阻抗界面：距离起点 500 m 处，T_1、T_2 这两个反射波组错断，断距约 8 m，上断点埋深 26 m，推断为逆断层 F_6，倾向 SE。

第三节　厚层覆盖区断裂浅层勘探

工程地质勘查中的断裂勘探经常是在没有已知断层的情况下，通过开展物探工作，根据实际获得的资料来解释推断是否发育断裂，这种情况下不仅需要的探测深度较大，而且介质的分层差异可能不甚明显。为适合这种任务条件，以下在潍坊寿光市和东营市东营区几个工程场地开展了断裂探测的实验验证工作，验证的目的主要是物探技术的探测深度、分辨率和断层探测效果。

寿光市实验验证场地位于羊口镇，有两个测量场地，一个是渤海化工园分输站场地，位于寿光市羊口镇渤海化工园内，北靠渤海路，西邻无名道路，场地东西宽约 50 m，南北长约 70 m；另一个是输气管道羊口末站场地，位于羊口镇东部的南北向公路以东，营子沟西北方向，在开发区范围内，卫星图片与场地的现状差别较大。这两个场地主要开展的是以人工大锤为震源的浅层地震勘探工作，在羊口末站做了一个排列的高密度电阻率法测量。

在东营市垦利县三合村南，采用浅层地震反射纵波勘探方法，查明测线控制范围内陈南断裂的位置和最新活动时代。该项工作采用了可控震源，其成果在探测深度和分辨率方面很好地表明了可控震源的优势。

一、潍坊寿光市羊口镇

（一）地震数据采集

由于渤海化工园场地范围内为棉花地，当时无法在场地以内施工，所布两条测线均沿场地边界部署，其中东西测线在场地北边渤海路以南的路边，南北测线在场地西边缘的沟渠内。

该测点的东西向测线自西向东延伸，各激发点的横坐标位置分别是：0，2，4，6，8，10，…，94，96，共计 49 个，点距 2 m；各接收点的横坐标分别是：1，3，5，7，9，11，…，95，共计 48 道，道距 2 m；该测点的南北向测线自南向北延伸，各激发点的纵坐标位置分别是：0，2，4，6，8，10，…，94，96，98，100，共计 51 个，点距 2 m；各检波点的纵坐标位置分别是：5，7，9，11，…，95，97，99，共计 48 道，道距 2 m。

羊口末站场地的东西向测线沿场地中间相对平缓的位置分布，南北向测线沿场地东端的一条南北向土路布置。该场地的东西向测线自西向东延伸，各激发点的横坐标位置分别是：0，2，4，6，8，10，…，94，96，98，100，…，128，共计 65 个，点距 2 m；各接收点的横坐标分别是：5，7，9，11，…，95，97，99，共计 48 道，道距 2 m；南北向测线自南向北延伸，各激发点的纵坐标位置分别是：0，2，4，6，8，10，…，94，96，98，100，共计 51 个，点距 2 m；各检波点的纵坐标位置分别是：1，3，5，7，9，

11，…，95，共计48道，道距2 m。

（二）地震数据处理

1. 定义观测系统

定义观测系统的目的是将工区内的炮点、检波点和CMP点等都用一个唯一的数字来标识，确定炮点和检波点的排列图形以及覆盖次数。

图13-5为定义的观测系统，检波点固定不动，炮点由左往右依次激发。

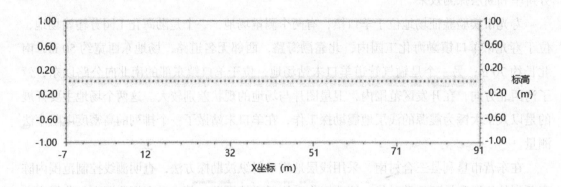

图13-5　地震数据采集观测系统

2. 速度分析及动校正处理

速度是地震资料处理的重要参数，速度的准确与否直接影响处理的质量。为了保证地震资料处理的质量，速度拾取时可参考CMP道集、速度谱、叠加段、速度场及初叠加剖面等，以确保速度分析的准确性。

3. 剩余静校正处理

剩余静校正是建立在速度模型准确的基础上，在拾取准确的速度后，进行剩余静校正处理。经过剩余静校正处理后，由地表条件引起的静校正量得到较好的消除，从而有效改善资料信噪比，增强同相轴连续性。

（三）高密度电阻率法测量

在羊口末站场地的南北向测线位置，自南向北延伸。

仪器：吉林大学骄鹏物探仪器；

电极串数：8；

每串电极数：8；

总电极数：64；

使用电极数：64；

电极间距：3 m。

二、东营市垦利县三合村

（一）数据采集工作

1. 测线设计

测线总长度为 1735 m。

2. 干扰波调查

测线位置地貌单元属于平原，第四系厚度很大，工程场地位于城区内，勘探条件复杂，干扰因素较多。

在浅层地震勘探中，目前广泛采用"多次覆盖""最佳窗口"和"最佳偏移距"的纵波反射法。一般来讲，纵波反射勘探方法主要用于较深目标体的探测。根据本测区的地震地质条件和任务要求，在本次浅层地震勘探中采用建立在 CDP 叠加方法基础上的浅层纵波反射技术方法。

为保证本次浅层地震勘探能够获得高质量的探测资料，我们对可控震源、地震仪器进行了全面的系统检查及性能调试，同时对仪器系统进行了一致性试验。另外，在开始施工前还做了扩展排列试验，以便了解场地的施工环境和干扰情况，选取最佳采集参数。

通过现场采集记录，了解各种干扰波的特性以及在各种干扰存在情况下地震记录的信噪比情况，以便采取相应的抗干扰措施，选取最佳参数。通过调查，本次浅层地震探测测线中存在的干扰波，主要有以下几种类型：

第一，声波：来自可控震源工作状态下的干扰波；

第二，随机振动干扰：来自地震波激发和接收时探测环境中汽车、行人等的影响；

第三，高压线和变压器干扰：测线附近的变压器、高压输电线产生的电磁场对邻近地震道的干扰。

采用可控震源工作时，地震波的激发能量主要由震源出力和垂直叠加次数来保障。但是在硬化的公路上，周边建（构）筑物较多，为了保证环境和震源的安全，震源出力调整就要受到限制，因此只能通过多次垂直叠加的方式来提高反射波能量。

压制随机背景干扰。每个测点需要的垂直叠加次数不仅与探测环境有关，同时受激震点下的地质条件影响也很大。因此，每个激震点垂直叠加次数的多少，需要由仪器操作员随时监控地震记录，根据情况适时调整。

3. 观测系统的参数选取

合理选择浅层地震勘探的观测系统参数对获得好的探测结果至关重要。一般来说，观测系统参数的选取应遵循以下基本原则。

（1）最大偏移距

最大偏移距一般要求与所探测的目标层深度相当，这样可以使目的层反射有足够的正常时差，有利于速度分析和区分有效反射波与多次波等其他相干噪声。最大偏移距不能太大，如果太大将会增加动校正时的拉伸畸变，影响资料的分辨率；或使远炮点接收到的反射波常发生相位畸变，对 CMP 的假设也变得无效。若最大偏移距太小，一方面不利于速度分析和采用水平叠加方法压制多次波，另一方面也降低了工作效率。

（2）最小偏移距

最小偏移距的大小直接影响了感兴趣的浅层反射波的覆盖次数。一般来说，为了获得更浅层的地层反射，最小偏移距应尽可能地小，但太小时，近炮点道又将会受到震源干扰波的严重干扰。

（3）道间距

道间距的选取通常与探测目的层深度、期望的分辨率、最大偏移距和所采用的仪器道数有关。为了提高地震资料的横向分辨率，一般应采用较小的道间距。为避免空间假频，道间距应满足空间采样定理。

（4）炮间距

炮间距与所设计的覆盖次数和所采用的仪器道数有关。在仪器道数不变的情况下，为了增加覆盖次数，需采用较小的炮间距。小炮间距、高覆盖次数可有效提高地震资料的信噪比，提高对多次波的压制能力，但由于多次覆盖的低通特性，从提高地震资料分辨率的角度出发，覆盖次数不宜过高，特别是在界面起伏变化较大和地下构造较为复杂时，对覆盖次数的选择更应慎重。另外，炮间距的大小也直接影响到工作效率和探测成本，因此，在满足资料信噪比的条件下，应尽可能采用大一些的炮间距。

4. 震源激发及仪器采集参数

第一，震源激发：采用连续变频扫描方式，频率扫描范围为 20 ~ 120 Hz，扫描长度为 10 s，起始和终了斜坡取 0.5 s。

第二，仪器采集参数：采样间隔为 0.5 ms，记录长度为 1200 ms。

现场地震数据采集是地震勘探工作的关键，它主要包括技术方法的选取、野外观测系统的布置以及仪器采集参数的选择等环节。

本次浅层地震勘探采用纵波多次覆盖反射方法。在每条测线探测工作实施前，均需进行观测系统参数试验、激发能量试验以及环境噪声监测。

（二）室内资料处理

浅层地震勘探的室内资料处理是勘探工作的中心环节，具有承上启下的作用。浅层地震勘探的资料处理追求"高信噪比"和"高分辨率"。因此，有效地保护和恢复地震记录中的有效高频信息是资料处理的关键，千方百计地压制干扰，提高记录的信噪比和分辨率是资料处理的最终目的。

针对不同工区的地震地质条件和勘探目的，在数据采集中常采用不同的工作方法和采集参数，所获得的地震记录的运动学和动力学特征也具有一定的差异，因此，在资料处理中常根据不同的原始资料特点，对各种处理手段进行测试、分析和处理参数的对比、选择，设计最佳处理流程及方案。本次地震勘探的资料处理采用 Vista 5.5 进行处理。

　　在整个数据处理过程中，为进一步提高地震记录的信噪比和分辨率，以便使获得的剖面结果具有较高的分辨率和可信度，我们还重点对以下两种处理技术进行了反复的试验和研究。

　　第一，采用数字滤波，滤除外界背景噪声和某些干扰波。实际滤波是通过对地震数据进行频谱分析，先提取出有效波和各种干扰波的频率，再设计滤波因子进行滤波。对于那些与有效波频率重叠范围较宽，但具有视速度差异的干扰波，在处理中采用频率—波数域中的二维 F–K 滤波进行了滤除。

　　第二，采用切除处理技术切除了不能用滤波技术完全滤除的地震记录中的直达波、折射波、声波等规则干扰，并将单炮记录长度分别截至 500 ms 和 600 ms，以防止下部干扰在处理过程中降低有效信号的信噪比。

第十四章 物探在地质灾害勘查与环境科学中的应用

第一节 物探在地质灾害勘查中的应用

一、地质灾害的基本定义

地质灾害是指在自然因素或者人为因素的作用下形成的对人类生命财产、环境造成破坏和损失的地质作用和现象，这是自然科学界的基本定义。

二、地质灾害的分类及内涵

地质灾害据其成因可分为自然地质灾害和人为地质灾害两种。诸如由地震、降雨、融雪等因素诱发的灾害称为自然地质灾害；由工程开挖、堆载加载、采矿爆破、乱砍滥伐等引发的灾害称为人为地质灾害。就灾害发展时间的长短来分，可以分为突发性地质灾害与缓变性地质灾害；就其发生位置的地理、地貌特征可以分为山地地质灾害及平原地质灾害等。

地质灾害的类型很多，较为典型的有：崩塌、滑坡、泥石流、地裂缝、地面沉降、地面塌陷6种，其他还有岩溶、断层、断裂、岩爆、坑道突水、突泥、突瓦斯、黄土湿陷、膨胀土、砂土液化、土地冻融、水土流失、土地沙漠化、沼泽化、土壤盐碱化、古河道，以及地震、火山灾害，等等。它们都对人民的生命和财产构成了威胁。

三、地质灾害造成的危害

地质条件的复杂性、地形地貌的多样性、构造活动的频繁性、地质环境的脆弱性等特征，使得崩塌、滑坡、泥石流、地面塌陷、地面沉降、地裂缝等地质灾害在我国东、中、西部都十分发育，全国多地存在着不同形式和不同程度的地质灾害。

我国是世界上地质灾害较为严重的国家之一，每年由于地质灾害造成的人员伤亡和财产损失都很惨重。尤其是近几年，受地震、极端气候异常、建设工程预防灾害措施不到位等因素的影响，地质灾害呈现出频发、群发的特征，造成的伤亡和财产损失更趋严重。

四、地质灾害产生的原因分析

（一）自然原因

1. 地形地貌因素

高原、山地、丘陵的地面往往已被切割破碎，地形陡峭，使得滑坡、崩塌、泥石流等地质灾害较多。

2. 地层发育及其岩性特征

地层岩体的发育情况及其岩性特点是诱发地质灾害的重要因素之一。一般情况下，岩浆岩在断裂发育密集带及强风化带经常伴有地质灾害发生；而在碳酸盐岩类区域，地层溶隙、溶洞、地下暗河等岩溶比较发育，并且由于这类岩层组成的边坡一般比较高陡，崩塌极易发生，表现为在砂岩分布区，以崩塌发育为主，在泥页岩分布区则以滑坡、泥石流发育为主；变质岩片理结构面极其发育的地区，岩石工程性质差，遇水软化、膨胀、变形严重，是滑坡、泥石流发育的温床。

3. 天气、气候因素

天气、气候因素也是地质灾害发生的重要因素之一，如气温的急剧变化、降雨降雪、风暴潮等。其中，降水与地质灾害形成的关系最为密切，降水量的大小、强度、时间长短等均影响地质灾害的形成，尤其是短期内大强度的降水或很长时间内的连绵阴雨均易诱发严重的地质灾害。

4. 其他自然因素

其他自然因素包括地震的发生，地下水、地表水的活动，植被、覆盖层的变化等。这些因素与地形地貌、地层岩性、地质构造因素相互作用，也会诱发或导致地质灾害的发生。

（二）人为因素

这类灾害常随社会经济的发展而日益增加，据地质灾害成因分析，全国50%以上的地质灾害发生的主要原因是人类活动，尤其是人类大量不合理地挖掘能源。

人为因素包括以下两个方面。

1. 人口因素

随着人口的增长，城市的盲目扩张，使得养殖、种植面积扩大，住房空间增大，各种需求激增，形成人与自然争地、争水的局面，再加上无序竞争，势必要破坏生态环境，引起河道淤积、环境污染及土地退化等地质灾害。

2. 经济建设因素

第一，矿山开采引发的地质灾害。如露天开采矿产引发滑坡、崩塌灾害；硐室开采煤、金属等引发地面塌陷；采矿留下的尾矿和弃渣，顺坡、顺沟乱堆乱放引发泥石流等次生灾害。

第二，公路、铁路、房屋建设等引发的地质灾害。例如，不合理的削坡导致岩体抗滑力降低，施工过程中的放炮震动使岩体结构更加疏松，从而引发滑坡、崩塌灾害，等等。

第三，水利工程建设等引发的地质灾害。例如，水库建设导致大面积山体滑坡等，其中较为典型的如三峡库区的地质灾害。

第四，城市建设中地下水的盲目抽取，引发平原地区地面塌陷、地裂缝和地面沉降等地质灾害。

五、地质灾害的勘查

地质灾害防治是一项系统工程，包括调查、监测、控制、评价等方面。地质勘查是灾害监测、评估、预防和治疗的第一个环节，是防灾和减灾的重要组成部分。地质灾害勘查不同于一般工程地质勘查，工作人员必须具有工程地质和水文地质以及地球物理勘探等相关专业知识，充分掌握地质灾害的形成机制，发现发展规律。与此同时，还必须加强地质灾害勘查资质的管理。

六、物探技术及其在地质灾害勘查中的作用

（一）物探技术

物探是地球物理勘探的简称。是以目标地质体与周围介质的物性差异为前提，如电性、磁性、密度、波速、温度、放射性等，通过仪器观测自然或人工物理场的变化，确定地下地质体的空间展布范围（大小、形状、埋深等）并可测定岩土体的物性参数，达到解决地质问题的一种物理勘探方法。物探是当前地质工作中的一项现代化勘查技术，它是基于物理学中的力、声、光、热、电、磁与核变等理论为基础，集地质学、物理学、数学、计算机等多学科于一身的边缘性学科。根据物性差异选择正确的方法与技术进行勘查，一般都可以获得较好的效果。物探具有快速、全面、准确、省时和经济、勘探精度高等特点，是一种无损检测的方法。根据勘探目的的不同，物探可分为石油物探、固体矿物探和水工环物探（简称工程物探），地质灾害勘查中常采用的物探方法为工程物探。

（二）物探在地质灾害勘查中的作用

工程物理勘探是地质灾害勘探的现代勘探技术，在地质灾害调查、勘探和地质灾害评估领域可以发挥重要的作用。近年来，我国在岩溶、土洞、采空区、地面塌陷、滑坡、坝体渗漏和地质灾害的勘探工作中大量应用了工程物理勘探技术，取得了较好的效果。

1. 了解作用

工作人员在充分掌握地质灾害易发地区的区域地质资料后，初步预测并圈定地质灾害调查的目标，选择合理的物探方法和技术对目标地质体进行勘查，通过分析、解释，可以掌握灾害体的范围、分布、性质及现状，并对地质灾害是否继续扩大的可能性作出迅速的判断，为后期预防和控制地质灾害提供科学的基础资料。

2. 预测作用

通过对尚未产生明显地质灾害区域的勘查，可以对潜在的隐患、风险作出预测与评估，并为制定下一步治理方案提供依据。

3. 应急抢险作用

实践证明，物探作为一项不可替代的探测技术，在工程地质灾害抢险中能起到先期快速获取灾情信息的作用。

七、地质灾害勘查中常采用的物探方法

（一）电法探测技术

电法探测技术是根据不同岩土体之间电、磁性质的差异，利用仪器探测人工产生的或自然界本身存在的电场与电磁场，是对其特点和变化规律进行分析研究的地球物理勘探方法之一。电法探测技术主要包括直流电阻率法、自然电位法、激发极化法三种。

1. 直流电阻率法探测技术

（1）常规电阻率法探测技术

电阻率法是以研究在人工电场中由于地质体（或埋藏物）与围岩之间的导电性差异而形成的异常电场为基础，通过观察和研究人工电场的地下分布规律和特点，来解决各类地质问题的一组电勘查方法。

常规电阻率法通常指剖面法和测深法，是通过观测同一深度不同位置或同一位置不同深度的视电阻率的变化规律来判断灾害和隐患的一种方法。

①电阻率剖面法

它和电测深法没有本质不同，都是以研究人工电场在地下的分布规律为基础的，是被广泛采用的一种方法。它与电剖面法配合，对研究基岩面起伏规律、断裂带分布等效果较为明显。主要有对称阳极法及联合剖面法等。电法勘探主要研究对象是沉积岩。在电法勘探中，岩层电性差异是进行电法工作的物理前提（电阻率差异）。影响电阻率的主要因素是岩层含水情况，同时还决定于水溶液的矿化度、水溶液的存在状态。如果水在岩石中呈分散和小连通方式，则对电阻率的影响较小，而互相连通状态则使岩层电阻率大大降低。在同样的含水情况下，矿化度不同，电阻率也不同，甚至差异较大。沉积岩在含水情况下电阻率可达数千至上万欧姆米，而在饱和水情况下则为几或几十欧姆米。另外，孔隙度小的岩石电阻率较高（岩浆岩及大部分变质岩），而孔隙度大，渗透性小的岩石（各种泥岩）其电阻率则较低。

②电阻率测深法

电阻率测深法是测量观测点深度方向以下视电阻率变化规律的方法。它用于研究地下不同深度的岩层的分布状况，在研究覆盖层厚度及岩性变化情况等方面有广泛应用。所

研究的对象主要是有不同电阻率的水平岩层，最有利的条件是呈水平或倾角不大（小于20°）的岩层，而对倾角很大的岩层，探测结果的解释工作也会变得比较困难。

（2）高密度电阻率法探测技术

高密度电阻率法的基本原理与常规电阻率法相同，不同的是测点密度较高，极距在算术坐标系中呈等间距，它是电剖面法与电测深法的结合，一次可完成纵横二维勘探过程，观测精度较高，数据采集可靠，对地电结构具有一定的成像功能，获得的地质信息丰富，裂缝、洞穴、不均匀体、软弱层等在探测成果图上有明显、直观的反映，是地质灾害隐患探测详查的主要方法。高密度电阻率法探测系统按其信号采集工作模式主要分为两类：一类是串行式，另一类是并行式。

将该勘查方法应用在地质灾害勘查上，能够利用适配器来实现对供电与测量电极自动转换的高密度测量系统，在断裂、岩溶、土洞、塌陷、滑坡、堤坝渗漏等地质灾害勘查中发挥较好的作用。WGMD-5A 分布式二维高密度激电测量系统是目前常用的电阻率测量系统，它由 WGMD-5A 分布式二维高密度激电测量系统主机、PDS-1 分布式开关适配器、分布式开关电缆及电极等组成。该系统既能做常规电法、二维高密度电法、三维高密度电法测量，也能做二维高密度激电测量。由于它数据存储量大、测量准确快速、操作方便，并且能与国内常用高密度电法处理软件配合使用，因此，被广泛应用于能源勘探与城市物探、铁路与桥梁勘探、金属与非金属矿产资源勘探等方面，也可用于确定水库坝基和防洪大堤隐患位置等勘探中。

2. 自然电位法

在地质体中只要有渗流，就会在岩、土中产生并聚积电荷，在此过程中均可形成自然电场。通过研究自然电场在地面上的分布规律来解决地质问题，称为自然电位法。在工程地质勘测中，使用此法不仅可以探测诸如堤坝基础、坝体、坝肩和水库护坡等重大渗漏、洞穴、溶洞和断裂等水文、工程地质问题，而且可以详细研究其土质和工程建筑物中随时发生的各种情况。由于自然电场本身的物理条件不同，而形成了不同的电场，其中有电化学场、渗漏过滤场、扩散场以及自然背景和时间变化的电场。

（二）电磁法探测技术

电磁法探测技术主要包括瞬变电磁法探测技术、频率域电磁法探测技术及地质雷达探测技术三种。

1. 瞬变电磁法探测技术

瞬变电磁法（TEM）也称时间域电磁法，其工作原理是利用不同位置、不同深度地层对一次磁场变化产生涡流强度的不同，来探测地质异常。地层电导率高，产生涡流强度大，二次磁场强。瞬变电磁系统一般由发射机、发射线圈、接收线圈、接收机和微机数据采集绘图系统组成。

2. 频率域电磁法探测技术

频率域电磁探测仪器利用发射频率的变化或收发距离的变化来实现对不同深度的目标体进行探测，也可以利用发射线圈与接收线圈的不同结构来提高仪器的探测能力和探测效果。早期的频率域电磁探测仪器主要发射低频信号，典型的频率范围为 $0.05\text{Hz} \sim 60\text{kHz}$，这类宽频带仪器在固体矿产勘查领域发挥了作用，但如果用于浅层勘查，还需要提高其频率。

3. 地质雷达探测技术

地质雷达利用高频电磁波（主频为数十兆赫至数百兆赫以至千兆赫）以宽频带短脉冲形式，由发射天线发出，通过地面进入地下，经地下地层或目标体反射后返回地面，为接收天线所接收。脉冲波行程需时：$t = \sqrt{4z^2 + x^2}/v$，当地下介质中的波速 v 为已知时，可根据测得的时间 t（ns）值，由上式求出反射体的深度 z（m），式中 x（m）值在剖面探测中是固定的；v（m/ns）值可以用宽角方式直接测量，也可以根据 $v \approx c/\sqrt{\varepsilon}$ 近似计算出。

目前国内已经有专家正在研制双频多普勒相控阵探地雷达三维扫描成像系统。该系统可以将雷达发射的电磁波在一定深度范围内聚成较窄的波束并实行连续扫描（三维扇扫），这种工作方式可以较好地改善勘探深度与分辨率的矛盾，克服介质不均匀所产生的影响。

4. 可控源音频大地电磁法（CSAMT）

可控源音频大地电磁法简称 CSAMT 法，是 20 世纪 80 年代末兴起的一种物探新技术，其勘探深度大且分辨率高，这使得它在油气、金属矿产、地热勘查以及工程地质研究中应用颇广。利用人工场源激发地下岩石，在电流流过时产生的电位差，接收不同供电频率形成的一次场电位，由于不同频率的场在地层中的传播深度不同，所反映深度也就与频率构成一个数学关系，不同电导率的岩石在电流流过时所产生的电位和磁场是不同的，CSAMT 方法就是利用不同岩石的电导率差异观测一次场电位和磁场强度变化的一种电磁勘探方法。

CSAMT 法针对大地电磁测深法（MT）的场源随机性、信号微弱和观测困难的弱点，改用人工控制场源获得了更好的效果。该方法以有限长接地电偶极子为场源，在距偶极中心一定距离处同时观测电、磁场参数，采用赤道偶极装置进行标量测量，同时观测与场源平行的电场水平分量 E_x 和场源正交的磁场水平分量 H_y，计算卡尼亚视电阻率 ρ_s。其计算公式为

$$\rho_s = \frac{1}{5f} \frac{|E_x|^2}{|H_y|^2} \tag{14-1}$$

式中：f 表示频率（Hz）。

又根据电磁波的趋肤效应理论，导出了趋肤深度公式为

$$H = k\sqrt{\frac{\rho}{f}} \qquad (14-2)$$

式中：H——探测深度（m），ρ——表层电阻率（$\Omega \cdot$ m），f——频率（Hz），k 的数值是 356。

由式（14-2）可见，当表层电阻率固定时，电磁波的传播深度（或探测深度）与频率成反比，高频时，探测深度浅；低频时，探测深度深。可见，通过改变发射频率可改变勘探深度，从而达到变频测深的目的。

（三）地震勘探技术

地震勘探是利用地下不同介质弹性波速度和密度的差异，通过观测和分析地层对人工激发地震波的响应，推断地下岩层的性质和形态的地球物理勘探方法。

工程上常用的地震勘探法可分为反射波法、折射波法、瑞雷波法。其主要原理是根据对反射波或折射波时间场沿测线方向的时空分布规律的观测，确定地下反射面或折射面的深度、构造形态和性质。地震勘探相比其他物探方法具有精度高、解释成果单一的优点。我们通常所看到的物探剖面是一种经过校正后并赋予地质内涵的反射波或折射波时间剖面（实质是不同地质体的反射波或折射波波速差异）。地震勘探成果同其他物探解释成果一样，由于其物理力学指标的差异，不同地质体的波速有可能相近，而相同地质体由于所遭受的内力或外力地质作用的不同，波速也有可能不同。选择有代表性的钻孔资料能更好地确定剖面中各界线代表的地质体，从而提高地震勘探解释成果的可靠性，也能够使其成果在邻区或类似地区推广应用，使其优点更好地发挥于高分辨浅层地震勘探中。地震勘探在工程地球物理领域的应用广泛。

在工程及水文地质调查领域，地震勘探经常被用来详细划分第四纪地层、确定目标层的深度、厚度、起伏形态、横向分布，探测异常体的位置和埋深，寻找溶洞、断层及破碎带。

1. 反射波法

反射波法是利用反射波的波形记录的地震勘探方法。地震波在传播过程中遇到地下弹性波速度和密度不同的岩层界面时，其间存在波阻抗差异，一部分能量被反射，一部分能量透过界面而继续传播。地下每个波阻抗变化的界面都可产生反射波。在地表面接收来自不同界面的反射波，可详细查明地下岩层的分层结构及其几何形态。反射波的到达时间与反射面的深度有关，据此可查明地层埋藏深度及其起伏形态。

反射法勘探分纵波反射法和横波反射法。纵波反射法勘查深度远大于横波反射法。纵波反射法主要应用于水域及陆域较深目的层的勘查，横波反射法则主要应用于陆域较浅目的层的勘查，但由于地层横波速度远小于纵波速度，故横波反射法对地层的分辨率远高于

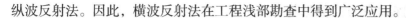

纵波反射法。因此，横波反射法在工程浅部勘查中得到广泛应用。

2. 折射波法

折射波法地震勘探利用人工激发的地震波在地下介质中传播。地层的地震波速度如大于上面覆盖层的波速，则二者的界面可形成折射面。以临界角入射的波沿界面滑行，沿该折射面滑行的波离开界面又回到原介质或地面，这种波称为折射波。折射波的到达时间与折射面的深度有关，折射波的时距曲线（折射波到达时间与炮检距的关系曲线）反映了折射层的纵波波速。通过地震仪测量折射波到达地面观测点的时间和震源距，就可计算出折射界面的埋深。折射波法是地震勘探中一种重要的方法，主要用来探测覆盖层厚度、基岩起伏、断层等地质问题。折射法必须满足下层波速大于上层波速的特定要求，故折射法的应用范围受到限制。

3. 瑞雷波法

瑞雷波法是通过定量解释实测的瑞雷波频散曲线，以解决工程地质问题的一种原位测试方法。包括稳态法和瞬态法两种类型，在半无限空间弹性介质的地表附近，可存在瑞雷波，它沿地表传播，质点运动呈椭圆形轨迹，呈逆向振动传播。当在地面上施加竖向激震力时，即能产生不同频率的瑞雷面波。根据该原理可进行瑞雷波测试。瑞雷波分布在弹性界面的附近，对地层浅部，尤其对第四系松散堆积层的分层、对水位以下地层分层及基岩界面的确定，具有很高的分辨能力。由于所反演的参数与工程地质领域中的弹性力学参数之间有相关关系，因而在该领域得到广泛的应用。瑞雷波勘探的正反演理论，尤其是瞬态法的频散曲线计算及"之"字形曲线的形成机理和解释方法，目前还处在研究和探索之中。

（四）地学层析成像（CT）

地学层析成像包括：声波层析成像、电阻率层析成像、电磁波吸收系数层析成像或电磁波速度层析成像等。

地学层析成像（CT）技术是孔间（孔地）物探勘查方法，其基本原理是一发多收（弹性波、电阻率或电磁波），形成收发间射线网络，通过场地两个钻孔（孔地）之间的激发源透射，与接收器扫描观测的物理过程，取得地下岩土介质的信息（参数），然后根据物理数学模型的处理方法，由计算机进行运算，并重建图像及彩色显示，从而直观地反映出地下岩土层内部二维或三维断面结构、构造及岩性差异特征，并根据岩土介质对激发源吸收参数的结果情况，结合工程地质认识，进行解释和诊断。地学层析成像（CT）新技术涉及物理学、地球科学、计算机技术及工程技术等基础学科。层析成像因为通过同一网络结点的收发路径多，采集的数据量大，其反演结果能比较真实地还原孔间（孔地）介质的物理量（波速、电阻率或衰减系数），所以该方法被广泛运用于岩溶、空洞、断层、破碎带等的探测。

八、地质灾害物探勘查方法的选择

物探勘查方法种类较多，这些方法都有各自的特点和适用领域，在具体应用时要根据勘查对象的状况有针对性地选择，通常应考虑以下几点。

（一）地质条件

不同地区由于地质条件不同，物探勘查方法的选择也不同。具体表现为：①同一种方法在不同地区其效果大不一样。例如，地质雷达方法在华东地区由于受到地下水（潜水位较高）的影响，而以勘探浅部为主；而在西部地区，该方法其探测深度明显要大。②不同方法之间其使用效果各不相同。例如，高密度电法由于它具有更好的分层和检测目标的能力，非常适合山体滑坡等地质灾害的检测，而用它来探测充水或充泥土洞则效果并不理想。之所以如此，主要原因是充水或充泥土洞与黏土的电阻率差异很小，难以形成电阻率异常；相反，如果采用地质雷达方法则对探测浅埋藏、小尺寸土洞的探测效果更明显。

（二）复杂的城市环境

浅层地震较难克服城市噪声干扰，因此多数选在夜晚噪声弱的时候施工。

（三）场地条件

高密度电法受限于电极布设困难和电极间较大的接地电阻差等而不能广泛采用。

（四）勘查目的

物探工作一般情况下以获取灾害发生后的影响范围为目的。但是，物探所能起的作用远不止于此。通过合适的条件，可细分出灾害区地下介质的多种物性参数和物性特点等，这样可以使得我们更好地利用物探所取得的成果来分析灾害发生的原因，并预测灾害的发展趋势，为抢险决策提供更多准确的数据，强化了物探技术的科技支撑作用。

九、地质灾害物探勘查的质量控制

地质灾害的物探勘查是灾害防治的第一个环节，它的质量高低直接关系到防治方案制定得正确与否，甚至影响人民的生命财产安全，因此对地质灾害隐患勘查质量的严格要求显得重要。

目前，我国对地质灾害勘查项目质量管理及保障体系的研究还比较薄弱，因地质条件复杂，灾害各异，勘查手段多种多样，使得地质灾害的勘查质量亦参差不齐，为了提高地质灾害的勘查质量有必要做到以下几点：

第一，重视建立和实施质量管理体系，制定切实可行的质量目标和质量方针；

第二，建立高素质的管理团队，提高参与人员的职业技能和质量意识；

第三，拟定地质灾害勘查项目实施流程中各个环节的相关规范化文件，并落实质量负责人，从源头上消除造成质量事故的隐患；

第四，不断完善生产管理，提升勘查质量，在项目设计、项目组织及项目施工过程中严格质量控制；

第五，重视后评价和项目的追踪管理，不断提高勘查水平。

质量控制措施应具有针对性、有效性，并且贯穿项目的设计、组织和施工等的全过程。只要相关人员树立起质量意识，相信经过努力，我国的勘查质量、地质灾害防治水平定会得到提高。

第二节　地球物理方法在环境科学研究中的应用

一、地下固体废料污染的监测和治理

（一）固体废料污染的监测

例如，某地有许多固体废料处理场地，后来停止使用，就地掩埋。现在从环境调查和治理的角度，需要了解其确切的范围和污染状况。还有一些已关闭的工矿企业，它们的地下废弃物，尤其是一些有害、有毒废弃物，都需要加以清理，如果当地准备上新的工程，更需要查明地下废弃物的情况。这里地球物理工作的任务包括：第一，确定废料堆的平面和深度范围；第二，圈定废料堆中的较大型物体，如空罐、盛废料的容器等；第三，测定污染的范围和控制污染的地质构造或人工构筑物；第四，评价地下水的状况。常用的地球物理方法有电（磁）法、磁法、探地雷达等。

（二）固体废料的治理

例如，外国某实验室对埋藏放射性和有害废料采取了一种就地熔融的治理方法，它是在污染土壤的周围按方形网布置4个电极，供电并将土壤和废料熔化为化学上均匀的、耐久的玻璃——微晶质物体，使之不易淋滤。在高温下（1300℃～2200℃）产生的气体和微粒则被导入废气处理系统。这种方法的问题在于熔化的过程不易掌握，且供电要足够长，使所有废料都能熔化才行，因此需要一种遥测方法来监测熔化的范围。采用井间电阻率层析的方法来测量。测试结果共得到了三套数据：熔化前的背景值，熔化电源刚刚切断后的熔化值（熔化体可保持液体数日），熔化过去数月后恢复到室温后所取的值。该方法清楚地反映出熔化过程及熔化过后的"熔融带"状况。熔融过程中的温度分布很不均匀，高导熔融体外包薄层高阻晕圈，是由土壤完全脱水造成的。高阻层外围着中等导电程度区，那里的土壤温度还不到100℃。电阻率层析虽不能给出熔融体内的详细结构，但确定熔融体的横向和深度范围是相当有效的，而且成本很低。研究还表明，最好采用频率几十千赫至几百千赫的电磁法来代替电阻率法，以便克服高阻晕圈的屏蔽。

二、水环境污染的监测

（一）地表水污染的监测

在地表水资源的水质监测中，以往一般采用重量法监测地表水的含盐量，该方法操作烦琐，测定时间长，实验条件不易控制，称量误差大，实验费用高，采用电导率的方法测定地表水的含盐量则可以克服以上缺陷，取得良好的效果。

（二）地下水污染的监测

地下水污染物和进入的源头很多，按污染物的性质大致分为以下四类。①无机污染物：最普遍的是 NO^-_3，其次是 Cl^-、硬度（$Ca^{2+}+Mg^{2+}$）和总溶解固体等。微量非金属主要是 As、F 等，微量金属主要是 Cr、Hg、Cd、Zn、Pb 等。②有机化学物质：含量甚微（ppb 级或 ppt 级），但危害大，甚受重视。③生物污染物：主要是病毒、细菌和寄生虫。④放射性物质：主要是 ^{226}Ra、^{222}Rm、^{289}Pu、^{90}Sr 和 ^{137}Cs。地下水污染的主要原因是地表各种污染源向地下渗漏引起的，其渗漏污染大户有垃圾填埋场、石油加油站及各类输（储）油管（罐）、各种农业污水沟塘等。

三、垃圾填埋场渗漏液监测

垃圾渗漏液处理不当会直接污染地下水，含污染物的地下水系统可简单描述为三部分，由上到下依次为：高阻不饱和带（包气带），首先是被污染的低阻含水层，污染物主要聚集在潜水面之上，其次是电阻率中等的潜水层。这种系统是一种动态平衡过程，随季节变化有时存在过渡带。受污染地区地下水和土壤的化学性质和物理特征发生变化（物性差异）是地球物理探测的前提。进入地下水中的绝大部分污染物具有化学活动性。首先当污染物进入地下水时，与周围介质发生氧化还原反应，从土壤中萃取出部分离子（Fe^{2+}、Fe^{3+}、Ca^{2+}、Mg^{2+}）以及新形成的 $CaCO_3$、$MgCO_3$ 等盐类，从而改变了地下水的化学和电性特征，为电法勘探（电阻率法、激发极化法）提供了物质基础。其次酸性溶液可将土壤中的石英、长石等矿物侵蚀出来，增加了固体溶解物含量和孔隙度，在水位升降作用的带动下，不断为地下水带入大量的固体物和可溶性颗粒。固体溶解物主要浓集在潜水面附近，形成一个透镜状或层状异常体。总之，在潜水面附近离子浓度、盐类、固体溶解物的浓度增加，对电磁反射的能力增强，为探地雷达（GPR）、浅层地震反射探测提供了物质基础。

监测垃圾填埋场渗漏液常用的地球物理方法有直流电阻率法和甚低频电磁法、瞬变电磁法、激发极化法。探地雷达、浅层地震反射和井中 CT 等方法的应用也逐渐增加。从国内外大量成功事例来看，直流电阻率法（含高密度电阻率法）仍然是应用广泛、效果显著的方法之一。

四、油气泄漏监测

地下输油气管道、加油站通常使用二三十年后开始锈蚀泄漏。地面加油站储油罐和地下储油气设施普遍存在腐蚀和泄漏现象。油气一旦泄漏，很难及时发现，并且危害甚大。泄漏后或滞留原地或者像水一样向低洼处流动，严重污染土壤，使土壤的透水性变差，阻碍植物根系的呼吸与吸收，引起地表植被死亡。更为严重的是，油气一旦溢散到地表，还会引发火灾或爆炸。

原油或成品油本身属高阻体，在实际情况下受污染的地下包气带和含水层内的电阻率呈非常明显的低电阻率特征，并且是一个不断变化的动态过程。现已证明，在包气带和潜水面附近，微生物活动最频繁，有学者曾分离出几百种能降解汽油的细菌。细菌在分解有机物时，产生了大量酸性离子，如 CO_3^{2-}，同时侵蚀出土壤中的部分石英、长石等矿物，在水位升降的作用下，不断为地下水带入大量的可溶性颗粒。此外，由于溶液的酸性离子浓度增加，pH 随之降低，溶液与周围介质发生化学反应，从土壤中萃取出部分离子（Fe^{2+}、Fe^{3+}、Ca^{2+}、Mg^{2+}）、合成 $CaCO_3$、$MgCO_3$ 等盐类，也是促使电阻率降低的原因之一。受降雨补给的影响，地下水位会发生季节性的水位抬升和下降，使上述溶解物（可溶性颗粒、酸性离子、金属离子、$CaCO_3$、$MgCO_3$ 等盐类）从孔隙中被淋滤出来，固体溶解物浓集在潜水面附近，这是我们能在受油污染的地方观测到电阻率降低的主要原因。而与漏油截然不同的是，漏气区电阻率的特点是呈显著增高的效果，放射性自然伽马辐射场明显降低，原因是气体挤占了孔隙中原来由液体占据的位置，离子、固体溶解物的含量相应减少的缘故。溶液中含有的放射性元素和气体（R）也在减少，在气水交界面附近，情况也是如此。

根据漏油、漏气的地球物理特征，可以利用地球物理技术探测地下漏油、漏气。常用的方法有直流电阻率法、甚低频电磁法、瞬变电磁法、激发极化法、放射性测井、土壤磁性、氧化还原电位、探地雷达法和挥发性气体探测方法等。探地雷达、浅层地震反射、井中 CT、高密度电阻率法等是近年来发展起来的新技术、新改进的方法，具有较高的探测精度，应用逐渐扩大。

五、海水入侵的探测

沿海城市因为超量开采地下水，使地下水位不断下降，破坏了水位、压力、含盐量的平衡，引起海水向内陆淡水层的侵入。我国沿海地区海水入侵现象普遍存在，主要分布在环渤海地区、苏北近海、上海、杭州、温州、福州、海南等城市。此外，在华北平原与淮河平原交界的地带，已经发现地表以下二三百米处有一狭长的咸水体，它正在威胁着该地区的地下淡水。

海水入侵的探测目的是确定海水入侵的位置，与淡水的分界面、过渡带以及入侵的速度，还要查明入侵的渠道。海水的含盐量平均为 32 g/L。海水与淡水存在明显的物理性质差异，海水入侵地区充填于地层的孔隙之中，会引起地下介质电学性质发生变化。对于标准海水而言，电阻率 $\rho=0.21 \sim 0.22\ \Omega \cdot m$；电导率 $\sigma =4.54\sim4.81$ S/m；介电常数 $\varepsilon =81.5$（10 MHz）。探测海水入侵常用的地球物理方法有电阻率法、瞬变电磁法和探地雷达等。我国曾用航空电法和地面电阻率法对环渤海地区和连云港地区进行海水入侵调查，为整治方案提供了资料。例如，山东莱州地区含水层主要是细砂、中粗砂和沙砾石层，常见的电阻率变化范围为 $40 \sim 130\ \Omega \cdot m$，随着海水入侵，海水储量增加，电阻迅速降低。为了查明地下海水与淡水的界面，在该区进行了电阻率测深，测线垂直海岸线布置。

参考文献

[1] 李淑一，魏琦，谢思明 . 工程地质 [M]. 北京：航空工业出版社，2019.

[2] 周斌，杨庆光，梁斌 . 工程地质学 [M]. 北京：中国建材工业出版社，2019.

[3] 宿文姬 . 工程地质学 [M]. 广州：华南理工大学出版社，2019.

[4] 杨坤光，袁晏明 . 地质学基础 [M]. 武汉：中国地质大学出版社，2019.

[5] 李忠，郝娜娜，王京 . 构造地质学 [M]. 成都：西南交通大学出版社，2019.

[6] 马火林 . 地球物理测井资料处理解释及实践指导 [M]. 武汉：中国地质大学出版社，2019.

[7] 张宏兵，蒋甫玉，黄国娇 . 工程地球物理勘探 [M]. 北京：中国水利水电出版社，2019.

[8] 张玮 . 石油地球物理勘探 [M]. 北京：石油工业出版社，2019.

[9] 李宗星 . 地球物理勘探技术 [M]. 北京：地质出版社，2019.

[10] 朱德兵 . 地球物理勘探新方法新技术 [M]. 长沙：中南大学出版社，2019.

[11] 王金河，王永波，罗学锋 . 工程地质学 [M]. 成都：电子科学技术大学出版社，2020.

[12] 刘芳宏 . 工程地质学 [M]. 北京：清华大学出版社，2020.

[13] 徐守余 . 工程地质学基础 [M]. 北京：石油工业出版社，2020.

[14] 张广兴，张乾青 . 工程地质 [M]. 重庆：重庆大学出版社，2020.

[15] 周金龙，刘传孝 . 工程地质及水文地质（第 2 版）[M]. 郑州：黄河水利出版社，2020.

[16] 李予红 . 水文地质学原理与地下水资源开发管理研究 [M]. 北京：中国纺织出版社，2020.

[17] 师明川，王松林，张晓波 . 水文地质工程地质物探技术研究 [M]. 北京：文化发展出版社，2020.

[18] 刘代志 . 大数据与地球物理 [M]. 西安：西安地图出版社，2020.

[19] 徐敬领 . 地球物理测井实践教程 [M]. 北京：地质出版社，2020.

[20] 王宇，唐春安 . 工程水文地质学基础 [M]. 北京：冶金工业出版社，2021.

[21] 宓荣三 . 工程地质（第 5 版）[M]. 成都：西南交通大学出版社，2021.

[22] 刘德仁，高岳 . 高等工程地质概论 [M]. 成都：西南交通大学出版社，2021.

[23] 李狄，周建美，戚志鹏 . 地球物理电磁理论 [M]. 北京：科学出版社，2021.

[24] 印兴耀，卢双舫，薛海涛 . 页岩油气地球物理预测理论与方法 [M]. 北京：石油工业出

版社，2021.

[25] 曾昭发，陈雄，李静，等.地热资源地球物理勘探方法与应用 [M]. 北京：地质出版社，
     2021.

[26] 邹长春，谭茂金，徐敬领，等.地球物理测井教程（第 2 版）[M]. 北京：地质出版社，
     2021.

[27] 姚红生，何希鹏，王运海，等.复杂构造区常压页岩气地球物理勘探技术与实践 [M].
     北京：地质出版社，2021.

[28] 高德彬，郝建斌.工程地质学及地质灾害防治 [M]. 北京：冶金工业出版社，2022.

[29] 刘璐琦，刘登新，张旭波.工程地质与水文地质研究 [M]. 长春：吉林科学技术出版社，
     2022.

[30] 井浩.工程地质与土质土力 [M]. 北京：北京交通大学出版社，2022.